J. C. POGGENDORFF

BIOGRAPHISCH-LITERARISCHES HANDWÖRTERBUCH DER EXAKTEN NATURWISSENSCHAFTEN

Herausgegeben von der

Sächsischen Akademie der Wissenschaften zu Leipzig

Band VII b • Teil 6

2. Lieferung

Leitung der Redaktion

DR. LEBRECHT WEICHSEL

AKADEMIE-VERLAG · BERLIN
1978

Redaktionsschluß: 31. 3. 1976
Erschienen im Akademie-Verlag, 108 Berlin, Leipziger Straße 3–4

Lizenznummer: 202 · 100/405/78
Gesamtherstellung: VEB Druckerei „Thomas Müntzer", 582 Bad Langensalza
Bestellnummer: 762 513 9 (3050/VI/2) · LSV 1007
Printed in GDR
DDR 24,– M

('42) 326–31 [schwed. m. deutscher Zusammenfassg.]. – The centenary celebration of the origination of the higher agronomical education in Sweden: **88** ('40) 507–14 [schwed. m. engl. Zusammenfassg.]. – Christian Barthel zum Gedenken: **93** ('54) 329–31 [schwed.].

(Kungl.) Lantbrukshögskolans Ann. Stroh als Nährboden für Bacterium radicicola und andere Mikroorganismen[3]): **5** ('38) 71–88. – Über Zuwachsfaktoren bei Bacterium radicicola [, 1] [3])[5]): 291–322; ~ 2 [3])[5]): **6** ('38) 299–326; ~ 3 [3])[5]): **7** ('38) 51–61; ~ 4 [3])[5]): 291–99; ~ 5 [3])[5]): 301–31. – Verbesserte Ausbeute bei der Preßhefedarstellung durch Zugabe von Strohextrakt[7])[12])[13]): **11** ('43) 190–200. – On the effect of straw extract on soil and crop, especially in pot experiments with oats[11]): **16** ('49) 729–37. – – [Alle (?) Arbeiten m. schwed. Zusammenfassg.].

Meddelande, Lantbrukshögskolan, Jordbruksförsöksanstalten Behandlung von Saatgut mit Azotobacter-Kulturen, Radivit und Euradin, 1: Versuche mit Getreide und Kartoffeln[11])[22]): **24** ('48) 5– [schwed. m. engl. Zusammenfassg.].

Medicinska Fören. Tidskr. Beitrag zur Frage des Lactacidogens: **12** ('34) 261– [schwed.].

Milchwirtschaftliche Forsch. Über die Caseinspaltung durch Säurewecker und durch Streptococcus lactis in Reinkultur: **20** ('39) 51–58.

Naturwissenschaften Vitamin B_1 als Zuwachsfaktor für Bacterium radicicola [, 1][3])[5]): **26** ('38) 284; ~2 [3])[5]): 661; ~3 [3])[5]): 840. – Biotin als Zuwachsfaktor für Bacterium radicicola[3])[5]): **27** ('39) 389. – Über formbildende Wirkstoffe bei Azotobacter chroococcum und der Einfluß dieser formativen Wirkstoffe auf die Bakteroidenbildung von Bacterium radicicola[16]): **30** ('42) 753. – Über die Organisierung der biochemischen Wirkstoffe in der Zelle: **31** ('43) 25–35. – Über formbildende Wirkstoffe bei Azotobacter chroococcum und der Einfluß dieser formativen Wirkstoffe auf die Bildung von Gigasformen bei Bacterium radicicola[16]): 346.

Nordisk Jordbrugsforskn. Mikrobiologische Forschung im Dienste des Wirtschaftslebens: **24** ('42) 283–88 [schwed.].

Schweizerische Z. Pathol. u. Bakteriol. Über die intermediären Prozesse des Kohlehydratumsatzes in lebender Hefe und zellfreien Zymasesystemen: **13** ('50) 672–90.

Suomalaisen Tiedeakatemian Toimituksia, Sarja A II The inhibitory effect of Swedish ropy milk on fungi[17]): **60** ('55) 235–40.

Svensk bot. Tidskr. Studies in the decomposition of wood by means of some white rot fungi[11])[17]): **43** ('49) 343–56.

Svensk Bryggeritidskr. Ensilage von Treber: **77** ('62) Nr. 6 [schwed.].

Svensk kem. Tidskr. Über die Entstehung der Glycerinmonophosphorsäure und über ihre Rolle bei dem glykolytischen Kohlehydratabbau: **45** ('33) 129–32. – Über die Funktion der Phosphorsäure bei dem glykolytischen Kohlehydratabbau: **46** ('34) 24–39. – Über Wachstumsbedingungen der Knöllchenbakterien: **52** ('40) 173–84 [schwed.]. – Einige Kapitel aus der Entwicklungsgeschichte der Mikrobiologie: **53** ('41) 112–22 [~]. – Über Spontaninaktivierungen des Zymasesystems[1]): 269–74. – Über die Vitamin-A-Wirkung in Rhodotorula[7])[4]): **54** ('42) 134f. [schwed.]. – Mikrobielle Fettsynthese unter Verwendung von Rhodotorula glutinis nach dem Lufthefeverfahren[7])[13])[15]): **55** ('43) 41–51. – Hugo Theorell zum 60. Geburtstag: **75** ('63) 370–72 [schwed.].

Svensk Papperstidning Analysis of microbially degraded lignosulfonates by thin-layer chromatography and ultrafiltration[24]): **73** ('70) 283–86.

Swedish J. agric. Res. Antimicrobial properties of lactic acid bacteria isolated from fish silage[27])[20])[25]): **1** ('71) 225–27.

Teknisk Tidskr. Neuere Anschauungen auf dem Gebiet der Chemie der alkoholischen Gärung: **64** ('34) 49–55 [schwed.].

Våra Pälsdjur Versuch zur Verhinderung der Ammoniakbildung in Pelztierfarmen: **17** ('46) [schwed.].

Ferner eine Druckschrift „Inoculation of leguminous plants with bacteria" (herausgegeben '48 vom Leguminosen-Laboratorium der Landwirtschaftlichen Hochschule Uppsala) (2 S.) sowie einige Artikel in landwirtschaftlichen Nachschlage- und Sammelwerken.

Mit: 1) F. Alm; 2) F. Berg; 3) G. Bjälfve; 4) E. Brunius; 5) D. Burström; 6) M. Elander; 7) L. Enebo; 8) L. E. Ericsson; 9) –; 10) H. v. Euler; 11) G. Fåhraeus; 12) E. Karsvik; 13) H. Lundin; 14) O. Mellander; 15) K. Myrbäck; 16) G. Naundorf; 17) G. Nilsson; 18) P. E. Nilsson; 19) N. Olsson; 20) O. Rajala; 21) C. Rydin; 22) G. Sundelin; 23) J. Westerberg; 24) R. Ferm; 25) S. Lindgren; 26) L. Tóth; 27) S. Wirahadikusumah; 28) P.-Å. Nilsson.

VI **NISHI,** Takeshi. Elektrotechn. — 1910–12 Stud., '24 D. Eng., '22–44 Prof., Fac. of Engng., Imperial Univ. Tokyo.
*1887, Dez. 3, Kyoto;
†1944, Mai 3, Tokyo.

Nekr. J. Inst. electr. Engr. Japan **64** ('44) 139f. (m. Bildn.).

Zur Biogr. Prof. Nishi: his research and reminescences [japan.] (Tokyo '48) 117 S.

W. High-voltage engineering, **1** [japan.] (Tokyo '41) 2+92 S. – High-voltage engineering [japan.] (Tokyo '47) 4+160 S.

Bull. Inst. physic. and chem. Res. [Tokyo] On the dielectric behaviours of the colloidal system, 1: On the dielectric constants of tundra colloidal systems at a range of low frequencies[2]): **11** ('32) 1201–13; ~ 2: Electrical effects on the fibrous dispersed systems[2]): **13** ('34) 329–39; ~ 3: Electrical effects on the fibrous systems[11]): **14** ('35) 513–24. — — Alle Arbeiten japan.

Electrotechnical J. [Tokyo] The crest voltmeter for impulse voltage[4])[5]): **1** ('37) 189f. — Spark-over characteristics of a small gap[8]): 190f. — Measuring equipment of dielectric loss-angle at high frequencies[8])[3]): **2** ('38) 219.

J. Inst. electr. Engr. Japan Comparison of arc-extinguishing power of various organic compounds and inorganic ammonium salts[7]): **54** ('34) 683–88. — The flash-over voltage and voltage-current curves of salt-deposited insulators and scorching of wooden cross arm due to leakage current[6])[7])[10]): **56** ('36) 503f. — Characteristics of various impulse sparking gaps by Riken crest voltage meter[4])[5]): **57** ('37) 583. — On the measuring equipment of dielectric loss-angles at high frequencies[8])[3]): **58** ('38) 268. — Measurement of the dielectric loss at radio frequencies[9])[8]): **59** ('39) 683–701. — The displacement of V–t curve of polluted porcelain insulator[7]): **61** ('41) 412–17. — Testing of the Kyosenkô 220-kV transmission line system, North Korea: 579–87. — — Alle Arbeiten japan.

Scientific Papers Inst. physic. and chem. Res. [Tokyo] Effect of humidity on dry flashover voltages of porcelain insulators[7]): **34** ('38) 1213–43.

Mit: [1]) S. Fukuda; [2]) S. Fukuwatari; [3]) B. Ichijô; [4]) Y. Ishiguro; [5]) H. Kirigaya; [6]) T. Maruta; [7]) Y. Nakajima; [8]) S. Okazaki; [9]) T. Sakamoto; [10]) N. Tochiko; [11]) S. Uyeda.

VI **NISHIDA**, Kit(s)uji. Chem., Dendrol. — Until 1918 Stud., '20–Lecturer, Tokyo Univ.; ca. '22–25 Assist. Prof., '25–49 Prof. and '53– Trustee and Dean, Departm. of Agric., '49–57 Prof., Research Inst. for Industr. Technol., Kyûshû Univ., Fukuoka; Dir., Japan Dendrol. Soc.

*1895, Jan. 10, Kagoshima Prefecture; †1971, Mai 27.

W. Lumber chemistry (m. I. Miura) [japan.] (Tokyo '38) 8+690+16+32 S. — — Ferner Autor (oder Mitautor ?) einer Monographie „Lumber chemistry industry" [japan.].

Cellulose Industry [Tokyo] Chemische Untersuchungen an Hölzern aus der Mandschurei, 1: Die Bestandteile von Hölzern aus dem Flußgebiet des Sungari in Kirin[2])[4]): **11** ('35) 66–73 [japan. m. deutscher Zusammenfassg. S. 7–10]; Chemische Untersuchungen an Holzsubstanzen, 2: Über eine neue Methode für die Bestimmung des Holzmannans und der Mannangehalt verschiedener Angiospermenhölzer[4])[2]): 330–35 [~ S. 49–51]; ~ 3: Zusammensetzung der wichtigsten Nadelhölzer aus der Mandschurei[4])[2]): **12** ('36) 48–52 [~ S. 13f.]; ~ 4: Bestandteile von Laubhölzern aus dem Flußgebiet des Jalu-Kang, Antung[17])[4]): 27–29 [ ]; ~ 5: Ertrag an Zellulose aus mandschurischen Nadelhölzern und Eigenschaften dieser Zellulose[17]): 326–31 [japan. m. deutscher Zusammenfassg. S. ?]; ~ 6: Über die Verwertung von ausgeforsteten Hölzern für die Zellstoffherstellung und gründliche Untersuchung dieser Hölzer; Länge und Breite der Fasern[21]): **13** ('37) 48–52 [japan. m. deutscher Zusammenfassg. S. 12]; ~ 7: Gründliche Untersuchung ausgeforsteter Hölzer unter Berücksichtigung ihrer Verwendung für die Zellstoffherstellung; die Holzbestandteile der ausgeforsteten Hölzer[17])[4]): 186–91 [~ S. 27–29]; ~ 8: Untersuchungsergebnisse über die von ausgeforsteten Hölzern gewonnenen Zellstoffe und ihre Eigenschaften[17])[8]): **14** ('38) 5–9 [~ S. 1–4]; ~ 9: Über die Bleichung der von ausgeforsteten Hölzern gewonnenen Zellstoffe[17])[8]): 58–61 [~ S. 17–20]; ~ 10: Untersuchungsergebnisse über die von ausgeforsteten Hölzern gewonnenen Natronzellstoffe und ihre Eigenschaften[17])[29])[8]): 246–53 [~ S. 48f.]; ~ 11: Ergebnisse der Untersuchung von Sulfatzellstoffen aus ausgeforsteten Hölzern und deren Eigenschaften[17])[8])[29]): 354–59 [~ S. 61–63]; ~ 13: Ergebnisse der Untersuchung von Sulfitzellstoffen aus ausgeforsteten Hölzern und deren Eigenschaften[17])[24]): **15** ('39) [~ S. 45–48].

J. agric. chem. Soc. Japan Chemische Untersuchungen über das Glucomannan aus „Konjak", 6: Über die Konstitution des Glucomannans[4]): **8** ('32) [japan.; deutsche Zusammenfassg. in **Bull. agric. chem. Soc. Japan** 8 ('32) 54–59]. — Polysaccharides, 8: Ein neues Kohlenhydrat „Xyloglucuronid" aus Kadsura japonica Dun.[4])[2]): **10** ('34) 1001–05 [~ **10** ('34) 162–64]; ~ 9: Hydrolyse des Xyloglucuronids und Darstellung von Xyloglucuronaten[4]): **11** ('35) 261–71 [~ **11** ('35) 66–69]; ~ 10: Konstitution der Xyloglucuronsäure aus Kadsura japonica Dun.[4]): **13** ('37) 660–72 [~ **13** ('37) 68–71]. — Über ein neues kristallines Diterpen „Sciadopiten" aus dem Blatt- und Zweigöl von Sciadopitys verticillata Sieb. et Zucc., 1: Isolierung und Eigenschaften des Sciadopitens[26]): **11** ('35) 489–94 [~ **11** ('35) 95–100]; ~ 2: Derivate des Isosciadopitens und die Reduktion des Sciadopitens und des Isosciadopitens[26]): **12** ('36) 308–12 [~ **12** ('36) 40–42]. — Untersuchungen über die chemischen Bestandteile der Früchte von Rhus semialata Murr., insbesondere über die salzartig schmeckenden Substanzen[26]): **17** ('41) 512–20 [~ **17** ('41) 62–65].

J. chem. Soc. Japan Sulfitkochung, 1: Kinetische Untersuchung über das Sulfitkochverfahren[23][22]): **56** ('53) 274–77 [japan.].

J. japan. Forestry Soc. On a few qualities of the plant pigment[11]): **33** ('51) 140–44. — A constituent of Symplocos lucida bark, 2: Hydrolysis of the glucoside[25][11]): 235–39; ~ 3: The examination of active groups on the aglucon[25][11]): 269–72; ~ 4: Structure of symplocosigenol[11]): 336–41; ~ 5: Confirmation of the structure of symplocosigenol[11][3][25]): 407–10. — Growth-regulating activity of certain heartwood pigments against wood destroying fungi[11][3]): 390–93. — The pitch problem in papermaking, 2: Chemical properties and analytical results for pitch in the various stages of groundwood pulping, sulfite pulping, and papermaking[20][13]): **34** ('52) 315–18; ~3: Chemical properties of the crystals obtained from sulfite pitch[13]): 161–64. — — Alle Arbeiten japan. m. engl. Zusammenfassg.

J. Soc. chem. Industry, Japan; Suppl. Binding Über den Sesquiterpenalkohol Terreyol, 1[26]): **43** ('40) 64B f.; ~2[26]): **44** ('41) 119B f.

Kami-pa Gikyoshi The effects of seasoning in the sulfite digestion with Larix kaempferi[28]): **5** ('51) 539–52 [japan. m. engl. Zusammenfassg. S. 626]. — Pitch trouble, its causes and prevention, 9 [13][20]): **13** ('59) 800–05 [japan.].

Parapu Kami Kôgyô Zasshi The pigment from heart-wood of Larix kaempferi[9][11]): **6** ('52) 261–63 [japan. m. engl. Zusammenfassg. S. 322]. — Lignin and pulp, 3: A rapid estimation method of the bleach requirement of pulps[23]): **7** ('53) Nr. 4, 2–7 [japan.]. — Pitch trouble, its cause and the measures to be taken for its prevention, 1: Analysis of substances causing pitch trouble[13][15][20]): **9** ('55) Nr. 8, 16–19 [~]; ~4: Seasoning and pitch trouble[13][u.a.]): **10** ('56) 125–31(?) [~]; ~ 5 [13][16][7][20]): Nr. 11, 31–36 [japan. m. engl. Zusammenfassg.]; ~ 6: Comparative investigation into the components of the resin contents of the sapwood, heartwood, knotwood oleoresin, and pitch of Pinus densiflora[13][5][14][20]): **11** ('57) Nr. 3, 33–37 [japan.]; ~ 7: Artificial pitch and how it caused pitch trouble, 1[13][20]): Nr. 7, 18–24 [~]; ~ 8: ≈ 2 [13][20]): Nr. 9, 15–20 [~].

Trans. Meetings, Japanese Forestry Soc. The pitch problem in papermaking, 1: Seasoning [13][27]): **59** ('51) 294–96; ~ 4: Chemical properties of crystals obtained from the screenings of sulfite pulp[13]): **61** ('52) 255–57; ~ 9: Resin of Pinus densiflora sapwood[13][6]): **63** ('54) 354–56. — A constituent of Symplocos lucida bark, 1: Crystalline glucoside isolated from the bark and its character[3][11]): **59** ('51) 312f. — Flavone pigment of Zelkova serrata wood, 1[3]): **61** ('52) 257f.; ~ 2 [3]): **62** ('53) 267–69; [~ 3 [3][30]) in: Transactions of the Kyushu branch of the Japanese Forestry Society **8** ('53) 87f.]; ~ 4 [3][30]): **63** ('54) 366–68. — Effects of wood pigments on sulfite cooking, 4 [10][19]): 347–49. — Prevention of pulpwood from blue-staining[13][6]): 369–71. — Growth-regulating activity of certain heartwood pigments against wood-destroying fungi, 4 [3][30]): **64** ('55) 394f. — — [ ].

Vermutlich weitere Arbeiten in denselben und anderen Zeitschriften. — Die Angaben in dieser Bibliographie sind zum Teil unsicher.

Mit: 1) –; 2) T. Fukamizu; 3) K. Funaoka; 4) H. Hashima; 5) N. Hashimoto; 6) N. Hashimura; 7) R. Hojo; 8) H. Imazato; 9) H. Ito; 10) Y. Katayama; 11) T. Kondo; 12) –; 13) K. Kuroki; 14) T. Miwa; 15) T. Miyagawa; 16) J. Miyaki; 17) R. Miyama; 18) –; 19) I. Nakayama; 20) T. Ono; 21) M. Otani; 22) I. Sakata; 23) R. Senju; 24) J. Soezima; 25) M. Sumimoto; 26) H. Uota (Uoda); 27) K. Wakamatsu; 28) T. Watabe; 29) Y. Yonezawa; 30) M. Tanaka.

VI **NISHIKAWA,** Shoji. Physik. — Prof., Tokyo Imperial Univ.; Research Member, Inst. of Physic. and Chem. Research, Tokyo. (☒)
*1884, Dez. 5, Hachiôji;
†1952, Jan. 5.

Nekr. R. Shinohara, J. sci. Res. Inst. [Tokyo] **46** ('52) If.

Physical Rev. An x-ray examination of the harmonic thickness vibration of piezoelectric quartz plates[5][6]): **43** ('33) 363f.

Proc. imp. Acad., Tokyo Slowing down of neutrons by thin layers of paraffin[3][6]): **12** ('36) 128–30.

Rep. sci. Res. Inst. [Tokyo] Waterproofing and electrical-insulating character of nitrated cellophane[1][7]): **27** ('51) 391–94.

Scientific Papers Inst. physic. and chem. Res. [Tokyo] x-Ray investigation of the mode of vibration of piezo-electric quartz plates[5][6]): **25** ('34) 20–30. — Slowing down of neutrons by thin layers of paraffin[3][6]): **34** ('37/38) 1–6.

Strahlentherapie Die Absolutbestimmung der „r"-Einheit in der Abteilung für Radiologie der Medizinischen Fakultät der Kaiserlichen Universität zu Tokio[4][2]): **64** ('39) 477–91.

Mit: 1) Y. Kakiuchi; 2) N. Motida; 3) Sh. Nakagawa; 4) M. Nakaidzumi; 5) Y. Sakisaka; 6) I. Sumoto; 7) T. Takamatsu.

VI **NISHIUCHI,** Teikichi. Math. — Until 1906 Stud., then Instructor, '15–18 Assist. Prof., '18–42 Prof., '33 D.Sc., Kyoto Univ.; '42– Prof., Ritsumeikan Univ., Kyoto.
*1881, Dez. 27, Kôchi Prefecture;
†1969, Okt. 4, Kyoto City.

VI **NISHIZAWA,** Kyosuke. Chem. Technol. — 1923– Ord. Prof., '45–51 Dir.,

Engng. Departm., Tôhoku Univ., Sendai. — Weitere Daten nicht bekannt. (⊠)
*1892, Febr. 28, Tokyo.

Chemische Umschau Geb. Fette, Öle, Wachse u. Harze Studien über Twitchellsche Fettspalter, 10: Eigenschaften der aus Twitchellschen Reagenzien isolierten Hauptbestandteile[17]): **39** ('32) 127–34; ∼ 11: Eigenschaften der aus Twitchell-Spaltern isolierten Hauptbestandteile[17])[6]): 196–202.

J. chem. Soc. Japan Properties of the negative catalyst produced during the storage of oils[8])[20])[18]): **58** ('55) 578–82.

J. Soc. chem. Industry, Japan; Suppl. Binding Researches on sulfonated oils, 14: On the sulfonated oil made from sperm oil, 1: Preparation of salts of the pure sulfuric acid ester of cetyl alcohol and their properties[23]): **35** ('32) 548B–550B; ∼ 15: ≈ 2: Properties of the aqueous solution of the pure salt of sulfuric acid ester of cetyl alcohol: 550Bf.; ∼ 18: Properties of Plästabitoil V[4]): **37** ('34) 267B–269B; ∼ 19: The stability of Plästabitoil V against turbidity by the addition of electrolytes and a discussion upon the cause of turbidity of sulfonated oils[4]): 269B–272B; ∼ 20: On the constitution and the property of sulfuric acid ester of fatty acid prepared from crude ricinoleic acid[15])[4]): 347B–349B; ∼ 21: Properties of Intrasol[19]): 444 Bf.; ∼ 27: The preparation and the properties of pure salts of sulfuric acid ester of 10-hydroxystearic acid: **39** ('36) 234B f.; ∼ 29: Sulfonation of methyl or ethyl esters of fatty acids obtained from castor or olive oil with concentrated sulfuric acid[13]): **45** ('42) 16B f.; ∼ 30: Effect of the esterification of the carboxyl group with alcohol upon the property of the sulfuric acid ester derived from fatty acid in castor oil[16]): 320B–322B; ∼ 31: The misunderstanding relating to the generally recognized property of the free carboxyl group contained in sulfonated fatty acid: 366B–368B; ∼ 32: Proposal and the meaning of the estimation of the free and alkali-combined carboxyl groups in sulfonated oils: **46** ('43) 4B f.; ∼ 33: The reaction mechanism involved in the manufacture of sulfonated oils: 221B. — Studies on the cause of the molasses formation, 2: On the equilibrium of the ternary system of sucrose – water – sodium carbonate or potassium carbonate at 30°C and the viscosity of the coexisting liquid phase[1]): **36** ('33) 497B–501B; ∼ 3: On the equilibrium of the ternary system of sucrose – water – sodium acetate or potassium acetate at 30 °C and the viscosity of the coexisting liquid phase[1]): 501B–504B; ∼ 4: On the equilibrium of the ternary system of sucrose – water – sodium sulfate or potassium sulfate at 30°C and the viscosity of the coexisting liquid phase[1]): 535B–537B; ∼ 5: Measurement of the velocity of crystallization of sucrose from its pure supersaturated aqueous solution with a refractometer[1]): **39** ('36) 263Bf.; ∼ 6: Measurement of the velocity of sucrose crystallization from its aqueous solution containing salts by a refractometer[1]): 265B–267B; ∼ 7: Measurement with a refractometer of effect of salts on rate of crystallization of sucrose[1]): 387B–389B. — Studies on Twitchell reagents, 9: The fat-splitting power of three kinds of Twitchell reagents and the darkening of fatty acid hydrolyzed by them[22]): **36** ('33) 681B–684B; ∼ 10: Properties of principal constituents isolated from Twitchell reagents, 1 [17]): 684B–686B; ∼ 11: ≈2 [17]): 686B–689B; ∼ 12: ≈ 3 [17])[6]): **37** ('34) 34B–36B; ∼ 13: Relation between the kind of oils and the emulsifying power of Twitchell reagents[6]): 36B–38B; ∼ 14: Relation connecting the kind of oils with their resistance to the fat-splitting action of Twitchell reagents or to the darkening of mixed fatty acids obtained[17]): 596B–599B; ∼ 15: Relation between the kind of fatty acids and their darkening on heating with Twitchell reagent[6]): 695B–699B; ∼ 16: Constitution of fatty acids and their darkening on heating with Twitchell reagent[14]): **39** ('36) 257Bf.; ∼ 17: Properties of sulfo compounds isolated from commercial wetting agents[12]): 293Bf.; ∼ 18: Relation between the constitution of sulfonic acids and their properties[10])[3]): 360Bf.; ∼ 19: Properties of octadecylbenzenesulfonic acid[21]): 488Bf.; ∼ 20: Properties of pure dipropylnaphthalenesulfonic acid[3])[2]): 489Bf. — Sucrose and liquid ammonia, 1: Vapour pressure of liquid ammonia solutions of sucrose[1])[7]): **42** ('39) 65B–69B.

Kôgyô Kagaku Zasshi Relation between rancidity and inhibitor produced during the storage of oils[8])[18]): **60** ('57) 1130–32 [japan.]. — Twitchell reagents, 32: The reaction between negative catalysts and Twitchell reagents during fat splitting[8])[18])[9]): **64** ('61) 311–15 [∼].

Kolloid-Z. Studien über Twitchellsche Fettspalter, 12: Beziehung zwischen der Art des Öles und der Emulgierungskraft des Spalters[6]): **58** ('32) 225–29.

Science Rep. Tokyo Bunrika Daigaku, Sect. B Laminarin and mannitol of brown algae, 1: Diurnal variation of their content in Eisenia bicyclis: **3** ('38) 289–301 [ ]; ∼ 2: Seasonal variation of their content in Eisenia bicyclis: **5** ('40) 9–14 [ ]; ∼ 3: Variation of content during growth: 14–19 [ ].

Technology Rep. Tôhoku imp. Univ. Über sulfurierte Öle, 5: Darstellung und Eigenschaften der chemisch reinen sauren Alkalisalze des Ricinolschwefelsäureesters und Chemie der sauren Salzbildung des Schwefelsäureesters der Oxyfettsäuren[24])[11]): **10** ('32) 93–115 [ ].

Yushi Kagaku Kyôkaishi Fat-splitting agents: **2** ('53) 2f. [japan.].

Mit: [1]) M. Amagasa; [2]) S. Hibino; [3]) S. Hiraoka; [4]) K. Hirokawa; [5]) –; [6]) T. Inoue; [7]) K. Itô; [8]) Sh. Kanno; [9]) K. Kasamatsu; [10]) T. Kawasaki; [11]) T. Kikuti; [12]) R. Kinoshita; [13]) H. Kurobe; [14]) K. Matumoto; [15]) M. Miyoshi; [16]) G. Nagura; [17]) M. Okuyama; [18]) Sh. Okuyama; [19]) S. Shimmen; [20]) Sh. Tada; [21]) S. Tokuriki; [22]) A. Tominaga; [23]) T. Tomitsuka; [24]) K. Winokuti.

VI **NISI** (Nishi), Hisamit(s)u. Physik (exper.). — 1919–22 Assist. Prof., '22–46 Prof., '46– Prof. Emer., Kyushu Imperial Univ., Fukuoka; '49– Pres., Saga Univ. (⊠)

*1886, Juni 9, Isikawa Prefecture.

S. Verhandelingen, op 25 Mei 1935 aangeboden aan P. Zeeman ('s Gravenhage '35) 261–67: On the Raman spectrum and luminescence of scheelite.

Memoirs Fac. Sci., Kyushu Univ., Ser. B Raman effect in aqueous solutions of some nitrates of rare earth elements[1]): **1** ('52) 33–36.

Proc. physico-math. Soc. Japan Further studies on the Raman effect in crystals (phosphates and silicates). Luminescence of zircon: **14** ('32) 214–29. — Further studies on the Raman effect in crystals (nitrates of alkali metals): **15** ('33) 114–24. — The Raman spectra of anhydrite and anglesite: 463–69.

Mit: [1]) G. Tomita.

VI **NJEGOVAN,** Vladimir. Chem. (physikal.). — 1919–43, '45–46 Prof., Techn. Hochsch. (= spätere Techn. Fak. d. Univ.) Zagreb; '44–49 wiss. Mitarbeiter, Arzneimittelfabrik „Pliva", Zagreb; '26 Gründer d. Jugoslawischen Chem. Ges.

*1884, Apr. 28, Zagreb;
†1971, Juni 25, Zagreb.

HZ. Arhiv za Hemiju i Farmaciju 1927–1933.

Ue. I. M. Kolthoff, E. B. Sandell, Anorganska kvantitativna analiza [Textbook of quantitative inorganic analysis] (Zagreb '51) 20+714 S. [= Übersetzung der 2. engl. Aufl.]; (Beograd '63) 16+728 S. [~ 3. engl. Aufl.].

S. Atti X Congresso internazionale di chimica, Roma 1938, **2** (Roma '38) 380–90: Betrachtungen über das Nernstsche Wärmetheorem.

W. Osnovi hemije (Zagreb '39); [2]('46) 8+567 S.; [3]('47); [4](Beograd '58) 8+618 S.; [5]('62); [6]('65); [7]('69) 8+617 S. — Kvalitativna analiza [2](Zagreb '48) 224 S.; ab 3. Aufl. u. d. T.: Kvalitativna analiza, Makrotehnika - semimikrotehnika - hromatografija (m. M. Mirnik, M. B. Ćelap) [3](Beograd '61) 6+168 S., [4]('66) 6+168 S. — Nikola Tesla, heroj tehnike (Zagreb '50) 54 S. (Mala biblioteka).

Acta physica polon. Über innere Thermodynamik [, 1]: **2** ('33/34) 424–38; ~ 2: **3** ('34) 213f. — Über eine phänomenologische Deutung der thermodynamischen Konstanten: **6** ('37/38) 109–24 [m. poln. Zusammenfassg.].

Acta physicochim. URSS Potentielle Energie in der Thermodynamik: **13** ('40) 829–38; **14** ('41) 568.

Analyt. chim. Acta Über quantitative Ausscheidung der Niederschläge in der gravimetrischen Analyse: **5** ('51) 55–59. — On separation of trivalent from bivalent metals by the method of Šolaja[5]): **7** ('52) 304–07.

Arhiv za Hemiju i Farmaciju Über den inneren Effekt bei thermodynamischen Veränderungen, 1: **6** ('32) 154–61 [kroat. m. französ. Zusammenfassg.]; ~ 2: **7** ('33) 23–29 [~]; ~ 3: 65–67 [~]. — Wilhelm Ostwald, 1853–1932: **6** ('32) 180–87 [kroat.]. — Entwicklung der Physik und Chemie in den letzten 25 Jahren: **6** ('32) Beilage, 302–16 [~]. — Über eine Erfahrung bei der Bestimmung der Sulfate[2]): **7** ('33) 36–41 [~]. — Stjepan Mohorovičić: 129–42 [~]. — In memoriam D. I. Mendeleev, 1834–1907: **8** ('34) 199–205 [~]. — Madame Curie: **8** ('34) [~].

Arhiv Kem. Ein neues Verfahren zur Darstellung von Eisenchlorid: **20** ('48) 120f. [kroat. m. engl. Zusammenfassg.]. — Die planmäßige Suche nach seltenen Metallen in unserem Land: **20** ('48) [kroat.]. — Herstellung von Kaliumjodid: **21** ('49) 210–15 [kroat. m. engl. Zusammenfassg.]. — Über den qualitativen Nachweis von Antimon in Gegenwart von Zinn: 216f. [~]. — Totale Thermodynamik, 1: Totale Thermodynamik fester Systeme: **22** ('50) 116–36; ~ 2: Totale Thermodynamik fluider Systeme: 137–70.

Croatica chem. Acta Prof. Dr. Ivan Plotnikov[6]): **28** ('56) 131–40 [kroat.]. — Prof. Dr. Bogdan Šolaja: 141f. [kroat.].

Chemické Listy Vědu a Průmysl Bestimmung von Phosphorsäure als Pyrophosphat[2]): **26** ('32) 449–51 [kroat.].

Collection Trav. chim. Tchécoslovaquie Comments upon the third law of thermodynamics: **5** ('33) 415–23. — An attempt to express the chemical constant thermodynamically: 424–26.

Farmaceutski Glasn. Ersatz für Kakaobutter bei der Herstellung von Suppositorien: **1** ('45). — Die Produktion analysenreiner Chemikalien in der UdSSR: **3** ('47). — Anmerkungen zur Neuausgabe des Arzneibuchs: ibid. — Besuch Prof. Kolthoffs in unserem Land: **5** ('49). — — Alle Beiträge kroat.

Farmaceutski Vjesn. Chemische Kriegführung: **23** ('33) [kroat.].

Filozofija [Beograd] Materia je priroda: **6** ('62).

Glasn. hemiskog. Druš. [Beograd] Über quantitative Ausfällungen in der analytischen Chemie: Jubiläumsnr. **1897–1947** ('47) 185–99 [kroat. m. engl. Zusammenfassg.].

Glasn. jugoslov. profesorsk. Druš. Zur chemischen Terminologie: **15** ('34). – Das Periodensystem von Mendeleev: **16**('35). – Über die Verwendung einer Organisation der Zivilbevölkerung für die Kriegszeit: ibid. – – Alle Arbeiten kroat.

Hemiski Pregled Thermodynamik metastabiler Systeme (2 Mitteilungen): **5** ('54) [kroat.].

Methodos [Milano] The universe is a "Perpetuum mobile": **11** ('59) 173–80. – Radiation matter. Fourth state. Plasma: **11** ('59) 4 S.

Nauka i Tehn. [Beograd] Ein vierter Hauptsatz der Thermodynamik?: **2** ('46). – Graphische Darstellung der Gibbs-Helmholtzschen Gleichung: **3** ('47). – Die Energie und ihre Faktoren: **3** ('47). – Mysterium Thermodynamik: **6** ('50). – Die Energie und ihre Umwandlungen: ibid. – Die Materie und ihre Umwandlungen: ibid. – Die Thermodynamik von Lebensprozessen: **8** ('52). – – Alle Beiträge serbokroat.

Philosophia naturalis [Meisenheim/Glan] Wie soll die Materie definiert werden?: **7** ('62) 442–50.

Priroda [Zagreb] Nikola Tesla: **43** ('56) 180–84 [kroat.].

Scientia Sur la thermodynamique des systèmes métastables: **89** ('54) 328–32.

Sveučilišni Vjesn. Sveučilište - Univerzitet: **1** ('56).

Tehnika [Beograd] Begriff und Aufgabe der Thermodynamik: **4** ('49) [serbokroat.]. – Vorschlag zur planmäßigen Erkundung von seltenen Metallen in unserem Land: ibid. [∼]. – Reversible und irreversible Prozesse: **5** ('50) [∼].

Wissen im Werden Über inverse Thermodynamik: **2** ('58).

Z. Acker- und Pflanzenbau Untersuchungen zur mikrobiologischen Bestimmung des Düngungsbedürfnisses des Bodens: **110** ('60) 438–50.

Z. analyt. Chem. Über quantitative Fällungen bei extremen Konzentrationen, 3 [2]): **89** ('32) 112–20; ∼ 4 [2]): **93** ('33) 353–58; ∼ 5 [2]): **108** ('37) 33f.; ∼ 6 [2]): **117** ('39) 109–18; ∼ 7: Über die formelreine Ausscheidung des Mangan(II)-ammoniumphosphates[3]): **131** ('50) 187–91. – Über die Bestimmung der Trockensubstanz in flüssigen Lebensmitteln mit Hilfe von Natriumsulfat[1]): **109** ('37) 403–21. – Über die Bestimmung der Trockensubstanz in der Milch sowie des Wassergehaltes in der Butter und des Extraktes von Wein mit wasserfreiem Natriumsulfat bzw. Infusorienerde als Verteilungsmittel[1]): **175** ('60) 428–31. – Über die Bestimmung von Mangan und Phosphat in Form von formelreinem Mangan(II)-ammoniumphosphat[5])[4]): **183** ('61) 412–16 [m. engl. Zusammenfassg.]. – Über die Verwendung von Hexamethylentetramin zur gravimetrischen Trennung dreiwertiger Kationen von den zweiwertigen[5])[4]): 416–19 [∼].

Z. Physik Worin bestehen die angeblichen Unzulänglichkeiten des Nernstschen Wärmetheorems?: **94** ('35) 377–85. – Versuch einer kinetischen Deutung des inneren Effektes: **97** ('35) 390–94; **98** ('35) 415f.

Einige weitere Beiträge in Kongreßberichten, Sammelwerken und Zeitschriften. – Mitverfasser eines Schullehrbuchs der Chemie.

Mit: [1]) M. Kranjčević; [2]) V. Marjanović; [3]) B. Morsan; [4]) B. Šolaja; [5]) Š. K. Šušić; [6]) K. Weber.

VI **NOBILE,** Umberto. Aeronautik. – 1908 Laurea in ing., Univ. di Napoli; '26–60 Prof. ord. Costruz. aeronaut., Scuola d'Ingegneria di Napoli → R. Ist. super. d'Ingegneria di Napoli → Fac. d'Ingegneria, Univ. di Napoli, '60 Prof. emer.; '32–36 Consulente, Aeronautica sovietica, Moskva. – '26 Dr. h. c. (Univ. di Genova). – '26 Medaglia d'Oro (Ministero della Pubblica Istruzione).

*1885, Jan. 21, Lauro, Avellino.

Zur Biogr. W. Cross, Ghost ship of the Pole. The incredible story of the dirigible "Italia" (London '60) 11+360 S. (m. Bildn.). – E. Dithmer, Sandheden om Nobile (Bjørnstjerne Bjørnson in memoriam) (København '32) 8+65 S. (m. Bildn.); engl.: The truth about Nobile (London '33) 77 S. (m. Bildn.). – A. Meyer, Rechtliche Glossen zum Fall Nobile: Archiv Luftrecht **2** ('32) 59–62. – R. L. Samojlovič, Vol'dach Arktiki; pochod "Krasina" letom 1928 goda [Im Eis der Arktis; die Expedition der „Krasin" im Sommer 1928] [3](Leningrad '34) 339 S.; 4. Aufl. u.d.T.: Na spasenie ėkspedicii Nobile; pochod "Krasina" letom 1928 goda [Zur Rettung der Nobile-Expedition; ∼] [4]('67) 315 S. – Annuario pontificia Accad. Sci. 1.1936/37 ('37) 579–88 (m. Bildn., Faks., Schr.verz.).

MH. La preparazione e i risultati scientifici della spedizione polare dell'"Italia" (Milano '38).

S. I° Congresso internazionale dei trasporti a fune, Roma 1957 (Roma '58): Esperienze relative all'azione del vento su talune parti di una funivia.

W. L'"Italia" au Pôle nord [Übersetzung d. italien. Originalausg.] (Paris '33) 16+357 S.

— Meccanica del volo dei dirigibili (Napoli '37, Roma '38) 135 S. — Gli Italiani al Polo Nord (Roma '45) 31 S. (Associazione culturale aeronautica). — Posso dire la verità. Storia inedita della spedizione polare dell'"Italia". Con una lettera di Benedetto Croce (Roma '45) 16+295 S., (Milano '45) 340 S.; schwed.: Nu kan jag berätta sanningen (Stockholm '46) 256 S. — Quello che ho visto nella Russia sovietica (Roma '45) 24+252 S. (Saggi, a cura di U. Ortolani, 7); span.: Lo que he visto en la Rusia soviética (Buenos Aires '46). — Perchè sono a fianco dei comunisti (Roma '46) 16 S. — La repubblica deve difendere tecnici e maestranze (Contro le spese militari improduttive e per una politica aeronautica nazionale). Discorso (Camera dei Deputati) (Roma '46) 16 S. — L'umanità al bivio. Con una lettera di Guido de Ruggiero e commenti critici di Luigi Einaudi e Umberto Terracini (Milano '47) 39+210 S. (Orientamenti, 14). — Lezioni di costruzioni aeronautiche. Costruzioni grafiche per la ricerca degli elementi caratteristici di volo (G. Guerra) (Napoli '47) 103 S. — Addio "Malyghin"! Con i Russi fra i ghiacci della Terra Francesco Giuseppe, seguito da una nota storica sulla scoperta ed esplorazione di quella terra (Milano–Verona '48) 14+219 S. — Elementi di aerodinamica, **1**: Teoremi fondamentali del moto di un fluido perfetto; correnti incompressibili; effetti della compressibilità; propulsione ad elica, con un'appendice sulla propulsione a reazione (Roma '54) 15+451 S.; **2**: Correnti supersoniche; correnti superaerodinamiche o meccanica dei gas rarefatti ('54) 15+440 S. — Gli Italiani al Polo Nord (Milano '59) 296 S. (Arcobaleno, 24), ^{2}('60); engl.: My polar flights; an account of the voyages of the airships "Italia" and "Norge" (London–NewYork '61) 288 S.; span.: Mis vuelos polares (Barcelona '63) 287 S. — Storia aggiornata della spedizione polare dell'"Italia". L'epilogo del dramma (Roma '62) 58 S. [Nichtkommerzielle Ausgabe von 100 numerierten Exemplaren]. — La tenda rossa; memorie di neve e di fuoco (Verona '70) 447 S.; span.: La tienda roja (Barcelona '70) 420 S.; tschech.: Červený stan (Praha '72) 369 S.; französ.: Le Pôle, aventure de ma vie (Paris '74) 496 S.

Aerotecnica Portanza e resistenza in aria estremamente rarefatta: **34** ('54) 229–61. — Su un metodo grafico per risolvere le equazioni del moto nella teoria impulsiva semplice di un'elica in un fluido perfetto compressibile aeriforme: **35** ('55).

Commentationes, Pontifica Acad. Sci. Sulle variazioni termiche del gas contenuto nella carena di un'aeronave e conseguenti variazioni di forza ascensionale: **1** ('37) 45–75. — Alcune questioni attinenti alla meccanica del volo dei dirigibili: **2** ('38) 1–129. — La pressione del gas nei dirigibili: **3** ('39) 65–91. — La forza ascensionale dei dirigibili e la quota massima raggiungibile: 199–232. — Sulle variazioni di portata che accompagnano la manovra del dirigibile dall'uscita dell'hangar alla salita in quota: 489–514. — Sul consumo del gas di sostentamento dei dirigibili: 515–43. — Costruzioni grafiche per la ricerca degli elementi caratteristici di volo di un aeroplano: **6** ('42) 865–976.

International Ropeway Rev. Some comments on official regulations concerning the action of wind on ropeway cables: **10** ('68) 236–38.

Memorie Accad. pontificia Nuovi Lincei Determinazione delle potenze necessarie e delle potenze disponibili per il volo: (3) **1** ('34) 49–83.

Moskauer Rdsch. [Moskva] Der Weg zum halbstarren Großluftschiff: **5** ('33) 27. Aug.

New Scientist Cyclists of the air: **51** ('71) 566 f.

Ricerche Ingegneria Momenti statici, forze portanti dinamiche, angoli di barra singolari e velocità d'inversione di un dirigibile "N": **5** ('37) 36–47.

Rivista aeronaut. Il monumento di Tromsö ai caduti della spedizione polare dell'"Italia" e di quelle di soccorso: **46** ('70) 739–55.

Sovetskaja Arktika Das Luftschiff in der Arktis: **2** ('36) Nr. 3, 96f. [russ.].

Techničeskij Bjul. Dirižablestroja Ein Luftschiff von 18.500 Kubikmetern: **1933**, Nr. 4, 9–24 [russ.]. — Notiz über die Wirkung der Lenkung mit Luft auf den statischen Trimm eines halbstarren Luftschiffs: **1935**, Nr. 1, 55–62 [~].

Trasporti pubbl. Evoluzione della seggiovia: l'esempio svizzero: **6** ('49) Juli-Nr. — Il grado di sicurezza dei cavi portanti-traenti nei trasporti aerei monofuni: **7** ('50). — Le resistenze passive nei trasporti aerei monofuni, **1**: Considerazioni ed esperienze preliminari: **7** ('50) Sept.-Nr.; ~ **2**: La pressione sui sostegni: **8** ('51) Febr.-Nr.; ~ **3**: Variazioni della resistenza: **9** ('52) Febr.-Nr. — Le funivie bifuni a moto continuo del sistema Wallmannsberger: **8** ('51) Apr.-Nr. — Nuovi sistemi di trasporti aerei monofuni, a moto continuo, per persone: Aug.-Nr. — La resistenza passiva di linea di una funivia monofune a carichi uniformemente ripartiti, in funzione della pressione sui sostegni: **15** ('58) 537–47.

Vestn. vozdušn. Flota Die Lehren aus der „Macon"-Katastrophe: **1935**, Nr. 5, 17–19 [russ.].

Einige weitere Beiträge in sowjetischen Zeitschriften ('33–35). — Ferner Veröffentlichung von Ansprachen im Parlament ('48).

VI **NOBILE,** Vittorio. Astron., Geod., Math. (Himmelsmech.). — 1910–35 Insegnante di ruolo Mat., Ist. Tecn. Industriale "A. Volta", Napoli; '22–25 Libero Doc., '25–35 Prof. incar. Astron., '26–50 Prof. incar. Geod., '35–50 Prof. ord. Astron. teoret., '50 Prof. emer., Univ. di Napoli. — '31 Premio Reale per l'Astron. (R. Accad. Nazion. dei Lincei).

*1875, Okt. 27, Napoli;

†1966, Dez. 7, Napoli.

Nekr. T. Nicolini, Atti Accad. pontaniana (N. S.) **17**.1967/68 ('68) 501–06 (m. Bildn. u. Schr.verz. 53 Nrn.). — Memorie Soc. astron. ital. **39** ('68) Nr. 4.

Zur Biogr. Carolina Nobile Fiore, Antonio - Arminio - Vittorio Nobile, astronomi nell'osservatorio di Capodimonte (Roma '74) 59–89 (m. Bildnissen, Faks., Schr.verz. 42 Nrn.).

S. Un secolo di progresso scientifico italiano, 1839–1939. Società Italiana per il Progresso delle Scienze (L. Silla) **1** (Roma '39) 535–52: Il contributo italiano al progresso della meccanica celeste negli ultimi cento anni.

W. Appunti complementari di meccanica razionale (Napoli '46) 41 S. [lithogr.].

Acta, Pontificia Acad. Sci. Preliminari per una necessaria revisione della teoria dell'aberrazione annua. I fondamenti teorici del problema: **2** ('38) Nr. 4, 29–44.

Atti (reale) Accad. nazion. Lincei, Rend. Sulle leggi di forza centrale corrispondenti ad assegnate traiettorie e sopra un caso particolare notevole: (6) **15** ('32) 781–88. — Sulla utilizzazione delle determinazioni spettroscopiche delle velocità radiali nello studio del moto perturbato dei sistemi stellari: **19** ('34) 682–88. — Sulla possibilità di nuovi indirizzi della teoria della refrazione astronomica e di occasionali contributi alla fisica dell'atmosfera, **1**: **21** ('35) 615–20; ~ **2**: 675–78. — Sulle premesse fondamentali per una rettifica alla teoria dell'aberrazione: **29** ('39) 656–64. — Sulla maniera d'intendere edi trattare il problema della rotazione galattica: (7) **4** ('43) 222–31. — Sopra un gruppo di problemi astronomici connessi con quello della rotazione galattica: 349–54. — Il conflitto fra copernicisti e aristotelici nella sua essenza e nel pensiero di Galileo, Rilievi e precisazione, **1**: (8) **9** ('50) 299–306; ~ **2**: **10** ('51) 337–43; ~ **3**: **11** ('51) 311–19. — Sulla opportunità di direttive generali nella ricerca di leggi di coordinamento fra i moti stellari, **1**: **13** ('52) 3–8; ~ **2**: 341–46; ~ **3**: **14** ('53) 169–74. — Sull'argomento galileiano della quarta giornata dei "Dialoghi" e sue attinenze col problema fondamentale della geodesia: **16** ('54) 426–33. — Il problema del riferimento pei moti stellari e la sua essenziale connessione con quello della ricerca del potenziale galattico, La soluzione rigorosa del complesso dei due, **1**: **20** ('56) 715–19; ~ **2**: **21** ('56) 235–41; ~ **3**: **22** ('57) 6–11. — Commemorazione del Socio Giuseppe Armellini: **27** ('59) 275–88. — Sul calcolo delle orbite planetarie. Nuova impostazione del problema e determinazione diretta della soluzione unica che questo ammette, **1**: **28** ('60) 751–57; ~ **2**: **29** ('60) 244–47. — Sulla attendibilità di alcuni dati e presupposti finora ammessi nella ricerca di una legge universale di gravitazione, Criteri per necessarie revisioni e possibilità di eventuali verifiche al riguardo, **1**: **32** ('62) 808–13.

Atti Accad. pontaniana Necrologia dell'astronomo Filippo Angelitti: (2) **62** ('32).

Atti reale Accad. Italia, Mem. Il termine solare dell'aberrazione e la struttura del sistema planetario: **12** ('41) 25–49.

Atti Soc. ital. Progr. Sci. Necessità di una revisione della teoria dell'aberrazione. Ripercussioni cosmogoniche: **27**.1938 ('39) 5 S.

Memorie Soc. astron. ital. Sul valore di un argomento addotto contro la teoria cosmogonica di Laplace: **12** ('39) 97–100.

VI **NOBLE,** Charles Albert. Math. — 1897–1903 Instructor, '03–11 Assist. Prof., '11–19 Assoc. Prof., '19–37, '42–46 Prof., '37 Prof. Emer., Univ. of California, Berkeley, Calif.

*1867, Aug. 14, Soquel, Calif.;

†1962, Mai 7, Berkeley, Calif. [?].

Nekr. San Francisco Examiner **1962**, 10. Mai.

MUe. F. Klein, Elementary mathematics from an advanced standpoint, **1**: Arithmetic, algebra, analysis (New York '32) 9+274 S., ('45), ('53); **2**: Geometry ('40) 10+214 S., ('49) 233 S.

V,VI **NØRLUND,** Niels Erik. Math., Geod. — 1922–56 Ord. Prof. Math., Univ. København; '28–55 Dir., Dän. Geodät. Inst.; '27–30 Präs., Balt. Geodät. Kommiss.; '27–33 Präs., Kgl. Dän. Akad. Wiss.; '28–64 Präs., Rask-Ørsted Stiftung, '28–48 Präs., Int. Zeit-Kommiss.; '31–34 Vizepräs., '34–37 Präs., Int. Rat Wissenschaftl. Vereinigungen. — '36 Dr. Ing. e. h. (Techn. Hochsch. Darmstadt); '37 Hon. D. Sc. (Univ. of London); '41 Dr. phil. h. c. (Univ. Lund); '51 Dr. phil. h. c. (Univ. Oslo); '50 Dr. sc. h. c. (Univ. de Dijon); '58 Dr. agron. h. c. (Univ. København). — '54 Ole Rømer Medalje: '56 Vitus Bering Medalje.

*1885, Okt. 26, Slagelse.

Zum 60. Geb.tag Festskrift til N. E. Nørlund i anledning af hans 60 aars fødselsdag. Fra danske matematikere, astronomer og geodæter **1** (København '45) 186 S. (m. Bildn.); **2** ('46) 172 S. [Sonderausgaben von Matematisk Tidsskr., B].

Zum 70. Geb.tag W. Großmann, Z. Vermessungswesen **80** ('55) 418f.

H. Seismische Feldarbeiten in Dänemark, durchgeführt vom Geodätischen Institut in den Jahren 1932–1933, **1** (København '34) (Geodætisk institut, Mémoires, Sér. 3, No. 2). — N. Nielsen, Géomètres français du dix-huitième siècle (København–Paris '35). — Johannes Mejers kort over det Danske Rige **1–3** (København '42) (Geodætisk instituts publikationer, 1–3). — Danmarks kortlægning, en historisk fremstilling **1**(København '42), ²('43) (∼ 4). — Færøernes kortlægning, en historisk fremstilling (København '44) (∼ 6). — Islands kortlægning (København '44) (∼ 7).

MHZ. Acta math. **45** ('24/25) - **80** ('48).

HZ. Acta math. **81** ('49) - **115** ('66).

S. Verhandlungen der Baltischen Geodätischen Kommission, 7. Tagung, Leningrad und Moskau 1934, **2** (Helsinki '35) 224–31: Untersuchungen über die Genauigkeit relativer Schweremessungen mit dem Holweck-Lejay-Pendel. — Verhandlungen ∼, 8. Tagung, Kopenhagen 1935 (Helsinki '36) 100–08: Über die Wahl von Sternen bei Zeit- und Längenbestimmungen. — Verhandlungen ∼, 9. Tagung, Helsinki 1936 (Helsinki '37) 60: Bericht über die Schweremessungen in den Landeszentralen. — Festskrift til Prof. Dr. phil. J. F. Steffensen fra kolleger og elever paa hans 70 aars fødselsdag, 28. Febr. 1943 (København '43) 126–28: Determination of the weights for the unknown in graduation of elements [dän.].

W. Observations de l'intensité de la pesanteur avec le nouveau modèle de pendule Holweck-Lejay (m. A. Schneider) (København '34) 163 S. (Institut Géodésique de Danemark, Mémoires [= Geodætisk instituts skrifter] Sér. 3, Nr. 1). — De gamle danske længdeenheder (København '44) 80 S. [m. französ. Zusammenfassg.] (∼ 3). —Hydrostatisk nivellement over Store Bælt (København '45) 122 S. [∼] (∼ 6). — Hydrostatisk nivellement over Øresund (København '46) 84 S. [∼] (∼ 8). — Vorlesungen über Differenzenrechnung. Neudr. (New York '54) 551 S.

Acta math. Ausgleichung nach der Methode der kleinsten Quadrate bei gruppenweiser Anordnung der Beobachtungen: **72** ('40) 283–353. — Hypergeometric functions: **94** ('55) 289–349.

Archiv Math. Über hypergeometrische Funktionen. Herrn A. Ostrowski zum 60. Geburtstag: **5** ('54) 258–65.

Atti Accad. nazion. Lincei, Rend. Sur la convergence de certaines séries de facultés: (8) **28** ('60) 532–38.

Atti Convegni, Fondaz. Alessandro Volta Anwendung einer Funktionsgleichung in der Ausgleichsrechnung zur Bestimmung der Gewichte der Unbekannten: **9.**1939 ('43) 325–37.

Bull. géodés. The figure of the earth: **55** ('37) 193–210.

Circulaire, Union astron. int. [København] Notice regarding time signals: Nrn. **560, 563** ('35); Nr. **575** ('36).

C. R. hebd. Séances Acad. Sci., Paris Sur les fonctions hypergéométriques: **237** ('53) 1371–73, 1466–68. — Sur les valeurs asymptotiques des nombres et des polynômes de Bernoulli: **251** ('60) 2269f.

Festskr. Københavns Univ. Svante Elis Strömgren†: **1947**, Nov., 149–52.

Geografisk Tidsskr. Notice nécrologique sur le colonel I. P. Koch: **42** ('39) 1–6 [ ]. — Die Landesaufnahme von Grönland und Island: 21–30 [dän.]. — Die Vermessung der Straßen Dänemarks: **52** ('52) 232–41 [∼].

Geographical J. Some methods and procedure developed during recent expeditionary surveys in South-East Greenland¹): **86** ('35) 317–29.

Kungl. fysiogr. Sällsk. Lund Förh. Séries hypergéométriques: **21** ('52) 143–46.

Matematisk-fys. Skr., Kgl. danske Vid. Selsk. Sur les fonctions hypergéométriques d'ordre supérieur: **1**, Nr. 2 ('56) 47 S. — The logarithmic solutions of the hypergeometric equation: **2**, Nr. 5 ('63) 58 S.

Matematisk Tidsskr., B Über Längenbestimmungen: **1937**, 72–74 [dän.]. — Hypergeometrische Funktionen: **1950**, 18–21 [∼].

Meddelanden Lunds Univ. Mat. Semin. Séries hypergéométriques: Suppl. **1952**, 169–72.

Monthly Notices roy. astron. Soc. Astronomical longitude and azimuth determinations: **97** ('36/37) 489–506.

Nordisk mat. Tidskr. Reflections on three branches of science: **4** ('56) 5–19 [dän. m. engl. Zusammenfassg. S. 63]. — Johan Frederik Steffensen†: **10** ('62) 105–07 [∼ S. 168]. — J. P. Gram, 1850–1916: **14** ('66) 73–76 [∼ S. 158].

Norsk mat. Tidsskr. Hydrostatisk nivellement over Store Bælt: **26** ('44) 104–08.

Oversigt Selsk. Virksomhed, Kgl. danske Vid. Selsk. Svante Elis Strömgren†: **1947/48** ('48) 73–77. — Harald Bohr†: **1950/51** ('51) 61–67.

Polar Rec. The survey work of the Danish Geodetic Institute in Greenland and Iceland: Nr. **17** ('39) 38–45.

Rend. Circolo mat. Palermo Sur les valeurs asymptotiques des nombres et des polynômes de Bernoulli: (2) **10** ('61) 27–44.

Einige weitere Beiträge in Kongreßberichten. — Berichte über die geodätischen Arbeiten des Dänischen Geodätischen Instituts 1930–1933, 1933–1939 und 1939–1953, vorgelegt und veröffentlicht anläßlich der 5., 7. und 10. Generalversammlung der Association Internationale de Géodésie 1933, 1939 und 1954.

Mit: [1]) M. Spender.

VI **NOLAN,** John James. Physik (exper.). — 1920–52 Prof., '40–52 Registrar, Univ. College of Dublin; '47–52 Chairman, Governing Board of School of Cosmic Physics, Dublin Inst. of Advanced Studies; '23–49 Secretary, '49–52 Pres., Roy. Irish Acad.

*1888, Dez. 28, Omagh, Co. Tyrone; †1952, Apr. 18, Dublin.

Bruder von Patrick Joseph Nolan VI, VIIb

Nekr. J. Mac Laughlin, Studies **41** ('52) 317–22. — T. E. Nevin, Nature [London] **169** ('52) 1036f.

Archiv Meteorol., Geophysik u. Bioklimatol., Ser. A The control of the electrical conductivity of the lower atmosphere: **3** ('50) 17–28.

Gerlands Beitr. Geophysik The discharge from raindrops in intense fields[6]): **41** ('34) 185–91.

Nature [London] Atmospheric condensation nuclei[3]): **135** ('35) 654. — Equilibrium of ionization in the lower atmosphere[1]): **164** ('49) 454.

Proc. roy. irish Acad. Observations on atmospheric ionization at Glencree, Co. Wicklow[4]): **40** ('31/32) Sect. A, 11–59. — Electric discharge from water drops[5]): 86–98. — Multiply charged large ions[5]): **41** ('32/34) Sect. A, 26–40. — Further observations on atmospheric ionization at Glencree[4]): 111–28. — A new method for counting atmospheric ions and determining their mobilities[4]): **42** ('34/35) Sect. A, 15–19. — The diffusion coefficients and velocities of fall in air of atmospheric condensation nuclei[3]): **43** ('35/37) Sect. A, 5–24. — Atmospheric electrical conductivity and the current from air to earth[4]): 79–93. — Diffusion and fall of atmospheric condensation nuclei[4]): **45** ('38/40) Sect. A, 47–59. — The equilibrium of ionization in the lower atmosphere: **46** ('40) Sect. A, 77–90. — Observations on the radium A content of the atmosphere[1]): **53** ('50) Sect. A, 145–61.

Proc. roy. Soc. London, Ser. A The effect of water vapour on the diffusion coefficients of ions in nitrogen and oxygen[2]): **140** ('33) 452–56.

Research [London] Cloud chamber investigations of small airborne particles: **1** ('48) 647–51.

Trans. Faraday Soc. The determination of the mass and size of atmospheric condensation nuclei[3]): **32** ('36) 1175–79.

Mit: [1]) T. Burke; [2]) A. C. Galvin; [3]) V. H. Guerrini; [4]) P. J. Nolan; [5]) J. G. O'Keeffe; [6]) J. P. Ryan.

VI **NOLAN,** Patrick Joseph. Physik, Geophysik. — 1922 Ph. D., '30 D. Sc., Nation. Univ. of Ireland, Dublin; '20–29 Assist., '29–54 Lecturer Physics, '54–64 Prof. Geophysics, Univ. College of Dublin.; '54–57, '59–62 Vice Pres., '63–66 Secretary of the Committee for Sci., Roy. Irish Acad. — '69 Hon. Sc. D. (Univ. of Dublin). — '71 Boyle Medal (Roy. Dublin Soc.).

*1894, Aug. 11, Omagh, Co. Tyrone.

Bruder von John James Nolan VI, VIIb

Erfindung Photoelektrischer Zähler für Kondensationskerne.

Zur Biogr. Award of the Boyle Medal to Patrick J. Nolan: Scientific Proc. roy. Dublin Soc., Ser. A **4** ('71/72) 159f.

S. Recent advances in atmospheric electricity. Proc. 2nd Conference on atmospheric electricity (L. G. Smith) (New York '58): Small nuclei produced by discharge at a point. — Encyclopaedic dictionary of physics (J. Thewlis) **1** (Oxford–London '62) 285–88: Atmospheric electricity.

Archiv Meteorol., Geophysik u. Bioklimatol., Ser. A Condensation nuclei and meteorological elements in Dublin[19]): **2** ('50) 374–85.

Geofisica pura e appl. The photo-electric nucleus counter as hygrometer[14]): **31** ('55) 32–36 [m. deutscher Zusammenfassg.]. — Production of nuclei from ammonia and nitric acid[10]): 50–53 [~]. — Coagulation and diffusion of enclosed nuclei[10]): 97–106 [~]. — Nucleus content of air in occupied rooms[2]): 191–96 [~]. — Metal point discharge nuclei and the production of multiply charged ions from condensation nuclei[10]): **36** ('57) 201–10 [~]. — The condensation nuclei produced by point discharge[15]): **42** ('59) 117–26 [~]. — Influence of image forces on combination in aerosols[7]): **50** ('61) 155–60 [~].

Geophysical Bull. The nuclei produced by disruptive discharge at a water surface[11]): Nr. **7** ('53) 19 S.

Geophysical Res. Papers The photo-electric counter and its application for measuring diffusion coefficients: **42** ('55) [= Proc. 1st Conference on atmospheric electricity].

J. atmospher. and terrestr. Physics A modified McClelland method for measuring ionic mobilities[9]: **2** ('52) 266–71. — Anomalous loss of condensation nuclei in rubber tubing[9]: **3** ('53) 181–85. — The disappearance of condensation nuclei in a sealed room: Remarks on a paper by Smith and Schilling: **5** ('54) 345f. — The equilibrium of ionization in the atmosphere and nuclear combination coefficients: **9** ('56) 295–303.

Nature [London] The recombination law for weak ionization: **148** ('41) 26.

Proc. roy. irish Acad. Observations on atmospheric ionization at Glencree, Co. Wicklow[13]: **40** ('31/32) Sect. A, 11–59. — The influence of condensation nuclei and dust particles on atmospheric ionization: **41** ('32/34) Sect. A, 61–69. — Further observations on atmospheric ionization at Glencree[13]: 111–28. — A new method for counting atmospheric ions and determining their mobilities[13]: **42** ('34/35) Sect. A, 15–19. — Atmospheric electrical conductivity and the current from air to earth[13]: **43** ('35/37) Sect. A, 79–93. — Diffusion and fall of atmospheric condensation nuclei[13]: **45** ('38/40) Sect. A, 47–59. — Estimation of the air-earth current: **46** ('40/41) Sect. A, 65–75. — Experiments on condensation nuclei: **47** ('41/42) Sect. A, 25–38. — The recombination law for weak ionization: **49** ('43/44) Sect. A, 67–90. — The equilibrium of small ions and nuclei[6]: **50** ('44/45) Sect. A, 51–68. — Experiments of the conductivity of atmospheric air[5]: 233–56. — The removal of radon from atmospheric air by filtering[5]: 257–60. — The calibration of a photo-electric nucleus counter[16]: **51** ('45/48) Sect. A, 9–31. — Observations on atmospheric condensation nuclei in stored air[3]: 239–49. — Condensation nuclei from hot platinum; size, coagulation coefficient and charge-distribution[8]: **52** ('49) Sect. A, 171–90. — Size and charge distribution of atmospheric condensation nuclei[4]: **53** ('50/51) Sect. A, 163–79. — Size, mobility, and charge of multiply charged ions[14]: **57** ('54/56) Sect. A, 161–71. — Charge equilibrium in aerosols according to the Boltzmann law[7][17]: **60** ('59/60) Sect. A, 27–45. — Combination coefficients of ions and nuclei[7]: **62** ('61/63) Sect. A, 43–53. — Observations on the heterogeneity of condensation nuclei[18]: **63** ('63/64) Sect. A, 35–47. — The influence of variations in pressure and temperature on the calibration of a photo-electric nucleus counter[18]: **64** ('64/66) Sect. A, 37–48. — The exhaustion method of nucleus size analysis[18]: **65** ('66/67) Sect. A, 13–25. — Influence of Coulomb and image forces on combination in aerosols[7][18]: **66** ('67/68) Sect. A, 17–29. — Electrostatic deposition in ionic diffusion experiments[1][14]: 69–78. — The detection of radon in the atmosphere[12]: **68** ('69) Sect. A, 55–69.

Quarterly J. roy. meteorol. Soc. Note on the portable Aitken counter: **61** ('36) 367–.

Scientific Proc. roy. Dublin Soc., Ser. A The photoelectric nucleus counter: **4** ('72) 161–.

Mit: 1) F. Anderson; 2) T. Burke; 3) J. Deignan; 4) D. J. Doherty; 5) E. F. Fahy; 6) R. I. Galt; 7) D. Keefe; 8) E. L. Kennan; 9) P. J. Kenny; 10) E. Kuffel; 11) P. S. MacCormaic; 12) J. P. McLaughlin; 13) J. J. Nolan; 14) T. C. O'Connor; 15) C. P. J. O'Toole; 16) L. W. Pollak; 17) T. A. Rich; 18) J. A. Scott; 19) P. G. Tedde.

VI **NOLAN,** Thomas Joseph. Chem. (org., analyt.). — 1914 D. Sc., National Univ. of Ireland, Dublin; '15–24 Research Chemist, Nobel's Explosives Co.; '25–31 Assist. State Chemist, '31– State Chemist, Dublin; '32–45 Prof., Univ. College of Dublin. — '45 [posthumously] Boyle Medal (Roy. Dublin Soc.).

*1888, Nov. 9, Dublin;

†1945, März 12, Dublin.

Zur Biogr. Award of the Boyle Medal: Scientific Proc. roy. Dublin Soc. **24** ('45/48) 149f.

Nekr. J. Algar, Nature [London] **155** ('45) 663f. — D. Reilly, J. chem. Soc., London **1946,** 215f. — Proc. roy. irish Acad. **51** ('45/48) Minutes of Proc., 11f.

Chemistry and Industry A lichen substance containing chlorine: **1934,** 512f. — Lichen substances containing chlorine[8][6]: 762; ~[15][8][9]: **1935,** 577.

Nature [London] Salazinic acid and the constituents of the lichen, Lobaria pulmonaria[8]: **132** ('33) 281. — R. Willstätter†: **150** ('42) 424f. — Lichen substances containing nitrogen[7][8]: **154** ('44) 580.

Proc. roy. irish Acad. The pigment of the flowering currant (Ribes sanguineum, varieties splendens and atrosanguineum)[2]: **43** ('36/37) Sect. B, 1–12.

Scientific Proc. roy. Dublin Soc. The chemical constituents of lichens found in Ireland: Buellia canescens, 1: **21** ('33/38) 67–71; ~: ≈ 2[15][8]: 333–43; ~: ≈ 3: The constitution of diploicin[1][11][10][14]: **24** ('45/48) 319–34; ~: Lecanora gangaleoides, 1[6][8]: **21** ('33/38) 141–45; ~: ≈ 2[8]: **22** ('38/42) 199–209; ~: ≈ 3: The constitution of gangaleoidin[5][8]: **23** ('42/44) 143–63; ~: Lecanora sordida, Th. Fr.[9][4][8]: **21** ('33/38) 557–66; ~: Pertusaria concreta Nyl., form Westringii Nyl.[4][8]: 587–92; ~: Parmelia conspersa Ach.[12][8]: 593f.; ~: Cladonia impexa Harm.[3][8]: **23** ('42/44) 6–9; ~: Lecanora parella Ach.; The constitution of variolaric acid[13][8]: 71–82; ~: Cladonia sylvatica (L.) Harm. emend. Sandst.[3][8]: 197–200. — The chemical constituents of the lichen Parmelia latissima Fée[8][5]: **22** ('38/42) 237–39. —

The chlorination of derivatives of o-orsellinic acid[13]): 315–19.

Mit: [1]) J. Algar; [2]) Th. G. Brady; [3]) T. W. Breaden; [4]) J. Breen; [5]) V. E. Davidson; [6]) J. Hardiman; [7]) M. P. Jones; [8]) J. Keane; [9]) G. Kennedy; [10]) W. A. Manahan; [11]) E. P. McCann; [12]) M. Mohan; [13]) D. Murphy; [14]) N. Nolan; [15]) P. A. Spillane.

VI **NOLLER,** Carl Robert. Chem. (org.). — 1929–35 Assist. Prof., '35– Assoc. Prof., later on Prof., Stanford Univ., Stanford, Calif.

*1900, Nov. 10, St. Louis, Mo.

HZ. Organic Syntheses **15** ('35).

MHZ. Annual Rev. Biochem. **7** ('38). – Organic Syntheses **10** ('30) – **14** ('34), **16** ('36), **17** ('37).

W. Chemistry of organic compounds (Philadelphia, Pa.–London '51) 9+885 S.; [2]('57) 10+978 S.; [3](Philadelphia, Pa. '65) 7+1115 S.; deutsch: Lehrbuch der organischen Chemie (Berlin–Göttingen–Heidelberg '60) 8+1018 S. – Textbook of organic chemistry (Philadelphia, Pa.–London '51) 9+643 S.; [2]('58) 10+654 S.; [3](Philadelphia, Pa. '66) 7+760 S. – Structure and properties of organic compounds: a brief survey (Philadelphia, Pa.–London '62) 255 S.

Annual Rev. Biochem. The chemistry of the triterpenes: **14** ('45) 383–406.

Chemia [Buenos Aires] Ein körperliches Bild der kovalenten Bindung und der Resonanz in der organischen Chemie: **16** ('54) 28–37 [ ].

Chemistry and Industry Reaction of 1,4-dibromobut-2-ene with hydrazine[12]): **1959,** 87.

Industrial and Engng. Chem., Analyt. Edit. Determination of alkoxyl by the method of Vieböck and Schwappach[41]): **10** ('38) 424. – A heating device for microbeakers, flasks and centrifuge tubes: **14** ('42) 834. – A simple apparatus for small-scale catalytic hydrogenation[8]): 907 f.

J. amer. chem. Soc. Mixed catalysts in the Friedel and Crafts reaction. The yields in typical reactions using ferric chloride – aluminum chloride mixtures as catalysts[59]): **54** ('32) 290–94. – Para-toluene sulfonates as derivatives for the identification of aromatic amines[46]): 670–73. – The reaction of alkyl bromides with pyridine[18]): 1025–34. – The reducing action of the Grignard reagent, 2: Comparison with the ease of removal of hydrogen bromide from alkyl bromides and with the amount of dialkylmagnesium in the Grignard reagent[32]): 2503–06; ~ 3: Hydrocarbons formed during reduction[26])[43]): 4690–96. – Note on the preparation of trialkyl phosphates and their use as alkylating agents[20]): **55** ('33) 424 f. – The preparation of some higher aliphatic sulfonic acids[25]): 1090–94. – Capric acid from the seed fat of the California bay tree[76])[25]): 1227 f., 5075. – Saponins and sapogenins, 1: Echinocystic acid[9]): **56** ('34) 1403–05; ~ 2: The products of the selenium dehydrogenation of echinocystic acid: 1582 f.; ~ 3: The sapogenins obtained from Chlorogalum pomeridianum[46]): **57** ('35) 525–27; ~ 4: The isolation of amolonin and determination of the products of hydrolysis[38]): **58** ('36) 1251–55, 2661; ~ 5: Oxidation products and structure of chlorogenin: **59** ('37) 1092–94; ~ 6: Surface films of chlorogenin and derivatives: **60** ('38) 1629 f.; ~ 7: The structure of the side chain of chlorogenin[52]): 1630–33; ~ 8: Surface films of echinocystic acid and derivatives: 1938 f.; ~ 9: Oxidation of echinocystic acid and derivatives[71]): **61** ('39) 983–89; ~ 10: The isolation of gitogenin from Chlorogalum pomeridianum[24])[67]): 1707–10; ~ 11: Neotigogenin, a new steroid sapogenin[24]): 2420 f.; ~ 12: The product of direct oxidation of echinocystic acid with dichromic acid[36])[68]): 2421–23; ~ 13: The precipitability of steroid sapogenins by digitonin: 2717–19; ~ 14: The so-called pyridazine derivatives of steroid diones: 2976 f.; ~ 15: The interrelationship of echinocystic acid and oleanolic acid[68])[28]): **62** ('40) 1624 f.; ~ 16: Some properties of echinocystic acid and the diketomethyl ester derived from it[13]): **63** ('41) 621; ~ 17: The structure of the side chain of chlorogenin[44]): 1240–42; ~ 18: The non-identity of chlorogenonic, digitogenic and digitoic acids[47]): 2131–34; ~ 19: The decarboxylation of echinocystic acid[13]): 2238 f.; ~ 20: Bethogenin and trillogenin, new sapogenins from Trillium erectum[47])[15])[8]): **64** ('42) 2581–83; ~ 21: Some color reactions of triterpenoid sapogenins[65])[28])[69]): 3047–49; ~ 22: The composition and constitution of bethogenin[8]): **65** ('43) 1435 f.; ~ 23: The constitution of bethogenin[8]): 1786; ~ 24: Norechinocystenol-A and norechinocystenone-A[28]): **66** ('44) 1005 f.; ~ 25: Norechinocystenedione and isonorechinocystenedione[13])[16]): 1265–67; ~ 26: The conversion of echinocystic acid into oleanolic acid[75]): 1267 f.; ~ 27: The structure of the triterpenoids: 1269–71; ~ 30: The isomeric norechinocystenediones and some related compounds[3]): **74** ('52) 4043–47. – The synthesis of unsaturated fatty acids [, 1]: Synthesis of oleic and elaidic acids[7]): **56** ('34) 1563–65; ~ 2: Linoleic and 11-n-amyl-9,12-tridecadienoic acids[23]): **59** ('37) 606–08, 2753. – The ozonation of certain hydrogenated diphenyls[39]): **57** ('35) 2442 f. – The relative rates of ozonation of unsaturated compounds[13])[50])[29]): **58** ('36) 24–27. – The catalyzed reaction of ethylmagnesium bromide with ethyl bromide[48]): 816–19; The catalyzed reaction of alkylmagnesium halides with alkyl halides, 2: The nature of the catalyst[56])[57])[61]): **86** ('64) 1110–12; ~ 3: Course of the reaction[56]): 1112–16. – The composition of Grignard reagents as determined by precipitation with dioxane[71]):

59 ('37) 1354–56. — Synthetical experiments in the chelidonine-sanguinarine group of alkaloids[17][22][70]: 2079. — The preparation of some higher alkylglucosides[60]: **60** ('38) 2076f. — The system n-butylmagnesium bromide – magnesium bromide – ethyl ether[19]: **61** ('39) 3436f. — The equilibrium composition of n-butylmagnesium chloride solutions in ethyl ether[58]: **62** ('40) 1749–51. — The composition of alkylmagnesium chloride solutions in ethyl ether[14]: **64** ('42) 2509f. — The synthesis of some tertiary amino alcohols related to chelidonine[42]: **68** ('46) 201f. — The constitution of the product of the reaction of benzylethylene oxide with ammonia[14]: 203f. — Some dihydroisoquinolines and their absorption spectra [11]: **70** ('48) 957–62. — The preparation of some piperidine derivatives by the Mannich reaction[6]: 3853–55. — The preparation of methanesulfonyl chloride[30]: 3955. — Note concerning the constitution of chlorogenin[63]: 4260–62. — The preparation of phosphonyl chlorides by the reaction of hydrocarbons with phosphorus trichloride and oxygen[34]: **71** ('49) 2384f. — Some acetylenic compounds[31]: 2948f. — Some substituted benzalmalononitriles[66]: 2949. — Some quaternary salts of carbamates of amino alcohols[40]: 3259. — The synthesis of a pyridyl analog of papaverine[4]: **72** ('50) 17–19. — Dehydration products of α- and β-amyrin[30]: 625f. — Athiophene analog of sulfanilamide[45]: 5715–17. — The structure of the isomeric quinoline dicyanides[63][74]: **73** ('51) 772–74. — The synthesis of a 4-pyridyl analog of papaverine[72]: **74** ('52) 3835–38. — Active (+) menthyl (−) menthyl nitroterephthalates[30]: 4709f. — The reaction of methanesulfonyl chloride with alcohols in the presence of pyridine[49][1][10]: **75** ('53) 3851f. — The synthesis of DL-cis-3,5-cis-3′,5′-tetramethyl-1,1′-spirobipiperidinium bromide[55]: **77** ('55) 1862f. — Synthesis of the racemic p-dimethylaminobenzylidene-N,N′-bis-(1-phenylethyl)malonamides[73][37]: **78** ('56) 5016f.

J. amer. pharm. Assoc. The assay of red squill powder; an investigation of possible chemical procedures [40][31]: **39** ('50) 101–06. — Note on the chemical components of extracts of Eremocarpus setigerus[54]: **49** ('60) 557f.

J. chem. Educat. A useful convention for consecutive reactions: **24** ('47) 114–. — A simple apparatus to demonstrate Walden inversion: 277. — Models illustrating the principles of optical activity: 600–04. — Apparatus for lecture demonstration of optical activity: **26** ('49) 269f. — Lecture demonstration in elementary organic chemistry: 429f. — A physical picture of covalent bonding and resonance in organic chemistry: **27** ('50) 504–10. — Note on the representation of the electronic structures of acetylene and benzene: **32** ('55) 23.

J. indian chem. Soc. The formation of amides from nitriles by the action of hydrogen peroxide[51]: **12** ('35) 652f.

J. org. Chemistry (−)Menthoxyacetic esters of the cis and trans forms of meso-3,4-diphenylcyclopentanol[33]: **22** ('57) 353. — The preparation of 2,2′-diaminobiphenyl by the reduction of 2,2′-dinitrobiphenyl[12]: 711f. — Some quaternary salts of pyridazine[12]: 844f. — Attempting syntheses of compounds containing the 1,6-diazacyclodecapentaene ring[12]: 873–76. — Bitter principles from Echinocystis fabacea[21]: **23** ('58) 1984–90. — Structure of the side chain of cucurbitacin B [53][62]: **24** ('59) 291–93. — Reduction and oxidation products of cucurbitacin B[62][53]: **26** ('61) 1206–10. — The relation of fabacein to cucurbitacin B [62]: 1211f. — The action of alkali on alcoholic solutions of dihydro derivatives of cucurbitacin B [53]: 1213–15.

Organic Syntheses Diethyl zinc: **12** ('32) 86–90. — Isobutyl bromide[18]: **13** ('33) 20–22. — o-Toluamide: 94f. — Butyl phosphate[20]: **16** ('36) 9–11. — Trimethylene oxide [Propane-1,3-epoxide]: **29** ('49) 92f. — 2-Iodothiophene[45]: **30** ('50) 53–55. — Methanesulfonyl chloride[30]: 58f. — N-methyl-2,3-dimethoxybenzylamine[5]: 59–61.

Organic Syntheses, Collective Vol. p-Bromoacetophenone[2]: **1** ('32) 103–05, **1** [2]('41, '51) 109–11.

Science [USA] The lack of meaning of the phrase "inactive by internal compensation" as applied to meso compounds: **102** ('45) 508f. — Comments by readers: **105** ('47) 546.

Tetrahedron Letters The relation of fabacein to cucurbitacin B [62]: **1959**, Nr. 13, 16–19. — Structure of cucurbitacin B [53][27]: **1960**, Nr. 14, 13–18. — Concerning ring A of cucurbitacin B [53][27][64][35]: Nr. 15, 15–17. — The catalyzed reaction of alkyl bromides with alkylmagnesium bromides[56]: **1963**, Nr. 25, 1737–41.

Mit: 1) E. M. Acton; 2) R. Adams; 3) F. A. Alves; 4) M. Azima; 5) D. M. Balcom; 6) V. Baliah; 7) R. A. Bannerot; 8) M. R. Barusch; 9) I. Bergsteinsson; 10) R. A. Bernhard; 11) J. L. Bills; 12) A. E. Blood; 13) J. F. Carson; 14) A. J. Castro; 15) F. C. Chang; 16) D. B. Cosulich; 17) R. O. Denyes; 18) R. Dinsmore; 19) W. E. Doering; 20) G. R. Dutton; 21) W. O. Eisenhut; 22) J. W. Gates; 23) M. D. Girwin; 24) L. H. Goodson; 25) J. J. Gordon; 26) W. E. Grebe; 27) M. Gut; 28) G. H. Harris; 29) K. S. Hawkins; 30) P. J. Hearst; 31) C. D. Heaton; 32) F. B. Hilmer; 33) R. J. Horvat; 34) W. L. Jensen; 35) L. F. Johnson; 36) R. N. Jones; 37) W. N. Jones, jr.; 38) P. C. Jurs; 39) G. K. Kaneko; 40) L. Kaplan; 41) S. Kinsman; 42) P. D. Kneeland; 43) L. H. Knox; 44) K. Ladenburg; 45) H. Y. Lew; 46) P. Liang; 47) S. Lieberman; 48) C. B. Linn; 49) C. A. Luchetti; 50) H. Martin; 51) L. McMaster; 52) F. M. McMillan; 53) A. Melera; 54) S. Naito; 55) C. E. Pannell; 56) V. D. Parker; 57) L. H. Piette; 58) D. C. Raney; 59) W. A. Riddell; 60) W. C. Rockwell; 61) R. M. Salinger; 62) W. Schlegel; 63) M. G. Seeley; 64) J. N. Shoolery; 65) R. A. Smith; 66) H. G. Sturz; 67) M. Synerholm; 68) D. Todd; 69) J. W. Walker; 70) W. L. Wasley; 71) W. R. White; 72) E. A. Wunderlich; 73) A. G. Yartzoff; 74) R. E. Yates; 75) D. Frazier; 76) I. J. Millner.

VI **NOMURA,** Hiroshi. Chem. — 1926–48 Prof., '50– Hon. Prof., Tôhoku Univ., Sendai. — '33 Medal (Imp. Acad. of Japan); Sakurai Price (Japan Chem. Soc.). (⊠)

*1886, Sept. 1, Aichi Prefecture.

Zur Biogr. T. Nozoe, Kagaku [Kyoto] **7** ('52) 645.

J. pharm. Soc. Japan Synthesis of naphthyridine derivatives, 6 [4])[2])[1])[3]): **65** ('45) 69.

Mit: [1]) M. Hamana; [2]) T. Ishida; [3]) K. Ishii; [4]) E. Ochiai.

VI **NORBURY,** Allan Leslie. Metallurgie. — 1927–39 Senior Metallurgist, British Cast Iron Research Assoc., Birmingham; '40–53 Senior Experimental Officer, Ministry of Supply, London; '53–61 Consultant, Carborundum Co. Ltd., Manchester.

*1894, Aug. 20, Manchester.

Bull. brit. Cast Iron Res. Assoc. On the definition of the terms "cast iron" and "steel": **4** ('35) 157–63.

Carnegie Scholarship Mem., Iron and Steel Inst. Aluminum–manganese–silicon cast irons[1]): **23** ('34) 107–24.

Engineering Nickel–chromium–silicon cast irons[1]): **134** ('32) 345f. — The effect of non-metallic inclusions on the graphic size of grey cast iron[1]): **143** ('37) 328–30.

Foundry Trade J. The fracture of pig iron and cast iron[1]): **54** ('36) 453–55. — Modern views of cast iron: **57** ('37) 471–73. — Effect of casting temperature on the primary microstructure of cast irons: **61** ('39) 321–24, 341, 356–58. — Chromium–silicon cast iron[1]): **62** ('40) 137–41. — Formation of blisters, pinholes and black specks on vitreous-enameled cast iron: **64** ('41) 161–64.

Iron Age Cast iron and steel differentiated: **136** ('35) Nr. 19, S. 25, 104–12.

Iron and Steel Canada Silal and Nicrosilal – heat-resisting cast irons[1]): **16** ('33) 9–12.

Iron and Steel Industry Nickel–chromium–silicon cast irons[1]): **6** ('32) 23–26. — Modern views of cast iron: **11** ('38) 269–72.

Iron and Steel [London] Microstructure of cast irons: Effect of casting temperature: **12** ('39) 812–19.

J. Inst. Metals Nature of certain intermetallic lattices: **65** ('39) Nr. 858, 611–34.

J. Iron and Steel Inst. Manganese–silicon and nickel–silicon cast irons[1]): **125** ('32) 393–424. — Nickel–chromium–silicon cast irons[1]): **126** ('32) 301–14 (m. Diskuss. S. 314–21). — The effect of non-metallic inclusions on the graphite size of grey cast iron[1]): **134** ('36) 327–58. — The effect of casting temperature on the primary microstructure of cast irons. Theories of dendrite formation and of the solidification of iron–carbon alloys: **140** ('39) 161P–175P.

Metallurgia [Manchester] Modern views of cast iron: **17** ('37) 69–72.

Proc., Inst. brit. Foundrymen The fracture of pig iron and cast iron[1]): **29** ('35/36) 278–94.

Rep. Progr. appl. Chem. Iron and steel[1]): **17** ('32) 270–93.

Trans. amer. Foundrymen's Assoc. Silal and Nicrosilal – heat-resisting cast irons[1]): **4** ('33) 267–75.

Mit: [1]) E. Morgan.

VI **NORDENMARK,** Nils Victor Emanuel. Astron., Geschichte d. Astron. — 1891–95 Assist., Observat. Uppsala; 1897–1917 Statistiker b. Lebensversicherungsgesellschaften; '02–18 Registrator, Reichsversicherungsanst.; '18–30 Dir., Versicherungsges. Bore; '19–27 Sekretär, '28 stellvertr. Vorsitzender, '42–52 Vorsitzender, Schwed. Astron. Ges.; '41 tit. Prof. — '45 Titel „Ehrenmitglied der Nation".

*1867, Apr. 15, Hammerdal, Jämtland; †1962, Febr. 2, Solna, Uppland.

Nekr. B. Lindblad, Populär astron. Tidskr. **43** ('62) 58–60 (m. Bildn.).

H. Wargentins Beobachtungen über o (Mira) Ceti (Stockholm '41) (Stockholms Observat. Ann. **13**, Nr. 7). — G. Svanberg, Redovisning för en lång lefnad (Uppsala '49) (Uppsala Univ. Årsskr. **1949**, Nr. 1).

HZ. (Redakt.) Skandinavisk Aktuarietidskr. (bis 1917: Svenska Aktuarieföreningens Tidskrift) 1914–1923. — (Redakt.) Populär astron. Tidskr. 1920ff.

S. Swedish men of science 1650–1950 (S. Lindroth) (Stockholm '52) 66–73: Anders Celsius (1701–1744).

W. Anders Celsius, professor i Uppsala, 1701–1744 (Uppsala '36) 284 S. [m. französ. Zusammenfassg. S. 240–68] (Lychnos-bibliotek, 1). — Astronomiens historia i Sverige intill år 1800 (Uppsala '59) 16+295 S. (∼ 17, 2 = Naturvetenskapernas historia i Sverige intill år 1800, 2). — Pehr Wilhelm Wargentin, Kungl. Vetenskapsakademiens sekreterare och astronom, 1749–1783 (Uppsala '39) 464 S. [m. französ. Zusammenfassg. S. 310–36]. — Fredrik Mallet och Daniel Melanderhjelm, två Uppsala-astronomer (Uppsala '46) 256 S.

Arkiv Astron. Laurentius Paulinus Gothus' Vorlesungen an der Universität Uppsala 1599 über die Hypothese des Copernicus: **1** ('50/55) 261–99 [schwed.].

Arkiv Mat., Astron. och Fysik Swedenborg als Astronom: **23A** ('32/33) Nr. 13, 102 S. [schwed.]. — Schwedische Astronomie und schwedische Astronomen, 1700–1730: **24A** ('33/34) Nr. 2, 114 S. [~].

Kungl. svenska Vetenskapsakad. Årsb. Olof Hiorter, observator regius, 1696–1750: **1942**, Beilage, 102 S. [schwed.]. — Mårten Strömer: **1944**, Beilage, 90 S. [~].

Levnadsteckningar kungl. svenska Vetenskapsakad. Ledamöter Olof Hiorter: **7** ('39/48) Nr. 118, 179–278 [schwed.]. — Mårten Strömer: Nr. 122, 367–457 [~].

Lychnos The invention of the achromatic and aplanatic lens. Some contributions with special regard to the role played by Samuel Klingenstierna[1]): **1938**, 1–52; **1939**, 313–84 [schwed. m. engl. Zusammenfassg.]. — Wie der Briefwechsel von Jean (I) Bernoulli durch die Königl. Schwedische Akademie der Wissenschaften in Stockholm erworben wurde: **1940**, 236–47 [schwed. m. deutscher Zusammenfassg.]. — Un portrait retrouvé de Celsius: **1942**, 277–79 [schwed. m. französ. Zusammenfassg.]. — Swedenborg and the longitude problem. On account of a newly discovered letter from Wargentin: **1944/45**, 243–48 [schwed. m. engl. Zusammenfassg.]. — Eine pseudonyme Schrift von Linné: 290f. [schwed.].

Norlandica [Uppsala] Eine Inspektoren-Wahl in Jämtland-Medelpad, ein Bild aus dem Volksleben der Freiheitszeit: **1** ('39) 16–28 [schwed.].

Populär astron. Tidskr. Max Wolf: **13** ('32) 179f. — Swedenborgs Planetentheorie: **14** ('33) 27–43. — Das Zeissplanetarium der Stockholmer Ausstellung [1930] an die Schwedische Astronomische Gesellschaft übergeben: 155–57. — Pehr Wilhelm Wargentin. Zum 150. Todestag: **15** ('34) 1–9. — Das neue Planetarium der Schwedischen Astronomischen Gesellschaft: 157–61. — Die französische Gradmessung in Torneå 1736/37: **16** ('35) 116–24. — Regiomontanus. Zum 500. Geburtstag: **17** ('36) 144f. — Wo lag Stockholms erstes Observatorium?: **19** ('38) 28–32. — Der Besuch und Instrumentenkauf des spanischen Astronomen Ulloa in Schweden im Jahre 1751: 59–67. — Ein neuentdeckter Bericht zur Beobachtung von Sonnenkorona und Protuberanzen vom 13. Mai 1733: 95–98. — William Herschels wunderbare Lebensgeschichte. Zum 200. Geburtstag: 115–31. — Das Observatorium in Karlstads altem Gymnasium: 137–40. — Die ältesten meteorologischen Beobachtungen in Stockholm: **20** ('39) 49–52. — 20 Jahre Schwedische Astronomische Gesellschaft. Ein Rückblick: 139–45. — Einige schwedische Erinnerungen an Herschel: **21** ('40) 134–38. — Einige wiederaufgefundene Wargentin-Manuskripte: 139–43. — Axel Gabriel Oxenstierna von Croneborg. Ein karolinischer Privatastronom: **22** ('41) 139–44. — Galileis Dialog über die zwei Weltsysteme: **23** ('42) 1–18. — Olof Hiorter: 107–15. — Mårten Strömer: **25** ('44) 21–29. — 25 Jahre Schwedische Astronomische Gesellschaft: 73–79. — Ole Römer: 143–47. — Ein schwedisches Sternbild und sein Schicksal: **26** ('45) 55–59. — Totale Sonnenfinsternisse in Schweden im 19. Jahrhundert: 126–35. — Warum verließ Tycho Brahe die Insel Ven?: **27** ('46) 77–89. — Friedrich Wilhelm Bessel. Zum 100. Todestag: **28** ('47) 50–56. — Die Astronomie in Uppsala während der ersten Hälfte des 19. Jahrhunderts: **30** ('49) 89–97. — 30 Jahre Schwedische Astronomische Gesellschaft: 152–54. — Die 50-jährige Geschichte des Stjärneborg-Problems: **32** ('51) 87–93. — Laurentius Paulinus Gothus, Schwedens erster Astronomie-Professor: 94–99. — Die Tycho-Brahe-Observatorien auf der Insel Ven: **33** ('52) 1–14. — Über das Tycho-Brahe-Jubiläum 1901: 15–22. — Stjärneborg: **34** ('53) 143f. — Zur Frage nach den Ursachen für Tycho Brahes Flucht aus Dänemark 1597: **36** ('55) 123–26. — Maupertuis und die Fräulein Planström – eine oft berichtete Episode von der Gradmessung 1736/37 in Torneå: **37** ('56) 95–101. — — Alle Arbeiten schwed.

Svenska Linné-Sällskapets Årsskr. Anders Celsius, Linné und das hundertgradige Thermometer: **18** ('35) 124–33.

Mit: [1]) J. Nordström.

VI **NORDGAARD**, Martin Andrew. Math. — 1930[?]– Prof. and Head of the Departm. of Math., Upsala College, East Orange, N. J.

*1882, Jan. 29, Northwood, Iowa;
†1952, Okt. 18.

Nekr. School and Soc. **76** ('52) 286.

National Math. Mag. Notes on Thomas Fantet de Lagny: **11** ('37) 361–73. — Sidelights on the Cardan–Tartaglia controversy: **12** ('38) 327–46.

VI **NORDHULT** (früher: Larsson [so in VI], Axel. Physik. — 1929–31 Doz., Univ. Uppsala; '31–35 Lehrer, Lyzeum f. Mädchen, Göteborg; '35–38 Prof., Höheres allgemeines Gymnasium, Bromma b. Stockholm; '38–60 Rektor, Techn. Gymnasium, Stockholm.

*1893, Dez. 30, Fellingsbro;
†1967, Jan. 8, Stockholm.

S. Kunskapens bok **2** (Stockholm '38): [Artikel über Elektrische Maschinen und Energieverteilung].

Tidskr. elementär Mat., Fysik och Kemi Die wichtigsten Konstruktions- und Betriebseigenschaften der Gleichstrommaschinen, 1: **19** ('36) 225–46; ~ 2: **20** ('37) 23–38. — Eine Federwaage: **22** ('39) 172. — Eine Herleitung des Pyramidenvolumens: **24** ('41) 72. — Eine Atwoodsche Fallmaschine: 137. — — Alle Arbeiten schwed.

Weitere Arbeiten auf pädagogischem Gebiet.

VI **NORDMANN,** Charles. Astron. — 1903–05 Auxiliaire, '05–06 Aide Astronome, '06–20 Astronome adjoint, '20–40 Astronome titulaire, Observat. de Paris.
*1881, Mai 18;
†1940, Aug. 28*), Paris.

*) Das in den Todesanzeigen Nature [London] **146** ('40) 678, Publ. astron. Soc. Pacific **53** ('41) 53 und Science [USA] **92** ('40) 572 angegebene Todesdatum Nov. 15 ist falsch.

Nekr. E. Esclangon, Rapport annu. Etat Observat. Paris **1940**, S. 5.

J. Calendar Reform Tyranny of time: **4** ('34) 114–16. — Abolish time's tyranny: **8** ('38) 28–35.

Revue deux Mondes Téléphotographie: (8) **10** ('32) 224–30. — La nouvelle ascension stratosphérique: **12** ('32) 449–55. — La photographie en couleurs: **13** ('33) 221–28.

VI **NORINDER,** Ernst Harald. Elektrotechn. — 1928–32 Doz., '32–56 Prof. u. Dir. d. Forschungsinst. f. Hochspannung, Univ. Uppsala; zahlreiche Gastvorlesungen in europ. Ländern u. in den USA. — '26 Goldmedaille (Kungl. Ingenjörsvetenskapsakad., Stockholm).
*1888, März 3, Norrköping;
†1969, Juli 6, Uppsala.

Zur Biogr. Uppsala Univ. Matrikel **1937–1950** ('53) 416–21 (m. Schr.verz.); **1951–1960** ('75) 432–35 (~).

S. C.R. Congrès international d'électricité, Paris 1932, **12** (Paris '33) Sect. 11, 217–34: Recherches oscillographiques sur le mécanisme de décharge des éclairs. — C. R. 9e Session, Conférence international des grands réseaux électriques à haute tension, Paris 1937 (Paris '37) Nr. 342: Les surtensions causées indirectement par les coups de foudre (16 S.). — C.R. 10e Session, ~, Paris 1939 (Paris '39) Nr. 302: Influence de la nature de la terre et de la disposition des électrodes sur la résistance des prises de terre aux courants d'impulsion[7]) (32 S.); Nr. 303: Quelques essais récents relatifs à la détermination des surtensions indirectes (20 S.). — C.R. 12e Session, ~, Paris 1948 (Paris '49): Characteristics of pointed electrodes and direct strokes in surge currents to ground[9]) (17 S.). — C.R. 13e Session, ~, Paris 1950 **3** (Paris '50): The properties of artificial lightning discharges against a geologically heterogeneous surface[11]) (19 S.). — Sieverts kabelverk, minnesskrift över de första 50 åren (Stockholm '38) 371–96: Impulsgeneratoren für hohe Spannungen und große Stromstärken [schwed.]. — Fortschritte der Hochspannungstechnik **1** (W. O. Schumann) (Leipzig '44) 67–94: Blitzforschung; **2** (W. O. Schumann, H. Prinz) ('54) 255–303: Lightning research. — Vetenskapen just nu (K. Modin) (Stockholm '46) 441–76: Die moderne Gewitterforschung [schwed.]. — Atti del Congresso internazionale per il cinquantenario della scoperta marconiana della radio, Roma 1947 (Roma '48) 168–95: Propagation of atmospherics. — Conseil international des unions scientifiques, Commission mixte de radio-météorologie. C.R. de la 2e Réunion, Bruxelles 1951 (Bruxelles '51) 17–38: Thunderstorms; the electric field variations radiated from lightning discharges. — Thunderstorm electricity (H. R. Byers) (Chicago, Ill. '53) 276–327: Long-distance location of thunderstorms. — Rend. III Congresso internazionale sui fenomeni d'ionizzazione nei gas, Venezia 1957 (Milano '57): Results obtained recently regarding the mechanism of lightning discharges. — Recent advances in atmospheric electricity. Proc. 2nd Conference on atmospheric electricity, Portsmouth, New Hampshire, 1958 (London '59) 503–: Combined analysis of daylight photographs of lightning paths and simultaneous oscillographic records[4]); 525–42: Multiple strokes in lightning channels[4])[17]). — Proc. 4th International conference on ionization phenomena in gases, Uppsala 1959 (Amsterdam '60) 424–30: Lightning discharges as origin of whistlers[4]). — Gas discharges and the electricity supply industry. Proc. of the international conference, Leatherhead, Surrey, 1962 (London '62) 74–88: Magnetic field variations in the vicinity of lightning discharges in relation to their channels[4]). — Problems of atmospheric and space electricity. Proc. 3rd International conference on atmospheric and space electricity, Montreux 1963 (Amsterdam '65) 528–31: Relations between lightning discharges and different types of musical atmospherics.

W. Lantgårdarnas åskskyddsfråga (Stockholm '37) 26 S. — Byggnadsåskledare för lantgårdar (Stockholm '38) 115 S. — Institutet för högspänningsforskning vid Uppsala universitet (Uppsala '39) 48 S. — Research of lightning discharges (Technical scientific report, University of Uppsala, Sweden) **1**: Magnetic field variations of lightning strokes (Uppsala '56) 51 S.; **2**: Magnetic field variations of lightning ('57) 150 S.; **3**: Lightning discharges in relation to whistlers ('59) 39 S. (Researches of whistlers).

Annali Geofisica Variazioni del campo elettromagnetico dovute a scariche atmosferiche e relativi metodi di studio: **2** ('49) 167–202.

Archiv Meteorol., Geophysik u. Bioklimatol., Ser. A Variationen des Ionengehaltes in der bodennahen Luftschicht[12]): **3** ('50/51) 29–39.

Arkiv Fysik Mechanism of positive spark discharges with long gaps in air at atmospheric pressure[11]): **3** ('51/52) 347–86. — Ions produced in the air at atmospheric pressure by ultraviolet light from a quartz–mercury arc[12]): **5** ('52) 471–91. — Mechanism of long-gap negative spark discharges in air at atmospheric pressure[11]): 493–529. — Ions formed in a room by negative wire corona[12]): **6** ('53) 127–40. — Screens in long discharge gaps[11]): 151–69. — Ions formed in a room by positive wire corona[12]): 255–61. — Etude spectrophotométrique d'étincelles de grande longueur dans l'air[15])[16]): 437–50. — The determination of electric discharge fields with a special klydonograph[11]): **8** ('54) 355–68. — Continued measurements of ions formed by corona discharge[12]): **10** ('56) 341–53. — Long sparks from negative electrode with limited current in air at atmospheric pressure[11]): 397–423.

Arkiv Geofysik The measurements of the variation characteristics of the density of small-ions[12]): **1** ('50/53) 1–32. — The effect of geological discontinuities on artificial lightning discharges as studied in a model test arrangement[11]): 45–78. — Continued measurements of the variation characteristics of the density of small-ions[12]): 149–58. — Ionic density of the atmospheric air near the ground during thunderstorm conditions[12]): 453–72. — Variations of the concentrations of ions at different heights near the ground during quiet summer nights at Uppsala[12]): 519–41. — Variations of the electric field in the vicinity of lightning discharges: 543–70. — Radon content of the air in the soil at Uppsala[6])[12]): 571–79. — Experiments concerning electrification of snow[12]): **2** ('54/58) 59–89. — Field intensities and charge densities in thunderclouds[10]): 97–107. — Das luftelektrische Potentialgefälle und der Vertikalstrom in Uppsala[2])[12]): 109–38. — The wave-forms of the electric field in atmospherics recorded simultaneously by two distant stations: 161–95. — Electric charges measured in the air when blowing snow[12]): 343–69. — Atmospheric-electric elements measured at Uppsala during the solar eclipse of June 30, 1954[12]): 417–21. — Magnetic field variations from lightning strokes in vicinity of thunderstorms: 423–51. — Ions formed in a room by a polonium ion-generator[12]): 501–14. — Variation forms and time sequence of multiple lightning strokes[17]): 515–31. — Atmospheric electric discharges from distant snow squalls and occlusion fronts[4]): 533–50. — Predischarges in relation to subsequent lightning strokes[4]): 551–71. — Lightning discharges as a source of whistlers[4]): **3** ('59/62) 255–88. — Multiple lightning discharges followed by whistlers[4]): 289–98. — Occurrence of different kinds of whistler activity[4]): 347–66. — Some features of thunderstorm activity[4]): 367–74. — Lightning discharge paths photographed in daylight and analysed by simultaneous variations of magnetic field components[4]): 375–90. — Different types of musical atmospherics and their relations to lightning discharges: **4** ('62/66) 83–101. — Some different types of whistlers in relation to simultaneous thunderstorm activity[4]): 333–43. — Frequency spectrum of atmospherics generated by multiple lightning discharges[4]): **5** ('66/67) 45–48. — The existence of echoes from unusual whistlers[4]): 63–66. — Some antenna effects from lightning discharges in different channels: 91–96. — Frequency analysis of the magnetic-field components of vertical lightning discharges in the vicinity of their channels[4]): 97–106. — Simultaneous analysis of whistlers at three adjacent recording stations at high magnetic latitudes in Sweden[4]): 107–14.

Arkiv Mat., Astron. och Fysik A new method to measure crest values of impulse currents: **31A** ('44/45) Nr. 13, 16 S. — Measurements by frame aerials of current variations in lightning discharges[1]): **32A** ('45/46) Nr. 5, 70 S. — The nature and variation of atmospherics caused by lightning discharges[13]): **33A** ('46/47) Nr. 16, 44 S. — On the registration of the exact time of each exposure by cinematographic photography[5])[13]): **33B** ('46/47) Nr. 3, 7 S. — Impulse characteristics of the ground under direct discharges and with pointed electrodes[9]): **35A** ('48) Nr. 26, 23 S. — Experimental investigations of resistance and power within artificial lightning currents paths[3]): **36A** ('48/49) Nr. 16, 48 S.

Brandskydd Blitzableiter auf Landwirtschaftsgebäuden in Dänemark und Schleswig-Holstein: **15** ('34) 129–34 [schwed.].

Bull., Assoc. terrestr. Magnetism and Electr., Trans. Meeting Report on work in terrestrial magnetism and atmospheric electricity in Sweden since the Lisbon assembly: Nr. **10** ('37) 131 f. — Report of investigations of atmospheric electric discharges performed at the Institute of High Tension Research of the University of Uppsala since the Lisbon assembly: 138 f. — The variation of lightning currents: 397–403.

Bull. schweizer. elektrotechn. Ver. Gewitterforschung in Schweden. Entwicklung und neuere Resultate: **38** ('47) 799–813. — Stoßwiderstände der verschiedenen Erdeelektroden und Einbettungsmaterialien[11]): **42** ('51) 321–27.

Bull. Soc. franç. Electriciens Recherches effectuées en Suède sur les perturbations de lignes électriques produites par la foudre: **2** ('52) 228–37.

C. R. hebd. Séances Acad. Sci., Paris Spectres d'étincelles sous très haute tension dans l'air et températures de couleur[15])[16]): **234** ('52) 1957–59.

Elektrische Nachr.-Techn. Die Blitzentladungen als Ursache atmosphärischer Rundfunkstörungen: **9** ('32) 195–201. — Vergleichende Untersuchungen von Rundfunkstörungen von längerer und kürzerer Dauer[7]): **12** ('35) 305–17. — Die Beziehungen zwischen Rundfunkstörungen und Blitzentladungen: **13** ('36) 103–10.

Elektrotechnische Z. Untersuchungen von Blitzentladungen und atmosphärischen Rundfunkstörungen in Schweden mit dem Kathodenstrahl-Oszillographen: **56** ('35) 393–98. — Indirekte Blitzüberspannungen auf Kraftleitungen: **59** ('38) 105–11. — Kathodenstrahloszillographische Untersuchung eines Blitzes: **62** ('41) 617–21.

Elektroteknisk Tidsskr. Elektrophysik des Blitzes: **46** ('33) 465–70 [schwed.].

Geologiska Fören. Stockholm Förh. Radon and thoron contents of the soil air at Almunge [Sweden][6])[12]): **74** ('52) 450–54.

Geophysical Res. Papers Experimental study of electrification of snow[12]): **42** ('55).

Industritidn. Norden Franklins Erfindung des Blitzableiters. Zum 200. Jahrestag: **80** ('52) 136–39, 147 [schwed.].

Ingenjörsklubbens i Falun Förh. Die Voraussetzungen für die Entwicklung und Anpassung eines Überspannungsschutzes im Kraftwerksbetrieb: **1938** ('39) 40–67 [schwed.].

IVA Beitrag zur Methodik der Messung von Impulsströmen mit Stahlstäben: **1944,** 267–302 [schwed.]. — Untersuchungen von Überspannungen an einigen schwedischen Hochspannungsleitungen: **1945,** 231–54 [~]. — Untersuchungen von Überspannungen an einigen schwedischen Hochspannungsleitungen, Gewittersaison 1946: **1948,** 101–09 [~]. — Messungen von Stromstärken bei Blitzeinschlag in hohe schwedische Fabrikschornsteine sowie einige neue Meßmethoden zur schnellen Registrierung von Impulsstromstärken bei Blitzentladungen: 110–20 [~]. — Ions produced in a room by ultraviolet light from a quartz-mercury arc and by an open electric heater[12]): **23** ('52) 64–70. — Ions formed by corona discharge[12]): 234–45. — Indication of the development stages of positive corona discharge in the atmospheric air[12]): **26** ('55) 46–57.

J. atmospher. and terrestr. Physics Mobility of atmospheric small ions during summer nights at Uppsala[12]): **4** ('53) 93–105.

J. Franklin Inst. On the nature of lightning discharges: **218** ('34) 717–38. — Lightning currents and their variations: **220** ('35) 69–92. — Relation between lightning discharges and atmospherics in radio receiving: **221** ('36) 585–611. — Some aspects and recent results of electromagnetic effects of thunderstorms: **244** ('47) Nr. 3, 109–30. — Investigation of resistance and power in experimental lightning discharges[3]): **253** ('52) 225–33. — Experimental lightning research: 471–504.

Kosmos [Stockholm] Kathodenstrahloszillographen und deren Anwendung zur Untersuchung von Blitzentladungen: **11** ('33) 228–56 [schwed.]. — Die Entladungseigenschaften des Blitzes: **13** ('35) 246–78 [~].

Kraft och Ljus Untersuchungen von Überspannungen auf Kraftleitungen und deren Bedeutung für die Entwicklung von Überspannungsschutzvorrichtungen: **12** ('39) 153–68 [schwed.].

Kungl. svenska Vetenskapsakad. Årsb. Franklins Erfindung des Blitzableiters. Zum 200. Jahrestag: **1952,** 333–47 [schwed.].

Kungl. Vet.-Soc. Årsb., Uppsala Über die Natur des Blitzes: **1939** ('39) 33–99 [schwed.]. — Distanzlokalisierung von Gewittern: **1950** ('51) 69–130 [~]. — Henning Fransén: **1962** ('63) 17–20 [~].

Nordisk Familjeboks Månadskrönika Die Stromstärke im Blitz: **1** ('38) 555f. [schwed.]. — Atmosphärische Radiostörungen: **2** ('39) 485–93 [~].

Planetary and Space Sci. The relation between lightning discharges and whistlers[4]): **1** ('59) 173–83. — Some comments on the penetration of whistlers through ionospheric layers: **2** ('60) 261f. — Recent results in the investigation of the relation between lightning discharges and whistlers[4]): **5** ('61) 46–49. — The dispersion of whistlers compared with the geomagnetic latitudes of their sources. Research note[4]): 326–28. — Comments on distinct types of musical atmospherics in their relation to thunderstorm activity[4]): **11** ('63) 579.

Proc. Inst. Radio Engr. Cathode-ray oscillographic investigations on atmospherics: **24** ('36) 287–304.

Proc. physic. Soc. Rapid variations in the magnetic field produced by lightning discharges: **49** ('37) 364–75.

Ratten Auto und Blitz: **25** ('55) Nr. 3, 26–29 [schwed.].

Res. Work published in Sweden Development of lightning and thunderstorm research in Sweden: **36** ('58) 1–7.

Revue gén. Electr. Le bicentenaire de l'invention du paratonnerre par Benjamin Franklin: **61** ('52) 479–84.

Teknisk Tidskr. Verschiedene Formen von Radiostörungen durch elektrische Apparate[7]): **66** ('36) Elektroteknik, 37–40. — Indirekte Blitzüberspannungen auf Kraftleitungen: **67** ('37) Elektroteknik, 33–39. — Der Impulswiderstand in verschiedenen Bodenarten[7]): 110–16. — Der Impulswiderstand in Erdkontakten[7]): **69** ('39) Elektroteknik, 17–22. — John Andersson†: 53. — Untersuchungen von indirekten Blitzüberspannungen auf Kraftleitungen: 109–15. — Blitzströme in Niederspannungsanlagen[8]): **74** ('44) 553–56. — Gewitterschutz für das Stockholmer Südkrankenhaus: 925–29. — Klydonograph für Amplitudenmessungen von Überspannungen[11]): **85** ('55) 546–48. — Blitzüberspannungen im Niederspannungsnetz[11])[14]): **86** ('56) 825–28. — — Alle Arbeiten schwed.

Tekniska Medd. K. Telegrafstyrelsen Untersuchungen über die Natur der atmosphärischen Radiostörungen: **1935**, Nr. 7/8 [schwed.]. — Atmosphärische Radiostörungen, aufgenommen von einer Hochspannungsprüfleitung: **1936**, Nr. 3/4 [~]. — Untersuchung von künstlichen Überspannungsimpulsen auf einer Telefonleitung[3]): **1948**, 41–51 [~].

Tellus [Stockholm] On the measurement and nature of atmospherics produced by electric discharges in snow squalls and from other sources: **1** ('49) Nr. 2, 1–13. — Effect of geologic inequalities on the path of lightning, as indicated by model experiments[11]): Nr. 4, 1–5. — Total duration of lightning strokes and occurrence of multiple strokes: **2** ('50) Nr. 1, 24–34. — Variations in the density of small-ions caused by the accumulation of emanation exhaled from the soil[12]): 168–73. — Height variations in the concentration of ions near the ground during quiet summer nights at Uppsala[12]): **3** ('51) 234–39. — On the electrification of snow[12]): **5** ('53) 260–68.

Wireless Engr. Radio atmospherics from a high-tension test line: **13** ('36) 414–22.

Mit: [1]) O. Dahle; [2]) H. Israël; [3]) O. Karsten; [4]) E. Knudsen; [5]) K. G. Malmquist; [6]) A. Metnieks; [7]) R. Nordell; [8]) E. C. Olsson; [9]) G. Petropoulos; [10]) W. Pucher; [11]) O. Salka; [12]) R. Siksna; [13]) W. Stoffregen; [14]) M. Thoren; [15]) A. Vassy; [16]) E. Vassy; [17]) B. Vollmer.

VI **NORMAN,** Arthur Geoffrey. Pflanzenbiochem., Bodenmikrobiol. — 1932–33 Research Assoc., Univ. of Wisconsin, Madison, Wis.; '33–37 Biochemist and Head of the Biochem. Sect., Rothamsted Exper. Stat., Harpenden, Hertfordshire; '37–46 Prof. Soils, Iowa State College, Iowa City, Ia.; '46–52 Biochemist and Divis. Chief of Chem. Corps, Biologic. Warfare Laboratories, Fort Detrick, Md.; '52–75 Prof. Bot., '64–72 Vice Pres. of Research, '55–66 Dir. of Botan. Gardens, Univ. of Michigan, Ann Arbor, Mich.; '57 Pres., Amer. Soc. Agron.

*1905, Nov. 26, Birmingham.

H. The soybean; genetics, breeding, physiology, nutrition, management (New York '63).

MH. Soil and fertilizer phosphorus in crop nutrition (New York '53) (Agronomy, a series of monographs, 4).

HZ. Advances Agron. **1** ('49) – **20** ('68).

S. Trans. 3rd International congress of soil science, Oxford 1935, **3** (London '36) 105–08: The decomposition of lignin in plant materials. — Trans. 4th ~, Amsterdam 1950, **3** (Groningen '50) 100–02, **4** ('50) 101–03: The fate of complex organic compounds in soil. — Trans. 7th ~, Madison, Wis., 1960, **1** (Amsterdam '61) 24–29: Microbial products affecting root development. — Trans. 3rd Commission of the International Society of Soil Science, New Brunswick, N.J., 1939, **A** (Madison, Wis.[?] '39) 85–93: Observations on the hypochlorite oxidation of decomposed plant residues. — Cellulose and cellulose derivatives (E. Ott u. a.) (New York '43) (High polymers, 5) 425–46: Carbohydrates normally associated with cellulose in nature; **1** [2]('54) 459–79: Non-cellulosic carbohydrates. — Wood chemistry (L. E. Wise) (New York '44) 97–105: Plant cellulose; 252–71: The hemicelluloses of wood. — Mineral nutrition of plants (E. Truog) (Madison, Wis. '51) 167–86: Role of soil micro-organisms on nutrient availability. — 1st Symposium on chemical-biological correlation, 1950 (Washington, D.C. '51) (National Research Council, Publ. 206) 45–72: Structure–activity relationships in plant growth regulators[48]). — Plant regulators in agriculture (H. B. Tukey) (NewYork–London '54) 29–43: The chemical nature of plant regulators. — Nutrition of plants, animals, man. Michigan State University centennial symposium, 1855–1955 (East Lansing, Mich. '55) 14–19: Influence of environmental factors on plant composition. — A symposium on radioisotopes in the biosphere, Minneapolis, Minn., 1959 (Minneapolis, Minn. '60) 110–19: Radioisotopes in soils and plants. — Growth in living systems. Proc. [of an international symposium, Lafayette, Ind., 1960] (M. X. Zarrow) (New York '61) 653–64: The biological environment of roots.

W. The biochemistry of cellulose, the polyuronides, lignin etc. (NewYork–Oxford '37) 8+232 S.

Advances Agron. The place of microbiology in soil science: **7** ('55) 399–410.

Advances Enzymol. and related Subj. Cellulose decomposition by micro-organisms[12]): **2** ('42) 239–64.

Agricultural Progr. The analysis and composition of rye grass: **14** ('37) 141–46.

Agronomy J. Moisture absorption by some common plant materials[3]): **42** ('50) 427–31. — Terramycin and plant growth: **47** ('55) 585–87. — The way ahead: **49** ('57) 618–20. —

Applications and problems of radiation and radio isotopes in agriculture: **51** ('59) 702–05.

American J. Bot. Soil–plant relationships and plant nutrition: **44** ('57) 67–73.

American Scientist The uniqueness of plants: **50** ('62) 436–49.

Analyst The analysis of mixtures of glucose and fructose with special reference to honey[26]): **63** ('38) 315–23.

Annals appl. Biol. The biological decomposition of plant materials, 8: The availability of the nitrogen of fungal tissues: **20** ('33) 146–64; ∼ 9: The aerobic decomposition of hemicelluloses: **21** ('34) 454–75.

Annual Rep., Iowa agric. Exper. Stat. Microbial thermogenesis: **1939**, 76. – Microbiological aspects of the decomposition of plant materials: 77. – Effect of various natural organic materials at different stages of decomposition on those physical and chemical properties of soils which affect erosion[40])[36]): **1940**, 89f.

Annual Rev. Biochem. Chemistry of the carbohydrates and glycosides: **10** ('41) 65–90.

Annual Rev. Plant Physiol. Herbicides[27])[48]): **1** ('50) 141–68.

Antibiotics and Chemotherapy The action of hexachlorophene on plant roots: **10** ('60) 675–81.

Archiv Mikrobiol. Factors limiting microbial activities in soil, 1: The level of substrate, nitrogen, and phosphorus[44]): **40** ('61) 341–69; ∼ 2: The effect of sulfur[44]): 370–82.

Archives Biochem. and Biophysics The effect of polymyxin on plant roots: **58** ('55) 461–77.

Biochemical J. The biological decomposition of plant materials, 7: The nature of the residual hemicelluloses of rotted straw: **26** ('32) 573–77. – The chemistry of mould tissue, 1: Soluble carbohydrate constituents[35])[18]): 1934–45; ∼ 2: The resistant cell-wall material[35]): 1946–53. – A new method for the determination of cellulose, based upon observations on the removal of lignin and other encrusting materials[20]): **27** ('33) 818–31. – The determination of lignin, 1: Errors introduced by the presence of certain carbohydrates[20]): **28** ('34) 2147–59; ∼ 2: Errors introduced by the presence of proteins[20]): 2160–68; ∼ 3: Acid pre-treatment and the effect of the presence of nitrogenous substances: **31** ('37) 1567–74. – The hemicelluloses, 1: Alcoholic sodium hydroxide as a pre-treatment to extraction: **29** ('35) 945–52; ∼ 2: The association of hemicelluloses with lignin[42]): 2259–66; ∼ 3: Extraction and preparation: **31** ('37) 1579–85. – The composition of some vegetable fibres with particular reference to jute: **30** ('36) 831–38. – The destruction of oak by the death-watch beetle: 1135–37. – The composition of forage crops, 1: Rye grass (Lolium perenne): 1354–62; ∼ 2: ≈: Changes in herbage and soil during growth[39]): **31** ('37) 1556–66; ∼ 3: Cocksfoot: Changes in the herbage during growth, with and without additions of nitrogenous fertilizer: **33** ('39) 1201–08. – The association of xylan with cellulose in certain structural celluloses: **30** ('36) 2054–72. – The composition of some less common vegetable fibres: **31** ('37) 1575–78.

Botanical Gaz. Plant growth-regulating substances: **107** ('46) 475. – New growth-regulating compounds, 1: Summary of growth-inhibitory activities of some organic compounds as determinated by three tests[46])[45]): 476–507; ∼ 2: Substituted benzoic acids[27])[38])[46])[30]): **113** ('51) 135–47.

Canadian J. Microbiol. Factors limiting microbial activities in soils, 3: Supplementary substrate additions[44]): **10** ('64) 143–49.

Chemistry and Industry The mechanism of decay in wood: **13** ('35) 854f.

Chronica bot. Biochemistry and agrostological problems: **6** ('40) 30.

Economic Bot. Plant growth-regulators[48]): **3** ('49) 289–98.

Food Manufacture Milk wastes: **9** ('34) 99–101. – Wastes from sugarworks: 237–40. – Mushrooms as foodstuffs: **10** ('35) 129–31. – Sugar from wood: **11** ('36) 300f. – Pectin problems: **12** ('37) 164–66.

Industrial and Engng. Chem. The differentiation of hemicelluloses[15]): **24** ('32) 1190–94.

Iowa Farm Sci. Who will grow soybeans?: **1** ('46) 12–14.

Iowa State College J. Sci. The determination of uronic groups in soils and plant materials[3]): **15** ('41) 253–60. – The fructosan content of some grasses adapted to Iowa[51])[13]): 301–05.

J. agric. and Food Chem. Herbicides: Chemical weed control[27]): **1** ('53) 42–44.

J. agric. Sci. A preliminary investigation of the development of structural constituents in the barley plant: **23** ('33) 216–27. – The composition of crude fibre: **25** ('35) 529–40. – Photosynthesis in the ear of barley, and the movement of nitrogen into the ear[47]): **29** ('39) 321–46.

J. amer. Soc. Agron. Biochemical approach to grass problems: **31** ('39) 751–60. – The use of ^{15}N in determining nitrogen recovery from plant materials decomposing in soil[49]): **35** ('43) 1023–25. – Effect of straw and cornstalks on yield of soybeans[10])u.a.): **39** ('47) 89–92. – Agronomic uses for plant growth regulators: **40** ('48) 111–19.

J. Bacteriol. Microbial thermogenesis in the decomposition of plant materials, 1: An adiabatic fermentation apparatus[51])[8]): **41** ('41) 689–97; ∼ 2: Factors involved[8]): 699–724; ∼

3: Simplified equipment for routine studies[3]): **47** ('44) 499–504; ~ 4: Influence of moisture content and of initial temperature[3]): **65** ('53) 228–32. – Characteristics of some soil cytophagas[12]): **45** ('43) 565–72. – Cellulose decomposition by aerobic mesophilic bacteria from soil, 1: Isolation and description of organisms[12]): **46** ('43) 273–80; ~ 2: Biochemical studies on filter paper and cellulose preparations[12]): 281–89; ~ 3: The effect of lignin[12]): 291–97. – Biochemical changes involved in the decomposition of hemp bark by pure cultures of fungi[12]): **50** ('45) 667–71.

Land and Water [Zanesville, O.] The influence of environmental factors on plant composition: **1** ('55) 18–22.

Nature [London] Lignin content of cellulose products [20]): **131** ('33) 729. – x-Ray examination of the effect of removing non-cellulosic constituents from vegetable fibres[1])[37]): **136** ('35) 391f. – Determination of uronic groups in polysaccharides: **143** ('39) 284f. – A glass micro-bead system for the investigation of soil micro-organisms[32])[31]): **200** ('63) 1227f.

Plant Physiol. Growth repression of higher plants by 2-pyridinethiol 1-oxide: **32** ('57) 16–19. – Buffering effects of benzimidazole in absorption of potassium by excised barley roots[32]): **37** ('62) 821–25. – Effects of nonionic surfactants in root growth and cation uptake[32]): **39** ('64) 502–07.

Plant and Soil pH control of nitrate uptake studies with excised roots[32]): **21** ('64) 185–90.

Plants and Gardens Plant labels that last[21]): **14** ('58) 294–96.

Pontificiae Acad. Sci. Scripta varia The use of isotopes in soil organic matter studies; a survey: **32** ('68) 89–105.

Proc., Annu. Meeting agric. Res. Inst. Strategy of research in the plant sciences in relation to agriculture: **4.1955** ('56) 8–13.

Proc. annu. Meeting north central Weed Control Conf. The application of herbicidal sprays to fieldplots and their evaluation[11]): **1950**, 36–42.

Proc. northeastern States Weed Control Conf. The persistence of herbicides in soils[29]): **1950**, 7–12.

Proc., Soil Sci. Soc. America Changes in the lignin of some plant materials as a result of decomposition[2]): **3** ('38) 210–16. – The oxidation of soil organic matter with hypoiodite[34]): **4** ('39) 183–88. – Observations on the hypochlorite oxidation of decomposed plant residues: 229. – Bacteriological and biochemical studies on a new capsulated bacillus[43])[22])[23])[50]): 248. – Application of delignifying procedures to soil organic matter[28]): **5** ('40) 171–76. – The action of some mesophilic bacteria on cellulose[3]): 242–47. – The mineralization of the organic phosphorus of various compounds in soil[33])[16]): **6** ('41) 168–75. – The activity of the microflora in various horizons of several soil types[29]): 187–94. – Problems in the chemistry of soil organic matter: **7** ('42) 7–15. – A cellulose-dextrin medium for identifying cellulose organisms in soil[12]): 243–46. – Soil microbiology at Rothamsted: **8** ('43/44) 15–17. – The nitrogen nutrition of soybeans, 1: The effect of inoculation and nitrogen fertilizer on the yield and composition of soybeans on Marshall silt loam: 226–28; ~ 2: Effect of available soil nitrogen on growth and nitrogen fixation[25]): **10** ('45/46) 191–96. – An examination of thermal methods for following micro-biological activities in soil[29]): **8** ('43/44) 250–53. – Effect of subsurface application of lime on yield, scab and nutrient uptake of Irish potatoes[6]): 313–16. – The nature of the flora on field-retting hemp[12]): **9** ('44) 101–05. – Recent advances in soil microbiology: **11** ('46/47) 9–15. – Some factors affecting the availability of the organic nitrogen in soil[7]): 264–67. – The threshold moisture content for active decomposition of some mature plant materials[3]): 270–79. – A two-zone root system for nutrient uptake studies[19])[41]): **23** ('59) 251. – Inhibition of root growth and cation uptake by antibiotics: 368–70. – The action of Duramycin on plant roots: **24** ('60) 109–11. – A procedure for control of pH in cation uptake studies with excised barley roots[32]): **27** ('63) 531–34.

Rep. agric. Res., Iowa agric. Exper. Stat. Decomposition of some humus-forming materials in soils[33]): **1940**, 87f.

Res. Bull., Iowa agric. Exper. Stat. The retting of hemp, 1: Field-retting of hemp in Iowa[12])[51]): Nr. **342** ('46) 833–90; ~ 2: Controlled retting of hemp[12]): Nr. **343** ('46) 895–924; ~ 3: Biochemical changes accompanying the retting of hemp[12]): Nr. **344** ('46). – Nutrient uptake by soybeans on two Iowa soils[14])[5]): Nr. **384** ('51) 461–512.

Science [USA] Inhibition of root growth by azaserine: **121** ('55) 213f. – Effect of isonicotinoyl hydrazide on some plant systems: 834. – Benzimidazole enhancement of ion uptake by plant roots[24]): **131** ('60) 354f.

Science Progr. [London] The natural decomposition of plant materials: **27** ('32/33) 470–85. – Synthesis in biological problems ("synthetic" lignin and "synthetic" humus): 682–86. – Some aspects of the chemistry of the plant cell-wall: **28** ('33/34) 229–45. – The biological decomposition of lignin: **30** ('35/36) 442–56.

Soil Sci. Bacteriological studies on a new capsulated bacillus, Bacillus krzemieniewski[22])[43]): **49** ('40) 185–91. – Some effects of sheet erosion on soil microbiological activity[29]): **52** ('41) 31–46. – The applicability of the Mitscherlich method to the determination of available phosphate in some Iowa soils[17]): **53** ('42) 329–40. — The activity of subsurface soil populations[29]): **55** ('43) 377–91. — The chemistry of soil organic matter, 1: Distribution of uronic carbon in some soil profiles[3]): **56** ('43) 143–50; ~ 2: Hypoiodite oxidation of the organic matter in some soil profiles: 223–33. — Some factors involved in the decarboxylation rate of uronic groups of soil organic matter and pectin[12])[3]): **64** ('47) 143–56. — Influence of composition of plant materials on properties of the decomposed residues[34]): **65** ('48) 209–26. — Sir E. John Russell and the call of the land: **94** ('62) 200–03. — Growth and activity of soil micro-organisms in glass micro-beads, 1: Carbon dioxide evolution[32]): **97** ('64) 361–66; ~ 2: Oxygen uptake and direct observations[32])[31]): **103** ('67) 303–10.

Soybean Digest Inoculation and nitrogen nutrition of soybeans: **4** ('44) 41f. — Soybeans and the fertility level: **6** ('46) 35–37.

TAPPI Acid resistance of cell wall pentosans, 1[4]): **39** ('56) 430–32; ~ 2: Effect of pH during preparation of celluloses from hardwoods and fibers on the quantity of acid-resistant pentosan[4]): **40** ('57) 755–60.

Umschau Wiss. u. Techn. Amerikanische Universitäten, 2: Die große Staatsuniversität Michigan[53]): **72** ('72) 179–83 (m. Bildn.).

Virginia J. Sci. Soils: **13** ('62) 114–22.

Yearb. Agric. [Washington] Soil organic matter: **1947**, 499–510.

Einige weitere Veröffentlichungen im Rahmen der Iowa Agricultural Experiment Station.

Mit: [1]) W. T. Astbury; [2]) J. B. Barlett; [3]) W. V. Bartholomew; [4]) H. P. Binger; [5]) C. A. Black; [6]) N. C. Brady; [7]) F. E. Broadbent; [8]) R. E. Carlyle; [9]) —; [10]) A. J. Englehorn; [11]) W. B. Ennis, jr.; [12]) W. H. Fuller; [13]) W. G. Gaessler; [14]) L. C. Hammond; [15]) L. E. Hawley; [16]) Ch. Ho; [17]) C. D. Hoover; [18]) R. C. Houtz; [19]) W. A. Jackson; [20]) S. H. Jenkins; [21]) P. B. Kaufmann; [22]) J. Kleczkowska; [23]) A. Kleczkowski; [24]) M. J. Klingensmith; [25]) L. O. Krampitz; [26]) C. R. Marshall; [27]) C. E. Minarik; [28]) J. E. Moody; [29]) A. S. Newman; [30]) J. F. Owings; [31]) D. Parkinson; [32]) J. F. Parr; [33]) R. W. Pearson; [34]) W. J. Peevy; [35]) W. H. Peterson; [36]) W. H. Pierre; [37]) R. D. Preston; [38]) D. Ready; [39]) H. L. Richardson; [40]) M. B. Russell; [41]) E. B. Shappirio; [42]) J. G. Shrikhande; [43]) S. F. Snieszko; [44]) G. Stotzky; [45]) C. P. Swanson; [46]) H. E. Thompson; [47]) D. J. Watson; [48]) R. L. Weintraub; [49]) C. H. Werkman; [50]) P. Wierzchowski; [51]) C. P. Wilsie; [52]) L. A. Richards; [53]) D. E. Thackrey.

VI **NORMAND,** Alexander Robert. Chem. — 1902–34 Prof., Wilson College, Univ. of Bombay; then retired in Edinburgh. (☒)

*1880, März 4, Edinburgh;

†1958, Juli 18, Edinburgh.

Nekr. Yearb. roy. Soc. Edinburgh **1957/59** ('60) 57f.

J. chem. Soc., London Ardeshir Naservanji Peston-Jamas, 1883–1937: **1939**, 219.

J. Univ. Bombay Action of nitric acid on tin[1]): **2** ('33) Nr. 2, 111–22.

Proc. indian Acad. Sci., Sect. A Reaction between nitric acid and tin in the presence of catalysts, 1[1]): **5** ('37) 115–23; ~ 2[1]): **10** ('39) 37–40.

Mit: [1]) G. S. Kasbekar.

VI **NORRIS,** Earl Ralph. Biochem. — 1927–52 Assoc. Prof., Univ. of Washington, Seattle, Wash.

*1895, Febr. 12, North Dakota;

†1952, März 30, Seattle, Wash.

Nekr. Chemical and Engng. News **30** ('52) 1907. — School and Soc. **75** ('52) 221.

American J. Physiol. The influence of strenuous muscular exercise upon renal excretion[19]): **119** ('37) 642–50. — The effect of fat and cholesterol on the growth of young salmon[4]): **129** ('40) 214–18. — Tolerance to arsenic trioxide in the albino rat[6]): **143** ('45) 635–38. — In vitro and in vivo studies of the effect of arsenite on the respiration of rat tissues: 639–43. — Effect of xanthopterin on cell proliferation in bone-marrow cultures[11]): **152** ('48) 175–78. — Xanthopterin in rat anemia produced by sulfathiazole[11]): 179–82. — Further studies on xanthopterin and other pteridines in bone-marrow cultures[11]): 652–57. — Influence of the dosage of xanthopterin upon the response in hemapoiesis[11]): **153** ('48) 133–37. — Effect of normal blood serum and blood serum from neoplastic disease on cell proliferation in bone-marrow cultures[11]): 483–87. — Effect of xanthopterin and other pteridines on the rate of cell proliferation in tissue-cell cultures[11]): 488–91. — The effect of pteridines and blood serum on neoplastic cell culture in vitro[11]): 492–95. — Effect of pteridines and sera on human bone-marrow cells in vitro[11]): 496–98.

Archives Biochem. The competitive inhibition of xanthine oxidation by xanthopterin[9]): **24** ('49) 49–54. — The competitive inhibition of uricase activity by 8-azaguanine and by 8-azaxanthine[15]): **28** ('50) 465f. — Deamination of 8-azaguanine by guanase[15]): **29** ('50) 124–29. — The inhibition of xanthine oxidase by borates[15]): **344–47**.

Cancer Res. Synthesis of sterol by tumor-bearing rats[18]): **1** ('41) 410–12.

Endocrinology The influence of environmental temperature and salts upon the survival period of adrenalectomized rats[19]): **20** ('36) 556–60.

Industrial and Engng. Chem., Analyt. Edit. Effect of formaldehyde on the volatilizations of ammonia, mono-, di-, and trimethylamine[1]): 14 ('42) 823–25.

J. biol. Chemistry Phosphatases of marine invertebrates[14]): **108** ('35) 783–90. — A micro blood esterase determination applied to studies of rats bearing adenocarcinoma[18]): **132** ('40) 553–57. — Preparation and properties of crystalline salmon pepsin[5]): **134** ('40) 443–54. — Xanthopterin, the fish anemia factor[17]): **140** ('41) 679f. — Trimethylamine oxide, 1: Occurrence of trimethylamine oxide in marine organisms[1]): **158** ('45) 433–38; ~ 2: Origin of trimethylamine oxide in young salmon[1]): 439–42; ~ 3: Trimethylamine oxide excretion by the rat[1]): 443–48. — Preparation, properties, and crystallization of tuna pepsin[12]): **204** ('53) 673–80. — Mechanism of borate inhibition of diphenol oxidation by tyrosinase[21]): **227** ('57) 473–82.

J. Nutrition [USA] A study of the antimony trichloride color reaction for vitamin A, 5: Evaluation of a colorimetric unit on the basis of the biological unit for vitamin A[2]): **5** ('32) 495–501. — The vitamin B and vitamin C content of marine algae[16])[20]): **13** ('37) 425–33.

Proc. Soc. exper. Biol. and Med. Cell proliferation accelerating and inhibiting substances in normal and cancer blood and urine[11]): **70** ('49) 229–34. — Cell proliferation accelerating and inhibiting substances in blood serum during pregnancy[11]): 663–66.

Science [USA] Crystalline salmon pepsin[5]): **90** ('39) 399. — A new factor of the vitamin B complex required by the albino mouse[7]): **92** ('40) 316f. — Vitamin B_{14} and [bone-marrow] cell proliferation[11]): **109** ('49) 32f. — Action of enzymes on vitamin B_{14} and pteridines[11]): 33–35.

Mit: [1]) G. J. Benoit, jr.; [2]) A. E. Church; [3]) —; [4]) L. R. Donaldson; [5]) D. W. Elam; [6]) H. W. Elliott; [7]) J. Hauschildt; [8]) —; [9]) E. G. Krebs; [10]) —; [11]) J. J. Majnarich; [12]) J. C. Mathies; [13]) —; [14]) D. A. R. Rama Rao; [15]) A. Roush; [16]) M. K. Simeon; [17]) R. W. Simmons; [18]) E. E. Troescher; [19]) R. S. Weiser; [20]) H. B. Williams; [21]) K. T. Yasunobu.

IV–VI **NORRIS,** James Flack. Chem. (org.). — 1916–40 Prof., '25–40 Dir. of the Research Labor. of org. Chem., Massachusetts Inst. of Technol., Cambridge, Mass. — '05–06 Pres., Northeastern Sect., Amer. Chem. Soc.; '06–09 Pres., Chem. Teachers' Assoc. of Northeast; '24–25 Chairman of the Divis. of Chem. and Chem. Technol., '25–33 Member of the Execut. Board, Nation. Research Council; '25–26 Pres., Amer. Chem. Soc.; '25–28 Vice Pres., Int. Union of Pure and Appl. Chem.; '30 Chairman of Sect. C, Amer. Assoc. Advancem. Sci. — '37 Medal (Amer. Inst. of Chemists).

*1871, Jan 20, Baltimore, Md.;

†1940, Aug. 4, Cambridge, Mass.

Zur Biogr. T. L. Davis, Chemist **14** ('37) 134–38 (siehe auch S. 133f.); Industrial and Engng. Chem., News Edit. **14** ('36) 325f. (m. Bildn.).

Nekr. Chemical and Engng. News **18** ('40) 730 (m. Bildn.).

W. Experimental organic chemistry [3](New York–London '33) 13+233 S. — Laboratory exercises in inorganic chemistry (m. K. L. Mark) [2](NewYork–London '39) 13+574 S. — A textbook of inorganic chemistry for colleges (m. R. C. Young) [2](NewYork–London '39) 10+803 S.

Biographical Mem., Nation. Acad. Sci. USA Ira Remsen, 1846–1927[8]): **14** ('32) 207–40.

J. amer. chem. Soc. The reactivity of atoms and groups in organic compounds, 12: The preparation and properties of mixed aliphatic ethers with special reference to those containing the tert.-butyl radical[9]): **54** ('32) 2088–101; ~ 13: The influence of structure on the pyrolysis of esters of triphenylacetic acid[3]): **56** ('34) 423–26; ~ 14: The influence of substituents on the thermal stability of certain derivatives of malonic acid[15]): **55** ('33) 4697–704; ~ 15: The relative reactivities of the hydrogen of the hydroxyl group in benzoic acid and certain of its derivatives[12]): **57** ('35) 187–92; ~ 16: The relative effects of substituents on the rates at which certain acyl and alkyl chlorides react with ethyl alcohol[4])[11]): 1415–20; ~ 17: The effect of the change in reactant and of the temperature on the relative reactivities of certain substitution products of benzoyl chloride[20]): 1420–24; ~ 18: The effect of the solvent on the rate of the reaction between benzoyl chloride and ethyl alcohol[5]): 1425–27; ~ 19: The relative reactivities of the chlorine atoms in certain derivatives of benzoylchloride[18]): **61** ('39) 1418–20; ~ 20: The effect of substituents on the relative reactivities of the hydroxyl group in derivatives of benzoic acid[2]): **62** ('40) 953–56. — The rates of the thermal decomposition of certain triphenylmethyl alkyl ethers[3]): **55** ('33) 4946–51. — Raman spectra, 1: Benzoyl chloride and certain of its substitution products[14]): **58** ('36) 1953–57. — The condensation of aliphatic alcohols with aromatic hydrocarbons, 1: The preparation of mesitylene and sym-triethylbenzene[6]): **60** ('38) 1421–23. — The formation of intermediate compounds in hydrocarbon syntheses by the Friedel and Crafts reaction, and the preparation of certain symmetrical trialkylbenzenes[10]): **61** ('39) 1163–70. — The condensation of alcohols, ethers, and esters with aromatic hydrocarbons in the presence of aluminum chloride[13]): 1413–17. — The rearrangement of certain derivatives of toluene by the action of aluminum chloride[16]): 2128–31. — The rearrangement of the xylenes by aluminum chloride[17]): 2131–34. — Condensation of esters with aromatic hydrocarbons by means of aluminum chloride[1]): **62** ('40) 874–77. — Certain trialkylated benzenes and their compounds with aluminum chloride and with aluminum bromide[6]): 1298–301. — Intermediate complexes in the Friedel and Crafts reaction[19]): 1428–32. — Preparation of nitriles and amides. Reactions of esters with acids and with aluminum chloride. The use of the salt $NaCl{\cdot}AlCl_3$ in the Friedel and Crafts reaction[7]): 1432–35.

J. chem. Educat. The significance of pyrolysis temperatures: **9** ('32) 1890–96.

Organic Syntheses, Collective Vol. n-Butyl chloride: **1** ('32) 137f. — 2-Pentene: 421f.

Science [USA] Research and industrial organic chemistry: **75** ('32) 5–10.

Mit: 1) P. Arthur, jr.; 2) A. E. Bearse; 3) A. Cresswell; 4) E. V. Fasce; 5) E. C. Haines; 6) J. N. Ingraham; 7) A. J. Klemka; 8) W. A. Noyes; 9) G. W. Rigby; 10) D. Rubinstein; 11) C. J. Staud; 12) W. H. Strain; 13) B. M. Sturgis; 14) D. D. Thompson; 15) H. F. Tucker; 16) H. S. Turner; 17) G. T. Vaala; 18) V. W. Ware; 19) J. E. Wood; 20) H. H. Young, jr.

VI **NORRISH,** Ronald George Wreyford. Chem. (physikal.). — 1925–30 Demonstrator, '25– Fellow of Emmanuel College, '30–37 Lecturer, '37–65 Prof. and Dir. of the Physicochem. Labor., '65 Prof. Emer., Cambridge Univ.; '53–55 Pres., Faraday Soc.; '57–59 Vice Pres., Roy. Inst. Chem.; '60–61 Pres., Brit. Assoc. Advancem. Sci., Sect. B. — '58 Dr. h.c. (Univ. de Paris); '65 Hon. D. Sc. (Univ. of Sheffield); '65 Hon.D.Sc. (Univ. of Leeds); '68 Hon. D. Sc. (Univ. of Liverpool); '68 Hon. D. Sc. (Univ. of Lancaster); '69 Hon. D. Sc. (Univ. of British Columbia, Vancouver, B. C.). — '67 Nobel Prize in Chem. — '26 Meldola Medal (Roy. Inst. Chem.); '58 Davy Medal (Roy. Soc. London); '64 Lewis Medal (Combustion Inst., Pittsburgh, Pa.); '65 Faraday Medal, '69 Longstaff Medal (Chem. Soc. London).

*1897, Nov. 9, Cambridge.

Zur Biogr. C. Hinshelwood, Proc. roy. Soc. London, Ser. A **249** ('59) VIIIf. — J. Pérès, Annales Univ. Paris **28** ('58) 499–501. — Nature [London] **182** ('58) 1632f.

Zum 70. Geb.tag Festgabe: Photochemistry and reaction kinetics (P. G. Ashmore, F. S. Dainton, T. M. Sugden) (London '67) 16+378 S.; darin: W. A. Noyes, jr., The contributions of R.G.W. Norrish to photochemistry; B. Lewis, The contributions of R.G.W. Norrish to combustion.

Zur Verleihung des Nobelpreises H. Hartmann, Umschau Wiss. u. Techn. **68** ('68) 2f. (m. Bildn. S. 1.). — A. Nowak, Wissenschaft u. Fortschr. **18** ('68) 146f. (m. Bildn.). — Nobel lectures, Chemistry, 1963–1970 (Amsterdam–London–NewYork '72) 161–69, 239f. — Chemical and Engng. News **45** ('67) 20.

S. Handbuch der Katalyse (G.-M. Schwab) **1**: Allgemeines und Gaskatalyse (Wien '41) 385–443: Ignition catalysis[15]). — Combustion in engines and combustion kinetics [Papers of the 5th Symposium (international) on combustion, Pittsburgh, Pa., 1954] (New York '55) 651–56: Kinetic studies of gaseous explosions[57])[72]). — Simposio internazionale di chimica macromolecolare, Milano e Torino 1954 (Roma '55) 250–63: The photolysis of polymethylvinyl ketone; synthesis of block polymers[28]). — Reactions of free radicals in the gas phase. Report of a symposium, Cambridge 1957 (London '58) (Chemical Society, Special publications, 9) 1–: Reactions of free radicals in the gas phase; 121–35: Studies of the ClO radical by flash photolysis[24])[72]). — Energy transfer in gases. Transfert d'énergie dans les gaz (Institut international de chimie Solvay, 12e Conseil de chimie, Bruxelles 1962) (New York ['63 ?]) 99–166: The study of energy transfer in atoms and molecules by photochemical methods (m. Diskuss. S. 167–82). — 10th Symposium (international) on combustion, Cambridge 1964 (Pittsburgh, Pa. '65) 1–18: The study of combustion by photochemical methods. — Les Prix Nobel en 1967 (Stockholm '68) 181–211: Some fast reactions in gases studied by flash photolysis and kinetic spectroscopy. — Nobel lectures, Chemistry, 1963–1970 (Amsterdam–London–NewYork '72) 206–38: Some fast reactions in gases studied by flash photolysis and kinetic spectroscopy.

Acta physicochim. URSS The photochemical reaction of polyatomic molecules as represented by carbonyl compounds: **3** ('35) 171–80 [Diskuss. S. 178–80].

Advancement Sci. Chemistry and the spectroscope: **18** ('61) 351–62.

American Scientist Kinetic spectroscopy and flash photolysis: **50** ('62) 131–57.

Angewandte Chem. Untersuchungen einiger schneller Reaktionen in Gasen durch Blitzlichtphotolyse und kinetische Spektroskopie: **80** ('68) 868–81.

Bull. belg. physic. Soc. The relaxation of vibrationally and electronically excited species in gaseous systems studied by flash photolysis and kinetic spectroscopy: **1967**, **293f.**

Canadian J. Chem. Vibrational disequilibrium in reactions between atoms and molecules[7]): **38** ('60) 1769–79.

Chemistry in Britain The kinetics and analysis of very fast chemical reactions: **1** ('65) 289–311.

Discuss. Faraday Soc. The structure of methylene[57]): Nr. **2** ('47) 97–104. – Evidence relating to the combustion of hydrocarbons: Nr. **10** ('51) 269–78. – Free radicals in explosions studied by flash photolysis: Nr. **14** ('53) 16–22. – The application of flash techniques to the study of fast reactions[57]): Nr. **17** ('54) 40–46. – The decomposition of benzoyl peroxide in solution at high pressures[52]): Nr. **22** ('56) 97–103. – Polymerization of styrene at high pressures using the sector technique[52]): 104–13. – Vibrational excitation in photochemical processes[7]): Nr. **33** ('62) 99–106.

Experientia, Suppl. The study of combustion by kinetic spectroscopy: Nr. **7** ('57) 87–112.

J. amer. chem. Soc. Photochemical decomposition of ketene[21])[63]): **56** ('34) 1644f. – Kinetics of the explosive reaction between hydrogen and oxygen sensitized by nitrogen peroxide: **60** ('38) 1513.

J. chem. Physics Note on the chain photolysis of acetaldehyde in intermittent light: **9** ('41) 377.

J. chem. Soc., London Primary photochemical processes, 1: The decomposition of formaldehyde[38]): **1932**, 1518–30; ∼ 2: The absorption spectrum and photochemical decomposition of diazomethane[38]): **1933**, 119–26; ∼ 3: The absorption spectrum and photochemical decomposition of ketene[21])[63]): 1533–39; ∼ 4: The decomposition of methyl ethyl ketone and methyl butyl ketone[2]): **1934**, 874–80; ∼ 5: The spectroscopy and photochemical decomposition of acetone[21])[63]): 1456–64; ∼ 6: The photochemical decomposition of certain cyclic ketones[63]): **1935**, 455–59; ∼ 7: Photochemical decomposition of isovaleraldehyde and di-n-propyl ketone[6]): 1504–11; ∼ 8: The quantum yield of the photolysis of methyl n-butyl ketone[10]): 1638–42; ∼ 9: A preliminary study of the decomposition of nitromethane and nitroethane[33]): **1936**, 1580–85; ∼ 10: The photolysis of cyclic ketones in the gas phase[6]): **1938**, 1521–31; ∼ 11: The photolysis of aldehydes and ketones in paraffinoid solution[6]): 1531–43; ∼ 12: The effect of temperature on the quantum yield of the decomposition of di-n-propyl ketone in the vapour phase and in solution[6]): 1544–54. – The decomposition of ozone photosensitized by chlorine[50]): **1934**, 1864–72. – The photolysis of formaldehyde, acetaldehyde, and acetone at high temperatures[1]): **1936**, 890–94. – The photochemical oxidation of formaldehyde and acetaldehyde[19]): 1036–42. – The vapour-pressure curve of tetraethyl lead from 0° to 70°[15]): 1567–69. – The cross-linking of vinyl polymers by Friedel-Crafts catalysts, 1[9]): **1948**, 771–74; ∼ 2[9]): **1949**, 482–85. – The photochemical studies of some organic nitrogen derivatives[11]): **1952**, 188–98. – The photochemical decomposition of ketene by means of light of very high intensity[40])[57]): 1477–86.

J. Chim. physique et Physico-Chim. biol. L'effet de la lumière sur la combustion des hydrocarbures: **46** ('49) 313–16. – Etudes récentes de réactions chimiques par la méthode de la spectroscopie cinétique: **61** ('64) 985. – Quelques études récentes de réactions chimiques par la méthode de spectroscopie cinétique: 1359–71.

J. roy. Soc. Arts Lyon Playfair and his work for the great exhibition of 1851: **99** ('51) 537–49.

Mémoires Soc. roy. Sci. Liège Some reactions of organic photochemistry as revealed by flash photolysis and kinetic spectroscopy: (6) **1** ('71) Nr. 2, 33–53.

Nature [London] Photochemical reaction between hydrogen and chlorine in the presence of oxygen[61]): **129** ('32) 243f. – Photosensitized decomposition of ozone by chlorine[50]): **131** ('33) 544f. – Predissociation in fluorescence emission spectra: fluorescence of acetone vapour[21]): **132** ('33) 241. – Photochemistry and absorption spectrum of acetone: **133** ('34) 837. – Polymerization of formaldehyde[19]): **135** ('35) 582f. – Photodecomposition of aldehydes and ketones[6]): **138** ('36) 1016; **140** ('37) 195f. – Mechanism of the primary photodissociation process of organic molecules: **141** ('38) 1138. – Reaction between hydrogen and oxygen sensitized by nitrogen peroxide[22]): **144** ('39) 30f. – Catalyzed polymerization of methyl methacrylate in the liquid phase[66]): **150** ('42) 336f. – The two heats of atomization of carbon[43]): **157** ('46) 486. – Heat of sublimation of carbon[43]): **158** ('46) 237. – Heat of atomization of carbon[43]): **159** ('47) 131. – Adsorption of water vapour in high-vacuum apparatus[62]): **160** ('47) 57. – Mechanism of the oxidation of gaseous formaldehyde[4]): 537f. – Friedel-Crafts catalysts in polymerization. Kinetic measurements and the role of water[62]): 543f. – Mechanism of the oxidation of gaseous formaldehyde: **162** ('48) 367f. – A new catalytic effect in vinyl polymerizations[8]): **163** ('49) 325f. – Role of formaldehyde in the oxidation of ethylene[29]): 797. – Effect of light on the combustion of hydrocarbons[56]): 883–85. – Chemical reactions produced by very high light intensities[57]): **164** ('49) 658. – A phenomenon of successive ignitions[3]): **167** ('51) 390–92. – Detection of diatomic radical absorption spectra during combustion[57])[72]): **169** ('52) 582f. – Limiting products in the photolysis of acetaldehyde at high intensity[37])[57]): **171** ('53) 513f. – Chemiluminescent phenomena during hydrocarbon combustion[57])[72]): **172** ('53) 71f. – Photolysis of polymethylvinyl ketone: formation of block polymers[28]): **173** ('54) 625–27. – Photolysis of chlorine dioxide and absolute rates of chlorine monoxide reactions[42])[57]): **174** ('54) 785f. — Induction periods and ignition limits in sensitized ignitions of hydrogen and oxygen[3])[22]): **175** ('55) 546f. — Production of vibrationally excited oxygen molecules in the flash photolysis of ozone[45]): **180** ('57) 1272f. — Influence of water on the photolytic decomposition of ozone[45]): **182** ('58) 235–37. — The mechanism of anti-knock[17]): **184** ('59) 1794f. — Formation of vibrationally excited carbon monosulphide and sulphur by the flash photolysis of carbon disulphide[17]): **188** ('60) 53f. — Vibrationally excited nitric oxide produced in the flash photolysis of nitrosyl chloride[7]): **189** ('61) 455f. — Chemistry and the spectroscope: **191** ('61) 984f. — Mechanism of the action of nitric oxide on paraffin pyrolyses[58]): **197** ('63) 143–46. — Vinyl polymerization photochemically initiated by cerous ions[24]): 282f. — Photovoltaic phenomena in aqueous solutions[32]): **200** ('63) 880f. — Nitroso formaldehyde[49]): **208** ('65) 1090f. — Oxidation of gaseous formaldehyde[71]): **210** ('66) 728f.; ~: 1356. — Rate of H-abstraction by OH from hydrocarbons[35]): **215** ('67) 1373f.

Nature [London], Physical Sci. Flash photolysis of dimethyl ketene[81]): **229** ('71) Nr. 2, 42–44.

Philosophical Trans. roy. Soc. London, Ser. A The strengths of certain covalent metal bonds[43]): **241** ('49) 587–617.

Photoelectric Spectrometry Group Bull. Flash photolysis and the spectroscopic study of rapid chemical reaction: **7** ('54) 169–.

Photographic J. Border effects associated with photographic reversal processes[69]): **77** ('37) 20–37. — Border effects associated with solarization[69]): 314–17. — The mechanism of photographic reversal, 1: The Sabattier effect and its relation to other reversal processes[69]): **78** ('38) 513–33.

Physikalische Z. Sowjetunion The photosensitized explosion of $H_2 + O_2$ by chlorine: **3** ('33) 225f.

Proc. chem. Soc., London Some isothermal reactions of free radicals studied by kinetic spectroscopy: **1958**, 247–55.

Proc. roy. Soc. London, Ser. A The photosensitized decomposition of nitrogen trichloride, 2: The effects of surface and inert gases, and the mechanism of reaction[27]): **135** ('32) 69–83. — The photosensitized explosion of hydrogen and oxygen by chlorine: 334–48. — The combination of hydrogen and oxygen photosensitized by nitrogen peroxide[27]): **139** ('33) 147–62. — The photosynthesis of hydrogen chloride, 1: A new experimental method; the inhibiting effect of hydrogen chloride[61]): **140** ('33) 99–112; ~ 2: "Oxygen free" mixtures[61]): 112–15; ~ 3: Mixtures containing xygen[61]): 713–40. — The reaction of methne and oxygen sensitized by nitrogen peroxide, 1: Thermal ignition[74]): **145** ('34) 307–21. — Contribution to discussion on energy distribution in molecules in relation to chemical reactions: **146** ('34) 256–59. — The induction period of the photochemical reaction between hydrogen and chlorine[27]): **147** ('34) 140–51. — A theory of the combustion of hydrocarbons: **150** ('35) 36–57. — A study of sensitized explosions, 1: The hydrogen–oxygen reaction catalyzed by nitrogen peroxide[26]): **152** ('35) 196–220; ~ 2: Ignition phenomena in mixtures of carbon monoxide and oxygen sensitized by hydrogen[15]): **167** ('38) 292–318; ~ 3: The kinetics of ignition of carbon monoxide and oxygen sensitized by hydrogen[15]): 318–42; ~ 4: The carbon monoxide–oxygen reaction catalyzed by nitrogen peroxide[15]): **172** ('39) 1–28; ~ 5: Some new experiments on the hydrogen–oxygen reaction sensitized by nitrogen peroxide[22]): **177** ('40/41) 393–410; ~ 6: Experimental observations on the hydrogen–oxygen reaction sensitized by nitrosyl chloride[22]): 411–20; ~ 7: A chain-thermal theory of the reaction between hydrogen and oxygen sensitized by nitrogen peroxide or nitrosyl chloride[22]): 421–47; ~ 8: Experimental work on the hydrogen–oxygen reaction sensitized by chloropicrin[3]): **203** ('50) 454–71; ~ 9: Experimental work on the sensitization of ignitions of hydrogen–chlorine mixtures by chloropicrin[3]): 472–86; ~ 10: The kinetics of decomposition of chloropicrin and of the hydrogen–oxygen and hydrogen–chlorine reactions sensitized by chloropicrin[3]): **204** ('50/51) 34–50. — Photochemical reactions in the fluorite region, 1: Photochemical decomposition of ethylene[44]): **157** ('36) 480–89; ~ 2: Photochemical decomposition of formaldehyde vapour[53]): **163** ('37) 221–27. — The kinetics of the combustion of methane[26]): **157** ('36) 503–25. — The formation and structure of polymers of the insoluble cross-linked type[14]): **163** ('37) 205–20. — The mechanism of polymerization reactions, 1: The polymerization of styrene and methyl methacrylate[14]): **171** ('39) 147–71. — The quenching of the resonance radiation of sodium[67]): **176** ('40) 295–312. — The surface as a limiting factor in the slow combustion of hydrocarbons[60]): 429–48. — Thermochemistry of carbon: valence states, heats of sublimation, and energies of linkage[43]): **187** ('46) 337–57. — The oxidation of gaseous formaldehyde[4]): **192** ('47/48) 518–37. — The polymerization of acetaldehyde at low temperatures[9]): **196** ('49) 363–78. — The mechanism and kinetics of the heterogeneous polymerization of vinyl monomers, 1: The benzoyl peroxide catalyzed polymerization o vinyl chloride[8]): **200** ('50) 301–20; ~ 2: Th benzoyl peroxide catalyzed polymerization of vinylidene chloride[8]): **218** ('53) 149–54; ~ 3: The benzoyl peroxide catalyzed copolymerization of vinyl and vinylidene chlorides[8]): 155–63. — The catalyzed polymerization of gaseous formaldehyde[9]): **205** ('51) 516–29. — Aspects of polymerization at high pressures[48]): **206** ('51) 309–34. — Spectroscopic studies of the hydrogen–oxygen explosion initiated by the flash photolysis of nitrogen dioxide[57]): **210** ('52) 439–60. — The role of formaldehyde in the oxidation of ethylene[29]): **212** ('52) 291–311. — The oxidation of hexane in the cool-flame region[5]): 311–30. — The recombination of atoms, 1: Iodine atoms in the rare gases[20])[57]): **216** ('53) 152–65; ∼ 2: Causes of variation in the observed rate constant for iodine atoms[20])[30])[57]): **231** ('55) 446–57. — Studies of the explosive combustion of hydrocarbons by kinetic spectroscopy, 1: Free radical absorption spectra in acetylene combustion[57])[72]): **216** ('53) 165–83; ∼ 2: Comparative investigations of hydrocarbons and a study of the continuous absorption spectra[57])[72]): **227** ('55) 423–33. — The photolysis of acetaldehyde, diacetyl and acetone at high intensity[37])[57]): **219** ('53) 312–27. — The photochemical decomposition of tert.-butyl hydroperoxide in solution[47]): **220** ('53) 322–39. — Low-temperature oxidation and cool flames of propane[39]): **221** ('54) 151–70. — The photolysis of polymethylvinylketone, 1: Reactions and kinetics[28]): **233** ('55) 153–72; ∼ 2: The preparation of graft polymers[28]): 172–83. — The study of energy transfer by kinetic spectroscopy, 1: The production of vibrationally excited oxygen[42])[72]): 455–64. — The oxidation of benzene[70]): **234** ('56) 160–77. — Studies of knock and antiknock by kinetic spectroscopy [,1][25]): 178–91; ∼ 2[25]): **259** ('60/61) 297–303. — The photochemical decomposition of dicumyl peroxide and cumene hydroperoxide in solution[64]): **237** ('56) 464–75. — Cool flames in the combustion of toluene and ethylbenzene[70]): **238** ('56/57) 143–53. — Combustion of hydrogen sulphide studied by flash photolysis and kinetic spectroscopy[77]): **240** ('57) 293–303. — The flash photolysis of ozone[45]): **242** ('57) 265–76. — The flash photolysis of chlorine monoxide[24])[72]): **243** ('57) 24–32. — The decomposition of n-hexane, 1: By mercury photosensitization[59]): 435–48; ∼ 2: By reaction with atomic hydrogen[59]): 449–57. — The absorption spectrum of SO and the flash photolysis of sulphur dioxide and sulphur trioxide[54]): **249** ('58) 498–512. — The thermal decomposition of methylene chloride[34])[76]): **250** ('59) 180–96. — The thermal oxidation of methylene chloride[34])[76]): 197–211. — The polymerization of styrene sensitized by molecules in the triplet state, 1: The reaction between anthracene and styrene[78]): **251** ('59) 1–3; ∼ 2: Kinetics and mechanism[65]): 4–26. — A study of the mechanism of photochemical electron transfer processes in solution[24]): **253** ('59) 154–62. — The combustion of gaseous aldehydes studied by flash photolysis and kinetic spectroscopy[46]): **254** ('60) 147–62. — Studies of the reactions of excited oxygen atoms and molecules produced in the flash photolysis of ozone[45]): 317–26. — The behaviour of additives in explosions and the mechanism of antiknock, 1[17]): **259** ('60/61) 304–24. — The production of vibrationally excited hydroxyl radicals under isothermal conditions by flash photolysis[7]): **260** ('61) 293–303. — Fluorescence and vibrational relaxation of nitric oxide studied by kinetic spectroscopy[7])[17]): 459–74. — The flash photolysis of phosphine[54]): **262** ('61) 1–9. — The oxidation of phosphine studied by flash photolysis and kinetic spectroscopy[54]): 10–18. — The photochemistry of butyric acid and some related compounds[12]): 19–37. — The combustion of gaseous methyl iodide studied by flash photolysis and kinetic spectroscopy[46]): **263** ('61) 51–57. — The metastable triplet state of mercury, Hg $6(^3P_0)$: a study of its reactions by kinetic spectroscopy[17]): **266** ('62) 299–311; **267** ('62) 296. — Vibrationally excited nitric oxide produced in the flash photolysis of nitrosyl halides[7]): **268** ('62) 291–303. — Vibrational relaxation of nitric oxide and carbon monoxide, studied by kinetic spectroscopy[7])[17]): **269** ('62) 180–87. — Mechanism of the formation of halogen monoxides during flash photolysis of halogen–oxygen mixtures[16]): **271** ('63) 289–95. — Vibrationally excited cyanogen radicals produced in the flash photolysis of cyanogen and cyanogen halides[7])[51])[73]): **272** ('63) 147–63. — Some features of the gas phase oxidation of n-butenes[80]): 164–91. — The explosive oxidation of ammonia and hydrazine studied by kinetic spectroscopy[36]): **273** ('63) 145–64. — The production of NO_3 in the photolysis of nitrogen dioxide and of nitric acid vapour under isothermal conditions[36]): 165–79. — The photo-initiation of the polymerization of vinyl compounds by means of cerous ions[79]): **275** ('63) 161–74. — Kinetic studies with a Ziegler catalyst system in the gaseous phase[41]): 310–37. — Transient absorption spectra of chlorine and bromine[13]): **276** ('63) 51–68. — The decomposition of nitrogen trichloride photosensitized by chlorine[13]): **278** ('64) 27–34. — The reaction of cyanogen radicals with nitric oxide[7]): **283** ('65) 291–301. — The mercury-photosensitized decomposition of carbonyl compounds[75]): **284** ('65) 1–8. — The oxidation of gaseous glyoxal[31]): **288** ('65) 1–16. — The oxidation of acetylene[31]): 17–38. — The photolysis of ozone by ultraviolet radiation, 1: The photolysis of pure dry ozone[75]): 200–11; ∼ 2: The photolysis of ozone mixed with certain hydrogen-containing substances[75]): 361–70. — The oxidation of diborane[18]): **296** ('67) 1–23. — The photolysis and pyrolysis of nitromethane and methyl nitrite[49]): **299** ('67) 317–36. — The photosynthesis of nitrosoformaldehyde and the identification of its spectrum[49]): 337–47. — The progress of photochemistry exemplified by reactions of the halogens: **301** ('67) 1–37. — Some reactions in the chlorine–oxygen system studied by flash photolysis[51]): **307** ('68) 391–97. — The oxidation of neopentane[23]): **308** ('69) 305–25. — A flash photolytic study of the explosive reaction between hydrogen and oxygen sensitized by nitrogen dioxide, chlorine and bromine[51]): **309** ('69) 171–84. — The flash photolysis of oximes[35]): **315** ('70) 287–300. — The photolysis of acyclic azines and the electronic spectra of R_1R_2CN-radicals[35]): 301–22.

Quarterly Rev., Chemical Soc. London Flash photolysis and kinetic spectroscopy[72]): **10** ('56) 149–68.

Revue Inst. franç. Pétrole et Ann. Combustibles liquides Rôle des aldéhydes dans l'oxydation des hydrocarbures: **4** ('49) 288–300.

Roczn. Chem. Application of flash photolysis to investigation of photovoltaic effects[55]): **37** ('63) 1305–10.

Science [USA] The kinetics and analysis of very fast chemical reactions: **149** ('65) 1470–82.

Trans. Faraday Soc. The primary photochemical production of some free radicals: **30** ('34) 103–20. — The polymerization of gaseous formaldehyde and acetaldehyde[19]): **32** ('36) 195–208. — On the principle of primary recombination in relation to the velocity of thermal reactions in solution: **33** ('37) 1521–28. — The relationship of fluorescence to photolysis in gaseous systems: **35** ('39) 21–28. — Note concerning some recent statements on the latent heat of vaporization of carbon[43]): **45** ('49) 1158. — Polymerization of isobutene by stannic chloride[62]): **48** ('52) 91–98. — Cool flame phenomena in the oxidation of ethane[39]): **50** ('54) 928–33.

Z. Elektrochem., Ber. Bunsenges. physik. Chem. Photochemische Vorgänge bei sehr hoher Lichtintensität: **56** ('52) 705–12.

Z. physik. Chem. [Frankfurt/M.] The study of energy transfer and energy distributions in fast chemical reactions by flash photolysis and kinetic spectroscopy[45]): [N.F.] **15** ('58) 245–61.

Mit: 1) E. I. Akeroyd; 2) M. E. S. Appleyard; 3) P. G. Ashmore; 4) D. W. E. Axford; 5) H. C. Bailey; 6) C. H. Bamford; 7) N. Basco; 8) W. I. Bengough; 9) J. C. Bevington; 10) B. M. Bloch; 11) G. H. Booth; 12) P. Borrell; 13) A. G. Briggs; 14) E. F. Brookman; 15) E. J. Buckler; 16) G. Burns; 17) A. B. Callear; 18) M. D. Carabine; 19) J. E. Carruthers; 20) M. I. Christie; 21) H. G. Crone; 22) F. S. Dainton; 23) D. D. Drysdale; 24) F. H. C. Edgecombe; 25) K. H. L. Erhard; 26) S. G. Foord; 27) J. G. A. Griffiths; 28) J. E. Guillet; 29) A. J. Harding; 30) A. J. Harrison; 31) J. M. Hay; 32) M. Heyrovský; 33) E. Hirschlaff; 34) M. R. Hoare; 35) D. G. Horne; 36) D. Husain; 37) M. A. Khan; 38) F. W. Kirkbride; 39) J. H. Knox; 40) K. Knox; 41) R. D. A. Lipman; 42) F. J. Lipscomb; 43) L. H. Long; 44) R. D. McDonald; 45) W. D. McGrath; 46) J. F. McKellar; 47) J. T. Martin; 48) F. M. Merrett; 49) I. M. Napier; 50) G. H. J. Neville; 51) J. E. Nicholas; 52) A. E. Nicholson; 53) W. A. Noyes, jr.; 54) G. A. Oldershaw; 55) S. Paszyc; 56) D. Patnaik; 57) G. Porter; 58) G. L. Pratt; 59) J. H. Purnell; 60) J. D. Reagh; 61) M. Ritchie; 62) K. E. Russell; 63) O. D. Saltmarsh; 64) M. H. Searby; 65) J. P. Simons; 66) R. R. Smith; 67) W. Mac F. Smith; 68) —; 69) G. W. W. Stevens; 70) G. W. Taylor; 71) J. M. Thomas; 72) B. A. Thrush; 73) W. H. J. Vickers; 74) J. Wallace; 75) R. P. Wayne; 76) G. Whittingham; 77) A. P. Zeelenberg; 78) V. S. Andersen; 79) F. Hussain; 80) K. Porter; 81) L. S. Ng Lim.

VI **NORTHROP,** John Howard. Biochem., Physiol., Bakteriol. — 1916–17 Assist., '17–20 Assoc., '20–24 Assoc. Member, '24–61 Member, Rockefeller Inst. of Med. Research (→ Rockefeller Univ.), New York; '49–58 Visiting Prof., '62 Prof. Emer., Univ. of California, Berkeley, Calif. — '36 Hon. Sc. D. (Columbia Univ., New York); '36 Hon. Sc. D. (Harvard Univ., Cambridge, Mass.); '37 Hon. Sc. D. (Yale Univ., New Haven, Conn.); '39 Hon. LL. D. (Univ. of California, Berkeley, Calif.); '40 Hon. Sc. D. (Princeton Univ., Princeton, N. J.); '41 Hon. Sc. D. (Rutgers Univ., New Brunswick, N. J.). — '46 Nobel Prize in Chem. — '31 Stevens Triennial Prize, '37 Charles Frederick Chandler Medal, '49 Lion Award, '61 Alexander Hamilton Award (Columbia Univ., New York); '39 Daniel Giraud Elliot Gold Medal (Nation. Acad. Sci. USA); '48 Certificate of Merit (President of USA).

*1891, Juli 5, Yonkers, N. Y.

Zur Biogr. Science [USA] **86** ('37) 393f.

Zur Verleihung des Nobelpreises E. Farber, Nobel Prize winners in chemistry, 1901–1950 (New York '54) (Life of science library, 31) 184–89 (m. Bildn.). — Nobel Prize winners in chemistry, 1901–1961 (London–NewYork '63) (∼ 41) 192–97. — Nature [London] **158** ('46) 826. — Nobel lectures, Chemistry, 1942–1962 (Amsterdam–London–NewYork '66) 109–13, 135f.

Zum 70. Geb.tag Festschrift: Enzymes, viruses and other proteins = J. gen. Physiol. **45** ('62) Nr. 4, Pt. 2, 11+265 S.; darin S. XI: Bildn.; 1–16: Biogr. von R. M. Herriott (m. Bildn.); 255–65: Schr.verz.

MHZ. J. gen. Physiol. **7** ('24)ff.

S. Handbuch der biologischen Arbeitsmethoden (E. Abderhalden) Abt. 4, Tl. 1(/2) (Berlin–Wien '35) 2213–24: Pepsin, Trypsin, Chymotrypsin[10]); 2461–64: Die Isolierung von kristallisiertem Trysinogen und dessen Umwandlung in kristallisiertes Trypsin[10]). — Biologie **1** (Paris '38) (Actualités scientifiques et industrielles, 724 = Congrès du Palais de la Découverte, 7) 365–76: Chemical nature and mode of formation of pepsin, trypsin, and bacteriophage. — Handbuch der Enzymologie

(F. F. Nord, R. Weidenhagen) **1** (Leipzig '40) 649–72: Die Chemie der kristallisierten Enzyme. – Die Methoden der Fermentforschung (F. Bamann, K. Myrbäck) **2** (Leipzig '41) 2034–57: Die kristallisierten Proteinasen. – Chemistry and physiology of growth (A. K. Parpart) (Princeton, N. J. '49, Port Washington, N.Y. '72) 3–48: Enzymes and the synthesis of proteins. – Continuous cultivation of microorganisms. [1st] Symposium, Prague 1958 (Praha '58) 106–13: An improved cell for maintaining bacterial cultures in the steady state. – Continuous cultivation of microorganisms. Proc. 2nd Symposium, Prague 1962 (Praha '64) 141–44: The proportion of streptomycin-resistant mutants in B. megatherium cultures, growing in continuous culture. – Nobel lectures, Chemistry, 1942–1962 (Amsterdam–London–NewYork '66) 124–34: The preparation of pure enzymes and virus proteins.

W. Crystalline enzymes; the chemistry of pepsin, trypsin, and bacteriophage (New York '39) 15+176 S. (Columbia biological series, 12); (2. Aufl. m. M. Kunitz, R. M. Herriot) ²(New York '48, '55) 21+352 S. – Portable apparatus for rapid estimation of H or other gases which react with bromine (m. J. N. Gettemans) (New York '45) 16 S. (U.S. Office for Scientific Research and Development, Report 4682).

Annual Rev. Biochem. Chemistry of the crystalline enzymes[7]): **7** ('38) 37–50. – Biochemists, biologists, and William of Occam: **30** ('61) 1–10.

Archives Biochem. and Biophysics, Suppl. Infectious macromolecules: **1** ('62) 7–11.

Biochemische Z. Production of streptomycin-resistant cells and of virus-producing cells without cell division in B. megatherium cultures treated with triethylene melamine: **338** ('63) 230–40.

Biochimica et biophysica Acta Growth and phage production of B. megatherium, 4: Kinetics of cell growth, phage production, and protein and nucleic acid synthesis in lysogenic megatherium cultures: **12** ('53) 41–50 [m. deutscher Zusammenfassg.].

Biological Rev. and biol. Proc. Cambridge philos. Soc. The chemistry of pepsin and trypsin: **10** ('35) 263–82.

Brewers Digest Chemistry of enzymes: **16** ('40) Nr. 1, 33–37.

Bull. Johns Hopkins Hospital Chemistry of enzymes: **66** ('40) 207–31.

Cold Spring Harbor Sympos. quantitat. Biol. Solubility curves of pure proteins and of mixtures and solid solutions of proteins[10]): **6** ('38) 325–30.

Collecting Net Concentration and purification of bacteriophage: **12** ('37) 188.

C.R. Trav. Labor. Carlsberg, Sér. chim. Solubility of proteins as a test of purity: The solubility of chymo-trypsin and chymo-trypsinogen[10]): **22** ('38) 288–94.

Current Sci. Isolation and properties of pepsin and trypsin: **4** ('35) 370–76.

Enzymologia Increase in the proportion of virus-producing cells and of several mutants in K 12 λ cultures exposed to ultraviolet light, triethylene melamine, or hydrogen peroxide: **30** ('66) 131–34 [m. deutscher Zusammenfassg.]. – Production of active phage from B. subtilis cultures: **40** ('71) 161f. [~].

Ergebn. Enzymforsch. Crystalline pepsin: **1** ('32) 302–24. – Isolation and properties of crystalline trypsin[10]): **2** ('33) 104–17.

Fermentforschung Über die Wirkung des kristallisierten Trypsins auf Penta-glycyl-glycin, Tri-L-alanyl-L-alanin und Tetra-DL-alanyl-DL-alanin[10]): **13** ('33) 597–600.

Harvey Lectures Isolation and properties of pepsin and trypsin: **1934/35** ('36) 229–70.

Hoppe-Seyler's Z. physiol. Chem. Spaltung von Clupean durch verschiedene Trypsinpräparate[8])[10]): **235** ('35) 19–23.

J. amer. chem. Soc. The low temperature absorption spectrum of pepsin[11])[13]): **55** ('33) 3497f. – The ultraviolet absorption spectrum of pepsin[11]): **57** ('35) 874f.

J. biol. Chemistry The determination of some amino acids in crystalline pepsin[3])[7]): **113** ('36) 11–14.

J. gen. Physiol. The rôle of intracellular bacteriophage in lysis of susceptible staphylococci[9]): **15** ('31/32) 329–32. – Crystalline pepsin, 4: Hydrolysis and inactivation by acid: **16** ('32/33) 33–40; ~ 5: Isolation of crystalline pepsin from bovine gastric juice: 615–23; ~ 6: Inactivation by beta and gamma rays from radium and by ultraviolet light: **17** ('33/34) 359–63. – Pepsin activity and methods for determining peptic activity: **16** ('32/33) 41–58. – Crystalline trypsin, 1: Isolation and tests of purity[10]): 267–94; ~ 2: General properties [10]): 295–311; ~ 3: Experimental procedure and methods of measuring activity[10]): 313–21; ~ 4: Reversibility of the inactivation and denaturation of trypsin by heat: 323–37; ~ 5: Kinetics of the digestion of proteins with crude and crystalline trypsin: 339–48. – Absorption of pepsin by crystalline proteins: **17** ('33/34) 165–94. – Molecular weight, molecular volume, and hydration of proteins in solution[10])[1]): 365–73. – Inactivation of crystalline trypsin[10]): 591–615. – Crystalline acetyl derivatives of pepsin[7]): **18** ('34/35) 35–67. – Crystalline chymo-trypsin and chymo-trypsinogen, 1: Isolation, crystallization, and general properties of a new proteolytic enzyme and its precursor[10]): 433–58. – Isolation from beef pancreas of crystalline trypsinogen, trypsin, a trypsin inhibitor, and an inhibitor–trypsin compound[10]): **19** ('35/36) 991–1007. — The calibration of diffusion membranes and the calculation of molecular volumes from diffusion coefficients[1]): **20** ('36/37) 575–88. — Concentration and purification of bacteriophage: **21** ('37/38) 335–66. — Transformation of swine pepsinogen into swine pepsin by chicken pepsin[7])[2]): 575–82. — Increase in bacteriophage and gelatinase concentration in cultures of Bacillus megatherium: **23** ('39/40) 59–79. — Electrophoresis of pepsin[7])[5]): 439–47. — Fractionation of pepsin[7])[5]), 1: Isolation of crystalline pepsin of constant activity and solubility from pepsinogen or commercial pepsin preparations: **24** ('40/41) 213–35; ~ 2: Preparation of a less soluble fraction: 235–40; ~ 3: Solubility curves of mixtures of the soluble and insoluble fractions: 240; ~ 4: Preparation of highly active pepsin from pepsinogen: 240–46. — Purification and crystallization of diphtheria antitoxin: **25** ('41/42) 465–85. — Crystallization of pepsin from alcohol: **30** ('46/47) 177–84. — Reaction of enzymes and proteins with mustard gas (bis(β-chloroethyl)sulfide)[7])[1]): 185–210. — Action of papain and ficin on tadpoles and Arbacia eggs: 375f. — Plastein from pepsin and trypsin: 377f. — Detection of mustard gas (H), lewisite (L), ethyldichlorarsine (ED) and phenyldichlorarsine (PD) with trained dogs and rats: 475–78. — Method of obtaining known low concentrations of mustard (H) or lewisite (L) gas in air: **31** ('47/48) 209–11. — A convenient method for potentiometric titration of chloride ions: 213–15. — Crystalline pneumococcus antibody[6]): **32** ('48/49) 705–24. — Growth and phage production of lysogenic B. megatherium: **34** ('50/51) 715–35. — The effect of various culture media on infection, growth, lysis, and phage production of B. megatherium: **35** ('51/52) 471–81. — Growth and phage production of B. megatherium, 1: Growth of cells after infection with C phage: **36** ('52/53) 581–86; ~ 2: Growth rate, phage yield, lysis time, volume, and composition of megatherium sensitive cells in different stages of growth in 5 per cent peptone yeast extract, or asparagine media: 586–92; ~ 3: Effect of various substances on growth and phage production of B. megatherium: 593–99. — Apparatus for maintaining bacterial cultures in the steady state [,1]: **38** ('54/55) 105–15; ~ 2: Improved turbidity control and culture cell: **43** ('59/60) 551–54. — Inactivation and reactivation of B. megatherium phage: **39** ('55/56) 225–49. — The effect of trypsin, chymotrypsin, ribonuclease, and desoxyribonuclease on active, inactive, and reversibly inactivated megatherium phage: 251–58. — Concentration and purification of B. megatherium phage: 259f. — Appearance of new phage types and new lysogenic strains after adaptation of lysogenic B. megatherium to ammonium sulfate culture medium[12]): 607–24. — Adaptation of B. megatherium to terramycin (oxytetracycline): **40** ('56/57) 547–63. — The effect of ultraviolet and white light on growth rate, lysis, and phage production of B. megatherium: 653–61. — The proportion of mutants in bacterial cultures[10]): **41** ('57/58) 119–29. — The proportion of terramycin-resistant mutants in B. megatherium cultures: 131–41. — Studies on the origin of bacterial viruses, 1: The incidence of phage-producing cells in various B. megatherium cultures: **42** ('58/59) 109–17; ~ 2: Effect of ultraviolet light on the incidence of phage-producing cells and terramycin-resistant cells: 117–21; ~ 3: Effect of hydrogen peroxide on the incidence of terramycin-resistant cells and phage-producing cells: 122–26; ~ 4: Calculation of the incidence of phage-producing cells: 126–36; ~ 5: Effect of temperature on the terramycin-resistant and phage-producing cells of B. megatherium cultures: 329–34; ~ 6: Effect of manganese on the proportion of phage-producing, terramycin-resistant, streptomycin-resistant, and phage-resistant cells in lysogenic megatherium cultures[14]): **43** ('59/60) 541–50; ~ 7: Effect of various mutagens (urethane, ethyl urethane, hydrogen peroxide, desoxycholate, maleic hydrazide, butadiene dioxide, triethylene melamine, versene, and acriflavine) on the proportion of virus-producing and streptomycin-resistant cells in cultures of B. megatherium 20Δ: **46** ('62/63) 971–81. — Factors controlling the production of lysogenic cultures of B. megatherium: **44** ('60/61) 859–67. — The effect of proteolytic enzymes on Escherichia coli phages and on native proteins: **48** ('64/65) 73–78. — Increased mutation rate of Escherichia coli K 12 λ cultures maintained in continuous logarithmic growth: **50** ('66/67) 369–77. — Appearance of virulent bacteriophages in lysogenic Escherichia coli cultures after prolonged growth in the presence of triethylene melamine: **52** ('68/69) 136–43.

Physiological Rev. The formation of enzymes: **17** ('37) 144–52.

Proc. amer. philos. Soc. Crystalline diphtheria antitoxin: **85** ('42) 13–17.

Proc. nation. Acad. Sci. USA Inactivation and reactivation of B. megatherium phage: **40** ('54) 5. — Optically active compounds from racemic mixtures by means of random distribution: **43** ('57) 304f. — Concerning the origin of bacterial viruses: **44** ('58) 229–35. — Mutagens and infectious nucleic acids[4]): **47** ('61) 1602–06. — Production of a new bacterial virus by prolonged growth of lysogenic Escherichia coli cultures in the presence of triethylene melamine: **54** ('65) 1632–35.

Proc. Soc. exper. Biol. and Med. Activation of partially purified pepsinogen[8]): **33** ('35) 72–75. — Changes in protein content of bacterial suspensions during lysis and autolysis: **39** ('38) 198–202. – Titration of small amounts of mustard and other gases with bromine and methyl red: **67** ('48) 15–17.

Science [USA] Isolation of a crystalline protein from pancreas and its conversion into a new crystalline proteolytic enzyme by trypsin[10]): **78** ('33) 558f. – Autocatalytic activation of trypsinogen in the presence of concentrated ammonium or magnesium sulfate[10]): **80** ('34) 190. – The isolation of crystalline trypsinogen and its conversion into crystalline trypsin[10]): 505f. – Isolation of crystalline pepsinogen from swine gastric mucosae and its autocatalytic conversion into pepsin[7]): **83** ('36) 469f. – Concentration and partial purification of bacteriophage: **84** ('36) 90f. – Chemical nature and mode of formation of pepsin, trypsin and bacteriophage: **86** ('37) 479–83. – Purification of diphtheria antitoxin: **93** ('41) 92.

Scientific Monthly The story of the isolation of crystalline pepsin and trypsin: **35** ('32) 333–40.

Tabulae biol. [Den Haag] Properties of crystalline enzymes and their precursors: **18** ('39) 76–94.

Mit: [1]) M. L. Anson; [2]) Q. R. Bartz; [3]) H. O. Calvery; [4]) F. Cavallero; [5]) V. Desreux; [6]) W. F. Goebel; [7]) R. M. Herriott; [8]) H. Holter; [9]) A. P. Krueger; [10]) M. Kunitz; [11]) G. I. Lavin; [12]) J. S. Murphy; [13]) H. S. Taylor; [14]) M. King.

VI **NORTHRUP,** Edwin Fitch. Physik, Elektrotechn. – 1920– Vice Pres. and Techn. Advisor, Ajax Electrothermic Corp., Trenton, N.J. – '32 Hon. D. Sc. (Lehigh Univ., Bethlehem, Pa.). – 1900 Médaille de Bronze (Exposition de Paris); '12 Edward Longstreth Medal, '16 Elliott Cresson Medal (Franklin Inst., Philadelphia, Pa.); '31 Edward Goodrich Acheson Gold Medal (Amer. Electrochem. Soc.). (☒)

*1866, Febr. 23, Syracuse, N. Y.;
†1940, Apr. 29, Princeton, N. J.

Todesanzeige Nature [London] **145** ('40) 964. – Science [USA] **91** ('40) 444.

Nekr. Elektrotechnische Z. **61** ('40) 815 (m. Bildn.).

W. [pseud.:] Akkad Pseudoman, Zero to eighty; being my life-time doings, reflections, and inventions, also my journey around the moon (Princeton, N.J. '37) 8+283 S.

Electrical World Heating metals and alloys inductively has advantages: **101** ('33) 252–.

Fuels and Furnaces Heating metals by induction: **11** ('33) 23–40.

Iron Age Practical methods for heating solids by induction: **131** ('33) 310f.

Iron and Steel Engr. Practical methods for inductively heating solids: **10** ('33) 67–85.

VI **NORTON,** Frederick Harwood. Keramik. – Stud., 1918 B. S., '24–29 Research Assoc., '27 Assist. Prof., '27–35 Assoc. Prof., '35–61 Prof., '62 Prof. Emer., Massachusetts Inst. Technol., Cambridge, Mass.; '18–20 Assist. Physicist, '20–22 Chief Physicist, U. S. Nation. Advisory Committee for Aeronautics; '22–24 Dir. of Research, Babcock & Wilcox Co. – '49 Hon. D. Sc. (Alfred Univ., Alfred, N.Y.); '54 Hon. Ph. D. (Univ. of Toledo, Ohio). – '64 Bleininger Award (Amer. Ceram. Soc.).

*1896, Okt. 23, Manchester, Mass.

S. Temperature, its measurement and control in science and industry; papers presented at a symposium, New York 1939 (New York '41) 763–67: Pyrometry in connection with creep tests. – Ceramic fabrication processes (W. D. Kingery) (Cambridge, Mass. '58) 81–89: Plastic forming: Clay–water pastes; 115–20: Drying and firing: Warping and its control. – Kinetics of high-temperature processes. Endicott House conference, Dedham, Mass., 1958 (New York '59) 116–20: Crystal growth during calcination. – Trans. 7th International ceramic congress, London 1960 (London '61) 21–29: The life history of a glaze surface[13]).

W. Refractories [2](NewYork–London '42) 14+798 S.; [3](New York '50) 12+782 S.; [4]('68) 10+450 S. – Elements of ceramics (Cambridge, Mass. '52, Reading, Mass. '57) 14+246 S. (Addison-Wesley metallurgy series, 2). – Ceramics for the artist potter (Reading, Mass. '56) 320 S. – Ceramics: an illustrated primer (Garden City, N.Y. '60) 92 S. – Fine ceramics; technology and applications (New York '70) 15+507 S.

American Mineralogist Accelerated weathering of feldspars: **22** ('37) 1–14. – Hydrothermal formation of clay minerals in the laboratory[,1]: **24** ('39) 1–17; ~2: **26** ('41) 1–17.

Brick and Clay Rec. Finding a sillimanite substitute for use in wet patching: **110** ('47) Nr. 5, S. 70.

British Clayworker The manufacture and use of the insulating firebrick in the United States: **44** ('36) 344–48.

Bull. amer. ceram. Soc. Symposium: Control testing in clay firebrick manufacture, 9: The reproduction of service conditions in the laboratory: **11** ('32) 180f. – Effect of grain sizing on shrinkage and porosity of Georgia kaolin refractories: **12** ('33) 336f. — Transformation point of glazes: **17** ('38) 445. — Measurement of kind and degree of stress existing between glaze and body: 445. — Electric kiln for pottery firing: **19** ('40) 463f.

American ceram. Soc. Bull. Ceramics at Massachusetts Institute of Technology[11]: **37** ('58) 34–36. — High-density firebrick[19]: **41** ('62) 8–11.

Ceramic Age Measuring color in the ceramic industry: **21** ('33) 131–33, 157. — Precise measurement of drying shrinkage: **33** ('39) 7f.

Chemical and metallurg. Engng. Structural materials for modern heat technology: **39** ('32) 226–28.

Fuels and Furnaces Feuerfeste Stoffe für Industrieöfen: **10** ('32) 383–92. — Klassifizierung von Industrieöfen: 443–52. — Die Auswahl feuerfester Stoffe: 521–28, 538. — Wärmefluß in feuerfestem Material: 575–84. — Feuerfeste Ofenisolierungen: **11** ('33) 13–22. — Ofenbedeckungen: 54–63. — Die Verwendung von Zementen, Überzügen und Kitt beim Bau von Öfen: 125–34, 148. — Vermeidung von Lastbruch bei feuerfestem Material: 206–10, 214. — Ofenkonstruktionen zur Verminderung des Schlackenangriffs auf die feuerfesten Steine: **12** ('34) 11–17. — — Alle Arbeiten engl.

Glass Industry Color formation in glasses and glazes: **16** ('35) 45–48, 57, 58. — New apparatus for measuring the viscosity of glass: 143f.

Instruments [Pittsburgh, Pa.] Bedeutung von Meßinstrumenten für die keramischen Industrien: **12** ('39) 7f. [engl.].

J. amer. ceram. Soc. Some notes on the nature of clay, 1[7]: **15** ('32) 191–205; ~ 2: **16** ('33) 86–92. — Color formation in vitreous bodies[3]: **15** ('32) 206–12. — A muffle kiln of high efficiency[3]: **16** ('33) 152f. — Discussion on "Theory of spalling": 423f. — The flow of ceramic bodies at elevated temperatures: **19** ('36) 129–34. — The control of crystalline glazes: **20** ('37) 217–24. — An instrument for measuring the workability of clays: **21** ('38) 33–36. — The measurement of particle sizes in clays[15]: 89–97. — The fractionation of a clay into closely monodispersed systems[15]: 367–70. — Critical study of the differential thermal method for the identification of the clay minerals: **22** ('39) 54–63. — A critical examination of the load test for refractories: 334–36. — Analysis of high alumina clays by the thermal method: **23** ('40) 281f. — Fundamental study of clay [,1]: Preparation of a purified kaolinite suspension[10]: **24** ('41) 64–69; ~ 2: Mechanism of deflocculation in the clay–water system[10]: 189–203; ~ 3: Casting as a base-exchange phenomenon[10]: **25** ('42) 336–44; ~ 5: Nature of water film in plastic clay[10]: **27** ('44) 77–80; ~ 6: Flow properties of kaolinite–water suspensions[10][12]: 149–64; ~ 8: A new theory for the plasticity of clay–water masses: **31** ('48) 236–41; ~ 9: Influence of particle shape on properties of suspensions[2]: **32** ('49) 129–32. — Note on anomalous heat absorption of kaolinite[12]: **26** ('43) 388f. — Pure beryllium oxide as a refractory: **30** ('47) 242–45. — Measurement of the torsion properties of alumina and zirconia at elevated temperatures[16]: **33** ('50) 263–68. — Constitution of copper-red glazes[1]: **42** ('59) 499–503. — Deformation behavior of polycrystalline aluminum oxide[18]: **45** ('62) 479–86. — Low-frequency grain-boundary relaxation in alumina[17][9]: **51** ('68) 344–48.

J. Geology Applications of modern clay research in ceramics: **50** ('42) 320–30.

Metal Progr. A new device for creep testing[5]: **24** ('33) Nr. 4, 41–43.

Publ., Nation. Acad. Sci., Nation. Res. Council Fließeigenschaften des Systems Kaolinit–Wasser: **395** ('55) 549–56 [engl.].

Technology Rev. The ceramic arts: **52** ('49/50) 307–11.

Trans. amer. Soc. mech. Engr. Creep in tubular pressure vessels: **61** ('39) 239–45. — Report on tubular creep tests[14]: **64** ('42) 769–77.

Trans. ceram. Soc. Manufacture and use of the insulating firebrick in the United States: **35** ('36) 301–.

Trans. brit. ceram. Soc. Ceramics and the future: **57** ('58) 463–68.

U.S. Atomic Energy Commiss. Pure refractory materials: **AECD-2237** ('49) 3 S. — The measurement of thermal conductivity of refractory materials [u. a.]: **NYO-602** ('52) 40 S. — Metal–ceramic interactions at elevated temperatures[11][4][8]: **NYO-3144** ('53) 83 S.

Ferner ein Aufsatz "Creep tests of tubular members subjected to internal pressure" (3 S.) für einen Bericht des Joint Research Committee on Effect of Temperature on the Properties of Metals ('38), vgl. Trans. amer. Soc. mech. Engr. **61** ('39) 239–45.

Mit: 1) S. F. Brown; 2) L. W. Coughanour; 3) V. J. Duplin, jr.; 4) G. Economos; 5) J. A. Fellows; 6) –; 7) F. B. Hodgdon; 8) M. Humenitz, jr.; 9) E. Jerry; 10) A. L. Johnson; 11) W. D. Kingery; 12) W. G. Lawrence; 13) M. P. Lepie; 14) C. R. Soderberg; 15) S. Speil; 16) J. A. Stravrolakis; 17) J. E. Turnbaugh; 18) S. I. Warshaw; 19) E. Gugel.

VI **NORTON,** Thomas Herbert. Chem. (industr.). — 1929– Research Chemist, Amer. Cyanamid Co., New York, later on Stanford, Conn. — 1895 Hon. D. Sc. (Hamilton College, Clinton, N. Y.); 1936 Dr.

h. c. (Univ. Heidelberg). — '37 Médaille Lavoisier (Soc. Chim. France). (⊠)
*1851, Juni 30, Rushford, N. Y.;
†1941, Dez. 2.

Zur Biogr. C. E. Munroe, Industrial and Engng. Chem., News Edit. **13** ('35) 318f. (m. Bildn.). — J. Reidy, Th. Norton and the "Ordinall of Alchimy": Ambix **6** ('57) 59–85. — Industrial and Engng. Chem., News Edit. **15** ('37) 542 (m. Bildn.). — Indicator **18** ('37).

Nekr. Industrial and Engng. Chem., News Edit. **19** ('41) 1474.

VI **NOTTINGHAM,** Wayne Buckles. Physik. — 1921–25 Electr. Engineer, Western Electric Co. and Bell Telephone Labor., New York; '26–31 Bartol Research Foundat. Fellow, Franklin Inst., Philadelphia, Pa.; '29 Ph. D., Princeton Univ., Princeton, N. J.; '31–37 Assist. Prof., '37–42 Assoc. Prof., '42– Prof., Massachusetts Inst. of Technol., Cambridge, Mass.; Vice Pres. of Research, Electronics Corp. of America.
*1899, Apr. 17, Tripton, Ind.;
†1964, Dez. 4, Aerdenhout, Holland.

S. 1954 Vacuum symposium transactions (Boston, Mass. '55) 76–80: Design and properties of the modified Bayard-Alpert gauge. — Photoconductivity conference, Atlantic City, N.J., 1954 (R. G. Breckenridge, B. R. Russel, E. E. Halm) (New York '56) 489–508: Photoconductivity of PbS [9])[6]). — Handbuch der Physik (S. Flügge) **21** (Berlin–Göttingen–Heidelberg '56) 1–175: Thermionic emission. — Proc. 4th International conference on ionization phenomena in gases, Uppsala 1959 (N. R. Nilsson) **1** (Amsterdam '60) 486–501: Cesium plasma diode as heat-to-electrical-power transducer. — Direct conversion of heat to electricity (J. Kaye, J. A. Welsh) (New York–London '60) 2/1–2/16: The thermionic diode as a heat-to-electrical-power transducer; 8/1–8/37: Cesium plasma diode as a heat-to-electrical-power transducer. — Advances in electron tube techniques. Proc. 5th National conference on tube techniques, 1960 (D. Slater) (Oxford–London–NewYork–Paris '61) 72–76: The thermionic conversion of heat to electricity. — Trans. 8th National vacuum symposium, Washington, D. C., 1961 (L. E. Preuss) (Oxford–London–NewYork–Paris '62) 494–98: Design parameters' influence on M.I.T. Bayard-Alpert gage sensitivity. — Sovremennaja vakuumnaja technika [Moderne Vakuumtechnik] (N. V. Čerepin) (Moskva '63) 177–84: Detaillierte Einschätzung der Prinzipien der Kalibrierung eines Ionisationsmeßwandlers [russ.][10]). — High temperature technology. Proc. of an international symposium, Asilomar, Calif., 1963 (Washington, D.C.–London '64) 389–403: Emitter materials for high-temperature energy conversion.

W. Bibliography on physical electronics (m. anderen) (Reading, Mass. '54) 9+428 S.

Aerospace Engng. Thermionic conversion of heat to electricity: **20** ('61) 14f., 82–85.

AGARDograph Thermodynamics of thermionic energy conversion: **1964** ('67) Nr. 81, 317–35.

American J. Physics Comments on "Electrostatic potential in crystals": **26** ('58) 33f.

J. appl. Physics [USA] Electrical and luminescent properties of willemite under electron bombardment: **8** ('37) 762–78. — Electrical and luminescent properties of phosphors under electron bombardment: **10** ('39) 73–83. — Luminescence during intermittent electron bombardment[8])[5]): 335–42. — Thermionic diode as a heat-to-electrical-power transducer: **30** ('59) 413–17. — Addendum remarks on a diode configuration of a thermo-electron engine[3])[4]): 440f.

J. opt. Soc. America A survey of present methods used to determine the optical properties of phosphors: **39** ('49) 641–47.

NASA techn. Notes Theoretical background for thermionic conversion, including space-charge theory, Schottky theory and the isothermal diode sheath theory[1]): **D-3324** ('66) 45 S.

Physical Rev. Photoelectric and thermionic emission from composite surfaces: **41** ('32) 793–812. — Measurements on the effect of light on spurious contact potentials and "trapped" electrons: **44** ('33) 311. — Experiments with the copper arc: **46** ('34) 630. — Thermionic emission from tungsten and thoriated tungsten filaments: **49** ('36) 78–97. — Potential and luminescence of insulated willemite cathode-ray screens: **51** ('37) 591. — Ionization and excitation in mercury vapor produced by electron bombardment: **55** ('39) 203–19. — Experiments on the periodic deviation from the "Schottky line": **57** ('40) 935. — Remarks on the temperature dependence of the work function of tungsten: **58** ('40) 623–32, 927f. — Energy losses attending thermionic emission of electrons from metals: **59** ('41) 906f.

Proc. Inst. Radio Engr. Optimum conditions for maximum power in class A amplifiers: **29** ('41) 620–23.

Proc. IEEE Energy levels of the cesium atom: **51** ('63) 1771f.

Progress Astronautics and Rocketry Review of the physics of thermionics: **3** ('61) 125–31.

Review sci. Instruments Half-cycle spotwelder control[2]): **8** ('37) 65–68. — Starting characteristics of a trigger tube with a radioactive cathode: **11** ('40) 2–6. — Comments on the Barnes cold cathode gage: **32** ('61) 464f.

Technical Rep., Res. Labor. Electronics, MIT Survey of methods used to determine the optical properties of phosphors: Nr. **110** ('49) 13 S. — Thermionic energy converter: Nr. **373** ('60) 44 S.

Mit: [1]) R. Breitwieser; [2]) T. S. Gray; [3]) G. N. Hatsopoulos; [4]) J. Kaye; [5]) R. P. Johnson; [6]) G. W. Mahlman; [7]) —; [8]) R. B. Nelson; [9]) J. C. Slater; [10]) F. L. Torney.

VI **NOTUKI,** Masao. Astrophysik. — 1925–60 Astronomer and '32–60 Chief of Solar Physics Divis., Tokyo Astron. Observat. at Mitaka, Tokyo Univ.; '60 Prof., Science Univ. of Tokyo (Tokyo Rika Daigaku).

*1899, Okt. 17.

Japanese J. Astron. On the ascending motion of the eruptive prominence of the sun, 2: **1** ('49) 37–46.

Proc. physico-math. Soc. Japan Solar corona of 1932 August 31: (3) **18** ('36) 287–95. — On the ascending motion of the eruptive prominence of the sun: 598–622.

Publ. astron. Soc. Japan A very unusual flare on February 23, 1956 [2])[9]): **8** ('56) 52–54.

Rep. Ionosphere Res. Japan Influence of coronal activity on geomagnetic variation: **5** ('51) 142–44. — Solar corona and geomagnetism[5])[1]): **9** ('55) 215–21.

Tokyo astron. Bull. The relative position of the sun and moon at the solar eclipse observed on August 31, 1932: **1933,** 87f. — A short note on an expression of sunspot activity and the relation between sunspots and eruptions: (2) Nr. **13** ('49) 95. — Preliminary note on trial observations of solar corona without an eclipse: 96. — On the coronal observation in Japan: Nr. **35** ('51) 239–47. — On a photometer for the observation of the coronal emission line[4])[8]): Nr. **36** ('51) 249–51. — Dark filaments associated with solar eruptions[6])[3]): Nr. **37** ('51) 253–56.

Tokyo astron. Observat. Rep. Solar corona of August 31, 1932 [12])[10]): **4** ('36/37) 144–49. — Preliminary reports on the observations of the total solar eclipse on June 19, 1936[7]): 186–88; **5** ('37/38) 15f. — Wave lengths of the flash spectra taken with an objective-grating spectrograph on June 19, 1936 [11])[7]): **6** ('38/39) 119–27. — On the intensity decrements of the coronal emission line 5303 Å with distance from the sun's limb: **10** ('53) 258–60. — — Alle Arbeiten japan.

Zahlreiche weitere Beobachtungsmitteilungen über Sonnenflecke, Flocculi, Protuberanzen, Sonnenfackeln usw., hauptsächlich in Bull. solar Phenomena, Tokyo astron. Observat. sowie in Tokyo astron. Bull.

Mit: [1]) M. Fukatsu; [2]) T. Hatanaka; [3]) M. Miyazawa; [4]) S. Nagasawa; [5]) Y. Nakagomi; [6]) T. Ohe; [7]) I. Semba; [8]) I. Shimizu; [9]) W. Unno; [10]) Y. Fujita; [11]) T. Hattori; [12]) S. Ishii.

VI **NOVÁČEK,** Radim. Mineral., Chem. — 1929–35 Assist., Mineral. Inst., '36–41 Privatdoz., Karlova Univ., Praha. (☒) *1905, März 21, Ústí nad Orlici; †1942, Febr. 13, KZ Mauthausen.

Nekr. V. Čech, Věstn. státniho geol. Ústavu československ. Republ. **20** ('46) 23–25 (m. Schr.verz.). — K. Tuček, Čas. národn. Musea **115** ('46) 17f. (m. Bildn. S. IV).

Zum 50. Geb.tag V. V. Tichomirov, T. A. Sofiano, Izvest. Akad. Nauk SSSR, Ser. geol. **1955,** Nr. 1, S. 129.

S. Akademiku V. I. Vernadskomu k pjatidesjatiletiju naučnoj i pedagogičeskoj dejatel'nosti [Dem Akademiemitglied V. I. Vernadskij zur 50jährigen wissenschaftlichen und pädagogischen Tätigkeit] (A. E. Fersman) **2** (Moskva '36) 783–88: Sekundäre Uranmineralien von Jáchymov [russ.].

American Mineralogist The identity of dakeite and schroeckingerite: **24** ('39) 317–23. — β-Uranotile[1]): 324–38.

Bull. int., Acad. tchèque Sci. Etudes chimiques et physiques de quelques tectites de la Bohême et de la Moravie: **33** ('32) 164–71.

Čas. národn. Musea Analyse von vier böhmischen und mährischen Moldaviten: **106** ('32) 6–. — Revision der sekundären Uranminerale aus Joachimstal: **109** ('35) 8 S. — Zwei interessante Zeolithvorkommen: **110** ('36) 49–54 [m. engl. Zusammenfassg.]. — Bertrandit von Domažlice: **114** ('40) 215–17. — — Alle Arbeiten tschech.

Firgenwald Revision der sekundären Uranminerale aus Joachimstal: **9** ('36) 73–.

Příroda [Brno] Fergusonit von Frydeberk: **25** ('32) 1–3 [tschech.].

Rozpr. české Akad. Věd a Umění Ergebnisse der chemischen und physikalischen Untersuchung einiger Moldavite aus Böhmen und Mähren: **42** ('32) Nr. 31, 1–12 [tschech.].

Věda přírodní Beitrag zur Mineralogie der Umgebung von Frydeberk: **14** ('33) 214–16. — Einige Bemerkungen zur Mineralogie der Umgebung von Písek: **17** ('36) 1–3 [m. engl. Zusammenfassg.]. — Tschechoslowakische Quecksilbererze: **19** ('38) 154–56. — Brushit an Knochen von den Ausgrabungen an der Burgstätte Levý Hradec: **20** ('40) 33–35. — Vorkommen von Cobaltit im Böhmisch-Mährischen Hochland: 308f. — — Alle Arbeiten tschech.

Věstn. král. české Spol. Nauk Study on some secondary uranium minerals: **1935,** Nr. 7, 36 S. — Zur Frage der chemischen Formel des

Uranopilites und des β-Uranopilites: **1941**, Nr. 17, 13 S. [tschech. m. deutscher und französ. Zusammenfassg.].

Z. Kristallogr., Mineral. u. Petrogr., Abt. A Kristallographie einiger Zuckerderivate und der γ-Benzoyl-methylaminobuttersäure: **88** ('34) 82–89.

Zprávy geol. Ústavu Čechy a Moravu Quecksilberhaltige Tetrahedrite aus der Slowakei: **18.** 1942/43 ('44) 107–10 [tschech. m. deutscher Zusammenfassg.].

Mit: [1]) V. Steinocher.

VI **NOVÁK,** Karel. Astron. — 1918– Besitzer einer Privatsternwarte, Praha-Smíchov; Mitbegründer d. Tschech. Astron. Ges. (⊠)
*1887, Nov. 24, Karlín, Praha;
†1958, Juni 7(8 ?), Praha.

Nekr. J. Herrmann, Nachrichtenbl. Vereinig. Sternfreunde **7** ('58) 55. — W. Sandner, Mitt. Planetenbeobachter **11** ('58) Nr. 4, Titelblatt. — Říše Hvězd **39** ('58) 180f.

W. Taschenalbum der schönsten Himmelsaufnahmen nach Originalen der Mount-Wilson-Sternwarte **1**: Dunkle, diffuse, planetarische und Spiralnebel (Berlin–Bonn '31) 20 Bl.; **2**: Mondbilder ('31) 20 Bl.; **3**: Das Sonnensystem ('33) 14 Taf. — Himmelsatlas in neun Kartenblättern für den Bereich vom Nordpol bis +20° Deklination, enthaltend die Fixsterne bis zur 7. Größe, die helleren Sternhaufen und Nebel, Doppelsterne und Veränderliche (Äquinoktium 1900.0) (Berlin–Bonn '33) 9 Taf. — O astronomických kyvadlových časoměrech (Praha '52) 2+114 S.

Astronomische Nachr. Sternbedeckungen, beobachtet auf der Privat-Sternwarte in Prag-Smichow: **246** ('32) 411f.; **247** ('33) 375f.; **264** ('38) 229f.; **267** ('39) 349–52; **274** ('44) 239. — Über die persönliche Gleichung bei der Beobachtung von Sternbedeckungen durch den Mond: **249** ('33) 111–14. — Ein einfacher Pendelkontakt und die Beobachtung von Pendelverlagerungen: **253** ('34) 259f. — Bemerkenswerte Beobachtung an einem alten Riefler-Nickelstahlpendel: **257** ('35) 111–14. — Eine bemerkenswerte Sternbedeckung durch den Mond: **266** ('38) 61f.

Beob.-Zirk. Astronomische Nachr. Beobachtung der Bedeckung von ϑ_1 und ϑ_2 Tauri in Prag-Smichow 1942 März 22: **24** ('42) 44. — Beobachtung der Sternbedeckung von β Virginis in Prag-Smichow, 1942: 64. — Beobachtung der Sternbedeckungen in Prag-Smichow von 13 Virginis und η Virginis 1942 Mai 25: 73. — Beobachtung einer schwachen Aureole am unbeleuchteten Rand des Merkur: **26** ('44) 19.

Bull. astron. Inst. czechoslov. Acad. Sci. Beobachtungen von Sternbedeckungen in Praha-Smíchov in den Jahren 1943–1946: **1** ('47/49) 11f.; ~ 1947 und 1948: 106f.; ~ 1949 und 1950: **3** ('52) 27; ~ 1951 und 1952: **5** ('54) 42; ~ 1953 und 1954: **6** ('55) 107. — — [ ].

Himmelswelt Zur Technik der astronomischen Pendeluhr der Liebhaberastronomen: **54** ('44) 13–18. — Ein Beitrag zur Beobachtung des Planeten Merkur: 34f. — Zur Auswertung des Uhrvergleiches mit Hilfe der Koinzidenzsignale durch den Liebhaberastronomen: **55** ('48) 164–68.

J. suisse Horlogerie et Bijouterie Histoire de la technique du pendule de précision: **75** ('50) 243–53.

Přírodní Vědy ve Škole Edmund Halley (Zum 300. Geburtstag des englischen Astronomen): **6** ('56) 860–62 [tschech.]. — Albert Einstein (Zum 80. Geburtstag 14. III. 1879): **9** ('59) 175–77 [~].

Říše Hvězd Über die Atmosphäre des Planeten Venus: **13** ('32) 29–32. — Über die praktische Anwendung des Pendels mit elektrischem Antrieb nach Satori: **20** ('39) 198–202 [m. deutscher Zusammenfassg.]. — Eine Sekundäruhr zu dem elektrischen Pendel nach Satori: 214f. [~]. — Etwas über astronomische Uhren für den Amateur: **21** ('40) 164–69. — Zeitsignale für den Amateur: **30** ('49) 193–98. — Pendelchronometer mit elektromagnetischem Antrieb mittels Schwerkraft und mit mechanisch angetriebenem Sekundenzeiger: **34** ('53) 58–63. — Astronomische Ereignisse in alten Büchern: 195–205. — Experimentelle Konstruktion von Präzisionspendeluhren mit einem auf zwei Kügelchen schwingenden Pendel: 219–23. — Karl Satori†: **35** ('54) 94. — Über die Konstruktion eines Chronographen: **36** ('55) 208–10. — — Alle Arbeiten tschech.

Sterne Okularsteckhülse mit Feineinstellung mittels Differentialgewinden: **20** ('40) 162f. — Marsglobus mit Feineinstellung und etwas über die Beobachtung des Mars mit kleinen Fernrohren: 217–19. — Über die Beobachtungen von Sternbedeckungen durch den Mond seitens der Liebhaberastronomen: **21** ('41) 144–48. — Astronomischer Feldstecher mit Tischstativ und Kreisen: **22** ('42) 115f. — Ein Beitrag zur Beobachtung des Planeten Venus: 145–52. — 25 Jahre Privat-Sternwarte in Prag-Smichow: 166–68. — Eine bemerkenswerte Beobachtung an Merkur: **23** ('43) 116. — Über die Beobachtung der Bedeckung des Doppelsternes γ Virginis durch den Mond: 116f. — Ein Beitrag zu dem Kapitel „Uhren“ von Hans Kolbow aus „Hevelius“, Handbuch für Freunde der Astronomie und kosmischen Physik: 133–36. — Das Uranoskop: **24** ('48) 16–21. — K. Satori† 1954 März 8: **30** ('54) 105f.

Z. Instrumentenkunde Über eine neue Ausführung des elektrischen Pendelantriebes nach Satori: **62** ('42) 18–20.

IV-VI **NOVÁK,** Vladimír Rudolf. Physik (Photogr.). — 1902–06 außerord. Prof., '04–05 u. '18–19 Dekan d. Abt. Architektur, '06–39 ord. Prof. techn. Physik, '10–11 u. '21–22 Rektor, '12–13 Dekan d. Abt. Maschinenbau, '12– Doz. prakt. Photogr., '20–21 Dekan d. Abt. Kulturtechn., Techn. Hochsch. Brno; '23 Mitbegründer, '23– Vorsitzender, Mähr. Naturwiss. Ges., Brno. (☒)
*1869, Juni 21, Praha;
†1944, März 24, Brno.

Nekr. J. Velišek, Čas. Pěst. Mat. a Fysiky **71** ('46) D42–D45.

Autobiogr. Vzpomínky a paměti (Brno '38) 518 S. (m. Schr.verz. S. 383–404).

W. Josef K. Sumec (Praha '35) 54 S. — Praktická fotografie. Pro posluchače vysokých škol, fotografy-amatéri a fotografy z povolání (m. J. Bouček) ³(Brno '35) 244 S. — Základy praktické fysiky (m. B. Macků, F. Nachtikal) ⁴(Brno '36) 329 S.

Sborn. české vysoké Školy techn. v Brně The experimental test of the theory of balance on a simple model: **10** ('36) Nr. 36, 20 S. [tschech. m. engl. Zusammenfassg.].

VI **NOVELLI,** Armando. Chem. (org., pharm., biol.). — 1930– Prof. supl., Univ. Nacion. de la Plata; '31– Prof., Fac. de Ciencias Médicas y Fac. de Farmac. y Bioquím. (ca. '69 Decano), Univ. de Buenos Aires. (☒)
*1901, Nov. 17.

W. Contribución al estudio de la quimioterapía de los antisépticos alquilfluoresceínas y alquilfluoresceínas mercúrieas. Tesis de profesorado (Buenos Aires '32) 54 S. — Química y bioquímica de las vitaminas; historia, sinonimia, constitución química, propiedades, fuentes naturales, dietas, valoración, necesidades, fisiología y patología, funciones, usos terapéuticos (Buenos Aires '43) 409 S. — Ácido fólico; factores hematopoiéticos: química, bioquímica, farmacología, terapéutica (Buenos Aires '48) 54 S. — Química orgánica, acíclica; presentación y discusión de sus teorías y métodos, sus aplicaciones a la biología, a la medicína y a la industria (Buenos Aires '50) 9+1041 S.; ²('55) 9+1041 S. — Química orgánica. Medicamentos orgánicos (Buenos Aires '53) 718 S. — Química orgánica e inorgánica (m. L. De Prado) 1.2 (Buenos Aires [Erscheinungsjahr nicht ermittelt]) 700 S.

Anais Farm. e Quím. São Paulo Senecio-Arten der Argentinischen Republik, 2: Senecio pampeanus: **9** ('58) 38–44 [span.].

Anales Asoc. quím. argentina Einwirkung von Formamid auf Arylacyloine. Bildung von Diarylglyoxalinen und von Tetraarylpyrazinen: **27** ('39) 161–68. — Beitrag zum Studium der Sympathicomimetica. Darstellung von N-substituierten β-Phenylisopropylaminen: 169–71. — Sulfanilamide, 1: 3-(p-Amino-phenyl-sulfonamido)-carbazol: **28** ('40) 87–90. — Hydantoine, 1: **29** ('41) 83–87; ~ 2: Dihydantoine: 181–84; ~ 3: Chemische Konstitution und hypnotische Wirkung[20])[29]): **30** ('42) 225–31. — Einwirkung von Formamid auf Arylacetonitrile, 1: **31** ('43) 23–31; ~ 2: 93. — N-Desylarylamine bei der Leuckart-Reaktion[26]): 147–52. — (Arylmercaptoalkyl)-amine und (Arylmercaptomethyl)-hydantoine[31]): **32** ('44) 89–101. — Konstitution des Produkts der Reaktion von Werner: 102–04. — Senecio-Alkaloide aus Argentinien, 1: Senecio brasiliensis[28]): **33** ('45) 176–80. — Einwirkung von Harnstoff auf Benzoine in Gegenwart von Ameisensäure: **40** ('52) 112–14. — Dioxolane von Aryläthern des Propandiols: **49** ('61) 237–41 [m. engl. Zusammenfassg.]. — Einwirkung von Formamid auf 2-Hydroxycyclohexanon (Adipoin): **52** ('64) 95–97 [m. deutscher Zusammenfassg.]. — — Alle Arbeiten span.

Anales Direcc. nacion. Quím. Anwendung der Reaktion von Eegriwe auf den Nachweis und die Bestimmung von Methanol in Alkoholen und Getränken, 1: Kolorimetrische Bestimmung von Methanol in Äthanol: **3** ('50) 84–86 [span.]. — Untersuchung der China-Alkaloide in chininhaltigen Getränken: **4** ('51) 31 [~]. — Nachweis von Sulfamiden in Gemischen durch Papierchromatographie: **5** ('52) 7–9, 126 [~]. — Reconocimiento de los alcaloides más comunes del opio, por cromatografía en papel[12]): **6** ('53) 14–18.

Anales Farm. y Bioquím. [Buenos Aires] Zur Auswertung von Extrakten aus Hypophysenhinterlappen: **3** ('32) 77–80. — Alkylfluoresceine: 112–20. — Chemische Konstitution der Follikelovariumhormone: Supl. Nr. 8, 113–17. — Hypophysenhinterlappen und Gewebedurchtränkung bei Batrachiern: 138–45. — Beitrag zum Studium der Antiseptica: Quecksilbersalze der Alkylfluoresceine: **4** ('33) 29–35. — Neuere chemische Errungenschaften in der Medizin: **6** ('35) Suppl., 101–24. — Einige neue Arzneimittel: **8** ('37) Suppl., 49–58. — Die östrogene Wirkung von Lycopodium-Sporen: **21** ('54) 80. — Hydantoine von β-Tetralon: 81–84. — Lokalanästhetica, 1: (Dimethylaminoacetyl)-arylamine und (Piperidinoacetyl)-arylamine: **22** ('55) 28–34. — — Alle Arbeiten span.

Anales Quím. y Farm. Chemische Konstitution der Follikelovariumhormone: **3** ('34) 8–13 [span.].

Annales pharm. franç. Analogues "ouverts" de la papavérine. Activité spasmolytique type papavérine des dérivés de la 1-2(bis-diphényl)-éthylamine[14]): **21** ('63) 821–27.

Archivos Farm. y Bioquím. Tucumán Antihämorrhagische Wirkung zweier löslicher Derivate von 2-Methyl-1,4-naphthochinon[30]): **3** ('46) 83–91 [span.].

Boletín Soc. quím. Perú Síntesis de nuevos benzimidazoles y derivados: **19** ('53) 77–83. — Constitución química y acción farmacológica en la serie de las imidazolinas, contribución a su conocimiento. Imidazolina del tetrahidronaftaleno[34]): **22** ('56) 1–4. — Amidas del ácido siríngico y derivados: **25** ('59) 126–31. — Metoxi-(5-fenil-5-benzil)-hidantoinas[25]): **30** ('64) 155–60. — Psicofármacos: **32** ('66) 135–67. — Tautomería en el imidazol. Una nueva comprobación[25]): **33** ('67) 111–17.

Ciencia [México] Östrogene Wirkung von Fluorderivaten[11]): **1** ('40) 19 [span.]. — Heterozyklische Sulfanilamide: 3-(p-Aminophenylsulfonamido)-carbazol und 2-(p-Aminobenzolsulfonamido)-dibenzofuran: 260 [~]. — Synthetische Östrogene, ihre chemische Konstitution und östrogene Wirkung: **2** ('41) 13–19 [~]. — Amidas del ácido 3,5-dimetoxi-4-hidroxibenzoico (ácido siríngico): **18** ('58) Nr. 4/6, 49–51 [m. engl. Zusammenfassg.].

Ciencia e Investigac. Quimioterapía, antagonistas de metabolitos y arquitectura molecular: **3** ('47) 182–86. — A particularly stable compound containing trivalent carbon and tetravalent nitrogen[28]): **4** ('48) 82–84 [span.]. — 2-(4-Piridil)-benzimidazoles: **9** ('53) 227. — Constitución química y acción farmacológica en la serie de las imidazolinas[34]): **12** ('56) 172. — Synthesis of analeptics[22]): **14** ('58) 361–63 [span.].

C.R. (hebd.) Séances (et Mém.) Soc. Biol. Action sexuelle du lobe antérieur de l'hypophyse chez le crapaud femelle: **111** ('32) 474f. — Rôle de la castration sur l'action sexuelle de l'hypophyse du crapaud: 476. — Hypophyse et thyroïde. Action excitothyroïdienne de l'hypophyse des animaux thyroprives [13])[24]): 830–32. — Extrait postéro-hypophysaire et imbibition des batraciens: **112** ('33) 506f. — Titration de l'hormone cortico-surrénale par la résistance à la morphine[16]): **114** ('33) 798f. — Rôle des surrénales dans la resynthèse du glycogène musculaire après la fatigue[8])[16]): 1219–21. — Cortico-surrénale et formation de glycogène musculaire aux dépens du glucose [9])[10])[16]): **115** ('34) 334–37. — Action de l'extrait cortico-surrénal sur les glandes endocrines[5])[16]): 338–40. — Actions gonadotropiques synergique ou antagoniste de l'hypophyse des poissons, des batraciens et des oiseaux[5]): **127** ('38) 1043f.

J. amer. chem. Soc. Aminophenyl-2-pentoxazolines[1]): **59** ('37) 2259f. — Secondary amines by the Leuckart synthesis: **61** ('39) 520f. — Sulfonamides, 2: Biphenyl derivatives[26]): **63** ('41) 854f. — Identification of 2-methyl-1,4-naphthoquinone[7]): **66** ('44) 842. — 2,4,6-Trisubstituted pyridines. Synthesis, fluorescence, and scintillator properties[2])[33])[36])[17]): **95** ('73) 4891–95.

J. med. Chemistry Methoxy derivatives of 5,5-diphenylhydantoin and 5-phenyl 5-benzylhydantoin[25]): **11** ('68) 176–78. — 2,2'-Dialkoxybenzhydrylamides and 2,2'-dialkylbenzhydryl esters of N,N'-disubstituted α-amino acids. Synthesis and pharmacological evaluation[35])[32])[33]): **14** ('71) 78–80.

J. Pharmacol. and exper. Therapeut. Stimulant power of secondary and tertiary phenylisopropylamines[27]): **77** ('43) 324–31.

Publicaciones, Inst. Investigac. Microquím., Univ. nacion. Litoral Nachweis von Opiumalkaloiden durch Papierchromatographie[12]): **17** ('53) 205–10 [span.].

Revista Asoc. bioquím. argentina Juan A. Sánchez: his contributions to functional analytical chemistry: **18** ('54) 329–34 [span.].

Revista Centro Estudiantes Farm. y Bioquím. Hypophysenhormone: **25** ('34/35) 35–44. — Zu einer Arbeit über die Aluminiumacetatlösung[6])[21]): 473–77. — Halbmikrobestimmung von Kohlenstoff und Wasserstoff[4]): **26** ('36) 814–25. — Durch Mikroorganismen produzierte antibiotische Substanzen: **33** ('43/44) 171–84, 223–35. — Die aktiven Prinzipien von Cannabis: 281–85. — — Alle Arbeiten span.

Revista Colegio Farmacéuticos nacion. Sulfonamide, 3: Wirkungsweise[26]): **9** ('42) 11 [span.].

Revista Fac. Ci. Quím., Univ. nacion. La Plata Obtención de aminas secundarias por la síntesis de Leuckart modificada: **13** ('38) 73–76. — Acción estrógena de derivados fluorénicos[11]): **14** ('39) 87–89. — Acción de las aminas sobre el 9-bromo-2-nitro-fluoreno (Una nueva reacción cromática muy sensible de la piridina): 137–40. — Contribución al estudio de la flora argentina: **15** ('40) 43–68.

Revista farm. [Buenos Aires] Prüfung handelsüblicher Mutterkornpräparate durch die kolorimetrische Methode nach Smith: **78** ('36) 5–8. — Alkaloide aus argentinischen Pflanzen[23]): **92** ('50) 109–18. — Östrogene Wirkung von Lycopodium: **97** ('55) 186. — — Alle Arbeiten span.

Revista Soc. argentina Biol. Acción sexual del lóbulo anterior de la hipófisis en el sapo hembra: **8** ('32) 454–58. — Influencia de la castración sobre la acción sexual de la hipófisis del sapo: 459–62. – Hipófisis y tiroides, 15: Tiroidectomía y acción excito-tiroidea de la hipófisis de diversas especies[13])[24]): 514–22. – Lóbulo posterior de la hipófisis e imbibición de los batracios: 631–37. – Titulación de la hormona córtico-suprarrenal por la resistencia a la morfina[16]): **9** ('33) 273–77. – Influencia del extracto córtico-suprarrenal y de la glucosa sobre la recomposición del glucógeno muscular en los suprarrenoprivos[8])[16]): 417–21. – Corteza suprarrenal y formación de glucógeno[10])[9])[16]): 522–30. – Influencia del extracto córtico-suprarrenal sobre las glándulas endócrinas[5])[16]): 536–41. – Sobre las amino-fenilpentoxazolinas como nuevas bases anestésicas[1]): **10** ('34) 404–19. – Lóbulo posterior de hipófisis e imbibición de los batracios; mecanismo de su acción: **12** ('36) 163–70. – Acción sinérgica y antagónica gonadotrópica-hipofisaria en peces, batracios y aves[5]): **13** ('37) 448–54. – Seasonal variation in the gonadotropic activity of the hypophysis of the toad, Bufo arenarum: **18** ('42) 238–43 [span.]. – Bacteriostatic action of β-hydroxy-naphthoquinone derivatives of sulfonamides[18])[30]): **20** ('44) 393–97 [~].

Revista sudamer. Endocrinol., Immunol. y Quimioterap. The action of the prehypophysis on the female toad: **16** ('32) 597 [span.]. – Adrenal cortex and glycogen formation[10])[9])[16]): **17** ('33) 597f. [~].

Science [USA] A sensitive color test for 2-methyl-1,4-naphthoquinone and related compounds: **93** ('41) 358.

Semana méd. Ensayo de extractos de cornezuelo de centeno: **2** ('34) 1974f. – Pharmacology of some new hydantoin compounds: **1941,** 1495–98 [span.].

Tetrahedron Action of substituted formamides on phenylformylacetonitrile, I[28])[3]): **24** ('68) 2481–84. – Bromination of 3-dialkylamino- and 3-arylamino-2-arylpropenenitriles[33]): **27** ('71) 523–26.

Tetrahedron Letters General synthesis of C-substituted imidazoles[25]): **1967,** 265–69. – A new synthesis of transstilbenes[3])[2]): **1968,** 613–16.

Mit: [1]) R. Adams; [2]) M. C. G. de Barrio; [3]) J. D. Bonafede; [4]) C. Cardini; [5]) E.-B. del Castillo; [6]) S. A. Celsi; [7]) J. S. Conticello; [8]) R.-G. Dambrosi; [9]) R. Fernández; [10]) V.-G. Foglia; [11]) M. H. Giunti; [12]) I. T. Guerrero; [13]) B. A. Houssay; [14]) H. Huidobro; [15]) A. de Iantis; [16]) L.-F. Leloir; [17]) N. J. Leonard; [18]) A. Lobo; [19]) –; [20]) Z. M. Lugones; [21]) A. D. Marenzi; [22]) M. Moglia; [23]) O. O. Orazi; [24]) R. Sammartino; [25]) A. M. de Santis; [26]) J. C. Somaglino; [27]) M. L. Tainter; [28]) A. P. G. de Varela; [29]) P. Velasco; [30]) E. E. Vonesch; [31]) M. J. Zwaig; [32]) O. Alonso; [33]) J. R. Barrio; [34]) P. Fernández-Long; [35]) V. Ferrari; [36]) G. Walker.

VI **NOWLAN,** Frederick Stanley. Math. – 1926–47 Prof., Univ. of British Columbia, Vancouver, B. C., Can.; '47–48 Visiting Prof., '49–54 Prof., '54 Prof. Emer., Univ. of Illinois, Chicago Undergraduate Divis. (now: Univ. of Illinois at Chicago Circle), Chicago, Ill. – '58 Hon. D. Sc. (Acadia Univ., Wolfville, Nova Scotia, Can.).

*1886, Aug. 2, Havelock, Nova Scotia, Can.;

†1960.

W. Analytic geometry (NewYork–London '33) 12+195 S.; [2]('34); [3]('46) 14+355 S. – College algebra (New York '47) 14+371 S.

Mathematics Mag. The evaluation of summations with binomial coefficients: **34** ('61) 161–63. – Invariants associated with a family of curves[1]): **37** ('64) 132–38.

Mathematics Teacher The solution of a radical equation: **46** ('53) 490.

Tôhoku math. J. Transformations which leave invariant the multiplication table of a total matric algebra: **39** ('34) 372–79.

Trans. roy. Soc. Canada, Sect. III Sets of integral elements of certain rational division algebras[2]): **31** ('37) 163–84; ~ 2[3]): **32** ('38) 89–123.

Mit: [1]) A. A. Aucoin; [2]) R. Hull; [3]) G. C. Webber.

IV–VI **NOYES,** Arthur Amos. Chem. – 1915–36 Dir., Gates Chem. Labor., California Inst. of Technol., Pasadena, Calif. – '32 Richards Gold Medal (Amer. Chem. Soc.).

*1866, Sept. 13, Newburyport, Mass.; †1936, Juni 3, Pasadena, Calif.

Zur Biogr. M. S. Sherrill, Proc. amer. Acad. Arts and Sci. **74** ('40) 150–55. – Science [USA] **75** ('32) 98f. – Scientific Monthly **47** ('38) 375–78 (m. Bildn.).

Nekr. J. Kendall, Nature [London] **138** ('36) 17. – G. Keyes, Nucleus [USA] **1936,** Okt.-Nr., 11–14. – C. A. Kraus, Scientific Monthly **43** ('36) 179–81 (m. Bildn. S. 178). – R. A. Millikan, Science [USA] **83** ('36) 613f.; **84** ('36) 177f. – M. S. Sherrill, The contributions of A. A. Noyes to science: ibid. 217–20. – L. Pauling, Biographical Mem., Nation. Acad. Sci. USA **31** ('58) 322–46 (m. Bildn., Faks., Schr.verz.).

W. An introduction to the chemistry of solutions; printed for the use of the freshmen classes of California Institute of Technology [2](Pasadena, Calif. '32) 2+39 S. – A course of instruction in the qualitative chemical analysis of inorganic substances [9](New York '37) 11+190 S.; 10. Aufl. neubearb. von E. H. Swift [10]('42) 15+418 S., Neudr. ('47). – A course of study in chemical principles (m. M.

S. Sherrill) [2](New York '38) 25+554 S. — Qualitative chemical analysis (for the common basic constituents (neubearb. v. E. H. Swift) (New York '41) 4+125 S. — A system of qualitative analysis for the rare elements (m. W. C. Bragg) (NewYork–London '43) 12+536 S., Neudr. ('48).

J. amer. chem. Soc. Argentic salts in acid solution, 1: The oxidation and reduction reactions[5])[7]): **57** ('35) 1221–29; ~ 2: The oxidation state of organic salts[7])[3]): 1229–37; ~ 3: Oxidation potential of argentous-argentic salts in nitric acid solution[6]): 1238–42; ~ 4: The kinetics of the reduction by water and the formation by ozone of argentic silver in nitric acid solution[1])[8])[6]): **59** ('37) 1316–25; ~ 5: Oxidation potentials, equilibria with higher silver oxides, and formation of nitrate complexes[9]) [1])[2]): 1326–37. — Strong oxidizing agents in nitric acid solution, 1: Oxidation potential of cerous-ceric salts[4]): **58** ('36) 1265–68; ~ 2: Oxidation potential of thallous-thallic salts[4]): 1268–70; ~ 3: Oxidation potential of cobaltous-cobaltic salts, with a note on the kinetics of the reduction of cobaltic salts by water[2]): **59** ('37) 1337–44.

Mit: [1]) C. D. Coryell; [2]) T. J. Deahl; [3]) C. L. Dunn; [4]) C. S. Garner; [5]) J. L. Hoard; [6]) A. Kossiakoff; [7]) K. S. Pitzer; [8]) F. Stitt; [9]) D. de Vault.

IV–VI **NOYES,** William Albert. Chem. — 1907–26 Prof. and Dir. of Chem. Labor., '26 Prof. Emer., Univ. of Illinois, Urbana, Ill.; 1893–94 Pres., Indiana Acad. Sci.; 1896 Vice-Pres., Amer. Assoc. Advancem. Sci.; 1912 Pres., Illinois State Acad. Sci.; '17–41 Secretary, Illinois State Board of Natural Resources and Conservation; '20 Pres., Amer. Chem. Soc. — '08 Nichols Medal, '20 Willard Gibbs Medal, '35 Priestley Medal (Amer. Chem. Soc.).

*1857, Nov. 6, near Independence, Ia.; †1941, Okt. 24, Urbana, Ill.

Ehrung '39 "William Albert Noyes Laboratory of Chemistry" of the University of Illinois.

Zur Biogr. R. Adams, Biographical Mem., Nation. Acad. Sci. USA **27** ('52) 179–208 (m. Bildn. u. Schr.verz.). — Science [USA] **81** ('35) 429.

Nekr. W. E. Edington, Proc. Indiana Acad. Sci. **51** ('42) 7–9. — B. S. Hopkins, J. amer. chem. Soc. **66** ('44) 1045–56 (m. Bildn. u. Schr.verz.). — A. M. Patterson, Science [USA] **94** ('41) 477–79.

Zum 100. Geb.tag J. M. Church, Register Phi, Lambda, Upsilon **42** ('57) 42f.

H. Chemical monographs [of the American Chemical Society] 1919–1941.

HZ. J. amer. chem. Soc. **24** ('02) – **39** ('17). — — Chemical Abstracts **1** ('07) – **2** ('08). — Chemical Reviews **1** ('24) – **4** ('27).

W. Modern alchemy (m. W. A. Noyes, jr.) (Springfield, Ill.–Baltimore, Md. '32, London '33) 9+207 S. — A new holism (Urbana, Ill. '38) 1+13 S.

Biographical Mem., Nation. Acad. Sci. USA Ira Remsen, 1846–1927[4]): **14** ('32) 207–40. — Edward Wight Washburn, 1881–1934: **17** ('37) 69–81. — Julius Stieglitz, 1867–1937: **21** ('41) 275–314.

Chemical Reviews Electronic theories: **17** ('35) 1–26.

Chemistry and Industry Robinson's electronic theories of organic chemistry: **12** ('34) 559–62; Electromeric theories in organic chemistry: 716f.

Industrial and Engng. Chem. Function of water in catalyzing the reaction between nitrogen tetroxide and potassium chloride: **24** ('32) 1084.

Industrial and Engng. Chem., News Edit. The reintegration of science: **12** ('34) 378.

Inorganic Syntheses Nitrogen trichloride: **1** ('39) 65–67.

J. amer. chem. Soc. Samuel Wilson Parr: **54** ('32) Proc., 1–7. — Reactions of compounds with even numbers of electrons. Nitrogen trichloride and nitrogen tetroxide: 3612–14. — Rediscovery of nitryl chloride: 3615–17. — Optically active diazo compounds, 6: Diazocamphor[3]): 3768–73. — Types of chemical reactions: **55** ('33) 656–61. — Aldehyde-amide condensation, 1: Reactions between aldehydes and acetamide[2]): 3493f. — Explanation of the formation of alkyl nitrites in dilute solutions; butyl and amyl nitrites: 3888f. — The electronic structure of inorganic complexes: 4889–93. — Iodine cations: **56** ('34) 1819. — The parachors of methyl and ethyl nitrites and of nitromethane and nitroethane[6]): **58** ('36) 802f.

J. chem. Educat. Report of the Committee on Chemistry Libraries[1])[5]): **11** ('34) 114–23.

Johns Hopkins Alumni Mag. Reconstruction in 1931: **1932**, Jan.-Nr., 8 S. — A letter to a Hitlerite. Brief an einen Nationalsozialisten: **1934**, März-Nr., 15 S. [engl. u. deutsch].

Organic Syntheses Butyl nitrite: **16** ('36) 7f.

Proc. amer. Acad. Arts and Sci. Alexander Smith (1865–1922): **68** ('33) 673–76.

Science [USA] The electronic theories of Lewis and Kossel: **81** ('35) 628f. — The way forward in chemistry: **82** ('35) 357–61.

Scientific Monthly Laissez faire, or cooperation: **36** ('33) 516–22. — Professor Edward Bartow, president-elect of the American Chemical Society: **40** ('35) 286–88.

Trans. Illinois State Acad. Sci. Samuel Wilson Parr: **25** ('32) 41. — Edward Wight Washburn: **28** ('35) 39f.

Mit: [1]) V. S. Culp; [2]) D. B. Forman; [3]) E. Meitzner; [4]) J. F. Norris; [5]) R. D. Reed; [6]) B. Singh.

VI **NOYES, Jr.,** William Albert. Chem. (physikal.). — 1929–35 Assoc. Prof., '35–38 Prof., Brown Univ., Providence, R. I.; '38–63 Prof., '39–55 Chairman of the Departm. of Chem., '52–56 Dean of Graduate School, '56–58 Acting Dean of College of Arts and Sci., '63 Prof. Emer., Univ. of Rochester, N. Y.; '63–73 Prof., '73 Prof. Emer., Univ. of Texas, Austin, Tex.; '69 Visiting Prof., Univ. de Nancy; '47 Pres., Amer. Chem. Soc.; '47–51 Vice-Pres., '59–63 Pres., Int. Union of Pure and Appl. Chem.; '47–53 Chairman of the Divis. of Chem. and Chem. Technol., Nation. Research Council; '52–55 Treasurer, Int. Council of Scientific Unions. — Hon. D. Sc.: '45 (Grinnell College, Grinnell, Ia.), '53 (Univ. of Rhode Island, Kingston, R. I.), '57 (Univ. de Paris), '59 (Indiana Univ., Bloomington, Ind.), '60 (Univ. of Ottawa, Ont.), '61 (Univ. of Montreal), '64 (Univ. of Illinois, Urbana, Ill.), '65 (Univ. of Rochester, N. Y.), '65 (Carleton Univ., Ottawa, Ont.), '72 (Univ. Laval, Quebec). — '48 King's Medal for Service in the Cause of Freedom (British Empire); '48 Medal for Merit (U. S. Governm.); '54 Priestley Medal, '57 Willard Gibbs Medal, '70 Charles L. Parsons Award (Amer. Chem. Soc.); '63 Austin M. Patterson Award for Service to Chem. Literature; '69 Hon. Plaque (Phi Kappa Phi).
*1898, Apr. 18, Terre Haute, Ind.

Zur Biogr. Chemical and Engng. News **37** ('59) 130f. — National cyclopaedia of American biography **44** (New York '62) 258f. — Festgabe für den ausscheidenden Herausgeber: J. amer. chem. Soc. **84** ('62) Nr. 21 (S. 3985–4174); darin Biogr. von M. S. Matheson S. 3985f. (m. Bildn.).

H. Photochimie **1–3** (Paris '37/38) (Actualités scientifiques et industrielles 464, 655, 656); davon eig. Beitr.: **1**: Le rapport entre la spectroscopie et les réactions initiées par la lumière ('37) 45 S. (∼ 464). — Chemistry. A history of the chemistry components of the National Defense Research Committee, 1940–1946 (Boston, Mass. '48) (U. S. Office of Scientific Research and Development, Science in World War II, 6).

HZ. Chemical Reviews 1939–1949. — J. amer. chem. Soc. **72** ('50) – **84** ('62). — J. physic. Chem. **56** ('52) – **68** ('64).

MHZ. Advances Photochem. **1** ('63) ff.

S. Réunion internationale de physique, chimie, biologie. Congrès du Palais de la Découverte, Paris, octobre 1937, **4**: Chimie générale (Paris '38) (Actualités scientifiques et industrielles, 721) 175–83: Les processus primaires dans les réactions photochimiques. — Um die Erklärung der Menschenrechte; ein Symposium [UNESCO] (Zürich–Wien–Konstanz '51) 282–85: Wissenschaft und Menschenrechte; französ. in: Autour de la nouvelle déclaration des droits de l'homme (Paris '49); engl. in: Human rights; a symposium (London–NewYork '49); span. in: Derechos del hombre (México–BuenosAires '49); italien. in: Dei diritti dell'uomi (Milano '52). — Technique of organic chemistry (A. Weissberger) **2**: Catalytic, photochemical and electrolytic reactions (NewYork–London '48) 79–141: Photochemical reaction[5]); [2]('56) 258–384: Photochemical reaction [46])[5]). — Modern chemistry for the engineer and scientist (G. R. Robertson) (New York '57) 54–77: Photochemistry, its interest and its value. — Festschrift Prof. Dr. Arthur Stoll zum 70. Geburtstag; Arbeiten aus dem Gebiet der Naturstoffchemie (Basel '57) 64–71: The photochemical study of the reaction of simple alkyl radicals with oxygen. — New era in the non-Western World (W. S. Hunsberger) (Ithaca, N.Y. '57) 85–110: Science and the non-Western World. — Science and foreign policy (New York '58) (Foreign Policy Association, Headline series, 130) 19–29: Science and diplomacy. — Proc. International congress of radiation research, Burlington, Vt., 1958 (D. E. Smith) (New York '59) (Radiation Research, Suppl. 1) 164–76: Oxygen effects in photochemical systems. — International conference on photochemistry, Munich 1967. Preprints, **2** (Mülheim (Ruhr) '67) 448–64: Primary photochemical processes in some simple aromatic molecules[7]). — Photochemistry and reaction kinetics; dedicated to R. G. W. Norrish (P. G. Ashmore, F. S. Dainton, T. M. Sugden) (London '67): The contributions of R. G. W. Norrish to photochemistry. — Comprehensive chemical kinetics (C. H. Bamford, C. F. H. Tipper) **3**: The formation and decay of excited species (Amsterdam '69): Effects of low energy radiation[7]).

W. Modern alchemy (m. W. A. Noyes) (Springfield, Ill.–Baltimore, Md. '32, London '33) 9+207 S. — Chemical kinetics and natural products (m. H. S. Taylor, W. A. Jacobs) (Philadelphia, Pa. '41, London '43) 41 S. (University of Pennsylvania, Bicentennial conference). — The photochemistry of gases (m. P. A. Leighton) (New York '41) 475 S., [2]('66)

475 S. (American Chemical Society monograph series, 86). — Are we training scientists well? (Lewisburg, Pa. '53) 18 S. (Bucknell University). — Science on the national and international scenes (Lincoln, Nebr. '56) 92 S. (Montgomery lectureship for contemporary civilization, 1956). — Energy dissipation from excited states of polyatomic molecules (Lisboa '64) 22 S. (Academia das Ciências de Lisboa).

Advances Photochem. Singlet and triplet states: benzene and simple aromatic compounds[74]): **4** ('66) 49–79. — Isomerization as a route for radiationless transitions[84])[83])[7]): **5** ('68) 329–63.

American Scientist The place of the scholar in international affairs: **38** ('50) 120–26.

Annals New York Acad. Sci. Introduction to the conference on the primary process in photochemistry: **41** ('41) 171f.

Annual Rev. physic. Chem. Photochemistry[56]): **1** ('50) 291–308.

Annual Survey amer. Chem. American photochemistry during 1932: **7** ('32) 154–60; ~ during 1933 and 1934: **9** ('34) 102–12.

Armed Forces chem. J. The civilian scientist and the military establishment: **7** ('53) 8–11.

Ber. Bunsenges. physik. Chem. Primary photochemical processes in some simple aromatic molecules[7]): **72** ('68) 146–50.

Bull. atom. Scientists Do we need a foreign policy in science?: **13** ('57) 234–37.

Bull. Soc. chim. France Quelques aspects du problème de la vitesse des réactions: (5) **4** ('37) 1990f. — Photochimie de l'hexanone-2 en phase gazeuse[6]): **1958**, 121–23.

Canadian J. Chem. Preliminary study of photochemical behavior in the system nitrogen dioxide – ethane[64]): **33** ('55) 843–48.

Chemical Corps J. Research for military purposes: **1** ('46) 30–32.

Chemical and Engng. News United Nations Educational, Scientific, and Cultural Organization [UNESCO]: **24** ('46) 1904–06. — The role of the scientist in promoting world peace: 2604–07. — UNESCO holds first general session in Paris: **25** ('47) 294–99. — Noyes discusses world cooperation at Syracuse. A staff report: 1430f. — Mechanism of photochemical reactions: 2812f. — Report on international chemical meetings in London: 3364–66. — Philosophy of graduate training at Ph. D. level[39])[4])[3])[63])[75])[78]): **26** ('48) 166f. — Report on the third UNESCO conference at Beirut: **27** ('49) 974f. — American Chemical Society official reports for 1950[17])[49])[52])[11])[23])[55]): **29** ('51) 774–96; ~ 1951[17])[49])[52])[11])[39])[68])[23])[55]): **30** ('52) 778–804; ~ 1952[17])[11])[68])[23])[55]): **31** ('53) 897–920; ~ 1953[17])[11])[68])[23])[55]): **32** ('54) 833–56; ~ 1954[17])[11])[68])[23])[55]): **33** ('55) 974–1000; ~ 1955[17])[11])[9])[68])[23])[55]): **34** ('56) 1211–45; ~ 1956[17])[11])[9])[68])[23])[55]): **35** ('57) Nr. 10, 52–81; ~ 1957[17])[11])[9])u.a.): **36** ('58) 57–86. — The International Union of Pure and Applied Chemistry: **29** ('51) 1290f. — 30 years of photochemistry: **32** ('54) 3977–80. — A climate for basic chemical research: **38** ('60) 91–95. — Publish or perish: **51** ('73) 1–. — — Ferner Mitverfasser der „Progress reports of the Committee on the Professional Training of Chemists", 1: **18** ('40) 845f. ... ~ 19: **27** ('49) 415–20 [Bände **18** ('40) und **19** ('41) der Zeitschrift u. d. T.: News Edit., Amer. chem. Soc.].

Chemical Reviews The primary photochemical process in simple ketones[61])[37]): **56** ('56) 49–94. — The photochemistry of some simple aromatic molecules in the gaseous state[81]): **74** ('74) 29–43.

Chemist Foreign policy and scientists, 1: **40** ('63) 53–57; ~ 2: 93–98.

Cold Spring Harbor Sympos. quantitat. Biol. The kinetics of photochemical reactions from the standpoint of chains: **3** ('35) 32–43.

Discuss. Faraday Soc. The reactions of radicals from acetone with oxygen[44]): Nr. **10** ('51) 236–41. — The reactions of radicals from diethyl ketone with oxygen, 1[18]): Nr. **14** ('53) 76–81; ~ 2[18]): 81–84.

Graduate J., Univ. Texas Quality, please. Some thoughts on graduate education, 1959: **2** ('59) 239–53.

J. amer. chem. Soc. Photochemical studies, 13: The photochemical reaction between chlorine and benzene in the gaseous phase[38]): **54** ('32) 161–69; ~ 14: The decomposition of nitrous oxide sensitized by mercury vapor[43]): 3907–17; ~ 15: Germane; some remarks on the decomposition of ammonia sensitized by mercury vapor[65]): 4143–54; ~ 16: A further study of the chlorination of benzene[69])[24]): **55** ('33) 4444–59; ~ 17: The chlorination of chlorobenzene; a comparison with benzene[24]): **56** ('34) 1305–10; ~ 21: The absorption spectrum of germane[42]): **57** ('35) 456–58; ~ 22: The effect of radiation of wave length 1980–1860 Å on cis- and trans-dichloroethylenes[42]): **58** ('36) 932f.; ~ 23: The photochemical decomposition of acetone vapor near 1900 Å; a comparison with the decomposition at longer wave lengths[32]): 1404–12; ~ 24: The photochemical chlorination of the dichlorobenzenes[19]): 1707–14; ~ 26: A further study of the fluorescence of acetone vapor and its relationship to the photochemical decomposition[47]): **60** ('38) 1857–64; ~ 28: The photochemical decomposition of ethyl methyl ketone by wave lengths from 1850–2000 Å[16]): 2031–36; ~ 29: The decomposition of diethyl ketone at short wave lengths; a comparison of acetone, ethyl methyl ketone and diethyl ketone near 3000 Å[16]): **61** ('39) 2492–96; ~ 30: The fluorescence of biacetyl; some general considerations governing the study of fluorescence[27]): **62** ('40) 1038–43; ~ 31: A systematic study of the near ultraviolet photochemical decomposition of acetone[28]): 2052–59; ~ 32: The photochemical reaction between nitrous oxide and hydrogen[79]): 1975–81; ~ 33: The photochemical decomposition of acetone in the presence of an inert gas[33]): **63** ('41) 3404–06; ~ 34: The photochemical decomposition of benzene[77]): 3025–28; ~ 35: The photochemical decomposition of n-butyl methyl ketone[12]): **64** ('42) 2676–78; ~ 36: Quantum yields during the photochemical decomposition of n-butyl methyl ketone[77]): **65** ('43) 1547–50; ~ 37: Some tests of mechanism for the photochemical decomposition of acetone[33]): **66** ('44) 974–77; ~ 38: A further study of the photochemistry of methyl n-butyl ketone[12]): **69** ('47) 2153–58; ~ 39: A further study of the fluorescence of acetone[34]): **70** ('48) 467–76; ~ 41: The photochemistry of dimethyl mercury[21]): **71** ('49) 3390–94; ~ 42: Ethylene oxide [21]): **72** ('50) 101–08; ~ 43: Propiolactone[40]): 3863–65; ~ 44: Pyridine and mixtures of acetone and pyridine[40]): **73** ('51) 3986–88; ~ 45: The reactions of methyl and acetyl radicals with oxygen[44]): **74** ('52) 783–86; ~ 47: Liquid acetone – oxygen and liquid acetone – heptane – oxygen[20]): **75** ('53) 2847–50; ~ 48: The reactions of methyl radicals with oxygen[45]): 4183–85; ~ 49: Ketene and ketene–oxygen mixtures[71]): **76** ('54) 3258–64; ~ 50: The ketene–oxygen system at higher temperatures[31]): **78** ('56) 4831–36; ~ 51: The photochemistry of biacetyl at 3650 and 4358 Å and its relationship to fluorescence[67]): **77** ('55) 1421–26; ~ 52: The nitrous oxide – ethane system[8]): **79** ('57) 290–93; ~ 53: Isopropyl iodide[48]): **80** ('58) 2108–11; ~ 54: Methanol vapor[62]): **81** ('59) 2307–11; ~ 55: The nitrous oxide – ethane system: liquid products and competitive rates[54]): 6405–08. – The quenching of iodine fluorescence by benzene vapor[32]): **57** ('35) 1262–65. – The absorption spectrum of ethyl methyl ketone[15])[16]): **58** ('36) 1454–56. – The quantum yields during mercury dimethyl decomposition[31]): **76** ('54) 1583f. – The long wave photochemistry of biacetyl and its correlation with fluorescence at temperatures over 100° [67]): **77** ('55) 4532f. – The relative intensities of fluorescence and phosphorescence in biacetyl vapor[58]): **79** ('57) 801–06. – The photolysis and fluorescence of acetone and acetone–biacetyl mixtures[26]): **81** ('59) 3858–63. – Photochemical production of acetone-^{18}O in the system acetone – $^{18}O_2$ at 3130 Å [70]): **82** ('60) 5591–93. – The triplet state of benzene[35]): **84** ('62) 1502f. – Energy dissipation from excited acetaldehyde molecules[60]): **85** ('63) 416–21. – The photochemistry of mixtures of 2-pentanone and 2-hexanone with biacetyl[50]): 1027–32. – The photochemistry of methylamine[51]): 1228–33. – The photochemistry of ketene. The methylene radical[30]) [74]): **87** ('65) 2297f. – The photochemistry of ketene and of ketene–benzene mixtures. Reactions of methylene radicals [30]): **89** ('67) 5091–98. – The direct and sensitized photolyses of 2-pentanone[76]): **90** ('68) 3901–06. – Vibrational effects in the xylenes[25]): **91** ('69) 7585–89.

J. chem. Educat. Discussion of the [preceding] paper [of G. Glockler: Teaching of introduction to wave mechanics]: **18** ('41) 423. – Infrared spectroscopy as an organic analytical tool: **20** ('43) 223–29. – Chemical education in American institutions: University of Rochester: **25** ('48) 71–73.

J. chem. Physics Photochemical studies, 18: The fluorescence of acetone vapor[19]): **2** ('34) 654–58; ~ 19: The ultraviolet absorption spectrum of acetone vapor[15])[43]): 717–25; ~ 25: The direct photochemical decomposition of nitrous oxide: **5** ('37) 807–12; ~ 27: The effect of radiation on mixtures of nitrogen dioxide and nitrous oxide and its relationship to the photochemical decomposition of nitrous oxide[27])[15]): **6** ('38) 518–22; ~ 40: The mechanism of the photochemical decomposition of acetone[13]): **16** ('48) 788–97; ~ 46: Photosensitization by benzene and pyridine vapors[14]): **19** ('51) 1512–15. – The ionization potential of acetone vapor: **3** ('35) 430–32. – The ultraviolet absorption spectra of cis- and trans-dichlorethylenes[42]): 536–40. – Fluorescence and photochemical kinetics of polyatomic molecules in the gas phase[27]): **7** ('39) 767–74. – The fluorescence of acetone vapor[41])[15]): **16** ('48) 407–10; ~[41]): **19** ('51) 227–30. – Photochemical decomposition of acetone at 3130 Å [13]): **16** ('48) 557–60. – The mechanism of acetone vapor fluorescence[22])[41]): **21** ('53) 115–18. – The fluorescence of biacetyl vapor at 4358 Å [10]): **22** ('54) 1207–10. – Photochemical primary process in biacetyl vapor at 4358 Å[53]) [47]): **36** ('62) 880–86. – Photosensitization by benzene vapor: Diacetyl. The triplet state of benzene[35]): **37** ('62) 583–91. – Some aspects of the photochemistry of benzene[53])[25]): **44** ('66) 2100–06. – Energy balance in the photochemistry of benzene[25]): **46** ('67) 674–80. – Electronic energy relaxation in toluene vapor[7]): **49** ('68) 1705–14.

J. Chim. physique et Physico-Chim. biol. Non-radiative processes in photochemistry[2]) [25]): **67** ('70) 204–11 [m. französ. Zusammenfassg.].

J. physic. Chem. A comparison of some ultra-violet absorption spectra of polyatomic molecules with those of diatomic molecules: **41** ('37) 81–89. – The photolysis of ammonia in the presence of nitric oxide[66]): **63** ('59) 843–45. – Photolysis of biacetyl–oxygen mixtures at 4358 Å[59]): **68** ('64) 464–68. – The photochemistry of methyl isopropyl ketone[80]): **69** ('65) 943–48. – The photochemistry of the xylenes. A discussion of method[25]): **75** ('71)

2741–52. — The photochemistry of phenylcyclobutane, 2[30])[82]): **77** ('73) 2609–13.

J. physic. and Colloid Chem. Some aspects of the photochemistry of ketones: **52** ('48) 546–50. — Free radicals, activated molecules, and wall effects in photochemical systems: **55** ('51) 925–38.

J. Proc. and Addresses Assoc. graduate Schools Is sponsored research a danger to the academic tradition?: **1950**, 37–50.

Proc. amer. philos. Soc. The United Nations Educational, Scientific and Cultural Organization [UNESCO]: **91** ('47) 133–36. — Photochemistry as a tool for the study of reaction mechanism: **95** ('51) 542f.

Proc. chem. Soc., London The I.U.P.A.C. journal "Pure and Applied Chemistry": **1962**, 317f.

Proc. roy. Soc., London, Ser. A Photochemical reactions in the fluorite region, 2: Photochemical decomposition of formaldehyde vapour[57]): **163** ('37) 221–27.

Pure and appl. Chem. Organization and functions of the International Union of Pure and Applied Chemistry (I.U.P.A.C.)[73]): **1** ('60) 5–10. — Some aspects of transitions between electronic levels[74]): **9** ('64) 461–72.

Reviews modern Physics The correlation of spectroscopy and photochemistry: **5** ('33) 280–87.

Reviews, U.S. Argonne nation. Labor. Some facts about the financing of science: **1967**, Juli/Okt.-Nr., 49–.

Revista portug. Quím. Energy dissipation from excited states of polyatomic molecules: **5** ('63) 177–83 [m. portugies. u. französ. Zusammenfassg.].

Science [USA] Probable trends in scientific publications as viewed from the editor's office: **119** ('54) 529f.

Trans. Faraday Soc. The near ultraviolet absorption spectrum of acetone vapor: **33** ('37) 1495–98.

Trans. New York Acad. Sci. International aspects of science: **10** ('48) 122–24.

Verhandlungen schweizer. naturforsch. Ges. Some aspects of energy degradation of excited molecules: **146** ('66) 1–11.

Ž. vses. chim. Obšč. im. Mendeleeva Possible mechanism of energy dissipation: **11** ('66) 141–46 [russ.].

Mit: 1) —; 2) D. Anderson; 3) R. A. Beebe; 4) E. M. Billings; 5) V. Boekelheide; 6) V. Brunet; 7) C. S. Burton; 8) G. A. Castellion; 9) G. H. Coleman; 10) N. A. Coward; 11) E. J. Crane; 12) W. Davis, jr.; 13) L. M. Dorfman; 14) J. T. Dubois; 15) A. B. F. Duncan; 16) V. R. Ells; 17) A. H. Emery; 18) A. Finkelstein; 19) C. F. Fisk; 20) P. E. Frankenburg; 21) R. Gomer; 22) H. J. Groh, jr.; 23) W. A. Hamor; 24) E. J. Hart; 25) D. A. Harter; 26) J. Heicklen; 27) F. C. Henriques, jr.; 28) D. S. Herr; 29) —; 30) Sh.-Y. Ho; 31) R. A. Holroyd; 32) J. P. Howe; 33) J. J. Howland, jr.; 34) R. E. Hunt; 35) H. Ishikawa; 36) —; 37) J. E. Jolley; 38) C. E. Lane, jr.; 39) S. C. Lind; 40) R. H. Linnell; 41) G. W. Lukkey; 42) H. E. Mahncke; 43) W. M. Manning; 44) F. B. Marcotte; 45) R. B. Martin; 46) C. R. Masson; 47) M. S. Matheson; 48) G. R. McMillan; 49) R. V. Mellefont; 50) J. L. Michael; 51) J. V. Michael; 52) W. Muehlhause; 53) W. A. Mulac; 54) E. Murad; 55) W. J. Murphy; 56) A. J. C. Nicholson; 57) R. G. W. Norrish; 58) H. Okabe; 59) N. Padnos; 60) C. S. Parmenter; 61) G. B. Porter; 62) R. P. Porter; 63) B. Riegel; 64) T. M. Rohr; 65) H. Romeyn, jr.; 66) A. Serewicz; 67) G. F. Sheats; 68) R. L. Shriner; 69) H. P. Smith; 70) R. Srinivasan; 71) A. N. Strachan; 72) —; 73) H. W. Thompson; 74) I. Unger; 75) H. B. Weiser; 76) F. S. Wettack; 77) J. E. Wilson; 78) W. G. Young; 79) J. W. Zabor; 80) A. Zahra; 81) K. E. Al-Ani; 82) R. A. Gorse; 83) J. Lemaire; 84) D. Phillips.

VI **NUKIYAMA**, Daizô. Angew. Physik. — Until 1920 Stud., '23–31 Assist. Prof., '31–45 Member of Aeronaut. Research Inst., Tokyo Univ.; '20–23 Conductor of Foundat. of the Wireless Stat., Kobe Marine Observat.; '37 D. Sc., Hokkaido Imp. Univ., Sapporo; '44–47 Research Worker, Central Observat.; '48–67 Prof., (after retirement) '67– Lecturer at College of Technol., Nihon Univ., Tokyo.
*1894, Dez. 4, Tokyo.

Japanese J. Astron. and Geophysics A further contribution to the theory of the thunderclouds: **9** ('33) 101–13.

Proc. imp. Acad., Tokyo A method of sending light signals through fogs: **10** ('34) 407–09. — A photophone available through foggy atmosphere in daytime: **11** ('35) 47–50. — A simple chromatic photograph: **12** ('36) 338f.

Proc. physico-math. Soc. Japan On the electromotive forces generated by friction between two metals: (3) **14** ('32) 93–107. — On the transmissibility of the visible light through a cloud of particles [,1][2]): 168–78; ∼ 2[2]): **15** ('33) 59–72.

Rep. aeronaut. Res. Inst., Tokyo imp. Univ. On the transmissibility of the visible light through a cloud of particles [,1][2]): **7** ('32/33) 1–18; ∼ 2[2]): 307–38; ∼ 3: Scattering of light from particles: **8** ('33/34) 61–100. — On the flow of water through tubes: 233–90. — Motion of stretched string in a turbulent flow of air: **9** ('34/35) 77–100. — Direction finder[1]): **14** ('39) 149–91. — On the simple chromatic photograph: 213–71. — Radiator[3]): 441–70.

Mit: 1) M. Irisawa; 2) A. Kobayasi; 3) J. Mikura.

VI **NUKIYAMA**, Heiichi. Elektrotechn. — Stud., Tokyo Univ.; 1913– Instructor, '19– Prof., '24 D. Sc., '32– Dean of Engng. Departm., '35– Dir. of Telecommunications Research Inst., later on Prof. Emer., Tôhoku Univ., Sendai. (⊠)
*1889, Tokyo.

Annual Rep. Work, Saito Gratitude Foundat. Co-operative research on electrical communication[7])[1]): 8. 1931 ('32) 188–201.

J. Inst. electr. Engr. Japan On the relation between Carson's integral equation and the solution by Fourier's integrals in the solution of transient phenomena: Nr. **541** ('33) 639–42 [japan.]. – Acoustic measurement of aircraft altitude[8])[6]): Nr. **550** ('34) 419– [~]. – On a new method of band pass filters and amplifiers as lattice type: Nr. **557** ('34) 1282–85 [ ]. – On a feature of the supersonic vibrator of magnetostriction type in water[6]): Nr. **566** ('35) 818 [japan.].

J. Inst. Telegraph and Telephone Engr. Japan Acoustic measurement of aircraft altitude[8])[6]): Nr. **134** ('34) 405– [japan.]. – On the stability and improvement of an ampli-filter: Nr. **149** ('35) 659–66 [~]. – On the wave selector circuit[5]): Nr. **154** ('36) 1–27 [ ]. – Ripple eliminators [10]): Nr. **159** ('36) 413–20 [ ]. – Narrow band-pass transformer with iron-core[6]): Nr. **161** ('36) 611–19 [ ]. – The principle of a rectified feed back amplifier, and its application to detectors and compandors[6]) [9]): Nr. **162** ('36) 681–92 [ ].

Nippon electr. Communicat. Engng. On the effective attenuation (Betriebsdämpfung) of electro-acoustic systems[2]): **11** ('38) 284f.

Science Rep. Tôhoku imp. Univ., Ser. I On the design of a moving coil type microphone with K. S. permanent magnet[4]): Honda Anniversary Volume ('36) 403–08.

Ferner "Theoretical study on klystron with wide and non-uniform interaction gap[2])" (2 S.) in einem Bericht der japanischen Forschungskommission für Millimeterwellen ('63).

Mit: [1]) Sh. Chiba; [2]) H. Fujita; [3]) K. Fukusima; [4]) H. Horikawa; [5]) Z. Kamayachi; [6]) Y. Kikuchi (Kikuti); [7]) H. Yagi; [8]) S. Yamada; [9]) K. Yamanouchi; [10]) T. Hashimoto.

VI **NUMEROV,** Boris Vasil'evič. Astron. – 1909–13 Stud., '15–25 Astronom am Observat., '24–36 Prof., Univ. Petersburg → Leningrad; '19 Begründer, '20–24 Dir., Staatl. Recheninst., Leningrad; '24–36 Dir., (Staatl.) Astron. Inst., Leningrad; '24– Prof., Bergbau-Inst., Leningrad; '26–28 Dir., Geophysikal. Hauptobservat.; '31–33 Leiter d. Abt. f. angew. Math., Staatl. Opt. Inst.; '34 Dr. d. Astron.; '30–34 Vorsitzender d. Astron. Komitees b. Volkskommissariat f. Volksbildung d. RSFSR. (⊠)

*1891, Jan. 29 (17), Novgorod; †1943.

Zum 70. Geb.tag N. S. Jachontova, Bjul. Inst. teoret. Astron. **9** ('63) 213–15 (m. Bildn. u. Schr.verz.-Auszug).

S. Astronomija. Nauka v SSSR za 15 let [15 Jahre astronomische Wissenschaft in der UdSSR] 1917–1932 (A. A. Kančeev) (Leningrad '32) 207–15: Die Konstruktion und Herstellung astronomischer Instrumente in der UdSSR [russ.].

W. Programma sposoba Tal'kotta dlja opredelenija široty; The program of Talcott's method for the determining of latitude [**1**] (Leningrad '27) 12+108 S. [russ. u. engl.]; **2**: Ot 30° do 70°; From 30° to 70° (Leningrad '36) 66 S. [~]. – Tablicy desjatiznačnych logarifmov čisel ot 1000 do 10000 [Tafeln der zehnstelligen Logarithmen der Zahlen von 1000 bis 10000] (Leningrad–Moskva '32) 199 +1 S. – Tablicy natural'nych značenij trigonometričeskich funkcij s 5-'ju desjatičnymi znakami [Tafeln der natürlichen Werte der trigonometrischen Funktionen] (Leningrad–Moskva '33) 58 S. (Astronomičeskij institut). – Tablicy dlja vyčislenija geografičeskich i prjamougol'nych koordinat Gaussa-Krjugera dlja širot ot 36° do 72° s točnost'ju do 0,1 metra i 0''.01 (dlja raboty s arifmometrom). Tabellen zur Berechnung geographischer und rechtwinkliger Gauß-Krüger-Koordinaten für Breiten von 36° bis 72° mit einer Genauigkeit bis 0,1 Meter und 0,01'' (für Arbeiten mit der Rechenmaschine) (Leningrad '33) 80 S. (Astronomičeskij institut).

Astronomical J. On the question of simultaneous determination of corrections to the elements of the planet and the earth: **45** ('36) Nr. 12, 105–12.

Astronomičeskij Kalendar' Elementare Darstellung der Bahnbestimmung und der Berechnung der Ephemeriden: **1935,** 130–46 [russ.].

Astronomičeskij Ž. Zur Frage der Bestimmung des Geoids auf der Grundlage von Gravitationsbeobachtungen: **12** ('35) 47–59. – Zur Frage der Bestimmung systematischer Fehler von Sternörtern: 339–48. – Ein lichtstarker photographischer Meridiankreis: 349–55. – Anwendung der Extrapolationsmethode auf die genaue Berechnung der gestörten Bewegung der kleinen Planeten: 455–75. – Zur Frage der gleichzeitigen Bestimmung der Korrekturen an den Elementen eines Planeten und der Erde: 584–94. – Absolute Störung der Polarkoordinaten im Falle eines störenden Einflusses der inneren Planeten[2]): **13** ('36) 156–89. – Die gegenwärtigen Aufgaben der Astrometrie: 355–61. – – Alle Arbeiten russ., zum Teil m. engl. Zusammenfassg.

Astronomische Nachr. Zur Schaffung eines Fundamentalsystems schwacher Sterne: **260** ('36) 305–22.

Bjul. astron. Inst. Torsion-balance with three beams: **30** ('32) 103–08 [russ. m. engl. Zusammenfassg.]. — On the problem of determination of systematic errors of declinations of fundamental stars: **32** ('33) 139–47 [~]. — Calculation of the deflection of the plumbline and of the second derivatives of the potential from gravity observations: **34** ('34) 195–212 [~]. — Calculation of the absolute perturbations of first order in polar coordinates: **35** ('34) 223–36 [~]. — On the determination of the figure of the geoid on the basis of gravity observations[1]): **40** ('36) 385–97 [~].

C.R. (Dokl.) Acad. Sci. URSS On the problem of the determination of the geoid on the basis of gravity observations: **1935** I, 17–25 [russ. u. engl.]. — General formulae for the development of perturbing forces in the calculation of absolute perturbations in polar coordinates: 452–57 [russ. m. engl. Zusammenfassg.]. — On the problem of the determination of systematic errors of star positions: **1935** II, 451–57 [russ. u. engl.]. — General formulae for the development of perturbing forces in the calculation of absolute perturbations in polar coordinates: **1935** III, 67–70. — The photographic meridian circle: 201–04. — The compilation of a fundamental catalogue of right ascensions: **12** ('36) 207–09. — On compiling a fundamental catalogue of faint stars: 261–63. — Über die Bestimmung der Figur des Geoids aus Schweremessungen[1]): 265–68. — Grundsätze der Methodik der Bestimmung des Geoids auf Grund gravimetrischer und astronomisch-geodätischer Beobachtungen: 269f.

Gerlands Beitr. Geophysik Über die Bestimmung der Figur des Geoids aus Schweremessungen[1]): **48** ('36) 193–208.

Izvest. Akad. Nauk SSSR Anwendung der Extrapolationsmethode auf die numerische Integration linearer Differentialgleichungen zweiter Ordnung: **1932**, 1–8 [russ.]. — Eine abgekürzte Form vielstelliger Logarithmentafeln: 373–80 [~].

J. Observateurs Sur la détermination des erreurs systématiques des positions d'étoiles: **18** ('35) 57–64. — A powerful photographic meridian circle: **22** ('39) 1–4.

Mirovedenie Die Organisation der Arbeit zur Bestimmung der systematischen Fehler von Sternpositionen auf der Grundlage von Beobachtungen und der Theorie der Bewegung der kleinen Planeten: **25** ('36) 66–68 [russ.].

Mit: [1]) D. N. Chramov; [2]) V. Moškova.

VI **NUNN,** Sir Thomas Percy. Math., Psychol. — 1913–36 Prof. Educat., '22–36 Dir. of Inst. of Educat., '29–36 Senator, '37 Prof. Emer., Univ. of London; '15 Pres., Training College Assoc.; '17–18 Pres., Math. Assoc.; '23 Pres., British Assoc. Advancem. Sci., Sect. L; '23–24 Pres., Aristotelian Soc. (☒)

*1870;

†1944, Dez. 12, Madeira.

Nekr. T. Raymont, Nature [London] **155** ('45) 14.

Zur Biogr. J. W. Tibble, British J. educat. Studies **10** ('61) 58–75.

W. Exercises in algebra (including trigonometry). Neudr., 3 Bände in 2 (London–New York '28–34). — Education and reality (London '39) 22 S. (10th Annual Haldane memorial lecture). — Education, its data and first principles [3](London '45, NewYork '46) 283 S., Neudr. ('62).

Mathematical Gaz. Notes on the place of similarity in school geometry: **22** ('38) 234–49. — The training of the teacher: **35** ('51) 41–43.

V,VI **NUŠL,** František. Astron., Math., Geod. — 1888–93 Stud., 1903 Ph. Dr., '26– ord. Prof., Karlova Univ., Praha; '08–11 außerord. Prof., '11– ord. Prof., Tschech. Techn. Hochsch., Praha; '18–24 Leiter, '24–38 Dir., Staatl. Sternwarte d. Tschechoslowak. Republ., Praha; '28– Dir., Sternwarte d. Gebrüder Frič, Ondřejov.

*1867, Dez. 3, Jindřichův Hradec;

†1951, Sept. 14, Praha.

Zum 70. Geb.tag Festschrift: Travaux, dédiés à Dr. František Nušl, Directeur de l'Observatoire national de Praha et Professeur de l'Université de Charles IV, pour son soixante-dixième anniversaire, le 3 décembre 1937 (Praha '38) 90 S. — Nature [London] **143** ('39) 293.

Zum 80. Geb.tag O. Seydl, Čas. Pěst. Mat. a Fysiky **72** ('47) D31.

Nekr. V. Jaroš, Říše Hvězd **32** ('51) 195. — V. Guth, ibid. 196.

Bull. géodés. Micromètre impersonnel pour l'appareil circumzénithal: **61** ('39) 219f.

Čas. Pěst. Mat. a Fysiky Dr. Jiři Kaván†: **62** ('33) 382f.

Météorologie Général Ferrié et l'évolution des procédés radiotélégraphiques de mesure des longitudes: (N.S.) **9** ('33) 493–97.

Říše Hvězd Die totale Sonnenfinsternis am 19. Juni 1936: **17** ('36) 129, 158f. [tschech.].

VI **NUTTALL,** John Mitchell. Physik. — 1908–11 Stud., Honours Physics School, Manchester; then until '14 Junior Lecturer, Leeds Univ.; D. Sc.; '20–55 Senior Lecturer, '21– Assist. Dir. of Physics Departm., '39–44 Acting Head of the Physical Labor., Univ. of Manchester. (⊠)

*1890, Juli 21, Todmorden, Yorkshire; †1958, Jan. 28.

Entdeckung Geiger-Nuttall-Gesetz.

Nekr. G. D. Rochester, Nature [London] **181** ('58) 1307; Nuclear Physics **6** ('58) 541f. (m. Bildn.).

W. Miles per quart (London '57) 87 S.

Nature [London] E. C. Scott Dickson†: **153** ('44) 645.

v, vi **NUTTING,** Perley Gilman. Geophysik, Optik, Chem. (physikal.). — 1924–43 Geophysicist, U.S. Geol. Survey, Washington, D. C.; '16 Cofounder, '17–19 Pres., Optic. Soc. of America. (⊠)

*1873, Aug. 22, Randolph, Wis.; †1949, Aug. 8; begraben in Washington, D. C.

Nekr. L. A. Jones, J. opt. Soc. America **40** ('50) 404f. — R. E. Stevens, J. Washington Acad. Sci. **40** ('50) 175f.

S. Problems of petroleum geology; Sidney Powers memorial volume (W. E. Wrather, F. H. Lahee) (Tulsa, Okla. '34) 825–32: Some physical and chemical properties of reservoir rocks bearing on the accumulation and discharge of oil.

Bull. amer. Assoc. Petroleum Geologists Technical basis of bleaching-clay industry: **19** ('35) 1043–52.

Bull., U.S. Dep. Interior, Geol. Survey Adsorbent clays, their distribution, properties, production, and uses: **928-C** ('43) VI+ S. 127–221.

Circular, U.S. Dep. Interior, Geol. Survey The bleaching clays: **3** ('33) 51 S.

Industrial and Engng. Chem., Analyt. Edit. The bleaching earths. A laboratory study: **4** ('32) 139–41.

J. chem. Physics Energies of solution of SiO_2 in water and HCl: **12** ('44) 347f.

J. Franklin Inst. The study of bleach clay solubility: **224** ('37) 339–62. — A general stress-strain-time formula: **235** ('43) 513–24. — Solution theory and pH measurements: **236** ('43) 573–80. — Retention of fluids by solids: **238** ('44) 177–84.

J. Washington Acad. Sci. The solution and colloidal dispersion of minerals in water: **22** ('32) 261–67. — Adsorption and pycnometry: **26** ('36) 1–6. — A study of the association of magnesia with silica in a pure magnesium clay: **30** ('40) 233–37. — Time and temperature effects in the formation of colloidal dispersions: **31** ('41) 41–45. — Ionic absorption in solutions of silica and alumina: **32** ('42) 117–22. — The physical chemistry of a cooling planet: **33** ('43) 121–25. — The formation of colloid from halloysite in dilute acid solutions: **34** ('44) 110–12.

Oil and Gas J. Wide variation of bleaching clays in United States to satisfy the need of petroleum refiners: **31** ('33) Nr. 36, S. 14. — Activation of three common types of refinery bleaching clay, with water and weak acid: **32** ('33) Nr. 26, 17f.

Professional Papers, U.S. Dep. Interior, Geol. Survey Some standard thermal dehydration curves of minerals: **197** ('43) E 197–E 217. — The action of some aqueous solutions on clays of the montmorillonite group: F 219–F 33.

Refiner and natur. Gasoline Manufacturer The bleaching earth - a laboratory study: **11** ('32) Nr. 4, 286–89. — A study of bleaching clays: **12** ('33) Nr. 3, 80–82.

Science [USA] Hydrosols and electrolytic ions: **89** ('39) 131. — Adsorptive forces active through glass: **97** ('43) 74f. — Solution of soil minerals in dilute acids: **101** ('45) 619–21. — Derivation, interpretation, and application of the second law of thermodynamics: **104** ('46) 317f.

vi **NUYENS,** Karel Maurits (Charles Emile Constant Maurice). Physik (theoret.). — 1931–39 Privatdoz., '39–68 Prof., Univ. te Gent. — Mehrere staatl. Auszeichnungen.

*1901, Nov. 8, Bruxelles; †1970, Jan. 22, Bruxelles.

Zur Biogr. Liber Memorialis der Rijksuniversiteit te Gent 1913–1960 (T. Luykx) **4** (Gent '60) 179f. (m. Bildn. u. Schr.verz.).

Nekr. G. G. Robbrecht, Nederlands Tijdschr. Natuurkunde **36** ('70) Nr. 5, S. 69.

C.R. hebd. Séances Acad. Sci., Paris Sur la diffusion des neutrons thermiques[1]): **228** ('49) 245f.

Mededelingen koninkl. vlaamse Acad. Wet., Letteren en schone Kunsten België Über die Diffusion thermischer Neutronen[1]): **12** ('50) Nr. 3, 3–17 [niederländ.].

Wis- en natuurkund. Tijdschr. Geometrische Optik der Elektronen[2]): **6** ('33) 159–70. — Über die Transformation von G. Kron[3]): **9** ('38) 33–45. — Der Einfluß eines Gravitationsfeldes auf eine elektromagnetische Erscheinung: **10** ('40) 40–43. — — Alle Arbeiten niederländ.

Mit: [1]) C. Grosjean; [2]) L. Marton; [3]) F. Wuytack.

VI **NYLÉN**, Paul. Chem. (Farben u. Lacke). – 1918–30 Lektor allg. Chem. u. '30–34 Doz., Med. Fak., Univ. Uppsala; '30–36 Lektor, Unteroffiziersschule d. Armee; '37–39 Prof. org. Chem., Norweg. Techn. Hochschule, Trondheim; '39–40 Chefchemiker, Gummiwarenfabriken Askim, Norwegen; '40–42 Kommissar. Leiter d. Chem. Abteilg., '42–50 Laboratoriumsvorstand, Staatl. Handwerksinst., Stockholm; '42–44 Lektor, '44–50 Doz., '50–58 Prof., Königl. Techn. Hochsch., Stockholm; '44 Leiter d. Forschungslabor. d. Schwed. Farb- u. Firnisindustrie; '34–37 Präs., Chem. Ges. Uppsala.

*1892, Sept. 8, Bälaryd, Bez. Jönköping.

Zur Biogr. Uppsala Universitets Matrikel 1937–1950 (Uppsala '53) 428–30 (m. Schr.-verz.).

Zur Bibliogr. Kungl. tekn. Högskolans Handl. Nr. **1** ('47) 189–91; Nr. **46** ('51) 51; Nr. **113** ('57) 101f.; Nr. **186** ('61) 104f.

H. (Redakt.) Kurs för målare (Malmö '46) (Hermods korrespondensinstitut). – (Redakt.) Färg- och lackteknisk ordlista (Stockholm '51) (Tekniska nomenklaturcentralen, 14).

MH. (Redakt.) Hantverkets bok [1]: Måleri ^{5}(Stockholm '53).

S. Forhandlinger, Det 5. Nordiske kemikermøde, København 1939 (N. Berg) (København '40) 227–29: Die Basenstärke bei organischen Oxiden von Elementen der Stickstoff- und Schwefelgruppe [schwed.]. – Nya råmaterial (P. M. Röwde) (Stockholm '43) 47–56: Neue Wege der Lebensmittelversorgung [schwed.]. – Verkstadsboken. Teknisk handbok för verkstadsindustrien (O. Svahn, B. Thunell) **1** (Stockholm '44) 299–316, ^{2}('49): Farben, Lacke und Firnisse [schwed.]. – Tekniken och framtiden. Från ångkraft till atomenergi (A. Lenning) **2** (Stockholm '45) 431–80: Kunstharz und Kunststoff; neues Plastikmaterial [schwed.]. – Handbok i kemisk teknologi (G. Angel u. a.) **3** (Stockholm '48) 642–720: Farben, Lacke und Firnisse [schwed.]. – Ingenjörshandboken (C. A. Strömberg) **5**: Material, byggnad, värme och sanitet (Stockholm '48) 383–92: Farben, Lacke und Firnisse [schwed.]. – Bygg. Handbok för hus-, väg- och vattenbyggnad (E. Wåhlin) **2** (Stockholm '48), ^{2}('53) 269–88, ^{3}('59) 440–60: Malereimaterial [schwed.]. – Svenska målareförbundet 70 år (Stockholm '57) 75–80: Neuere Fortschritte auf dem Gebiet der Farbenherstellung [schwed.].

W. Elementära kemiska räkneuppgifter; med svar och anvisningar (m. N. Wigren) ^{2}(Stockholm '33) 169+2 S., ^{3}('38), ^{4}('42), ^{5}('43), ab 6. Aufl. u.d.T.: Kemiska räkneuppgifter ^{6}('46) 231+1 S., ^{7}('48), ^{8}('52), ..., ^{10}('59), ^{11}('61), ^{12}('62), ^{13}('63), ^{14}('64) 301+1 S.; deutsch: Einführung in die Stöchiometrie (Dresden–Leipzig '41) 6+160 S., ^{2}('43) [Nachdruck: (Ann Arbor, Mich. '47)], $^{3/4}$('45) 10+202 S., $^{5/6}$(Darmstadt '52) 12+218 S., ^{7}('58), $^{8/9}$('60) 12+241 S., ^{10}('64), $^{11/12}$('66), $^{13/15}$('69), ^{16}('73) 9+285 S.; italien.: Stechiometria: leggi, calcoli, esercizi (Padova '43), ^{2}('46) 8+197 S., ^{3}('48), ^{4}('51), ^{5}('54), ^{6}('57), ^{7}('61), ^{8}('64), ^{9}('66) 15+325 S.; span.: Tratado de estequiometria (Barcelona '43) 248 S., ^{2}('47), ^{3}('51), ^{4}('55), ^{5}('57) 276 S.; serbokroat.: (Zagreb '48) 223 S. – Färg- och lackteknik. Bibliografisk översikt (m. C. Björkbom, K. Söderström) (Stockholm '50) 28 S. (multigr.) (Tekniska litteratursällskapet, Bibliografier, 1). – Om linolja (m. H. Andersson) (Göteborg '53) 31 S. (Linoljeföreningen). – Modern surface coatings, a textbook of the chemistry and technology of paints, varnishes, and lacquers (m. E. Sunderland) (NewYork–London '65) 14+750 S. – Kemiska räkneexempel för gymnasiet. Med svar och anvisningar. Naturwetenskaplig linje åk 1–3, Teknisk linje åk 1–2 (m. N. Wigren) (Stockholm '67) 139+5 S.

Acta chem. scand. Kinetic investigations into the metal-catalyzed autoxidation of methyl linoleate[1]): **3** ('49) 1077–81.

Arkiv Kemi, Mineral. och Geol. The reduction potential of hypophosphite: **11B** ('33/35) Nr. 29, 6 S. – A note on the electrode potential of palladium black in buffer solutions: Nr. 32, 6 S.

Byggnadsvärlden Außenanstrichfarben für Holz: **42** ('51) 89–95 [schwed.].

Chemistry and Industry The protection of structural steel[5]): **1955**, 1574–87.

Elementa [Stockholm] Synthesen auf Acetylenbasis: **21** ('38) 221–33 [schwed.].

Färg och Fernissa Chemische Gesichtspunkte bei Anstrichfarben: **7** ('43) 25–29, 57–61, 83–87, 115–19, 144–49, 153–58. – Fachausdrücke auf dem Gebiet des Malerhandwerks: **8** ('44) 11–14, 41–43, 65–67, 97–100. – Forschung und Unterricht auf dem Gebiet der Farben- und Lackbranche in Schweden. Ein historischer Rückblick: **14** ('50) 81–86. – Maschinelles Reiben der Farben contra Mischen mit der Hand: **16** ('52) 97–101. – Die Bezeichnungen „Plast" und „Latex". Reflexionen über einige für die Lackbranche aktuelle Nomenklaturfragen: **19** ('55) 27–32. – –Alle Arbeiten schwed.

Handlingar, Ing. Vet. Akad., Stockholm Katalytische Verbrennung von Schieferbenzin[2]): Nr. **180** ('45) 89–103 [schwed.].

Hantverk och Kultur Emulsionen und ihre technische Bedeutung: **1943** ('44) 210–19 [schwed.].

IVA Die interskandinavische Zusammenarbeit bezüglich der Methoden zur Kurzzeitprüfung von Rostschutzfarben: **28** ('57) 101–04 [schwed.].

Kongel. norske Vid. Selsk. Forh. Das Verhalten einiger Enolverbindungen zu Dienen[3]): **11** ('38) 229–32.

Kongel. norske Vid. Selsk. Skr. Zur Kenntnis der Reaktion zwischen Malonsäuren und Jod: **1938**, Nr. 2, 19 S.

Målaren Fachausdrücke auf dem Gebiet des Malerhandwerks: **33** ('43) 284, 286, 288; **34** ('44) 14–16. — Gibt es vollwertige Ersatzstoffe für Leinöl?: **37** ('47) 156–60. — Das Forschungslaboratorium der Farben- und Firnisindustrie und seine Arbeit: **44** ('54) 458–65. — Untersuchungen betreffs Farben für Außenanstrich auf Holz[1]): **45** ('55) 237–41. — — Alle Arbeiten schwed.

Målarnas Facktidn. Einiges aus der Geschichte der Farbenherstellung: **53** ('47) Okt.-Nr., 66–69 [schwed.].

Meddelande, Statens Hantverksinst. Chemische Gesichtspunkte bei Anstrichmaterial: **10** ('43) 32 S. [schwed.]. — Mehl und Brot: **11** ('43) 20 S. [~].

Meddelanden, Statens Kommitté Byggnadsforskning Exterior house paints [for woodwork][1]): **16** ('50) 87 S. [schwed. m. engl. Zusammenfassg.].

Peintures, Pigments, Vernis Long-range corrosion tests with air-exposed painted steel panels: **34** ('58) 116f.

Rapport, Statens Nämnd Byggnadsforskning Exterior house paints [for woodwork][1]): **42** ('57) 84 S. [schwed. m. engl. Zusammenfassg.].

Sjukhuset Mehl und Brot: **18** ('43) 134–40 [schwed.].

Skandinavisk Tidskr. Färg och Lack Schwedische Arbeit an der Terminologie auf dem Gebiet der Farben und Lacke: **5** ('59) 61–63 [schwed.].

Statens Hantverksinst. Årsb. Die chemischen Laboratorien: **1.1942** ('43) [schwed.].

Svensk färg-tekn. Tidskr. Fachausdrücke auf dem Gebiet des Malerhandwerks: **36** ('44) 70–75. — Gibt es vollwertige Ersatzstoffe für Leinöl?: **39** ('47) 195–97. — Sind „Plastlacke" giftig?: **45** ('53) 602–05. — — Alle Arbeiten schwed.

Svensk kem. Tidskr. Neuere Untersuchungen über Halogenoxide. Fluoroxide: **46** ('34) 219–23 [schwed.]. — Die Monoalkylphosphite und ihre Verseifung: **48** ('36) 2–22. — Eine Wasserstoffelektrode ohne Wasserstoffeinleitung: 76–91 [schwed.]. — Die Kinetik der Verseifung von Dialkylphosphiten, 1: Die Verseifung durch Wasserstoff und Hydroxylionen: **49** ('37) 29–52; ~ 2: Allgemeine Säure- und Basenkatalyse bei der Hydrolyse von Diäthylphosphit: 79–96. — Einiges aus der Chemie der Kunstharze: **50** ('38) 217–35 [schwed.]. — Addition von Thiosäuren an Äthylenoxid[3]): **53** ('41) 274–81 [~]. — Einige neuere vollsynthetische Lackbindemittel: **69** ('57) 417–39 [~].

Teknisk Tidskr. Prüfung von Rostschutzfarben: **84** ('54) 1047–53 [schwed.].

Tidsskr. Kjemi og Bergvesen Die Basenstärke der Amin- und Phosphinoxide: **18** ('38) 48–50. — Über eine anomale Schwefeldioxid-Abspaltung: 59–61. — Synthesen auf Acetylenbasis: 92–96 [schwed.].

Z. anorg. u. allg. Chem. Über die Struktur der Unterphosphorsäure[4]): **212** ('33) 169–81; **218** ('34) 301–03. — Über die Struktur der Pyrophosphorsäure: **212** ('33) 182–86. — Die Oxydation der Phosphonameisensäure durch Brom und Permanganat: **218** ('34) 304–06. — Zur Molekulargröße einiger Metaphosphate: **229** ('36) 30–35. — Über eine spontane Umlagerung der Unterphosphorsäure: 36–44. — Das Verhalten der unterphosphorigen Säure sowie der phosphorigen Säure und ihrer Monoester zu Jod: **230** ('37) 385–404. — Die Kinetik der Hydrolyse von Phosphonameisensäure: **235** ('37/38) 33–41. — Die Säure- und Basenkatalyse bei der Reaktion zwischen Dialkylphosphiten und Jod: 161–82. — Die Basenstärke der Arsinoxide und analoger Verbindungen aus der Stickstoff- und Schwefelgruppe: **246** ('41) 227–42.

Z. Elektrochem. u. angew. physik. Chem. Das elektromotorische Verhalten der Palladiumhydride: **43** ('37) 915–21. — Eine neue Elektrode zur elektrometrischen pH-Messung: 921–23.

Ferner „Färg- och lackkemi" in 2 Teilen (vervielfältigt) (ca. 400 Seiten). — Einige Artikel in Konversationslexika.

Mit: [1]) B. Andersson; [2]) B. Holmberg; [3]) A. Olsen; [4]) O. Stelling; [5]) K. F. Trägårdh.

VI **NYQUIST,** Harry. Elektrotechn. — Until 1915 Stud., State Univ. of North Dakota, Grand Forks, N. D.; '17 Ph. D., Yale Univ., New Haven, Conn.; '17–34 Communications Engr., Departm. of Developm. and Research, Amer. Telephone and Telegraph Co.; '34–54 Engr., '52–54 Assist. Dir. of Systems Studies, Bell Telephone Labor., New York, then Murray Hills, N. J. — '60 Stuart Ballantine Medal (Franklin Inst., Philadelphia, Pa.); '60 Medal of Honor (Inst. of Radio Engineers); '61 Mervin J. Kelly Award (Amer. Inst. of Electr. Engrs.); '69 Nation. Acad. of Engng. founders Medal; '75 Rufus Oldenburger Medal (Amer. Soc. of Mech. Engrs.).

*1889, Febr. 7, Nilsby, Schweden; †1976, Apr. 4, Harlingen, Tex.

Bildn. Proc. IRE **40** ('52) 616.

Nekr. Nature [London] **262** ('76) 826.

S. Frequency response (R. Oldenburger) (New York '56) 3–: Regeneration theory.

Annales Postes, Télégraphes et Téléphones Etude de la stabilité d'un réseau à réaction: **23** ('34) 1010–16.

Bell System techn. J. Regeneration theory: **11** ('32) 126–47. – Effect of the quadrature component in single sideband transmission[1]): **19** ('40) 63–73.

Electrical Engng. [USA] Stabilized feedback amplifiers. Discussion of paper by H. S. Black: **53** ('34) 1311–21.

Quarterly appl. Math. The distribution of random determinants[2])[3]): **12** ('54) 97–104.

Trans. amer. Soc. mech. Engr. The regeneration theory: **76** ('54) 1151.

Mit: [1]) K. W. Pfleger; [2]) S. O. Rice; [3]) J. Riordan.

VI **NYSTRÖM,** Evert Johannes. Math. – 1928–59 Doz., Univ. Helsinki; '29–37 Doz., '37–60 Prof., Techn. Hochsch. Helsinki; '54–55 Vizepräs., '55–56 Präs., Finn. Ges. Wiss.

*1895, Sept. 25, Värtsilä; †1960, Febr. 13, Helsinki.

Nekr. G. af Hällström, Årsbok–Vuosikirja, Soc. Sci. fennica **39.**1960/61 ('61) C, Nr. 1, 20 S. (m. Bildn., Faks., Schr.verz. 80 Nrn.). – S. E. Stenij, Nordisk mat. Tidskr. **8** ('60) 105–09 (m. Bildn.). – Toimintakertomus, Suomen teknillinen Korkeakoulu **1959/60,** 15f.

MHZ. Nordisk mat. Tidskr. **1** ('53) - **7** ('59). – Numerische Math. **1** ('59) - **2** ('60).

Ue. E. Lindelöf, Differentiali- ja integralilasku ja sen sovellutukset [Differential- och integralkalkyl med tillämpningar] **3,** 1 (Helsinki '35) VI+336 S.; **3,** 2 (übersetzt zusammen mit V. Paatero) ('40) 298 S. – U. Graf, Deskriptiivinen geometria [Darstellende Geometrie] (Helsinki '40) 219 S.

S. Matematiikan ja fysiikan opettajain päivät 1932 (Helsinki '33) 57–65: Nomographie [finn.]. – 8. Skandinaviska matematikerkongressen, Stockholm 1934 (Lund '35) 195–98: Intégrateurs mécaniques. – C.R. Congrès international des mathématiciens, Oslo 1936 (Oslo '37) 97: Instrumentelle Auswertung von Stieltjesintegralen. – Tekniska Läroverket i Helsingfors, 25-års jubileumsskrift 1916–1941 (Helsinki '42) 147–54: Konstruktion von Linealnomogrammen [schwed.].

W. Deskriptiivinen geometria (Otava, Helsinki '40) 224 S.; [2]('45) 216 S. – Graafinen esitys ja nomografia (Otava, Helsinki '42) 106 S., [2]('47) 130 S. (Tiedekirjasto, 4). – Korkeamman geometrian alkeet sovellutuksineen (Otava, Helsinki '48) 274 S.

Acta math. Zur numerischen Lösung von Randwertaufgaben bei gewöhnlichen Differentialgleichungen: **76** ('44) 157–84.

Arkhimedes [Helsinki] Die Abbildung von Himmelskugel und Erdkugel: **1949,** Nr. 1, 16–22 [finn.]. – [Über Merkatorkarten]: **1950,** Nr. 2, 32–37 [~]. – Die Dupinsche Zyklide: **1951,** Nr. 1, 8–11 [~]. – Eräistä mekanismeista: **1952,** Nr. 1, 8–12. – Toisen asteen kartioista: Nr. 2, 35–38.

Arkitekten [Helsinki] Vogelperspektive: **1945,** 43–45 [schwed.].

Årsbok–Vuosikirja, Soc. sci. fennica Nomographische Methoden in der angewandten Mathematik: **13** ('35) B, Nr. 6, 12 S. [schwed.]. – Kinematische Geometrie: **26** ('48) B, Nr. 4, 10 S. [~]. – Reine und angewandte Mathematik: **33.**1954/55 ('56) B, Nr. 4, 10 S. [~]. – Begrüßungsansprache des Präsidenten der Finnischen Gesellschaft der Wissenschaften bei deren Jahresfeier am 29. April 1956: **34.**1955/56 ('59) A, 35–37 [finn.].

Commentationes physico-math., Soc. Sci. fennica Über den Darboux-Koenigs'schen Planigraphen: **6** ('32/33) Nr. 15, 29 S. – Anschauliche Begründung der Fadenkonstruktion des Ellipsoids und der Dupinschen Zyklide: Nr. 27, 9 S. – Die gemeinsamen Tangenten zweier Kugeln als Strahlenkongruenz betrachtet: **7** ('33/34) Nr. 3, 28 S. – Anwendung des Planimeters als Integrator: Nr. 10, 25 S. – Praktische Auswertung von elliptischen Integralen dritter Gattung: **8** ('35/36) Nr. 12, 17 S. – Ein Instrument zur Auswertung von Stieltjesintegralen: **9** ('36/38) Nr. 4, 18 S. – Die Umhüllungstorsen zweier Kugeln: Nr. 7, 15 S. – Über den Gebrauch des harmonischen Analysators Mader-Ott: Nr. 14, 10 S. – Nomogramme zur Konstruktion von Kettenlinien: Nr. 16, 7 S. – Graphisch-mechanische Auswertung von Doppelintegralen, insbesondere bei Oberflächenbestimmungen: **10** ('38/40) Nr. 8, 12 S. – Zwei Modelle zur Erläuterung des Dualitätsprinzips in der Ebene: **11** ('41/43) Nr. 1, 8 S. – Zur praktischen Axonometrie: Nr. 11, 25 S. – Zur praktischen Integration von linearen Differentialgleichungen: Nr. 14, 14 S. – Abwicklung von Kegelflächen zweiter Ordnung: **12** ('44) Nr. 12, 11 S. – Die Projektivität der Ebene: **13** ('45/48) Nr. 4, 8 S.

Genos [Helsinki] Rationalisoitu sukupuu: **1950,** 16–19.

J. Engng. Drawing Axonometric pictures: **10** ('46/47) 3 S. – Articulated hyperboloids and paraboloids: **12** ('48/49) 2 S.

Kansanvalistusseuran Kalenteri Ein immerwährender Kalender: **1932,** 35–45 [finn.].

Matemaattisten Aineiden Aikakauskirja Plastillisista kuvista: **4** ('40) 19–24 + Appendix. — Yksinkertaisin, liikkuva polyedri: **6** ('42) 29–45. — Merkitsemiskysymyksiä: 63–73. — Nivelmonikulmioista: **9** ('45) 99–103. — Geometrian opetuksesta oppikouluissamme: **10** ('46) 2–10. — Toisen asteen nivelpinnat: **12** ('48) 6–9. — Das Kakeyasche Problem: 28–32 [finn.].

Mathematisch-physikalische Semesterber., Göttingen Anschauliches zur Variationsrechnung: **2** ('52) 207–16.

Memoranda Soc. Fauna et Flora fenn. Die Norrlinsche Häufigkeitsskala in graphischer Darstellung: **14** ('38) 11–13.

Nordisk mat. Tidskr. On special cones: **3** ('55) 27–32 [schwed. m. engl. Zusammenfassg. S. 80]. — On ellipsographs: **5** ('57) 19–28 [~ S. 64].

Suomen Maanmittariyhdistyksen Aikakauskirja Distanzmessung mit dem Planimeter: **1944,** 205–09 [finn.].

Suomen Postimerkkilehti Briefmarken und Perspektive: **24** ('43) 51–54 [finn.].

Teknikon Kalenteri Ein graphischer Kalender: **1945,** 59–65 [finn.].

Teknillinen Aikakauslehti Der harmonische Analysator Mader-Ott: **25** ('35) 194–97 [finn. m. engl. Zusammenfassg.]. — Graphisch-mechanische Auswertung von Integralen: **27** ('37) 292–94 [~]. — Suuntaisperspektiivi: **28** ('38) 130–33 [m. engl. Zusammenfassg.]. — Uusi integroimiskone: **29** ('39) 241–44 [~]. — Mittelwertsbestimmung aus Diagrammen: **31** ('41) 219–22 [finn. m. engl. u. deutscher Zusammenfassg.]. — Abwicklung von Kegelflächen: **34** ('44) 52–54 [finn. m. deutscher Zusammenfassg.]. — Angewandte Mathematik: 82f. [~]. — Diagramm einer Funktion zweier Variablen: **40** ('50) 163 [finn. m. engl. Zusammenfassg.]. — Die Mantelfläche eines schiefen Kreiskegels: 206f. [~]. — [Das Kakeyasche Nadelproblem]: **42** ('52) 391–93 [~].

Tekniska Fören. i Finland Förh. Moderne mechanische Integration: **59** ('39) 100–03 [schwed.]. — Bestimmung von Mittelwerten aus Diagrammen: **61** ('41) 229–32 [~]. — Angewandte Mathematik: **64** ('44) 80–82 [~].

Z. angew. Math. u. Mech. Planimetrische Auswertung von Stieltjesintegralen: **14** ('34) 276–79.

Ferner im Rahmen einer Reihe von Hektogrammen der Finnischen Technischen Hochschule („Moniste, Teknillinen Korkeakoulu") drei Abhandlungen in finnischer Sprache: a) Vorlesungen über angewandte Mathematik: Mechanische, graphische und numerische Auswertung von Integralen (1944, 3) 36 S. [auch schwedisch als Kompendium Nr. 36 der Finnischen Technischen Hochschule ('46)]; b) Perspektivlehre (1944, 8) 30 S.; c) Die geometrische Nomenklatur (Nr. 15) 3 S. — Eine Broschüre „Kuvalaattapiirrokset" ('46) 16 S. — Eine Abhandlung über die geometrischen Grundlagen der Photogrammetrie in schwedischer Sprache ('54) 52 S.

VI **NYSWANDER,** James Andrew. Math. — 1924 Ph. D., Univ. of Chicago, Ill.; '14–16 Instructor, '16–18 Assist. Prof., '18–21 Assoc. Prof., Univ. of Nevada, Reno, Nev.; '24–26 Assist. Prof., Swarthmore College, Swarthmore, Pa.; '26–31 Assist. Prof., '31–57 Assoc. Prof., '57 Assoc. Prof. Emer., Univ. of Michigan, Ann Arbor, Mich.

*1891, Apr. 23, Napoleon, O.;
†1969, Dez. 13, Ann Arbor, Mich.

Nekr. Ann Arbor News **1969,** 15. Dez.

VI **NYSWANDER,** Reuben Edson. Physik, Elektrotechn. — 1909–41 Prof., '19–28 Dir. and '29–31 Dean of the School of Electr. Engng., '31–37 Assoc. Dean and '37–41 Dean of the School of Sci. and Engng., Univ. of Denver, Colo.

*1878, Jan. 4, Antwerp, Paulding Co., O.;
†1941, Apr. 8, Denver, Colo.

American Physics Teacher A polarization photometer for the measurement of low intensity light: **5** ('37) 220–.

J. Colorado-Wyoming Acad. Sci. The value of a survey course in physics: **2,** Nr. 5 ('39) 15f.

O

VI **OBATA,** Jûichi. Physik (Akustik). — 1921–47 Prof., Aeronaut. Research Inst., Imperial Univ., Tokyo. — '46 First Class Order of Sacred Treasure (Japan Governm.).

*1888, Apr. 24, Tokyo;
†1947, Sept. 15, Tokyo.

J. acoust. Soc. America On the accuracy of the aural method of measuring noises[12]): **4** ('32/33) 129–37. — The effects of noise upon human efficiency[12])[2])[9]): **5** ('33/34) 255–61. — Experimental studies on the sound and vibration of drum[15]): **6** ('34/35) 267–74. — A direct-reading pitch recorder and its applications to music and speech[6]): **9** ('37/38) 156–61.

J., Aeronaut. Res. Inst., Tokyo imp. Univ. Studies on noises, 1[12]): Nr. **92** ('32) 249–60; ~ 2[12]): Nr. **94** ('32) 418–34; ~ 4[12]): Nr. **112** ('33) 704–09. — Construction of a warbling-tone generator[11]): 697–703. — The relations between the properties of the airscrew sound and the blade shape and the number of blades[17]): Nr. **165** ('38) 213–18. — — Alle Arbeiten japan.

Japanese J. Physics On the properties of Japanese vowels and consonants[15]): **8** ('32/33) 1–24. — Experimental investigations on the sound and vibration of a Japanese hanging-bell[15]): **9** ('33/34) 49–73.

Nippon Sûgaku Butsuri Gakkai Shi Acoustical properties of the vowels and consonants of the Lachuan, Ainu and Malay languages[15]): **7** ('33) 67–90. — Physico-phonetical studies of the Mongolian language[15]): **9** ('35) 1–17. — Further studies on the acoustical properties of syamisen, a three-stringed Japanese musical instrument[1]): 245–59. — Physico-phonetical studies of Turkish language[1]): 322–34. — — Alle Arbeiten japan.

Proc. imp. Acad., Tokyo Further studies on the acoustical properties of the Japanese wind instruments, syakuhati[15]): **9** ('33) 149–51. — Physico-phonetical studies of the Chinese language, 1: The nature of the "four tones"[15]): 510–12; ~ 2: The properties of the vowels and consonants[15]): **10** ('34) 322–25. — Investigations on the origin of sounds emitted by revolving airscrews, 1: Measurement of pressure variations in the neighbourhood of airscrew blade[12]): **9** ('33) 513–16. — Experimental investigations on the sound and vibration of a Japanese hanging-bell[15]): **10** ('34) 211–14. — On the physical nature of the characteristic trill in the Utai, a Japanese recitative chant[3])[15]): 326–29. — Experimental studies on the sound and vibration of drum[15]): 632–35. — Physico-phonetical studies of the Mongolian language[15]): 636–39. — Further studies on the acoustical properties of syamisen, a three-stringed Japanese musical instrument[1]): **11** ('35) 216–18. — Physico-phonetical studies of Turkish language[1]): 219–21. — On an acoustical phenomenon "Naki-Ryu"[13])[7]): 313–15. — On the directional properties of airscrew sound[17])[16]): 354f. — Physico-phonetical studies of dialects of the north-eastern districts of Japan[1]): **12** ('36) 85–87. — A direct-reading pitch recorder and its applications to music and speech[6]): **13** ('37) 247–50. — The vibration and sound of a revolving thin plate. Acoustical model of airscrew flutter[17])[8]): **16** ('40) 455–60.

Proc. physico-math. Soc. Japan On the nature of the voice-registers and the vibrations of the vocal chords[14]): (3) **14** ('32) 341–48. — Studies on the sounds emitted by revolving airscrews, 1[12])[17]): 399–417; ~ 2: Experiments with model airscrews[12])[17]): 486–509. — Further studies on the acoustical properties of the Japanese wind instrument, syakuhati[15]): **15** ('33) 125–34. — An apparatus for direct-reading the pitch and intensity of sound [,1][6]): **21** ('39) 109–18; Further applications of our direct-reading pitch and intensity recorder [,2][6]): **22** ('40) 691–704; Applications of our direct-reading pitch and intensity recorder, 3: Chanson and jazz song[6]): **23** ('41) 239–46; ~ 4: Accuracy of pitch intonation in the singings of famous sopranos[6]): 246–51. — Intense combination-tones produced by the flutter of an airscrew[17]): **21** ('39) 588–93.

Rep. aeronaut. Res. Inst., Tokyo imp. Univ. On the possibility of applying the cathode-ray oscillograph to the indicator for high-speed engines[11]): **5** ('29/33) 93–100. — The analysis of the sounds emitted by aircraft[17]): 143–85. — Acoustical properties of some sound collectors for the aircraft sound locator[17]): 231–47. — Studies on the sounds emitted by revolving airscrews, 1[17])[12]): **6** ('32) 361–87; ~ 2: Experiments with model airscrews[17])[12]): 389–440. — Investigations on the origin of the sounds emitted by revolving airscrews, 1: Measurement of pressure variations in the neighbourhood of the airscrew blade[12])[17]): **8** ('33/34) 101–14; ~ 2: Further studies on pressure variations in the neighbourhood of the airscrew blade[17])[16]): **10** ('35) 419–40. — On the electrical method of measuring small vibrations, and its application to the measurement of vibrations of airscrew blades[12])[17]): **8** ('33/34) 255–68. — On the directional properties of airscrew sound[17])[16]): **11** ('36) 63–79. — On the relation between the performance and the loudness of sound of an airscrew[5])[17])[16]): 341–66. — Measurement of pressure variations in the neighbourhood of the airscrew blade. Experiments with actual airscrew[17])[16]): **14** ('39) 275–97. — Intense combination tones produced by the flutter of an airscrew, 1: Investigations of airscrew flutter[10])[4])[17]): **15** ('40) 3–26; ~ 2: Acoustical studies of the flutter of an airscrew (Experiments with actual airscrew)[10])[4])[17]): 555–90. — Measurement of the period of natural vibration of an airscrew blade[17]): 99–108.

Ferner ein Lehrbuch über den Schall in japanischer Sprache (Tokyo '48) 2+3+225+6 S.

Mit: [1]) A. Amemiya; [2]) K. Hirose; [3]) M. Hirose; [4]) R. Kanayama; [5]) S. Kawada; [6]) R. Kobayashi; [7]) K. Kurihara; [8]) Y. Makita; [9]) H. Matsumoto; [10]) Y. Matumura; [11]) Y. Munetomo; [12]) S. Morita;

[13]) S. Nakamura; [14]) C. Satta; [15]) T. Tesima; [16]) U. Yosida; [17]) Y. Yosida.

VI **OBERHAUSER Bund,** Ferdinand. Chem. — 1929– Prof., später Leiter d. Abt. f. Chem. im Pädagog. Inst., Univ. de Chile, Santiago de Chile.

*1895, März 16, Rohrbach, Saargebiet.

S. Atas e trabalhos, Terceira Congresso sul-americano de chímica, Rio de Janeiro e São Paulo 1937 (Rio de Janeiro ['42 ?]) Secc. IV, Nr. 19: Nuevo reconocimiento cualitativo de alumínio mediante un colorante vegetal chileno[21]).

W. La activación del ácido oxálico y su aprovechamiento en la determinación cuantitativa de sales de mercurio (Santiago de Chile '43) 22 S.

Anales Acad. chilena Ci. natur. Sobre la investigación del principio activo de las inflorescencias masculinas del maíz: Nr. **17** ('52) 85–. — La piel del congrio, su estructura, propiedades y aprovechamiento[20]): Nr. **18** ('53) 99–.

Anales Fac. Filos. y Educac., Univ. Chile, Secc. Quím. La serie potencial de los metales en la enseñanza de la química: **1** ('34) 5–27; **3** ('46) 27–. — Estudio sobre fotoluminescencia[2]): **1** ('34) 28–44. — Estudio sobre el galio y su extracción de arenas chilenas[12]): 45–76. — El Quizapú y su ceniza volcánica: 77–85. — La importancia del acetileno en la enseñanza de la química orgánica y en la síntesis orgánica: **2** ('38) 5–. — Sobre el colorante del maqui: 65–72. — Una ilustración de la influencia de la luz eléctrica sobre la vida y la muerte en la naturaleza: 73–. — Consideraciones sobre el proceso de la flotación[23]): 76–92. — Determinación cuantitativa de la sílice: 93–97. — La química de los coloides y su relación con la vida orgánica: 98–109. — La activación del ácido oxálico y su aprovechamiento en la determinación cuantitativa de las sales de mercurio: **3** ('46) 9–. — Sobre un método rápido del dosaje del carbono en las substancias orgánicas por vía húmeda[27])[4]): 61–72. — Aceite esencial de Sphacele lindleyi[1]): 73–79. — Análisis volumétrica por potenciometría[11]): 81–92. — Estudio experimental del Principio de LeChatelier-Braun[2])[5]): 93–108. — Propiedades físicas y químicas del ácido sulfámico[15]): 109–17. — Estudio sobre la descomposición hidrolítica del ácido sulfámico[15]): 119–29. — Sistema periódico o sistema natural de los elementos químicos: 131–54. — La existencia de ácidos politiónicos y de agua pesada en la laguna del Agrio en el volcán Copahue[16])[6]): 161–70. — Sobre progresos de investigaciones químicas y tecnológicas en el campo de las macromoléculas: **4** ('51) 7–. — El xantato de almidón y su aplicación en química analítica e industrial[25])[26]): 38–. — Obtención del sulfuro de hidrógeno por vía térmica a partir de una mezcla de azufre y substancias orgánicas[8])[10])[18])[19])[17]): 55–. — Estudio químico y físico-químico de algunos barros medicinales de Copahue[24]): 65–.

Anales Quím. y Farm. Nuevo reconocimiento cualitativo de la sílice: **2** ('33) 1–14. — Preparación del ácido sulfámico[15]): **1943**, 19–27.

Anales Univ. Chile J. W. v. Goethe, hombre de ciencia: (3) **2** ('32) III. Trim., 85–93. — La universidad y la investigación científica y técnica: **113**, Nr. 95/96 ('54) 268–.

Boletín Soc. ci. Chile Estudio sobre la adsorción de sales metálicas mediante sílica-gel como una contribución al análisis cromatográfico[22]): Nr. **4** ('55).

Nature [London] Anti-tumorigenic action of iodinated compounds[3])[7])[13]): **176** ('55) 466f.

Naturwissenschaften Beitrag zum Studium der an gesunden und an Krebs erkrankten Ratten angewandten Jodid-Jodat-Mischung[7]): **43** ('56) 527f. — Über eine Umwandlung von p-Si in n-Si durch α-Strahlen[14]): **44** ('57) 256f.

Revista químico-farm. Método del preparación, propiedades y aplicaciones del xantato de la gelatina [9]): Nr. **98** ('51) 4–8. — Formación del sulfuro de hidrógeno a partir de una mezcla de azufre y substancias orgánicas[8])[10])[18])[19])[17]): Nr. **104** ('51) 12–18.

Einige weitere Beiträge in Kongreßberichten, Festschriften usw.

Mit: [1]) E. Belm K.; [2]) R. Cabrera; [3]) H. R. Croxatto; [4]) H. Etcheverry D.; [5]) G. Ferrada M.; [6]) P. Fuhrmann E.; [7]) M. Q. Gaillard; [8]) F. Herrera A.; [9]) G. Kamiñetzky S.; [10]) M. Muñoz S.; [11]) G. Revuelta W.; [12]) P. Ripoll; [13]) V. M. Silva; [14]) F. Trey; [15]) H. E. Urbina C.; [16]) R. Valdés Ph.; [17]) J. Bertrand T.; [18]) H. Torres F.; [19]) F. G. Wiehr; [20]) L. Bravo M.; [21]) V. del Canto G.; [22]) M. Gaillard Q.; [23]) G. O. Maturana R.; [24]) H. Montaldo O.; [25]) A. Morales P.; [26]) M. Paz M.; [27]) A. Rivera.

VI **OBINATA,** Ichiji. Metallurgie. — 1927–34 Assoc. Prof., '34–40 Prof., Ryojun College of Engng., Ryojun (Port Arthur), Manchuria, Japan; '35 Engng. D.; '40–66 Prof., '58–62 Dir. of Research Inst. for Iron, Steel and other Metals, Tôhoku Univ., Sendai; '44–51 Prof., Engng. Departm., Univ. of Tokyo; '61–62 Dir., Japan Inst. of Metals. — '66 Gold Medal (Japan Inst. of Metals).

*1902, Mai 6, Tokyo;
†1969, Mai 19, Sendai.

J. Inst. Metals On the recrystallization of cold-rolled commercially pure titanium[21]): **84** ('56) 97–101. — Microstructure of cast foils of aluminium observed by transmission electron microscopy[22])[27]): **95** ('67) 158f.

J. japan Inst. Metals Refining impure aluminium by centrifugal force[4]): **3** ('39) 197–201. — Investigations on the complex alloys of magnesium based on the magnesium–cadmium system, 3: Mg–Cd–Ca system[4])[19]): 257–60. — Influence of quenching rate on age-hardening of aluminium–copper alloys[15])[3]): **14** ('50) Nr. 4, 21–24. — Form of the age-hardening curves in the copper–beryllium and aluminium–$MgZn_2$ systems[15])[3]): 24–27. — Zinc alloys for die-casting, 1.2: Effect of purity of zinc on the decaying phenomena of the Zamak zinc–aluminium–copper alloy with a short note on the effect of cadmium[5]): 39–42; ~ 3: Zinc–tin system[24]): 42–44; ~ 4: Effect of magnesium, manganese, and chromium on the decaying phenomena of the Zamak[5]): 44–47; ~ 5: Equilibrium diagram of the system zinc–magnesium–lead[17]): Nr. 8, 19–22; ~ 6: Properties of Senzak, a zinc–chromium alloy[5])[20]): **16** ('52) 630–33. — Dental alloys, 1: Aluminium alloys for casting[17]): **15** ('51) 328–32; ~ 2: Silver–aluminium alloys[31]): 384–87; ~ 3: Nickel–zinc–copper alloys for casting[31]): **18** ('54) 37–41. — Effect of unusual impurities on mechanical properties of electrolytic aluminium[13]): **15** ('51) 545–49. — Subcooled aluminium–manganese alloys, 1[31]): **17** ('53) 496–501. — Method of refining silicon by alloying, 1: Fundamental investigations[11]): **18** ('54) 279–83; ~ 2: Experiments on a semiindustrial scale: 283–85. — Corrosion resistance of a titanium sheet[8])[27])[21]): 425–54. — Phases in alloys of aluminium with iron and silicon[11]): **19** ('55) 197–201. — Recrystallization of cold-rolled titanium, 1: The cold-rolled structure[21]): 549–51; ~ 2: Progress of recrystallization[21]): 552–54; ~ 3: Recrystallization diagram[21]): 620–23. — Crystal habit of silicon crystallized in Al–Si alloys[11]): 736–40. — Recrystallization of aluminium alloys containing titanium, 1[12]): **20** ('56) 533–36. — Some observations on solidification of molten aluminium droplets in water, introducing a method of producing spherical granules of aluminium[13])[27])[9]): **21** ('57) 238–41. — Subaquatic casting process of aluminium and its alloys, 1: Principles and casting conditions for S.A.C. process[13])[27])[9]): 349–53; ~ 2: Properties of ingots obtained by S.A.C. process[13])[27])[9]): 353–57; ~ 3: Casting experiments in practical size and subaquatic continuous casting[28]): 357–60. — Recent progress in the field of light alloys: **22** ('58) Nr. 7, M1–M18. — Effect of gas treatment on the structure of super-eutectoid aluminium–silicon alloys[11])[10]): **22** ('58) 621–24. — Properties of ternary Ti–Al alloys[1]): **23** ('59) 55–59. — Über das System Mangan–Calcium[13])[27])[30]): **27** ('63) 251–56. — Beitrag zum Angriff von flüssigen Metallen auf Titan[27])[9])[1]): 406–13. — Über die Legierungen des Mangans und Siliciums mit Alkali- und Erdalkalimetallen[27])[13])[30]), 1: Legierungen des Mangans mit Lithium, Barium und Strontium: **28** ('64) 562–68; ~ 2: Legierungen des Siliciums mit Lithium, Barium und Strontium: 568–76; ~ 3: Ternäre Legierungen von Mangan und Silicium mit Lithium, Calcium, Barium und Strontium: 653–59. — Nickellegierungen mit Lithium, Barium und Strontium[27])[18])[30]): **29** ('65) 801–06. — System Nickel–Calcium[27])[18])[30]): 806–10. — — Alle Arbeiten japan., meist m. engl. oder deutscher Zusammenfassg.

Keikinzoku Effects of non-uniformity of oxide dispersions on the mechanical properties of sintered aluminium powder alloys at room and elevated temperatures[14])[16]): **17** ('67) 212–24 [japan.].

Kinzoku Beta transformation in copper alloys: **4** ('34) 289–91, 333–35 [japan.]. — Production and properties of pure silicon: **23** ('53) 700–02 [~].

Memoirs Ryojun College Engng. Röntgenographische Untersuchungen an den α-Zinnbronzen[6]): Inouye Commem. Vol. ('34) 235–42. — On the equilibrium diagram of the silver-rich silver–aluminium alloys[2]): **10** ('37) 1–10.

Metall Über das System Titan–Magnesium[27])[9]): **13** ('59) 392–97. — Über das System Mangan–Calcium[13])[27])[30]): **17** ('63) 1205–08. — Legierungen des Mangans und Siliciums mit Alkali- und Erdalkalimetallen[27])[13])[30]): **19** ('65) 21–55. — Legierungen des Nickels mit Alkali- und Erdalkalimetallen[27])[18])[30]): **20** ('66) 2–8.

Metallwirtsch., Metallwiss., Metalltechn. Röntgenographische Untersuchungen an Antimon–Blei- und Zinn–Blei-Legierungen[25]): **12** ('33) 101–03. — Röntgenographische Untersuchungen an α-Zinnbronzen[6]): **14** ('35) 185–88.

Naturwissenschaften Röntgenographische Untersuchung der Löslichkeit von Aluminium in Kupfer[29]): **21** ('33) 382–85.

Science Rep. Res. Inst., Tôhoku Univ., Ser. A Crystal habits of silicon crystallized in aluminium–silicon alloys[11]): **9** ('57) 107–17. — Method of refining silicon by alloying[11]): 118–30.

Science Rep. Tôhoku imp. Univ., Ser. I On the equilibrium diagram of the silver–rich silver–aluminium alloys[2]): Honda Anniversary Volume ('36) 715–26.

Tetsu to Hagane The complex alloys of magnesium, based on the magnesium–cadmium system, 1[2]): **21** ('35) 85–90. — An x-ray study of the aluminium–zinc system[2])[7]): **22** ('36) 622–29. — Eutectoid transformation of aluminium-bronze, 5: Change in structure due to the transformation[32]): **23** ('37) 1092–99. — Researches on the complex alloys of magnesium, based on the magnesium–cadmium system, 2[32]): **24** ('38) 34–42. — — Alle Arbeiten japan.

Trans. amer. Soc. Metals Subaqueous casting of aluminum ingots[28]): **51** ('59) 1083–96. — The system titanium-bismuth[27])[23]): **52** ('60) 1059–69. — The system titanium–calcium[27]) [23]): 1072–81.

Trans. japan Inst. Metals On the nature of cell boundaries in rapidly cast Al-alloys [u. a.]): **10** ('69) 107–14.

Z. Metallkunde Rückbildung der Guinier-Preston-Zonen in einer Al–Mg_2Si-Legierung während einer Wechselbeanspruchung und ihre Neubildung nach Entlastung[26])[27]): **56** ('65) 664–68 [m. engl. Zusammenfassg.].

Z. Physik Über die Dehnung von Zinnkristallen[25]): **82** ('33) 224–34.

Mit: [1]) S. Aoki; [2]) M. Hagiya; [3]) R. Hashiguchi; [4]) S. Hayasi; [5]) T. Hikage; [6]) T. Isawa; [7]) S. Itimura; [8]) O. Izumi; [9]) R. Kawanishi; [10]) K. Kobayashi; [11]) N. Komatsu; [12]) S. Kugasa; [13]) K. Kurihara; [14]) Y. Masuda; [15]) Y. Mishima; [16]) S. Mitsugi; [17]) I. Miura; [18]) K. Mochizuki; [19]) S. Muromati; [20]) J. Nakamura; [21]) K. Nishimura; [22]) D. Oelschlägel; [23]) S. Saikawa; [24]) Sh. Sato; [25]) E. Schmid; [26]) M. Shimura; [27]) Y. Takeuchi; [28]) H. Tanaka; [29]) G. Wassermann; [30]) M. Watanabe; [31]) K. Yamaji; [32]) M. Hayashi.

VI **OBREŠKOV,** Nikola Dimitrov.

Math. (Algebra, Analysis). — 1922–25 Doz., '25–28 außerord. Prof., '28–63 Prof., '35–36 Dekan, Univ. Sofija; '32 Dr., Univ. di Palermo; '33 Dr. ès sci. math., Sorbonne, Paris; '51–63 Dir. d. Math. Inst., Bulgar. Akad. Wiss. — '30 Berlinov-Preis; '34 Zivil-Verdienstorden 3. Kl. (Bulgar. Regierung); '47 Wissenschaftspreis, '50 Dimitrov-Preis I. Kl., '51 u. '63 Kiril- und Metodij-Orden I. Kl., '56 Orden d. Volksrepubl. Bulgarien I. Kl., '59 Georgi-Dimitrov-Orden, '63 Ehrentitel „Wissenschaftler des Volkes" (Volksrepubl. Bulgarien).

*1896, März 18 (6), Varna;

†1963, Aug. 11, Sofija.

Nekr. G. Nadžakov, Fiziko-mat. Spisanie Bŭlgarsk. Akad. Nauk. **6** ('63) 232–35.

Zur Biogr. Sto godini Bŭlgarska akademija na naukite, 1869–1969, **1** (Sofija '69) 488–96 (m. Bildn. u. Schr.verz.).

S. Actes du Congrès interbalkanique de mathématiciens, Athènes 1934 (Athēnai '35) 91–94: Sur les polynômes univalents ou multivalents; 121–28: Le développement moderne des méthodes de sommation des séries divergentes. — C.R. Congrès international des mathématiciens, Oslo 1936, **2** (Oslo '37) 77–79: Sur les fonctions méromorphes limites de fonctions rationnelles; 115f.: Sur une classe de polynômes. — Colloque consacré à la théorie des probabilités **7**: La statistique mathématique (Paris '38) (Actualités scientifiques et industrielles, 740 = Conférences internationales de sciences mathématiques, 7) 34–64: Sur la loi de Poisson, la série de Charlier et les équations linéaires aux différences finies du premier ordre à coefficients constants. — Jubileen sbornik na Fiziko-matematičeskoto družestvo v Sofija po slučaj 40-godišnija mu jubilej [Jubiläumsband anläßlich des 40-jährigen Jubiläums der Physikalisch-Mathematischen Gesellschaft in Sofija] (Sofija '39) Teil II, 18–23: Die Descartessche Zeichenregel und ihre Erweiterung [bulgar.]. — C.R. Ier Congrès des mathématiciens hongrois, Budapest 1950 (Budapest '52) 595–612: Sur quelques égalités limites pour les dérivées des fonctions et les différences des suites [m. ungar. u. russ. Zusammenfassg.]. — Bericht über die Mathematiker-Tagung, Berlin 1953 (Berlin '53) 197–202: Über Integraldarstellungen reeller Funktionen auf der positiven Halbgeraden. — Bericht über die Tagung Wahrscheinlichkeitsrechnung und mathematische Statistik, Berlin 1954 (B. W. Gnedenko) (Berlin '56) 37–42: Über einige asymptotische Formeln in der Wahrscheinlichkeitsrechnung. — Der Begriff des Raumes in der Geometrie. Bericht von der Riemann-Tagung, Forschungsinstitut für Mathematik (Berlin '57) (Schriftenreihe des Forschungsinstituts für Mathematik bei der Deutschen Akademie der Wissenschaften zu Berlin, 1) 264–68: Über harmonische Funktionen in einem Riemannschen Raum. — Aktuelle Probleme der Rechentechnik. Bericht über das Internationale Mathematiker-Kolloquium, Dresden 1955 (Berlin '57) 119–25: Asymptotische Formeln zur angenäherten Auswertung von Summen unendlicher Reihen. — Abstracts of short communications to be presented at the International congress of mathematicians in Edinburgh 1958 (Edinburgh '58) 63f.: Sur quelques questions de la sommation absolue des séries divergentes. — Deuxième Congrès mathématique hongrois, Budapest 1960, **1** (Budapest '61) IIIa, S. 67: Sur les moyennes arithmétiques des séries trigonométriques de Fourier.

W. Sbornik ot zadači i teoremi po visša algebra [Sammlung von Aufgaben und Lehrsätzen der höheren Algebra] (Sofija '32) 7+488 S.; [2]('52) 455 S.; ab 3. Aufl. u.d.T.: Zadači i teoremi po visša algebra [3]('60) 4+485 S.; [4]('66) 4+484 S. — Quelques classes de fonctions entières limites de polynômes et de fonctions méromorphes limites de fractions rationnelles (Paris '41) 47 S. (Actualités scientifiques et industrielles, 891 = Exposés sur la théorie des fonctions, 16). — Visša algebra [Höhere Algebra] [2](Sofija '47) 524 S.; [3]('54) 520 S.; [4]('58) 10+604 S.; [5]('62) 8+552 S.; [6]('66) 564 S. (m. Bildn.). — Teorija na verojatnostite [Wahrscheinlichkeitsrechnung] (Sofija '54) 395 S.; [2]('63) 464 S. — Teorija na čislata

[Zahlentheorie] (Sofija '55) 272 S.; [2]('62) 248 S. — Leonard Ojler [Leonhard Euler] 1707–1783 (m. J. Dujčev) (Sofija '58) 55 S. — Što e diferencirane? [Was ist Differentiation?] (m. D. Skordev) (Sofija '63) 190 S. — Nuli na polinomite [Nullstellen von Polynomen] (Sofija '63) 290 S. — Verteilung und Berechnung der Nullstellen reeller Polynome (Berlin '63) 8+298 S. (Hochschulbücher für Mathematik, 55). — — Ferner zahlreiche Mathematiklehrbücher für Schulen.

Abh. preuß. Akad. Wiss. Berlin Neue Quadraturformeln: **1940** ('41) Nr. 4, 20 S. — Über die C-Summierbarkeit der derivierten Reihen der Fourierschen Reihen: **1941** ('42) Nr. 15, 28 S.

Acta math. Sur la sommation des séries divergentes (Thèse): **63** ('34) 1–75.

Acta math. Acad. Sci. hungar. Sur une généralisation du théorème de Poulain et Hermite pour les zéros réels des polynômes réels: **12** ('61) 175–84 [m. russ. Zusammenfassg.].

Acta Sci. math. [Szeged] Sur quelques propriétés des dérivées des fonctions d'une variable réelle: **12B** ('50) 231–35.

Annali Mat. pura ed appl. Sur les fonctions méromorphes limites de fractions rationnelles: (4) **13** ('34/35) 75–90. — Sopra gli sviluppi asintotici e la trasformazione di Laplace: **20** ('41) 137–40. — Sur quelques propriétés des zéros des polynômes orthogonaux: **49** ('60) 385–91.

Archiv Math. Über die Wurzeln algebraischer Gleichungen mit reellen Koeffizienten. Herrn A. Ostrowski zum 60. Geburtstag gewidmet: **5** ('54) 506–09.

Arkiv Mat. Sur l'approximation diophantienne des formes linéaires: **3** ('54/58) 537–42.

Atti (reale) Accad. nazion. Lincei, Rend. Sur une généralisation de la sommation de M. Borel des séries divergentes: (6) **15** ('32) 39–43. — Sur les moyennes de Cesàro et Riesz des séries trigonométriques de Fourier: **17** ('33) 211–15. — Sugli zeri di alcuni polinomi: **26** ('37) 310–13. — Sulla sommazione assoluta degli integrali colle medie di Cesàro: **29** ('39) 31–34. — Sulle funzioni armoniche sopra la sfera: (7) **4** ('43) 133–36. — Sulle funzioni armoniche sopra l'ipersfera: 359–62. — Sulle medie aritmetiche della serie di Taylor: 398–403. — Intorno alle funzioni armoniche sopra la superficie: 420–23. — Sur quelques inégalités pour les dérivées des fonctions et les différences des suites: (8) **5** ('48) 21–24. — Sur 'approximation diophantique linéaire: **6** ('49) 283–85.

Boll. Unione mat. ital. Sui polinomi univalenti: **14** ('35) 246–49.

Bull. Math. et Physique pures et appl. Ecole polytechn. Bucarest Sur un théorème de M. Pompeiu: **7** ('37) 4f. — Sur les fonctions à deux variables: **9** ('38) 47–50.

Bull. math. Soc. roumaine Sci. Applications de la sommation par les moyennes arithmétiques dans la théorie des séries de Fourier, des séries sphériques et ultrasphériques: **40** ('38) 27–38. — Sur les zéros de quelques classes de polynômes et de fonctions rationnelles: 93–100.

Bull. Sci. math. Sur les polynômes univalents ou multivalents: (2) **60** ('36) 36–42.

Bull. Soc. math. France Sur la sommation des séries trigonométriques de Fourier par les moyennes arithmétiques: **62** ('34) 84–109, 167–84.

C.R. Acad. bulgare Sci. Sur quelques inégalités pour les dérivées et les différences des fonctions d'une variable réelle et pour les différences des suites: **1** ('48) Nr. 1, 1–4. — Sur les zéros des dérivées des fonctions rationnelles: 5–8. — Sur les solutions bornées de quelques équations intégrales singulières: Nr. 2/3, 1–4. — Sur quelques équations intégrales: 5–8. — Sur quelques inégalités pour les dérivées des fonctions: **2** ('49) Nr. 1, 1–4. — Sur une formule pour les différences divisées et sur les limites de fonctions et de leurs dérivées: 5–8. — Über die hyperbolische Integralgeometrie: Nr. 2/3, 1–4 [bulgar.]. — Sur le comportement asymptotique des dérivées des fonctions: 5–8. — Sur l'approximation des nombres irrationnels par des nombres rationnels: **3** ('50/51) Nr. 1, 1–4 [russ. m. französ. Zusammenfassg.]. — Sur quelques propriétés des fonctions réelles définies sur tout l'axe réel: 5–8 [~]. — Sur l'approximation diophantique linéaire: Nr. 2/3, 1–4 [m. russ. Zusammenfassg.]. — Sur l'approximation diophantique linéaire pour des valeurs positives des variables: **4** ('51) Nr. 1, 1–4 [~]. — Sur quelques classes de fonctions et de suites: Nr. 2/3, 1–4 [russ. m. französ. Zusammenfassg.]. — Sur les zéros de quelques fonctions rationnelles et réelles: **7** ('54) Nr. 2, 1–4 [~]. — Sur le développement des fonctions analytiques suivant des polynômes orthogonaux: 5–8 [m. russ. Zusammenfassg.]. — Sur la sommation absolue des séries lacunaires: **8** ('55) Nr. 4, 1–4 [~]. — Über die Wurzeln von algebraischen Gleichungen mit reellen Koeffizienten: **9** ('56) Nr. 3, 1–3 [~]. — Sur une question de l'approximation diophantique des formes linéaires: Nr. 4, 1–4 [~]. — Sur quelques propriétés des zéros des polynômes classiques orthogonaux: **10** ('57) 435–38 [~]. — Sur les zéros des dérivées secondes des polynômes classiques orthogonaux: 439–42 [~]. — Sur la sommabilité absolue par les moyennes typiques des séries lacunaires: **11** ('58) 1–4 [~]. — Sur une généralisation du théorème de Poulain et Hermite pour les zéros des polynômes réels: 5–8 [~]. — Sur la convergence du procédé itératif dans l'analyse, 1: **12** ('59) 97–99 [~]; ~ 2: 395–98 [~]. — Sur quelques propriétés des polynômes dont tous les zéros sont réels: **13** ('60) 7–10 [∼].

C.R. hebd. Séances Acad. Sci., Paris Sur une généralisation de la sommation de Mittag-Leffler: **194** ('32) 353–55. — Sur une méthode générale de sommation des séries divergentes: **195** ('32) 572–74. — Sur la sommation de la série trigonométrique de Fourier et de la série conjuguée: 752–54. — Sur des fonctions méromorphes qui sont limites des fractions rationnelles: **196** ('33) 746–48. — Sur les zéros réels polynômes: **198** ('34) 236–38. — Sur les polynômes univalents: 2049f. — Sur la sommation de la série ultrasphérique par la méthode des moyennes arithmétiques: **200** ('35) 1824f. — Formules asymptotiques pour les polynômes de Jacobi et sur le développement suivant ces polynômes: **202** ('36) 1005–07. — Sur un théorème de Laguerre: **203** ('36) 760–62. — Sur les zéros de quelques classes de polynômes: **204** ('37) 1229–31. — Sur les solutions d'un système d'équations linéaires aux différences finies du premier ordre à coefficients constants: **205** ('37) 265–68. — Un théorème pour les zéros des polynômes: 309–11. — Sur les fonctions entières limites de polynômes dont les zéros sont réels et entrelacés: **206** ('38) 1874–76. — Sur les zéros de quelques fonctions entières: **208** ('39) 74–76. — Sur les zéros des polynômes: 1270–72. — Sur les moyennes arithmétiques de la série de Taylor: **210** ('40) 526–28. — Quelques inégalités nouvelles sur les dérivées des fonctions: **222** ('46) 531–33. — Sur les différences divisées et la formule de Lagrange: **223** ('46) 370–72. — Sur quelques inégalités pour les dérivées des fonctions d'une variable réelle et pour les différences des suites: 397–99. — Sur quelques inégalités pour les différences des fonctions d'une variable réelle: **224** ('47) 880–82. — Sur les solutions bornées de quelques équations intégrales singulières: 993–95. — Sur l'approximation des nombres irrationnels: **228** ('49) 352f. — Sur l'approximation diophantienne des nombres réels: **246** ('58) 31f. — Sur l'approximation diophantienne des formes linéaires: 204f. — Sur le théorème de Hermite et Poulain: **249** ('59) 21f.

Commentarii math. helvet. Sur les zéros de quelques classes de fonctions: **12** ('39) 66–70.

Dokl. Akad. Nauk SSSR Über einige Ungleichungen für die Differenzen von Funktionen einer reellen Veränderlichen: **59** ('48) 1399–401. — Über das asymptotische Verhalten der Ableitungen einer reellen Funktion von einer reellen Veränderlichen: **67** ('49) 225–28. — Über diophantische Approximationen von Linearformen für positive Werte der Veränderlichen: **73** ('50) 21–24. — Verallgemeinerung des Descartesschen Satzes auf imaginäre Wurzeln: **85** ('52) 489–92. — Über die Lösungen gewisser singulärer Integralgleichungen: **92** ('53) 1117–20. — — Alle Arbeiten russ.

Enseignement math. Sur la sommation des séries divergentes par les moyennes généralisées: **31** ('33) 228–30.

Fiziko-mat. Spisanie, Bŭlgarsk. Akad. Nauk. Über eine neue Methode der Division der Zahlen: **1** ('53) Nr. 2, 44–47 [bulgar.].

Godišnik sofijsk. Univ., Fiziko-mat. Fak., Kniga 1 Sur quelques généralisations de la sommation de M. Borel: **28.** 1931/32 ('32) 197–286. — Sur la sommation des séries divergentes (Thèse): **29.** 1932/33 ('33) 45–126 [französ.]. — Sur la sommation des séries trigonométriques de Fourier et de la série de Laplace: **30.** 1933/34 ('34) 9–153. — Sur quelques classes de polynômes et de fonctions méromorphes, limites de fractions rationnelles: **31.** 1934/35 ('35) 1–86. — Sur la sommation de la série ultrasphérique par la méthode des moyennes arithmétiques: 177–221. — Sur la convergence de la série ultrasphérique: 283–307. — Formules asymptotiques pour les polynômes de Jacobi et sur les séries suivant les mêmes polynômes: **32.** 1935/36 ('36) 39–133. — Sur quelques classes de polynômes et de fonctions rationnelles: **33.** 1936/37 ('37) 39–161. — Sur les zéros de quelques classes de polynômes: **34.** 1937/38 ('38) 1–33. — Sur quelques questions liées avec la théorie des probabilités: 35–127. — Sommation par la transformation d'Euler. Les séries de Dirichlet, les séries de facultés et la série de Newton: **35.** 1938/39 ('39) 1–156. — Sur la sommation des séries multiples de Dirichlet et des séries semblables: **36.** 1939/40 ('40) 1–145. — Sur les développements asymptotiques et la transformation de Laplace: 171–200. — Sur les zéros des polynômes et de quelques fonctions entières: **37.** 1940/41 ('41) 1–115. — Sur quelques questions de la sommation des séries: 363–498. — Sur les systèmes biorthogonaux de fonctions analytiques: **38.** 1941/42 ('42) 49–86. — Sur les moyennes arithmétiques des séries trigonométriques: 103–92. — Remarque sur les petits mouvements périodiques: 293–96. — Sur un problème limite relativement à l'équation de la chaleur: 303–18. — Sur quelques formules pour les surfaces et des applications pour les fonctions harmoniques sur la sphère et l'hypersphère: **39.** 1942/43 ('43) 133–216. — Sur la série conjuguée de la série de Fourier: 321–80. — Sur une nouvelle formule du calcul différentiel: 381–93. — Sur les fonctions harmoniques dans un espace de Riemann: **40.** 1943/44 ('44) 77–137. — Sur la sommation uniforme par les moyennes arithmétiques des séries: 139–72. — Sur la sommation des séries par les moyennes typiques: **41.** 1944/45 ('45) 103–41. — Sur l'équivalence des procédés C- et H- de sommation des séries divergentes: **42.** 1945/46 ('46) 97–144. — Sur quelques inégalités nouvelles pour les fonctions de variables réelles: 213–38. — Sur quelques lois asymptotiques de probabilités et sur les solutions bornées de quelques équations intégrales singulières et des équations linéaires à un nombre infini des inconnues: **43.** 1946/47 ('47) 269–349. — Sur quelques lois asymptotiques de probabilités: **44.** 1947/48 ('48) 201–33. — Sur quelques formules pour les différences divisées et sur des égalités limites pour les fonctions et leurs dérivées et pour les différences des suites: **45.** 1948/49 ('49) 19–62. — Sur l'approximation des nombres irrationnels: 179–201. — Sur l'approximation de n formes linéaires à n inconnues: 287–92. — Sur la convergence des séries: **46.** 1949/50 ('50) 327–42. — Sur l'approximation diophantique des formes linéaires pour des valeurs positives des variables: 343–56. — Sur quelques classes de fonctions réelles: **47.** 1950/52, I ('51) 237–58. — Sur les racines des équations algébriques: II ('52) 67–83. — Sur quelques propriétés des fonctions réelles, définies sur le demi axe réel: 109–34. — Formules asymptotiques pour le reste de quelques séries convergentes: **49.** 1954/55, I ('56) 1–15. — Sur quelques questions de la sommation absolue des séries divergentes: II ('56) 25–39. — Sur la sommation absolue des séries divergentes par une généralisation de la méthode de Borel: **50.** 1955/56 ('57) 79–97. — Entwicklung und Leistungen der mathematischen Wissenschaften bei uns nach dem 9. 9. 1944: **53.** 1958/59 ('60) 1–12. — Sur la convergence du procédé itératif: 91–114. — Sur quelques propriétés des polynômes dont tous les zéros sont réels: **54.** 1959/60 ('61) 231–49. — Sur la solution numérique des équations par les équations de deuxième degré: **55.** 1960/61 ('62) 211–28. — Sur les fonctions régulièrement monotones: **56.** 1961/62 ('63) 27–34. — Sur la solution numérique des équations: 73–83. — — Alle Arbeiten (außer **29** ('33) 45–126) bulgar. m. französ. Zusammenfassg. (**53** ('60) 1–12 ohne Zusammenfassg.).

Izvest. Kamarata narodn. Kultura, Ser. Prirodnoznanie, Mat. i Techn. Inégalités nouvelles pour les différences des suites et des fonctions et pour les dérivées: **3** ('47) No. 1, 1–40 [bulgar. m. französ. Zusammenfassg.].

Izvest. mat. Inst., Bŭlgarsk. Akad. Nauk. Über einige Theorien der Summation divergenter Reihen: **1** ('53/54) Nr. 1, 3–26 [bulgar. m. russ. Zusammenfassg.]. — Über einige Integraldarstellungen reeller Funktionen: 83–110 [~]. — Sur quelques représentations intégrales de fonctions en liaison des équations différentielles: Nr. 2, 3–33 [bulgar. m. französ. u. russ. Zusammenfassg.]. — Sur l'approximation des formes linéaires: 35–46 [~]. — Deux théorèmes pour l'approximation des formes linéaires: **2** ('56/57) Nr. 1, 35–43 [~]. — Sur quelques polynômes orthogonaux dans le domaine complexe: 45–68 [~]. — Sur quelques inégalités précises pour l'approximation diophantienne des formes linéaires: Nr. 2, 19–44 [~]. — Sur quelques représentations intégrales de fonctions réelles sur le demiaxe réel: **3** ('58/59) Nr. 1, 3–28 [~]. — Sur l'approximation diophantienne des formes linéaires: Nr. 2, 3–18 [~]. — Sur la sommation absolue des séries divergentes par les moyennes arithmétiques: 39–61 [~]. — Sur quelques théorèmes pour les zéros des polynômes réels: **4** ('60) Nr. 2, 17–41 [~]. — Sur les moyennes arithmétiques des séries trigonométriques de Fourier et de la série ultrasphérique: **5** ('61) Nr. 1, 5–33 [~]. — Sur les séries doubles, absolument sommables par les moyennes arithmétiques: **6** ('62) 61–82 [~]. — Sur quelques covariants algébriques et les zéros des polynômes: **7** ('63) 89–126 [~].

J. London math. Soc. Sur les fonctions méromorphes périodiques: **14** ('39) 114–16.

J. reine u. angew. Math. Über einige Verallgemeinerungen der Borelschen Summierung der divergenten Reihen: **166** ('32) 208–19.

Jahresber. dtsch. Mathematiker-Vereinig. Aufgaben 160 und 168[1]): **45** ('35) 26. — Über die Extremwerte von Polynomen: **51** ('41) 76–80.

Matematičeskij Sborn. Sur les fonctions entières limites de polynômes dont les zéros sont réels et entrelacés: (N.S.) **9** ('41) 421–28 [französ. m. russ. Zusammenfassg.].

Mathematica [Cluj] Sur les zéros réels des polynômes: **10** ('35) 132–36. — Sur les zéros de quelques classes de polynômes: **15** ('39) 165–73.

Mathematische Ann. Über die Nullstellen einiger Klassen von Polynomen: **114** ('37) 530–39; ~ 2: **115** ('38) 159–62.

Mathematische Z. Sur les fonctions méromorphes limites de fonctions rationnelles: **42** ('36/37) 203–20. — Über algebraische Gleichungen, die nur Wurzeln mit negativen Realteilen besitzen: **45** ('39) 747–50. — Über das Riemannsche Summierungsverfahren: **48** ('42/43) 441–54.

Rend. Circolo mat. Palermo Una generalizzazione della sommazione di Borel: **56** ('32) 449–71. — Sur la sommation de la série ultrasphérique par la méthode des moyennes arithmétiques: **59** ('35) 266–87.

Revue math. Union interbalkan. Sur les zéros des fonctions rationnelles: **1** ('36) 91–95.

S.-Ber. preuß. Akad. Wiss. Anwendung der Eulerschen Reihentransformation zur Summierung der Dirichletschen Reihen, der Fakultätenreihen und der Newtonschen Reihe: **26** ('38) 267–300.

Sborn. bŭlgarsk. Akad. Nauk. Géométrie intégrale hyperbolique: **40** ('49) Nr. 1, 1–46 [bulgar. m. französ. Zusammenfassg.]. — Sur quelques inégalités pour les dérivées des fonctions, les différences des suites et sur les intégrales de quelques équations différentielles: 47–98 [~].

Spisanie bŭlgarsk. Akad. Nauk. Sur les quadratures mécaniques: **65** ('42) 191–289 [bulgar. m. französ. Zusammenfassg.].

Spisanie fiziko-mat. Druž. Über einige unbestimmte Gleichungen zweiten und vierten Grades: **19** ('34) Nr. 6/8, 216–21. — Über die positive Darstellung der Polynome: **25** ('40) Nr. 9/10, 312–14. — Einige Ungleichungen für die Ableitung von Funktionen: **29** ('45) Nr. 5/6, 28–32. — Über einige Ungleichungen für Reihendifferenzen: **30** ('47) Nr. 5/6, 189–94. — — Alle Arbeiten bulgar.

Tôhoku math. J. Sur les racines des équations algébriques: **38** ('33) 93–100.

Wissenschaftliche Z. techn. Univ. Dresden Über die Nullstellenbestimmung mittels quadratischer Gleichungen: **12** ('63) 123–25.

Mit: [1]) J. M. Angervo.

III–VI **d'OCAGNE,** Philbert Maurice. Math. — 1912–32 Prof., Ecole Polytechn., Paris; 1892–1905 Prés. de la Sect. des Sci. math., Assoc. franç. pour l'Avancem. des Sci.; '01 Prés., Soc. Math. de France. — Dr. h. c. (Univ. de Louvain). — 1892 Prix Leconte, 1894 Prix Dalmont, 1902 Prix Poncelet (Acad. Sci. Paris); '31 Commandeur de la Légion d'Honneur.

*1862, März 25, Paris;

†1938, Sept. 23, Le Havre.

Zum 40jährigen Dienstjubiläum Jubilé professoral de Maurice d'Ocagne; discours prononcés aux cérémonies de l'Ecole polytechnique et de l'Hôtel-de-Ville de Paris (Vannes '33).

Zur Biogr. P. Devaux, Nature [Paris] **1935,** 294–99. — Annales Soc. sci. Bruxelles, Sér. A **54** ('34) Fasc. administr., XLIII.

Nekr. M. de Broglie, Notices et Discours, Acad. Sci., Paris **2** ('49) 308–10. — A. Cotton, C.R. hebd. Séances Acad. Sci., Paris **207** ('38) 509–11. — L. Couffignal, R. Harmegnies, Revue sci. **77** ('39) 70–76. — N. A. Glagolev, Usp. mat. Nauk **7** ('40) 322–26 [russ.]. — P. Humbert, Revue Questions sci. (5) **5** ('39) 17–27. — Boll. Mat. **35** ('39) XXX. — Ciel et Terre **55** ('39) 108f. (m. Bildn.).

Zum 100. Geburtstag S. P. Monoide, Boletín Soc. paranaense Mat. **5** ('62) 10f.

Zur Bibliogr. *siehe unten:* J. Ecole polytechn., Paris.

H. Procédés généraux de calcul (Paris '37) (Actualités scientifiques et industrielles, 493).

W. Le rôle de l'Ecole polytechnique dans la nation française. Le but et les fruits de son enseignement (Vannes '32) 16 S. — Hommes et choses de science; propos familiers **2** (Paris 32) 2+289+2 S.; **3** ('36) 278 S. — Napoléon et les savants. Conférence faite le 16 février 1934 devant le Groupe Napoléon d'anciens combattants (Vannes '34) 16 S. — Vingt-cinq ans d'enseignement de la géométrie à l'Ecole polytechnique (Vannes '36) 5 S. — Histoire abrégée des sciences mathématiques (R. Dugas) (Paris '55) 405 S.

Annales Soc. sci. Bruxelles, Sér. A Exemple de cubature s'effectuant au moyen des intégrales elliptiques de Legendre: **52** ('32) 65f. — Sur la polaire généralisée: 66–68. — Sur l'inscription de l'ennéagone régulier: **54** ('34) 81f. — A propos de la trisection de l'angle: **55** ('35) 37f.

Bull. Sci. math. Remarques au sujet d'une note récente de M. Lowett: (2) **59** ('35) 198f.

C.R. hebd. Séances Acad. Sci., Paris La notion de cercle instantané dans la théorie des mouvements plans: **198** ('34) 133–35. — Sur une équation indéterminée d'ordre quelconque: **199** ('34) 469f., 544. — Singulière hérésie traditionnelle concernant la théorie de la vis sans fin: 649f. — Observations relatives à la note de M. Raymond Valtat: "Machine à calculer fondée sur l'emploi de la numération binaire": **202** ('36) 1174f. — Observation au sujet de la note de M. Paul Petry: "Sur la détermination des pressions et vitesses dans les lames déferlantes": **205** ('37) 439f.

Enseignement math. Sur la polaire généralisée: **31** ('33) 31–49. — Le conoïde droit à noyau sphérique: 207–10. — Sur la courbe d'Orchytas: 210–13. — Sur la cubature géométrique du cylindroïde: **32** ('34) 160f. — Etude rationnelle du problème de la trisection de l'angle: **33** ('34) 49–63. — Les faisceaux homoponctuels de courbes planes: 63–72. — Sur le tranchet d'Archimède: 73–77. — Extraits de lettres de M. d'Ocagne, 1: A propos du tranchet d'Archimède; ~ 2: A propos de la trisection de l'angle: 227–29.

J. Ecole polytechn., Paris Bibliographie des travaux mathématiques et des publications sur l'histoire des sciences: (2) **34** ('35) 223–36.

Notices et Discours, Acad. Sci., Paris Discours prononcé à la séance d'ouverture du Congrès régional des Sociétés savantes de Normandie: **1.** 1924/36 ('37) 49–54. — Funérailles de Julien Haton de la Goupillière. Discours: 104f. — Inauguration d'une plaque commémorative du séjour à Paris de Dom Pedro II D'Alcantara: 108f. — Cérémonie du centenaire de la mort de René Desgenettes. Allocution: **2.** 1937/48 ('49) 52–54.

Revue gén. Sci. pures et appl. Quelques considérations sur les constructions géométriques: **44** ('33) 7–9. — Une curiosité mathématique: L'inscription de l'ennéagone régulier dans le cercle: 625–27. — Nouvelles et curieuses constructions géométriques approchées: **45** ('34) 321f. — Solutions très simples du problème de la trisection de l'angle: 481f. — Encore un mot sur la trisection de l'angle: 577f.

Revue Math. spéc. Sur les quadrilatères semi-inscriptibles: **44** ('34) 217–19, 245. — Sur une classe particulière de surfaces cerclées: Les toroïdes: **46** ('36) 161–63.

Revue sci. Thomas de Colmar. Inventeur de l'arithmomètre: **73** ('35) 783–85. — Une discipline nouvelle en mécanique: L'analyse mécanique: **76** ('38) 85–87. — Lavoisier, père de la chimie moderne: 361–66.

V, VI **OCCHIALINI,** Augusto Raffaele. Physik (exper.). — 1921–24 Prof. straord., Univ. di Sassari; '25–28 Prof. ord., Univ. di Siena; '29–51 Prof. e Dir. dell'Ist. di Fisica, Univ. di Genova.

*1878, Okt. 11, Fossombrone, Pesaro; †1951, Aug. 1.

Zur Bibliogr. In: G. Emanuelli, Scienziati fisico-matematici marchigiani, 1846–1951 (Urbino '64).

W. Introduzione alla fisica sperimentale, Fascicoli **1–6** (Ottica geometrica, Meccanica, Calore e termodinamica, Campi di forza, Oscillazioni ed onde, Fisica atomica) (Genova '41/43). — Esempi di fisica meccanica (Genova '47) 84 S. — Testo elementare di fisica per uso delle scuole medie superiori, 1: Meccanica e calore (Roma '47) 180 S. — Esempi di fisica: Elettricità (Genova '48) 92 S. — Esempi di fisica: Oscillazioni ed onde (Genova '49) 100 S. — Esempi di fisica: Termodinamica (Genova '50) 68 S.

Atti Accad. ligure Sci. e Lettere L'architettura del microcosmo: **6** ('49) 8–16.

Atti reale Accad. nazion. Lincei, Rend. Uno spinterometro riproducibile per spettroscopia quantitativa[1]): (6) **15** ('32) 559–63. — Un metodo semplificato di misura fotografica della lunghezza delle righe spettrali[2]): 875f.

Weitere Veröffentlichungen, insbesondere auf physikalisch-didaktischem Gebiet.

Mit: [1]) L. Gallino; [2]) G. M. Ranghiasci.

V, VI **ODDO,** Bernardo. Chem. — 1921–41 Prof. ord. Chim. farmac. e tossicol., '24–34 Dir. di Scuola di Farm. → Pres. della Fac. di Farm., Univ. di Pavia.

1882, Jan. 24), Caltavuturo, Palermo; †1941, Mai 15, Milano.

*) Eigene Mitteilungen für Pogg. Bd. V und VI. — In den Nekrologen ist Jan. 22 angegeben.

Nekr. Q. Mingoia, Gazz. chim. ital. **71** ('41) 737–52 (m. Bildn., Faks., Schr.verz.). — G. Oddo, Ber. dtsch. chem. Ges. **74A** ('41) 183–85; Chimica e Industria **23** ('41) 245–47. — E. Puxeddu, Rend. Semin. Fac. R. Univ. Cagliari **11** ('41) 64.

S. Trabajos IX Congreso internacional de química pura y aplicada, Madrid 1934, **4** (Madrid '36) 255–61: Sulla costituzione dei derivati alogeno-magnesiaci dei pirroli (magnesilpirroli). — Traité de chimie organique (V. Grignard, G. Dupont, R. Locquin) **19** (Paris '42) 1–199: Pyrrole et composés pyrroliques; 268–462: Noyaux pyrroliques complexes.

W. Lezioni di chimica analitica (C. Toffoli) (Pavia '32) 418 S., ('38) 416 S. [lithogr.]. — Sulla formazione e costituzione dell'aurosolfito sodico (m. Q. Mingoia) (zusammengebunden mit: P. Rondoni, Ricerche sperimentali sull'azione chemioterapica di un nuovo preparato d'oro nella tubercolosi, und U. Carpi, Risultati clinici della terapia aurica nella tubercolosi) (Milano '35) [insgesamt] 40 S. — Chimica farmaceutica e tossicologica (inorganica ed organica) **1.2** ²(Milano '41) 16+545 S., 12+555 S.

Annali Chim. appl. Sull'acido metilendisalicilico e sul metilendisalicilato di metilentetramina (primario): **30** ('40) 180–87.

Annali Chim. farm. Sull'acido metilendisalicilico e sul metilendisalicilato di metilentetramina (primario): **1940,** 35–42.

Boll. chim.-farm. Sull'acido metilendisalicilico e sul metilendisalicilato di metilentetramina (primario): **79** ('40) 240–.

Boll. Soc. ital. Biol. sperim. Influenza del nucleo pirrolico sulla formazione della clorofilla[3])[4]): **10** ('35) 565–67.

Chimica e Industria Domenico Ganassini†: **19** ('37) 35 [oder 37 ?]. — Discorso per l'inaugurazione del monumento ad Egidio Pollacci nell'Università di Pavia: 715–.

Gazz. chim. ital. Gruppo del pirrolo-indolo (Sintesi per mezzo dei magnesilpirroli o magnesilindoli), 15: Preparazione del vero tioindossile[6]): **62** ('32) 299–317; ~ 16: Sull'azione degli alogeno-alchili sul magnesilindolo: **63** ('33) 234f.; ~ 17: Sintesi di α-β-dialchilindoli[2]): 236–42; ~ 18: Sulla polimerizzazione dell'indolo, e sulla costituzione del diindolo: 898–907; ~ 19: Derivati metanici e basi meteniche degli indoli[10]): **64** ('34) 359–63; ~ 20: Magnesilpirrolo e pirrolato potassico; considerazioni sul loro comportamento e la loro costituzione: 584–94; ~ 21: Nuove sintesi per mezzo dei magnesilpirroli[1]): **65** ('35) 1029–36; ~ 22: Sintesi per mezzo dei magnesilpirroli[1]): **66** ('36) 380–86; ~ 23: Derivati di acidi N-pirrolditiocarbonici e dell'acido α-pirrolditiocarbonico[2]): **68** ('38) 204–14; ~ 24: Sul meccanismo di trasformazione dell'anello pirrolico in anello piridico: **69** ('39) 10–14; ~ 25: Triptofolo ed α-metiltriptofolo[3]): 19–24; ~ 26: Deidrogenazione per mezzo dello zolfo: β-β'-diindolile dall'indolo[9]): 562–68; ∼ 27: Trasformazioni in dipirril-metani e meteni ed in eteri ossidi[3]): 70 ('40) 559–66; ∼ 28: Tiocomposti indolici[9]): 71 ('41) 242–53. — Ricerche nel gruppo della gliossalina, 5: Su alcuni derivati benzimidazolici e sull'apertura dell'anello imidazolico[5]): 62 ('32) 1092–100; ∼ 6: Sull'apertura dell'anello benzimidazolico[9]): 67 ('37) 537–43; ∼ 7: ≈[9]): 68 ('38) 199–204. — Variazioni sul potere dolcificante della saccarina, 4: Influenze relative all'associazione della saccarina con sostanze ad aggruppamento ureidico[7]): 67 ('37) 543–52; ∼ 5: ≈[7]): 70 ('40) 567–74.

Ferner "Guida pratica al laboratorio di tossicologia" [lithogr.].

Mit: [1]) G. Acuto; [2]) C. Alberti; [3]) F. Cambieri; [4]) M. Gallotti; [5]) F. Ingraffia; [6]) Q. Mingoia; [7]) A. Perotti; [8]) G. Pollacci; [9]) L. Raffa; [10]) C. Toffoli.

IV-VI **ODDO,** Giuseppe. Chem. — 1918–35 Prof. Chim. gen. e Dir. dell'Ist. di Chim., Univ. di Palermo. (⊠) *1865, Juni 10, Caltavuturo, Palermo; †1954, Nov. 5.

Nekr. E. Oliveri-Mandalà, Gazz. chim. ital. **85** ('55) 469–89 (m. Bildn., Schr.verz.); Chimica e Industria **37** ('55) 63f. (m. Bildn.).

W. Impiego del minerale di zolfo di Sicilia per la preparazione dell'acido solforico (Consorzio obbligatorio per l'industria solfifera siciliana) Neudruck (Palermo '32) 8+146 S. — Una "Stassfurt" italiana. Giacimenti di sali solubili di sodio, potassio e magnesio nel territorio di Calascibetta, provincia d'Enna, e sua importanza (Palermo '40) 45 S. — Alcuni problemi di chimica industriale e mineraria della Sicilia (Palermo '46) 126 S. — Trattato di chimica generale e inorganica [3](Palermo '47) 23+934 S. — Trattato di chimica organica [2](Palermo '48) 20+1018 S. — Il cloro libero nell'acqua potabile (Palermo '49) 28 S.

Annali Chim. appl. Estrazione industriale del saccarosio cristallizzato dalle carrube, 2: **26** ('36) 3–10; ∼ 3: Analisi delle carrube di tutto il bacino del Mediterraneo e adiacenze: Controllo e modificazioni dei procedimenti di analisi[1])[10]): 11–19; ∼ 4: Studio delle carrube di tutto il bacino del Mediterraneo e adiacenze: Descrizione dei campioni[1])[10]): 56–65; ∼ 5: ≈: Risultati ottenuti nell'analisi chimica[1])[10]): 65–69; ∼ 6: Fermentazione alcoolica del mosto e del melasso di carrube: 70–78; ∼ 7: Identità dello zucchero cristallizzato dalle carrube (Ceratonia siliqua L.) e dalla Algarroba del Perù (Prosopis horrida, inermis, pallida ecc.) col saccarosio della canna da zucchero e della barbabietola[1]): 89–95. — Formazione simultanea dei giacimenti di zolfo, petroli e sali solubili di sodio, potassio e magnesio dalle acque marine, 1: Conferma sperimentale di questa nuova ipotesi: **39** ('49) 142–48; ∼ 2: ≈[4])[9]): 149–52.

Ber. dtsch. chem. Ges. Über die Konstitution der beiden Solanine t und s[2]): **67** ('34) 446–58. — Mesohydrie, 5: Über Acyltriazene; ein besonders schöner Fall von mesohydrischer Isomerie[1]): **69** ('36) 279–82. — Untersuchungen über die Konstitution des Solanidins aus Solanum sodomaeum[2]): 283–87. — Neue Methoden zur Darstellung von Hydroxamsäuren[6]): 287–94. — Additionsprodukte von Aldehyden mit dem Dinatriumsalz des Nitrohydroxylamins und mit der Benzolsulfhydroxamsäure; über die Nicht-Existenz des Nitrosyls von A. Angeli[6]): 294–98; Über das Nitrosyl von A. Angeli: **70** ('37) 412. — Bernardo Oddo†: **74A** ('41) 183–85.

Chimica e Industria Cenni biografici su Eugenio Manzella: **23** ('41) 105. — Bernardo Oddo, Cenni biografici: 245–47.

Forze sanit. Emorroidi: meccanica d'ordinaria loro formazione e autoguarigione immediata: **1940.**

Gazz. chim. ital. Sulla solanina tuberosum (t.), 9[2]): **62** ('32) 1108–18; ∼ Sulla costituzione della solanina sodomaeum (s.), 10[2]): **64** ('34) 175–88. — [Sui diazocomposti, 4:] Azione catalitica dell'alizarina sulla decomponibilità dei diazocomposti[8]): **62** ('32) 1119–38; ∼ 5: Stabilizzazione dei diazotati alcalini[8]): 1138–44; ∼ 6: Azione delle soluzioni diluite degli alcali sui diazoniosali[8]): **65** ('35) 939–93; ∼ 7: Ricerche sulle diazoresine[8]): 1037–54; ∼ 8: Potere di copularsi e potere ossidante dei diazotati normali durante il loro processo di decomposizione[8]): 1054–67; ∼ 9: Reversione degl'isodiazotati in diazotati normali; sua applicazione in tintoria e diazotipia negativa[8]): 1099–104; ∼ 10: Preparazione rapida delle soluzioni d'isodiazotati alcalini dai sali di diazonio[8]): 1104f.; ∼ 11: Costituzione dei diazoniosali e dei diazotati alcalini[8]): 1105–27. — Frequenza degli elementi e costituzione del nucleo degli atomi, 2: Venti anni nella storia di un'osservazione e di un'ipotesi: **63** ('33) 355–80; La legge nucleare del 4 e l'isotopia degli elementi, 3: Sulla struttura del nucleo degli atomi: **68** ('38) 352–59; ∼ 4: Struttura elionica del nucleo degli elementi; neutroni in eccesso: **76** ('46) 404–09. — Sul potere di combinarsi del cripton e dello xenon: due lettere inedite del prof. W. Ramsay: **63** ('33) 380–95. — Composti azoici della fucsina[12])[11]): **66** ('36) 405–09. — Studio del fenomeno dell'adsorbimento in soluzione per mezzo della crioscopia[5])[7])[3]): 409–17. — Sulla costituzione molecolare della naftalina: **67** ('37) 216f. — Raggi cosmici ovvero autoesplosione degli atomi e dissociazione ionica delle molecole?: **73** ('43) 48–59.

Mit: [1]) A. Algerino; [2]) G. Caronna; [3]) R. Cascio; [4]) A. Chiavetta; [5]) E. Corsini; [6]) E. Deleo; [7]) G.

Guzzetta; [8]) R. Indovina; [9]) G. Noto la Diega; [10]) E. Ribon; [11]) A. Rodriguez; [12]) M. Russo.

IV–VI **ODDONE,** Emilio. Geophysik, Meteorol. — 1932–36 Dir., R. Uffic. Centr. di Meteorol. e Geodinam., Roma. — '33–36 Präs., Int. Seismol. Vereinigung d. Int. Geodät. u. Geophysikal. Union. (⊠)
*1864, Okt. 28, Baldissero Canavese, Prov. Torino;
†1940, Aug. 26, Torrespaccata, Roma.

Nekr. Geofisica pura e appl. **3** ('41) 17–19. – Gerlands Beitr. Geophysik **58** ('42) 1.

Annali Lavori pubbl. Le oscillazioni e vibrazioni nel suolo, nei fabbricati e nelle macchine: **77** ('39) 1038–51.

Atti Soc. ital. Progr. Sci. Su di uno studio sul clima di Sestola[2]): **23**, 2 ('35) 344. – Su l'impianto del sismografo Galitzin a Roma[1]): 344f.

Boll. Comitato nazion. ital. Geod. e Geofis. Il moto vero del suolo nella fase massima dei terremoti e le figure elastiche del Lissajous e del Wheastone: (2) **7** ('37) 144–51.

Boll. Soc. sismol. ital. Luigi Palazzo: **30** ('32) 2 S.

Geofisica pura e appl. Un modello inteso a mostrare la propagazione entro il globo delle onde sismiche longitudinali: **1** ('39) 73–79. – Discontinuità, densità e compressibilità cubica nell'interno della terra: 157–74. – Elementi per una carta delle caratteristiche radioattive del suolo italiano: **2** ('40) 142–52.

Gerlands Beitr. Geophysik Zu: H. Jeffreys, Vorschlag einer neuen Nomenklatur für Nahbebendiagramme: **40** ('33) 105.

Memorie R. Ufficio centr. Meteorol. e Geofis. La direzione di torsione in alcuni alberi indice della direzione rotatoria dei vortici aerei: (3) **4** ('34) Nr. 8, 13 S. – Saggio preparatorio per la prospezione sismica del sottosuolo nazionale: **5** ('35) Nr. 4, 20 S. – La neve nel clima di Sestola (provincia di Modena)[2]): Nr. 10, 57 S.

Meteorologia pratica Studio sul terremoto avvenuto il 23 luglio 1930, nell'Irpinia: **13** ('32) 16–24. – Considerazioni sulle temperature nell'Africa Orientale in riguardo all'acclimatazione delle piante mediterranee utili e da frutto: **18** ('37) 53–62. – La tramontana a Roma: **20** ('39) 108–12.

Publ. Bur. centr. séismol. int., Sér. A Sur les ondes, qui, entre 30° et 80° de distance épicentrale, suivent immédiatement les P_n: Nr. **15** ('37). – Vérification de la proposition que l'inclinaison magnétique augmente ou diminue selon que le bradyséisme local est ascendant ou descendant: ibid., 2e partie.

Publ. Bur. centr. séismol. int., Sér. B Séismicité de l'Ethiopie: Nr. **7** ('37) 13f.

Mit: [1]) C. Alessandri; [2]) O. Burchi.

V, VI **ODÉN,** Sven Ludvig Alexander. Agrikulturchem. – 1925–34 Dir., Agrikulturchem. Labor., Zentralanst. f. Landwirtschaftl. Versuchswesen, Experimentalfeld bei Stockholm. (⊠)
*1887, Apr. 6, Norrköping;
†1934, Jan. 16, Stockholm.

Nekr. C. Kjellin, Svensk kem. Tidskr. **46** ('34) 297–99. – E. J. Russell, Nature [London] **133** ('34) 438f. – T. Svedberg, J. chem. Soc., London **1935,** 862f.

W. Fröodling med elektriskt hjälpljus (m. J. Rasmusson, G. Sundelin) (Stockholm '32) 16 S.

IVA Lichtklimatologische Untersuchungen und ihre praktische Bedeutung[1]): **4** ('33) 8 S. [schwed.].

Kungl. Landtbruks-Akad. Handl. och Tidskr. Samenzüchtung mit elektrischer Hilfsbeleuchtung[3]): **71** ('32) 1094–107 [schwed. m. deutscher Zusammenfassg.]. – Stoffbildung und Stoffwechsel bei einigen Kulturpflanzen, 3: Zeitverlauf bei der Stickstoffaufnahme und Eiweißbildung[4]): **73** ('34) 780–821 [∼]. – Analysen der Aschebestandteile schwedischer Futtermittel[5]): **74** ('35) 479–537 [schwed. m. engl. Zusammenfassg.].

Landtmannen [Uppsala-Stockholm] Luftstickstoff in der Pflanzenzucht: **15** ('32) 4 S. [schwed.].

Meddelanden Centralanstalten Försöksväsendet Jordbruksområdet Samenzüchtung mit elektrischer Hilfsbeleuchtung[3]): **424** (Avd. lantbrukskemi Nr. 50) ('32) 16 S. [schwed. m. deutscher Zusammenfassg.]. – Stoffbildung und Stoffwechsel bei einigen Kulturpflanzen, 3: Zeitverlauf bei der Stickstoffaufnahme und Eiweißbildung[4]): **446** (∼ Nr. 53) ('34) 56 S. [∼]. – Analysen der Aschebestandteile schwedischer Futtermittel[5]): **453** (∼ Nr. 55) ('35) 61 S. [schwed. m. engl. Zusammenfassg.].

Nordisk Jordbrugsforskn. Neuere Untersuchungen über die Bodenkolloide[2]): **15** ('33) 275–99 [schwed.].

Svensk kem. Tidskr. Die Sedimentationsanalyse und ihre Anwendung auf chemische, agrikulturchemische und technische Probleme: **44** ('32) 2–15, 35–43, 64–79 [schwed.].

Mit: [1]) A. Ångström; [2]) G. Köhler; [3]) J. Rasmusson; [4]) K. Sjöberg; [5]) T. Wijkström.

VI **ODENCRANTS,** Thor Arvid Emil. Physik (wiss. Photogr.). — 1919–33 Doz., '33– Titular-Prof., Stockholms Högskola; '37–46 Leiter d. Photogr. Zentrallabor. d. Verteidigungsstabes; Gastvorlesungen im

Ausland. — Silberne Verdienstmedaille (Schwed. Photograph. Vereinigung); Silbermedaille (Schwed. Kriegswissenschaftl. Akad.).

*1881, Aug. 7, Örgryte, Göteborg; †1959, Sept. 14.

Zum 75. Geb.tag H. Bäckström, Bildmessung und Luftbildwesen **1956,** 101f.

W. Vad menas ved Din-grader? En redogörelse för negativmaterialets känslighetsfråga (Stockholm '41) 22 S. (Fotografiska föreningens gula serie, 1).

Ber. int. Kongr. wiss. u. angew. Photogr. Standpunkt der schwedischen Kommission zu der Normung der Methoden der photographischen Prüfung lichtempfindlicher Materialien: 8 ('32) 98–100.

Nordisk Tidskr. Fotogr. Infrarotphotographie: **17** ('33) 125–28. — Neue Gesichtspunkte hinsichtlich der Feinkornentwicklung: **22** ('38) 213–25. — Ein neuer Feinkornentwickler von Kodak: **23** ('39) 90f. — Wässern und Trocknen: **24** ('40) 207–11. — Wässerung mit chemischen Methoden: 220–23. — Ein Papier mit veränderlichem Kontrast: **25** ('41) 5–7. — Praktisches Kopieren und Sensitometrie: 180–84. — Geteilte Entwicklung im Jahre 1890. Zum 80. Geburtstag von Gottfried Kallstenius: 195. — Das Elektronenmikroskop und die Stereomessung: **26** ('42) 206f. — Entwicklung von Abzügen: **27** ('43) 78f. — Sensitometrie des Röntgenmaterials: **28** ('44) 305f. — — Alle Arbeiten schwed.

VI **ODQVIST,** Folke Karl Gustaf. Mech. — 1922–24 Assist., '31–36 Doz., '36–66 Prof. Festigkeitslehre, '43–66 Prorektor, Kungl. Tekniska Högskolan, Stockholm; '26–36 Industrietätigk. (Electrolux, Nomy), Stockholm.

*1899, Juli 29, Stockholm.

Festschrift Recent progress in applied mechanics. The Folke Odqvist volume (B. Broberg, J. Hult, F. Niordson) (Stockholm–New York '67) 586 S.

Zur Bibliogr. Kungl. tekn. Högskolans Handl. Nr. **1** ('47) 192–94; Nr. **46** ('51) 52; Nr. **113** ('57) 103f.; Nr. **186** ('61) 105f.

MH. Proc. Colloquium on fatigue, Stockholm 1955 (International Union of Theoretical and Applied Mechanics [IUTAM]) (Berlin '56).

MHZ. Publ. Instn. Hållfasthetslära, Kungl. tekn. Högskolan **146** ('64) (Bandtitel: Approximate stress analysis in elastic structures. Notes based on lectures by W. Prager at the Royal Institute of Technology).

Ue. Riktlinjer för formgivning och hållasthetsbedömning av konstruktionselement. Formgivning av axlar. [Ausgearbeitet von der schweizerischen Kommission „Gestaltung und Festigkeit"] (Stockholm '46) 16 S. (Sveriges mekaniska verkstäders förbund).

S. Trans. World power conference, Sectional meeting, Scandinavia 1933, **5** (Stockholm '34) 683–85: Das Nomy-Gleitlager. — Proc. 4th International congress for applied mechanics, Cambridge 1934 (Cambridge '35) 228–33: Creep stresses in a rotating disc. — Nim 3:s förhandlingar. Föredrag och diskussioner vid 3:e Nordiska ingenjörsmötet, Stockholm 1946 (Stockholm '47) 18·11–18·12: Diplom- und Lizentiat-Arbeiten an den schwedischen Technischen Hochschulen [schwed.]. — Reissner anniversary volume. Contributions to applied mechanics (Ann Arbor, Mich. '49) 449–60: Plasticity applied to the theory of thin shells and pressure vessels. — Proc. 8th International congress on theoretical and applied mechanics, Istanbul 1952 (Istanbul '55) 99: Influence of primary creep on stresses in structural parts. — Symposium su la plasticità nella scienza delle costruzioni (in onore di Arturo Danusso), Varenna 1956 (Bologna ['57]) 204–15: Engineering theories of metallic creep. — Nonhomogeneity in elasticity and plasticity. Symposium, Warsaw 1958 (International Union of Theoretical and Applied Mechanics [IUTAM]) (London–NewYork '59) 303–10: Influence of non-homogeneity of the material on the results of creep tests[6]). — Symposium on nonlinear physical problems. Proc. 5th Congress on theoretical and applied mechanics, Roorkee 1959 (Indian Society of Theoretical and Applied Mechanics) (Kharagpur '60) C1–C8: Thermal stresses in long circular cylinders at periodic surface temperature variations[6]); S1–S18: Engineering theories of creep. — Problems of continuum mechanics; contribution in honor of the 70th birthday of academician N. J. Muskhelishvili (Philadelphia, Pa. '61) 306–10: A non-linear eigen-value problem in the theory of creep. — Creep in structures. Colloquium held at Stanford University, Calif., 1960 (International Union of Theoretical and Applied Mechanics [IUTAM]) (NewYork '62, Berlin–Göttingen–Heidelberg '62) 137–60: Applicability of the elastic analogue to creep problems for plates, membranes and beams. — Second order effects in elasticity, plasticity and fluid dynamics. Proc. of the international [IUTAM] symposium, Haifa 1962 (Jerusalem–Oxford–NewYork '64) 295–313: On theories of creep rupture. — 3rd Congress, International Council of the Aeronautical Sciences [ICAS], Stockholm 1962 (London '64) 171–98: Creep rupture. — Problemy gidrodinamiki i mechaniki splošnoj sredy. Problems of hydrodynamics and continuum mechanics. K 60-letiju akad. L. I. Sedova [Dem Akademiemitglied L. I. Sedov zum 60. Geburtstag] (Moskva '69) 377–85: Influence of varying temperature on the body relations in solid mechanics. — Proc. 12th International congress of applied mechanics, Stanford University, Calif., 1968 (Berlin–Heidelberg–NewYork '69) 77–99: Non linear solid mechanics, past, present and future. — Contributions to mechanics. Markus Reiner 80th anniversary volume (D. Abir) (Oxford–NewYork '69): Energy theorems for finite deformation of originally plane, plastic, strain-hardening membranes (11 S.). — Thermoinelasticity. [IUTAM] symposium, East Kilbride, Scotl., 1968 (Wien–NewYork '70) 188–205: Thermal fatigue and thermal shock investigations[9]).

W. Plasticitetsteori med tillämpningar (Stockholm '34) 80 S. — Hållfasthetslära (Stockholm '48) 805 S.; [2]('61); [3]('66) 815 S. — Varmhållfasthet. Gastföreläsninger ved D[anmarks] T[ekniske] H[øjskole] (B. Blichfeldt) (København '61) 3+53 S. (Danmarks Tekniske Højskole, Afdelingen for Styrkelære). — Kriechfestigkeit metallischer Werkstoffe (m. J. Hult) (Berlin '62) 303 S. — Mathematical theory of creep and creep rupture (Oxford '66) 9+168 S.; [2]('74) 9+200 S.

Acta polytechn. [Stockholm] The yield point of mild steel at non-homogeneous and compound stress distributions[12]): Nr. **66** ('50) 16 S. — Influence of primary creep on stresses in structural parts: Nr. **125** ('53) 16 S.

Applied Mech. Rev. Recent advances in theories of creep of engineering materials: **7** ('54) 517–19.

Archives Mech. [Warszawa] Application of energy methods in creep mechanics: **24** ('72) 749–58.

Arkiv Fysik Membrane creep of circular plates: **16** ('59/60) 113–18. — Non-steady membrane creep of circular plates: 527–31. — Some aspects of creep rupture[2]): **19** ('61) 379–82.

Bull. Acad. polon. Sci., Sér. Sci. techn. Influence of non-homogeneity of the material on the results of creep tests: **7** ('59) 163f.

C.R. hebd. Séances Acad. Sci., Paris Equations de compatibilité pour un système de coordonnées triples orthogonaux quelconques: **205** ('37) 202–04. — Equations complètes de l'équilibre des couches minces élastiques gauches: 271–73.

Handlingar, Ing. Vet. Akad., Stockholm Researches into the stress distribution in the neighbourhood of the contact of solids with applications[5]): **116** ('32) 64 S. [schwed. m. engl. Zusammenfassg.]. — Theory of creep under the action of combined stresses with applications to high temperature machinery: **141** ('36) 31 S. — Über die statische Berechnung einer neuen Type von Großbehältern für Öl; Beitrag zur Theorie versteifter Schalenkonstruktionen[10]): **154** ('40) 30 S. [m. engl. Zusammenfassg.]. — The load carrying action of thin cylindrical shells: **164** ('42) 53 S. [schwed. m. engl. Zusammenfassg.].

Industritidn. Norden Wofür gibt es Ingenieure?: **85** ('57) 167, 180 [schwed.].

Ingenieur-Arch. Theorie der elastischen Ringe starker Krümmung: **22** ('54) 98–107. — Die Näherungsformel von Dunkerley und ähnliche Formeln für die Eigenwerte bei Schwingungsaufgaben: **28** ('59) 242–45.

Ingeniøren Was ist Rheologie?: **74** ('65) 713–24 [schwed.].

IVA Die Krafteinheit in der Festigkeitstechnik[11]): **14** ('43) Nr. 2, 6 S. [schwed.]. — Theorie für Kehlnahtschweißverbindungen: **16** ('45) 55–60 [~]. — Neuere Entwicklung in der Mechanik und Festigkeitslehre: **17** ('46) 200–02 [~]. — New approach to the theory of residual stresses in welds: **25** ('54) 259–63.

J. appl. Mech. Action of forces and moments symmetrically distributed along a generatrix of a thin cylindrical shell: **13** ('46) A106–A108. — On the inextensional theory of deformation of a right circular cylindrical shell, by R. M. Hermes [Diskussionsbeitr.]: **19** ('52) 231. — Deflection and stresses in beams subjected to bending and creep, by Yoh-Han Pao and Joseph Marin [Diskussionsbeitr.]: **20** ('53) 310. — Influence of primary creep on column buckling: **21** ('54) 295.

Kårbladet Der Mischer: **3** ('46) Nr. [?], 1f. — Ziel der Unterrichtsmethoden: **5** ('48) Nr. [?], 6–9. — Einige Gedanken zum Unterricht: **12** ('55) Nr. 6, S. 1, 13–15. — — Alle Arbeiten schwed.

Kungl. tekn. Högskolans Handl. The yield point of mild steel at non-homogeneous and compound stress distributions[12]): **34** ('50) 16 S. — Influence of primary creep on stresses in structural parts: **66** ('53) 16 S.

Levnadsteckningar kungl. svenska Vetenskapsakad. Ledamöter Knut Styffe†: **174** ('71) 259–78 [schwed.].

Lychnos Über die Verbindung zwischen Wissenschaft und Technik: **1937**, 148–60 [schwed.].

Meddelanden Statens Provningsanstalt Die Krafteinheit in der Festigkeitstechnik[11]): **93** ('43) 4 S. [schwed.].

Publ. Inst. Hållfasthetslära, Kungl. tekn. Högskolan Selbstinduzierte Schwingungen und Flügelflattern: **101** ('50) 16 S. [schwed.]. — Energiemethoden in der Festigkeitslehre und in ergänzenden Teilen der Schwingungslehre[13]): **102** ('52) 67 S. [~]. — Einführung in die Plastizitätstheorie[2]): **103** ('52) 56 S. [~]. — Formelsammlung zur Festigkeitslehre[7])[8]): **104** ('52) 95 S., [2]('55), [3]('58), [4]('61) 169 S., [5]('64) 175 S., [6]('66), [7]('73) 342 S. [~]. — Kriechfestigkeit bei Konstruktionen aus metallischem Material[4])[1])[3]): **105** ('53) 50 S. [~]. — Theorie der elastischen Ringe starker Krümmung: **107**

('53) 19 S. — Applicability of the elastic analogue in creep problems for plates, membranes and beams: **131** ('60) 39 S. — On theories of creep rupture: **136** ('61) 25 S. — P.M. betr. "Conference on engineering education", Strasbourg 1963: **138** ('63) 9+2+3+4 S. — Exercises in creep mechanics (Ed. by R. Lundell): **144** ('66) 9 S.

Quarterly appl. Math. An expansion of frequency determinants with application to the normal frequencies of a spring mounted rigid body (resilient foundation): **9** ('51) 441–48.

SM Studies Creep stability of bars, plates and shells: **6** ('72) 199–242.

Teknisk Tidskr. Theoretische und experimentelle Analyse des Nomy-Lagers: **62** ('32) Mekanik, 17–25. — Über die Streckgrenze und deren Bedeutung für die Festigkeitslehre: **63** ('33) Mekanik, 49–54. — Über den Sicherheitsgrad bei unterschiedlichen Arten von Spannungszuständen: **64** ('34) Mekanik, 61–67. — Wie ist die Streckgrenze auszunutzen bei Beurteilung der Sicherheit von Konstruktionen: **68** ('38) Mekanik, 63–68. — Das Festigkeitslaboratorium der Kgl. Technischen Hochschule und einige dort ausgeführte Arbeiten: **70** ('40) Mekanik, 81–91. — Laugensprödigkeit von Kesselwerkstoffen: 103–09. — Schwingungsdämpfung und Gummilagerung von Maschinen: **71** ('41) Allmän Avd., 17–26. — Die wirksame Breite von verstärkten Platten: **72** ('42) Skeppsbyggnadskonstr., 29–37 [auch gesondert in engl. Sprache erschienen: On the effective width of reinforced plane plates (Stockholm '48) 24 S. (Royal Swedish Air Board, Translations, 5)]. — Die Formzahl von Mannlöchern bei zylindrischen Druckbehältern mit gewölbten Endböden: **78** ('48) 419f. — Internationale Zusammenarbeit auf dem Gebiet der angewandten Mechanik: **83** ('53) 941f. — Einwirkung des Primärkriechens bei der Knickung von Stäben: **84** ('54) 654. — — Alle Arbeiten schwed., einige mit deutscher Zusammenfassg.

Tekniska Fören. i Finland Förh. Diplom- und Lizentiat-Arbeiten der schwedischen Technischen Hochschulen: **66** ('46) 205f. [schwed.].

Z. angew. Math. u. Mech. Die Verfestigung von flußeisenähnlichen Körpern. Ein Beitrag zur Plastizitätstheorie: **13** ('33) 360–63. — Kompatibilitätsgleichungen bei Zylinderkoordinaten: **14** ('34) 123f.

Z. angew. Math. u. Physik Some aspects on future IUTAM [International Union of Theoretical and Applied Mechanics] policy: **20** ('69) 687–90.

Mit: [1]) H. Frisk; [2]) J. Hult; [3]) G. Jacobson; [4]) K. Johansson; [5]) G. Lundberg; [6]) A. Mellgren; [7]) R. Nilson; [8]) F. Niordson; [9]) N. G. Ohlson; [10]) L. Reiser; [11]) J. O. Roos af Hjelmsäter; [12]) C. Schaub; [13]) E. Steneroth.

VI **ÖHMAN,** Einar. Metallurgie, Dokumentat. — 1917–21 Stud., '31–38 u. '48–52 Sonderlehrbeauftragter, Kungl. Tekn. Högskolan, Stockholm; '22–27 Chemielehrer, Lutheran College, Yiyang, Hunan, China; '28–30 Assist., Inst. f. allg. u. org. Chem., Stockholms Högskola; '30–34 Stellvertr. Schriftleiter, '35–38 u. '50–61 Schriftleiter, Jernkontorets Ann.; '38–42 Forschungs-Ing., Metallurg. Abt., Bofors Aktienges., Bofors; '42–48 Chefmetallurge, W. Dan Bergman Aktienges., Södertälje; '48–61 Chef d. Literaturdienstes, Jernkontoret, Stockholm; '62–66 Leiter d. Klassifikationsabt., Fédérat. Int. de Documentat., Den Haag. — '72 Carl-Walther-Preis (Deutscher Normenausschuß).

*1896, Dez. 8, Stockholm.

Bruder von Karl Yngve Öhman VI, VIIb

HZ. Jernkontorets Ann. **119** ('35) - **122** ('38), **134** ('50) - **145** ('61). — Jernkontorets Litteraturöversikt **1** ('49) - **13** ('61). — Tidskr. Dokumentat. **8** ('52) - **16** ('60).

MHZ. Jernkontorets Ann. **114** ('30) - **118** ('34).

W. Järn- och ståltillverkning (m. I. Sahlin) (Stockholm '40) 226 S. (Tekniskt folkbibliotek, 9). — Värmebehandling av järn och stål (m. A. Hultgren, A. B. Selén) (Stockholm '43) 242 S.; [2]('44) 242 S. — Universella decimalklassifikationen. Några synpunkter på systemets betydelse och utveckling (Trondheim '65) 14 S. (Meddelelser fra Forskningsrådenes fellesutvalg's Komité for klassifikasjon, 7). — Handledning i UDK-systemets användning (Stockholm '70) 86 S. (Tekniska litteratursällskapets handbok, 7 = FID [Fédération Internationale de Documentation], Publ. 450).

Blad Bergshandteringens Vänner Leichtmetall als Konstruktionsmaterial: **27** ('45) 89–118 [schwed.].

Daedalus [Stockholm] Das Elektronengehirn im Dienst des Lesers: **30** ('60) 107–18 [schwed.].

DK-Mitteilungen Alphabetische Sachverzeichnisse zur Dezimalklassifikation: **16** ('72) 7–10.

J. Iron and Steel Inst. London The universal decimal classification applied to metallurgical literature[2]): **181** ('55) Nr. 1, 59f.

Jernkontorets Ann. Korngröße und Stahlqualität: **119** ('35) 143–74. — Zustandsänderungen beim Härten und Anlassen von Stahl[1]): **120** ('36) 143–54. — Zur Diskussion über die Natur des Martensits[1]): 294–99. — Die Carbide im System Eisen–Mangan–Kohlenstoff:

128 ('44) 13–16. — Sture Mörtsell†: 136 ('52) 21–24. — — Alle Arbeiten schwed.

Metal Progr. Schwedischer Elektroofenstahl: 30 ('36) 72f. [engl.].

Nachr. Dokumentat. Die DK-Kritik von H. Arntz im Lichte von Konkordanzuntersuchungen zwischen DK und Thesauren: 23 ('72) 65–68.

Teknisk Tidskr. Magnesiumlegierungen und ihre Anwendungen: 74 ('44) 513–20 [schwed.]. — Aluminiumgußlegierungen: 710–14 [~].

Tidskr. Dokumentat. Zwei metallurgische Klassifikationssysteme: 8 ('52) 37–42. — Über die Vertauschung von durch Doppelpunkt verbundenen UDK-Zahlen: 11 ('55) 1–4, 10. — Einige Gedanken zu einem universellen Klassifikationssystem: 17 ('61) 29–32. — UDK und ADB - Hintergrund und gegenwärtige Situation: 23 ('67) 29–31. — UDK und Chemie: 29 ('73) 151–54. — — Alle Arbeiten schwed.

TLS Meddelande Classification of materials according to the UDC: Nr. 5 ('51) 16 S.

Mit: [1]) G. Hägg; [2]) I. P. Saville.

VI **ÖHMAN,** Karl Yngve. Astron., Astrophysik. — 1930–38 Doz., Stockholms Högskola; '38–39 Observator, Univ. Uppsala; '39–52 Observator, '53–68 Prof. Astrophysik, Stockholms Observat., Kungl. Vetenskapsakad. — '52 Heyman Pris (Univ. Göteborg); '64 Celsius Medalj i Guld (Kungl. Vetenskapssoc., Uppsala). *1903, März 27, Stockholm.

Bruder von Einar Öhman VI, VIIb

Zur Biogr. B. Lindblad, Kungl. Vet.-Soc. Årsb., Uppsala 1965, 65f. — Uppsala Univ. Matrikel 1937/1950 ('53) 622–24 (m. Schr.-verz.).

H. Mass motions in solar flares and related phenomena. Proc. 9th Nobel symposium, Anacapri 1968 (Stockholm–NewYork '68); darin eig. Beitr. S. 95–107: Possible effects of rotation in flares and prominences[5])[7]).

S. Festskrift tillägnad Östen Bergstrand (Uppsala–Stockholm '38) 138–49: Über den Quarz-Säule-Monochromator. — The Swedish solar eclipse expeditions to West Africa and Brazil in 1947 (Stockholm '51) (Rikets Allmänna Kartverk Meddelanden, 11) 1–6: Purpose of the expedition; preparations and general arrangements; 90–93: The instruments and preparations for measuring the polarization of the solar corona. — Convegno di scienze fisiche, matematiche e naturali, 1952. Tema: Problemi della fisica solare (Roma '53) (Atti Convegni, Fondaz. Alessandro Volta, 11) 156–63, 170f.: On some phenomena related to dark and bright prominences. — Vistas in astronomy (A. Beer) 1 (London–NewYork '55) (J. atmospher. and terrestr. Physics, Spec. Suppl. Nr. 3) 747–51: Coronagraphic work at moderate altitude above sea level. — Electromagnetic phenomena in cosmical physics. International Astronomical Union symposium Nr. 6, Stockholm 1956 (London '58) 166–68: Astrophysical applications of selective magnetic rotation. — Atti dei Convegni astronomici di Venezia 1955 e Napoli 1957 (Pavia '59) (Società astronomica italiana) 109–13: Sulla misura di campi magnetici solari. — Stellar and solar magnetic fields. International Astronomical Union symposium Nr. 22, Rottach-Egern 1963 (Amsterdam '65) 173–75: A suggested method for measuring solar magnetic fields by using a birefringent filter with twin transmission bands. — Atti del Convegno sulle macchie solari, Firenze 1964 (Bologna '66) (Pubblicazione del Comitato nazionale per le manifestazioni celebrative del IV centenario della nascita di Galileo Galilei 2, 2) 147–49: On some suggested procedures to reduce the scattered light in sunspot photometry. — Atti del Convegno sui campi magnetici solari e la spettroscopia ad alta risoluzione, Roma 1964 (Firenze '66) (~ 2, 4) 34–43: On some spectroscopic observations of coherence in the structure elements of telescopic solar images; 120f.: The Macaluso-Corbino effect. — Structure and development of solar active regions. International Astronomical Union symposium Nr. 35, Budapest 1967 (Dordrecht '68) 240–46: On some spectrographic observations related to the structure with height of active regions and particulary solar flares. — Highlights of astronomy. As presented at the 13th General assembly of the I.A.U. 1967 (L. Perek) (Dordrecht '68) 533–37: Space observations of flare sprays and related surge phenomena. — New techniques in space astronomy. International Astronomical Union symposium Nr. 41, Munich 1970 (Dordrecht '71) 313–15: Spectroheliographs for the ultraviolet. — From plasma to planet. Proc. 21st Nobel symposium, Saltsjöbaden 1971 (New York '72) 343–47: On some plasma rotation phenomena on the sun.

W. Polarization measurements in astronomy ([Boulder, Colo. '49]) 106 S. (Lectures presented at the University of Colorado during the spring of 1949).

Annales Astrophysique Le spectrographe rotatoire et ses possibilités pour l'étude de l'absorption interstellaire: 1 ('38) 129–40. — Courte description d'un instrument simple pour l'étude des effects de polarisation dans les nébuleuses par réflexion: 141f.

Annals int. geophysic. Year Solar activity: 5 ('57/58) 247–301.

Applied Optics Optics in Sweden: 1 ('62) 193–95. — A sensitive visual photometer for solar research: 2 ('63) 89–91. — An experimental study of coherence in the image of an extended incoherent source: **4** ('65) 1660–63.

Arkiv Mat., Astron. och Fysik Note on the intensities of the hydrogen lines of stars in the Pleiades: **23B** ('32/33) Nr. 1, 6 S. — Hydrogen line intensities in Præsepe: Nr. 4, 6 S. — On the use of Iceland spar for the intensity calibration of slit spectra: **24A** ('33/34) Nr. 10, 4 S. — On the emission and absorption in the H and K lines of calcium in Nova Herculis 1934[9]): **25B** ('35/37) Nr. 4, 5 S. — Note on the continuous hydrogen absorption of cF stars[6]): Nr. 7, 6 S. — Some astronomical applications of rotatory dispersion: Nr. 19, 5 S. — On the continuous hydrogen absorption of cA stars: Nr. 20, 6 S. — The continuous hydrogen absorption of white dwarfs: Nr. 21, 6 S. — On the properties of the "rotatory spectrograph": Nr. 23, 8 S. — Some remarks concerning the method of measuring line intensities in narrow stellar spectra with a wide slit: **28B** ('41/42) Nr. 7, 8 S. — On some applications of the flicker method in photoelectric measurements: **29B** ('43) Nr. 12, 7 S. — On some photoelectric measurements of polarization and colour made by the flicker method: **32B** ('45/46) Nr. 1, 7 S.

Arkiv Astron. On the possibility of measuring the polarization of the "electron-corona" without eclipses by a polarimetric analysis of the Fraunhofer absorption lines: **1** ('49/55) 1–6. — On some analogous effects of light absorption in prominences and discharges: 309–14. — On the possible existence of low temperature prominences: **2** ('55/61) 1–7. — On some new birefringent filters for solar research: 165–70. — A solar flare photometer using a Savart polariscope[2]): 427f. — A photometric study of activations of prominences probably due to moving disturbances on the sun[10])[12]): **3** ('61/66) 121–26. — Spectrographic observations of dark surges and mottles at the solar limb: **4** ('66/69) 317f. — On some observations of sunspots using shearing interference of the diffraction image: 319–21. — A multilens spectroheliograph for non stabilized rockets: 465–70.

L'Astronomie (BSAF) Le spectre de la comète 1941c Paraskevopoulos: **55** ('41) 32.

Astronomische Nachr. Ein einfaches Mittel zur Verstärkung der Gesichtsfeldbeleuchtung beim thermoelektrischen Plattenphotometer von Schilt: **264** ('37/38) 259.

Astronomisk Tidsskr. Das Intensitätsinterferometer, ein neues stellarastronomisches Instrument: **1** ('68) 61–65 [schwed.].

Astronomiska Iakttagelser och Undersökningar Stockholms Observat. On the continous hydrogen absorption in the spectra of the bright Pleiades stars: **11** ('33) Nr. 10, 19 S.

Stockholms Observat. Ann. Some preliminary results from a study of hydrogen absorption for stars in h and χ Persei: **12** ('35/36) Nr. 1, 17 S. — The red spectral region of dwarf stars of class M: Nr. 3, 13 S. — Photometrische Eichung von Spektrogrammen unter Benutzung der Polarisation im Spektrographen: Nr. 6, 16 S. — On the bands of magnesium hydride in stellar spectra: Nr. 8, 41 S. — A new method of standardization in spectrophotometry: **13** ('40/41) Nr. 6, 16 S. — Measurements of polarization in the spectra of comet Cunningham (1940c) and comet Paraskevopoulos (1941c): Nr. 11, 15 S. — A polarigraphic study of obscuring clouds in the great Andromeda nebula M 31: **14** ('42) Nr. 4, 29 S. — Results from observations of the total solar eclipse of 1945 July 9, 1: The polarization of the corona: **15** ('47/49) Nr. 2, 58 S. — Photoelectric work by the flicker method: Nr. 8, 46 S. — A tentative explanation of the negative polarization in diffuse reflection: **18** ('55) Nr. 8, 10 S. — On some new auxiliary instruments in astrophysical research: **19** ('56) Nr. 4, 14 S. — Solar flares observed at the Swedish Astrophysical Station in Anacapri in the year 1955[13])[14])[11])[4]): Nr. 5, 29 S.; ~ 1956: **20** ('57/59) Nr. 3, 38 S. — Solar flares and surges observed at the Swedish Astrophysical Station in Anacapri in the year 1957: Nr. 7, 38 S.; ~ 1965–1968[7])[23]): **23** ('70) Nr. 2, 67 S. — Solar flares and surges observed at the Stockholm Observatory and the Swedish Astrophysical Station in Anacapri in the year 1958: **20** ('57/59) Nr. 8, 29 S.; ~ 1959: **21** ('60/61) Nr. 5, 32 S.; ~ 1960: Nr. 9, 36 S.; ~ 1961: **22** ('62/66) Nr. 4, 23 S.; ~ 1962: Nr. 6, 18 S.; ~ 1963: Nr. 9, 19 S.; ~ 1964: Nr. 11, 18 S.

Astrophysica norveg. A suggested method for studying image quality and coherence: **9** ('64) 7–.

Astrophysical J. Spectrographic studies in the red: **80** ('34) 171–80. — On the possibility of tracing polarization effects in the rotational profiles of early-type stars: **104** ('46) 460–62. — The use of Savart fringes in the observation of Zeeman effects in sunspots: **111** ('50) 362–65. — Some observations of dark filaments in prominences: **114** ('51) 367–69. — On absorption effects in prominences possibly connected with a magnetic cooling mechanism proposed by L. Marshall: **128** ('58) 92–94.

Communications et Mém., Comité nation. franç. Astron. Quelques remarques concernant la polarisation de la couronne solaire: **1948**, 44f.

Contributions Mount Wilson Observat. Spectrographic studies in the red: **21** ('33/34) 405–14.

Foto [Stockholm] Wie die Astronomen polarisiertes Licht nachweisen: **4** ('42) Nr. 2, 22– [schwed.]. — Photographieren Sie die Sonnenfinsternis!: **7** ('45) Nr. 6, 15–, 31– [~].

J. quantitat. Spectroscopy and radiat. Transfer Fraunhofer selective diffraction produced by structure elements in sodium vapour[8]): **15** ('75) 283–89.

Kosmos [Stockholm] Das neue Riesenteleskop: **14** ('36) [schwed.].

Kungl. svenska Vetenskapsakad. Årsb. Aktuelle Fragen auf dem Gebiet der Sonnenforschung: **1948,** 429–48 [schwed.].

Kungl. Vet.-Soc. Årsb., Uppsala Aktuelle Probleme auf dem Gebiet der Sonnenforschung: **1965,** 21–39 [schwed.].

Monthly Notices roy. astron. Soc. On some observations made with a modified Pickering polarigraph: **99** ('39) 624–33.

Nature [London] Effects of polarization in the spectrum of β Lyrae: **134** ('34) 534. – A new monochromator: **141** ('38) 157f., 291. – Polarized thermal emission from narrow tungsten filaments: **192** ('61) 254. – A suggested method for increasing the resolving power of a spectrograph: **207** ('65) 1284f. – Subtractive dispersion spectrographs of possible use in ultraviolet stellar research: **215** ('67) 606f.

Nordisk astron. Tidsskr. Über Polarisation des Lichts und ihre Anwendung auf dem Gebiet der astronomischen Forschung: **23** ('42) 77–90, 113–25 [schwed.].

Nordisk Familjeboks Månadskrönika Polaroid. Ein neues polarisierendes Material: **2** ('39) 117–19.

Nordisk Med. Über die Anwendung eines hyperchromatischen Linsensystems zur Verbesserung der Tiefenschärfe des Auges: **28** ('45) 2509– [schwed.].

Ny Kunskap Neue Ergebnisse auf dem Gebiet der Sonnenforschung: **1** ('52) 441–56.

Observatory A new method for determining colour indices: **59** ('36) 335–37. – The origin of unidentified interstellar absorption lines[22]): **62** ('39) 150–52. – Preliminary results from measurements of polarization in the corona: **66** ('46) 261f. – A simple but sensitive photoelectric photometer: **69** ('49) 66f. – On some observations with a Lyot coronagraph at the Stockholm Observatory: **71** ('51) 110. – On a disturbance in a prominence probably initiated by a distant flare[16]): **73** ('53) 203f. – On some solar observations made with an H_α monochromator[16]): 236f. – A tentative explanation of the dark markings in the solar corona: **74** ('54) 174f. – Solar observations in hydrogen and calcium lines: **76** ('56) 158f. – Coronagraphic observations of prominences in the Balmer continuum: **78** ('58) 204–06. – Apparent solar prominences caused by jet planes crossing the solar limb: **79** ('59) 217f.

Optica Acta [Paris] On the possibility of measuring radiation by using thermomagnetic effects below and close to the Curie point: **6** ('59) 372–77 [m. französ. u. deutscher Zusammenfassg.].

Physical Rev. Scattering, absorption, and emission of light by thin metal wires[1])[3])[18]): **130** ('63) 996–1001.

Populär astron. Tidskr. Beobachtung der Korona bei vollem Tageslicht: **14** ('33) 1–13. – Die roten und infraroten Spektren der Sterne: **15** ('34) 115–21. – Neue Ergebnisse hinsichtlich der Bedeckungsveränderlichen: **16** ('35) 125–36. – Der 200-Zoll-Spiegel und das neue Observatorium in Südkalifornien: **17** ('36) 62–65. – Neue Instrumentkonstruktionen auf Grund der Polarisation des Lichts: **19** ('38) 11–27. – Der Kongreß der Internationalen Astronomischen Union in Stockholm, 3.–10. August 1938: 141–48. – Polarimetrie und Astrophysik: **20** ('39) 111–33. – Die Temperatur des verfinsterten Mondes: **22** ('41) 31–35. – Fluoreszenzpolarisation in Kometenspektren: 49–54. – Das Mysterium β Lyrae: 148–50. – Polarigraphische Untersuchungen des großen Andromedanebels: **23** ('42) 36–44. – Astrophysikalische Untersuchungen über das kontinuierliche Spektrum des Wasserstoffatoms: 126–38. – Polarisation bei den Fraunhoferschen Linien am Sonnenrand: 147–49. – Ein photoelektrischer Null-Indikator zur Messung von Polarisation und Farbe des Lichts: **24** ('43) 64–71. – Über Keplers Nova 1604 und andere Supernovae: **25** ('44) 14–20. – Über das Okular: 54–69. – Eine Ausstellung von durch Amateure hergestellten Teleskopen: 99–102. – Untersuchung über die Polarisation der Korona und der Chromosphäre bei der Sonnenfinsternis am 9. Juli 1945: **26** ('45) 101–15. – Einige Beiträge zur Frage der Natur der Sonnenkorona: **27** ('46) 133–36. – Von der Enthüllung des Tycho-Brahe-Monuments auf der Insel Ven: 141–. – Die schwedischen Expeditionen zur Beobachtung der Sonnenfinsternis am 20. Mai 1947: **28** ('47) 57f. – Die schwedische Sonnenfinsternis-Expedition nach Brasilien im Frühjahr 1947: 93–110. – Sonnenüberwachung an der Stockholmer Sternwarte: 151f. – Sonnenforschung und Rundfunk: **29** ('48) 139–46. – Ein Jahr an amerikanischen Sonnenobservatorien: **31** ('50) 10–22. – Der große Sonnenfleck im Februar 1950: 75f. – Einige interessante Sonneneruptionen: 152–55. – Die Sonnenkorona, beobachtet in Saltsjöbaden: **32** ('51) 55–58. – Das Tycho-Brahe-Jubiläum auf der Insel Ven und die Einweihung der „Stjärneborg": 81–86. – Die Sonnenfinsternis am 25. Februar 1952: 152f. – Das Sonnenobservatorium auf der Insel Capri: **33** ('52) 81–97. – B. Lyot, 1897–1952: 159f. – Einige Ergebnisse und Erfahrungen aus der Tätigkeit auf der Schwedischen Astrophysikalischen Station auf Capri im Jahre 1953: **35** ('54) 25–42. – Die Expedition der Stockholmer Sternwarte und die ausländischen Expeditionen (anläßlich der Sonnenfinsternis am 30. Juni 1954): 116–24; **36** ('55) 1–8. — Aktuelle Probleme im Zusammenhang mit Sonneneruptionen. Einige Eindrücke vom Kongreß in Dublin: **37** ('56) 8–19. — Sonnenforschung während des Geophysikalischen Jahres: **38** ('57) 106–14. — Die praktische Ausnutzung der Sonnenenergie: **40** ('59) 29–42. — Beobachtungen der Sonnenprotuberanzen im Balmer-Kontinuum: 43–47. — Beobachtung der partiellen Sonnenfinsternis am 2. Oktober 1959 auf Capri[4])[21]): 98–102. — Schwedische Sonnenforschung in Italien: **42** ('61) 128–42. — Astrophysikalische Raumforschung. Eine Übersicht: **44** ('63) 100–17. — B. Lindblad, 1895–1965: **46** ('65) 63–65. — Interferometrische Studien über das Auflösungsvermögen eines Fernglases und die atmosphärische Bildunruhe: **47** ('66) 131–33. — — Alle Arbeiten schwed.

Publ. astron. Soc. Pacific Polarigraphic observations of an obscuring cloud close to the nucleus of the Andromeda nebula M 31: **54** ('42) 72–76.

Revue Opt. théor. et instrument. Sur l'emploi de lentilles hyperchromatiques, pour agrandir la profondeur de champ, dans un état d'accommodation donné: 28 ('49) 105. — Sur quelques instruments pour mesures précises photométriques, colorimétriques et polarimétriques: **29** ('50) 32–. — Shearing interferometry of the diffraction image[7]): **45** ('66) 49–54 [m. französ. Zusammenfassg.].

Scientia On some actual trends in solar observation: **89** ('54) 41–46. — Magneto-optics in solar physics: **95** ('60) 142–48 [Suppl. S. 71–76 französ.]. — Rotational motion in solar prominences and flares: **105** ('70) 4 S.

Scientific Rep., European Space Res. Organizat. [Paris] Imaging the sun in x-rays: **1** ('64) 143–. — Measurements of polarization: 182–. — Zodiacal light and gegenschein: 203–.

Solar Physics [Dordrecht] Observations of a flare spray at the solar limb on July 11, 1966[20]) [7]): **1** ('67) 60–65. — An H_α filament observed against the chromosphere at the limb: **3** ('68) 354–56. — Experiences from 16 years of solar work in Anacapri: **4** ('68) 493–97. — Observations of rotational motion in prominences: **9** ('69) 427–31. — On some flare-sensitive high photospheric and low chromospheric lines: **10** ('69) 178–83. — Remark on rotational motions in flares and prominences: **23** ('72) 134–41. — Some comments on the low intensity H_α emission observed by J.-L. Leroy in the solar corona: **28** ('73) 399–402. — Selective diffraction with possible application to solar research: **34** ('74) 253–58.

Statens naturvet. Forskningsråds Årsb. Sonnenforschung auf Capri: **4** ('52) 81–89 [schwed.]. — Astronomische Gesichtspunkte hinsichtlich der schwedischen Raumforschung: **19** ('66) 94–101 [~].

Sterne Neue Hilfsapparate auf Grund der Polarisation des Lichtes: **18** ('38) 217–24, 265–70. — Die große Sonneneruption vom 20. Januar 1957: **34** ('58) 1f. — Ein Instrument zur Überwachung der Sonne: 79f.

Svensk Naturvet. Astronomische Gesichtspunkte bei der schwedischen Raumforschung: **1966**, 94– [schwed.].

Svenskt Skytte Hyperchromatische Schießbrillen. Ein neues optisches Gerät zur Verbesserung der Sehschärfe in verschiedenen Abständen: **13** ('45) 1 S. [schwed.].

Tellus [Stockholm] On the solar work of the Stockholm Observatory: **2** ('50) 255–61. — Sunspot areas, flares and filaments observed at the Stockholm Observatory in the years 1950 and 1951[14]): **4** ('52) 241–48. — Sunspot areas, flares and filaments observed at the Stockholm Observatory and at its station in Anacapri in the years 1952 and 1953[14]): **7** ('55) 501–08.

Vacuum Microbalance Techn. Measuring radiation with the Cahn automatic electrobalance[17]): **3**.1962 ('63) 193–98.

Veröff. Urania-Sternwarte, Wien Koronographen-Beobachtungen von Protuberanzen im Balmer-Kontinuum: **1960**, Nr. 3, 11–13.

Mit: [1]) B. Agdur; [2]) B. Ahnström-Sandgren; [3]) G. Böling; [4]) K. Fredga; [5]) G. Hosinsky; [6]) W. Iwanowska; [7]) U. Kusoffsky; [8]) L. Lindberg; [9]) B. Lindblad; [10]) A. Lindgren; [11]) F. Lindgren; [12]) U. Lindgren; [13]) K. Lodén; [14]) L. O. Lodén; [15]) –; [16]) N. E. Öhman; [17]) B. Rydgren; [18]) F. Sellberg; [19]) –; [20]) G. Stiber; [21]) B. Svensson; [22]) P. Swings; [23]) H. Westin.

V, VI **ÕHOLM**, Lars William. Chem. (physikal.). — 1895–1900 Dir. d. Volkshochsch. in Porvoo; '04–06 Assist., Labor. f. angew. Physik, '06–15 Doz., '15–27 Zweiter Prof. Chem., '27–39 Erster Prof. Chem. u. Leiter d. chem. Inst., '39 Prof. Emer., Univ. Helsinki; '17–18 Vorsitzender, [Finn.] Physikal. Vereinigung; '19–20, '34–35 Vorsitzender, Finn. Chemiker-Ges.

*1872, Juli 17, Mörskom, Finnland; †1944, Febr. 6, Helsinki.

Zur Biogr. B. Nybergh, Finska Kemistsamfundets Medd. **52**.1943 ('44) 13 (m. Bildn. nach S. 72).

Nekr. J. A. Wasastjerna, Årsbok – Vuosikirja, Soc. Sci. fennica **24** ('45) C, Nr. 1, 3–10 (m. Bildn.).

Commentationes physico-math., Soc. Sci. fennica Die elektrolytische Leitfähigkeit, innere Reibung und Diffusion einiger Lanthansalze: **9** ('36/38) Nr. 2, 14 S. — Die Diffusion der Lithium-, Natrium- und Thallium(1)-carbonate in Wasserlösung: **12** ('43/44) Nr. 2, 5 S.

— Die Hydrodiffusion des Kupfersulfats, 2: Nr. 3, 8 S. — Diffusion und Solvatation: Nr. 9, 25 S.

Finska Kemistsamfundets Medd. Joseph Priestley: **42** ('33) 6–13. — Beitrag zur Kenntnis vom elektromotorischen Verhalten des Thalliums: **43** ('34) 25–44. — Diffusion des Magnesium- und des Cadmiumsulfats: 55–66. — Diffusion des Kupfersulfats. Untersuchung der Anwendbarkeit des sog. „Stufenphotometers" zur Analyse bei Bestimmung der Diffusion gefärbter Lösungen: 121–35. — Diffusion einiger Cadmiumsalze in wäßriger Lösung: 163–70. — Untersuchung über die Hydrodiffusion einiger Ammoniumsalze mit Berücksichtigung der damit zusammenhängenden Umstände: **44** ('35) 35–54. — Diffusion einiger Mangansalze in Wasserlösung: 71–79. — Diffusion des Lithiumnitrats und des Lithiumsulfats in Wasser: **45** ('36) 18–24. — Untersuchung der Diffusion einiger Aluminiumsalze: 25–34. — Diffusionsbestimmungen mit Rubidium- und Cäsiumchlorid sowie mit Thalliumchlorid: 35–40. — Diffusion des Magnesiumchlorids und -nitrats in wäßriger Lösung: 71–76. — Diffusion von $CsNO_3$, Rb_2SO_4, $TlNO_3$ und Tl_2SO_4 in wäßriger Lösung: 122–28. — Hydrodiffusion von Bleinitraten: 129–32. — Diffusionsgeschwindigkeit von Nickel- und Cobaltsalzen in wäßriger Lösung: 133–41. — Diffusion von Uranylsalzen in Wasser: 142–48. — Diffusion von Zinkchlorid, -nitrat und -sulfat: **46** ('37) 18–31. — Diffusion einiger Berylliumsalze in wäßriger Lösung: 71–78. — Diffusion von Thoriumchlorid, -nitrat und -sulfat: 118–23. — Hydrodiffusion des Kupferchlorids und -nitrats: 124–28. — Diffusion einiger Chromsalze in wäßriger Lösung: 176–87. — Einige physikalisch-chemische Untersuchungen von Lösungen von Diäthylendioxid in Wasser[,1]: **47** ('38) 19–38; ~ 2: **52.1943** ('44) 302–11. — Hydrodiffusion der Chloride und Nitrate der Metalle Calcium, Strontium und Barium: **47** ('38) 59–66. — Diffusion des Kaliumnitrats und -sulfats und des Natriumnitrats und -sulfats in wäßrigen Lösungen: 115–23. — Diffusion einiger Eisensalze in wäßriger Lösung: **48** ('39) 23–34. — Diffusion der Chromsäure in wäßriger Lösung: **49** ('40) 9–13. — Diffusion der Natrium- und Kaliumchromate und -bichromate: 14–17. — Das chemische Laboratorium an der Universität Helsinki und seine Tätigkeit während der letzten fünfzig Jahre: **52.1943** ('44) 96–154. — Die Anwendung der Refraktion des Lichtes zur Bestimmung des Substanzgehaltes bei Diffusionsversuchen: 177–209. — — Alle Arbeiten schwed., meist mit deutscher Zusammenfassg.

VI **ÖLANDER,** Gustav Arne. Chem. — 1929–36 Doz. physikal. Chem., '43–68 Prof. org. Chem., Stockholms Högskola; '36–43 Prof. theoret. Chem., Kungl. Tekn. Högskolan, Stockholm.

*1902, Dez. 31, Stockholm.

Acta chem. scand. The phase diagram of sodium chloride and steam above the critical point[15]): **4** ('50) 1437–45. — The system $CaSiO_3$-CaF_2[3]): **9** ('55) 1350–54.

Experientia The molecular composition of a photographic fixing bath[1]): **2** ('46) 66 [m. deutscher Zusammenfassg.]. — Enpony and enchresy: **4** ('48) 425 [~].

Geologiska Fören. Stockholm Förh. Quaternary age determination by means of radioactive carbon: **72** ('50) 212–14.

Industrial and Engng. Chem., Analyt. Edit. Graphical method for converting atomic percentage into weight percentage: **4** ('32) 438.

J. amer. chem. Soc. An electrochemical investigation of solid cadmium-gold alloy: **54** ('32) 3819–33. — Nomenclature of inorganic chemistry[4])[18])[14])[9])[5])[6])[8])[11])[16])[17]): **82** ('60) 5523–44.

Levnadsteckningar kungl. svenska Vetenskapsakad. Ledamöter Arrhenius und die Theorie der elektrolytischen Dissoziation: **9** ('62) 361–89 [schwed.].

Nordisk Tidskr. Fotogr. Über das Fixieren und Wässern: **25** ('41) 185–88 [schwed.].

Svensk kem. Tidskr. Die Thermodynamik einiger fester Körper: **49** ('37) 304–16 [schwed.]. — Fixieren und Wässern von photographischem Material: **53** ('41) 310–16 [~]. — Über die Benennung anorganischer Verbindungen[2])[7])[10])[13])[12])[19]): **55** ('43) 55–63 [~]. — The calculation of reaction constants in reversible reactions: **57** ('45) 2–6. — The complex formation in a photographic fixing bath[1]): **58** ('46) 33–38. — From the 15th conference of the International Union of Pure and Applied Chemistry in Amsterdam, September 1949: **61** ('49) 275–78 [schwed.]. — Das Geschlecht chemischer Fachausdrücke: **64** ('52) 39–42 [~]. — Vereinfachte Methode der statistischen Analyse: 233–42 [~]. — Schnelle Reaktionen: **80** ('68) 3–5 [~].

Teknisk Tidskr. Wie funktioniert die letzte Perpetuum-mobile-Konstruktion?: **67** ('37) 427f. [schwed.].

Tidsskr. Kjemi, Bergvesen og Metallurgi Der Nobel-Preis für Chemie im Jahre 1956: **17** ('57) 15–19 [schwed.].

Z. Kristallogr., Mineral. u. Petrogr., Abt. A The crystal structure of AuCd: **83** ('32) 145–48. — Kristallstruktur der Thallium–Wismut-Legierungen: **89** ('34) 89–92. — Zur Kristallstruktur von CdSb: **91** ('35) 243–47.

Z. Metallkunde Elektrochemische Untersuchungen an festen Metallegierungen: **29** ('37) 361–66.

Z. physik. Chem., Abt. A Eine elektrochemische Untersuchung von Cadmium–Silber-Legierungen: **163** ('33) 107–21. – Eine elektrochemische Untersuchung von Messing: **164** ('33) 428–38. – Die Entropie in intermediären Phasen: **165** ('33) 65–78. – Eine elektrochemische und röntgenographische Untersuchung von festen Thallium–Blei-Legierungen: **168** ('34) 274–82. – Eine elektrochemische Untersuchung von festen Thallium–Wismut-Legierungen: **169** ('34) 260–68. – Eine elektrochemische und röntgenographische Untersuchung von festen Thalliumamalgamen: **171** ('34) 425–35. – Eine elektrochemische Untersuchung von festen Cadmium–Antimon-Legierungen: **173** ('35) 284–94.

Mit: [1]) O. Adelsohn; [2]) H. Arnfelt; [3]) T. Bååk; [4]) H. Bassett; [5]) J. Bénard; [6]) N. Bjerrum; [7]) S. Bodforss; [8]) E. H. Büchner; [9]) G. H. Cheesman; [10]) O. Collenberg; [11]) W. Feitknecht; [12]) G. Hägg; [13]) J. A. Hedvall; [14]) K. A. Jensen; [15]) H. Liander; [16]) L. Malatesta; [17]) H. Remy; [18]) A. Silverman; [19]) A. Westgren.

VI **ÖMAN,** Erik. Chem. Technol. — 1909–15 Assist., '16–38 Doz. chem. Technol., '20–47 Sonderlehrauftrag f. Chem.-Techn. Apparate, '26–39 Sonderlehrauftrag f. Papiertechn., '38–44 Prof. Chem. Technol., '44–45 Prof. Techn.-org. Chem., '47–53 Prof. Chem. Apparate-Techn., Kungl. Tekn. Högskolan, Stockholm; '16–19, '29–33 Industrietätigk.

*1885, Sept. 17, Stora Kil, Värmland; †1974, März 19, Stocksund.

MH. Uppfinningarnas bok 8: Kemisk industri (Stockholm '39); darin eigene Beiträge: 858–89: Die Holzschliffabrikation; 890–903: Die Sulfatcellulosefabrikation; 904–25: Die Sulfitcellulosefabrikation; 926–1037: Die Papierherstellung. [Alle Beiträge schwed.].

S. World power conference. Trans. 1st International chemical engineering congress, London 1936, **2** (London '37) 242–54: Graphical calculation of plate columns. – Svensk teknisk uppslagsbok (C. A. Strömberg) **2** (Stockholm '39) 677–706: Papier, Pappe, Karton; 825–62: Chemisch-technische Apparaturen. [Beide Beiträge schwed.]. – Handbok i kemisk teknologi (G. Angel, K. Myrbäck, O. Stelling, R. Steenhoff, R. Windbladh) **1** (Stockholm '47) 328–556: Chemische Apparaturen [schwed.].

W. Lärokurs i slipmasseteknik (Stockholm '42) 160 S. (NKI-kurs). – Lärokurs i papptersteknik (Stockholm '42) 280 S. (~). – Lärokurs i kemisk-teknisk apparatlära (Stockholm '43) 300 S. (~). – Cellulosaindustrien jämte träsliperier (Stockholm '44) 265 S. (Tekniskt folkbibliotek, 15).

Svensk Papperstidn. Übersicht über die derzeitige deutsche Kunststoffindustrie: **40** ('37) 483–88 [schwed.].

Teknisk Tidskr. Voraussetzungen für eine Gewinnung von Kochsalz aus Meerwasser in Schweden: **66** ('36) 41–44 [schwed.]. – Überblick über die gegenwärtige deutsche Kunststoffindustrie: **68** ('38) 1–7 [~].

VI **ÖPIK,** Ernst Julius. Astron. — 1912–16 Stud., '16–18 Stipendiat, '18–19 Assist. u. Lehrbeauftragter, Univ.-Observat. Moskva; '19–21 Privatdoz. u. Leiter d. Astron. Abteilg., Zentralasiat. (Turkestan.) Staatsuniv., Taškent; '21–44 Astronom u. Privatdoz., Univ. Tartu; '30–34 wiss. Mitarbeiter am Univ.-Observat. u. Gastdoz., Harvard Univ., Cambridge, Mass., '44–45 wiss. Mitarbeiter, Univ.-Observat. Hamburg; '45–48 Prof. u. Estnischer Rektor, Baltische Univ., Pinneberg b. Hamburg; '48– wiss. Mitarbeiter u. Astronom, Armagh Observat., Armagh, Northern Ireland; '56– Gastprof. Astrophysik, Univ. of Maryland, College Park, Md. — '68 Hon. D. Sc. (Queen's Univ., Belfast). — '60 J. Lawrence Smith Medal (Nation. Acad. of Sci., Washington, D. C.); '68 Fr. C. Leonard Medal (Int. Meteoritical Soc.); '75 Gold Medal (Roy. Astron. Soc., London).

*1893, Okt. 23, Port Kunda, Estland.

Zur Biobibliogr. E. M. Lindsay, Irish astron. J. **10** ('71/72) Spec. Issue, 22 S. (= Contributions from the Armagh Observatory, 80); [die weiteren Arbeiten dieser Ausgabe sind E. J. Öpik gewidmet].

HZ. Irish astron. J. **1** ('50/51) –.

S. Meteors (T. R. Kaiser) (London–New York '55) (J. atmospher. and terrestr. Physics, Spec. Suppl. 2) 29–32: Meteor excitation, ionization, and atomic luminous efficiency; 33–35: The masses and structure of meteors. – The pen in exile (P. Tabori) **2** (London '56) 48–54: The cosmic rhythm. – The planet Earth (D. R. Bates) (London–New York '57) 152–73: Ice ages. – McGraw-Hill encyclopedia of science and technology; an international reference work (New York '60): Interstellar space; auch in der Neuaufl. ('66). – Proc. Geophysical Laboratory – Lawrence Radiation Laboratory craterings symposium, Washington, D.C., 1961 (M. D. Nordyke) (Livermoore, Cal. '61) S1–S28: Notes on the theory of impact craters. – Collier's encyclopedia 1961 (New York '61): Comets (5 S.); auch in ~ 1962. – Progress in the astronautical sciences 1 (S. F. Singer) (Amsterdam–New York '62) 215–60: Surface properties of the Moon; 261–342: Atmosphere and surface properties of Mars and Venus. — Origin of the solar system. Proc. of a conference, held at the Goddard Institute for Space Studies, New York 1962 (R. Jastrow, A.G.W. Cameron) (London–NewYork '63) 73–75: Dissipation of the solar nebula. — Interactions of space vehicles with an ionized atmosphere (S. F. Singer) (Oxford–London–New York '65) (International series of monographs in aeronautics and astronautics, Division IX, Symposia, 18) 3–60: Particle distribution and motion in a field of force. — The nature of the lunar surface. Proc. of the 1965 IAU-NASA symposium, Greenbelt, Md. (Baltimore, Md. '66) 287–91: Summing-up the conference. — Smithsonian treasury of 20th-century of science (W. P. True) 1 (New York '66): Time scale of our universe. — International dictionary of geophysics (S. K. Runcorn u. a.) 1 (Oxford–NewYork '67) 179–93: Climatic changes.

W. Vorlesungen über mathematische Statistik (Pinneberg–Hamburg '47) 142 S. (Baltic University textbook 82) [mimeogr.]. — A climatological and astronomical interpretation of the ice ages and of the past variations of terrestrial climate (Armagh '53) 79 S. (Contributions from the Armagh Observatory, 9). — Statistical results from the Arizona expedition for the study of meteors (Armagh '58) 82 S. (~ 26). — Physics of meteor flight in the atmosphere (New York '58) 182 S. (Interscience tracts on physics and astronomy, 6). — Introduction to astronomy and geophysics (Lecture notes) (College Park, Md. '59) 233 S. [mimeogr.]. — The oscillating universe (New York '60) 144 S. (Mentor book, MD 289); italien.: L'universo e il suo moto di oscillazione (Bologna '64) 182 S. (Universale Capelli, Serie scienze, 87); französ.: Initiation à l'astronomie (Paris '64) 192 S. (Petite bibliothèque Payot, 68); auch span., portugies. u. in Hindi. — Survival of comet nuclei and the asteroids (–'61) 59 S. (Presented at the Comet symposium of the American Astronomical Society, Nantucket, Mass., 1961).

Acta et Commentat. Univ. tartuensis (dorpatensis) Atomic collisions and radiation of meteors: **26** ('33) Nr. 2, 39 S. — Researches on the physical theory of meteor phenomena, 1: Theory of the formation of meteor craters: **30** ('36) Nr. 1, 3–12; ~ 2: The possible consequences of the collisions of meteors in space: 13–27; ~ 3: Basis of the physical theory of meteor phenomena: **33** ('38) Nr. 1, 69 S. — On the upper limit of stellar masses: Nr. 8, 42–46. — The density of the white dwarf A.C. +70° 8247: 47–49. — Stellar structure, source of energy, and evolution: Nr. 9, 118 S. — Composite stellar models [,1]: **34** ('38) Nr. 5, 48 S.; Zusammengesetzte Sternmodelle, 2: **38** ('43) Nr. 10, 51 S. — Observations of meteor velocities 1931–1938: **37** ('40) Nr. 6, 113 S.

Advances Astron. and Astrophysics The stray bodies in the solar system, 1: Survival of cometary nuclei and the asteroids: **2** ('63) 219–62; ~ 2: The cometary origin of meteorites: **4** ('66) 301–36. — Cratering and the Moon's surface: **8** ('71) 107–337.

American J. Physics Problems in the physics of meteors: **26** ('58) 70–80. — Surface conditions on the nearest planets: **28** ('60) 618–22.

Annals Harvard College Observat. Results of the Arizona expedition for the study of meteors, 6: Analysis of meteor heights: **105** ('38) 549–600.

Annual Rep. Board Regents Smithsonian Instn. The time scale of our universe: **1955** ('56) 203–26.

Annual Rev. Astron. and Astrophysics The Moon's surface: **7** ('69) 473–526.

Astronomical J. The frequency of crater diameters in Mare Imbrium: **65** ('60) 55. — Tidal deformations and the origin of the Moon: **66** ('61) 60–67. — The survival of comets and cometary material: 381 f.

Astrophysical J. The degree of variability of calcium content in stellar atmospheres: **81** ('35) 177–86. — The degree of variability of calcium content in atmospheres of A-type stars[1]): **86** ('37) 203–11.

Astrophysics and Space Sci. Comets and the formation of planets: **21** ('73) Nr. 2, 307–98.

British J. Philos. Sci. The age of the universe: **5** ('54) 203–14.

Circular, Astron. Observat. Harvard College Absolute magnitudes of 792 stars of spectra 0 to A 5 derived from the intensities of the hydrogen lines[8]): **380** ('32) 19 S. — Apparent distribution of luminosities of stars brighter than the sixth magnitude[8])[7])[2]): **381** ('33) 13 S. — Results of the Arizona expedition for the study of meteors, 2: Statistical analysis of group radiants: **388** ('34) 38 S.; ~ 3: Velocities of meteors observed visually: **389** ('34) 9 S.; ~ 5: On the distribution of heliocentric velocities of meteors: **391** ('34) 9 S. — Some statistical aspects of the study of variable stars: **393** ('34) 12 S.

Contributions baltic Univ. [Hamburg] Gravitational source of energy and convectional instability: **35** ('47) 5 S.

Discovery The age of the Earth and the universe: **18** ('57) 457.

Geophysical Bull. Convective transfer in the problem of climate: Nr. **8** ('53) 12 S.

Geophysical J. roy. astron. Soc. Selective escape of gases: **7** ('63) 490–509.

Icarus [New York] Jupiter: chemical composition, structure, and origin of a giant planet: **1** ('62) 200–57. — Climatic change in cosmic perspective: **4** ('65) 289–307; **5** ('66) 215–17.

Irish astron. J. Mars and the asteroids: **1** ('50/51) 22–24. — Roche's limit: Rings of Saturn: 25f. — Noise in stars: 27f. — Dust and the planets: 37–47. — Dark matter in Praesepe and its cosmogonic implications: 59–63. — Interstellar meteors and related problems: 80–96. — The Schmidt camera - why so late?: 100f. — Draconid meteor shower: 101–03. — Seasonal variation in the rate of rotation of the Earth: 128–30. — Astronomy and the bottom of the sea: 145–58. — The fireball, 1950 Oct. 27: 158. — Diameters of asteroids: 163f. — Distances of extragalactic nebulae and the age of the universe. The coma cluster of galaxies: 189f. — Stellar evolution: 195f. — The Beddgelert meteorite: 217f. — The motions of the Sun and stars, and stellar evolution: 243f. — Life and its evolution from an astronomical viewpoint: **2** ('52/53) 9–20. — Galaxies and stellar evolution: 50–53. — The destiny of life: 65–70. — The ice ages: 71–84. — Liberation of gases from comets: 85f. — Collisions with heavenly bodies: 95–98. — A vibrating camera for meteor photography: 193–202. — Stellar associations and supernovae: 219–33. — Symposium on "Nuclear processes in celestial bodies": 239f. — Identification of meteorite craters; the Ungava crater: **3** ('54/55) 29–31. — Globular clusters and stellar evolution: 36. — The time-scale of our universe: 89–108. — Comet Abell (1953g): 115. — The density of the lunar atmosphere: 137–43. — Meteors and the upper atmosphere: 165–81. — Impending revolution in meteor photography?: 185f. — The space-reddening of galaxies: 187–90. — Do the clouds of Venus consist of water?: 192f. — The origin of meteorites and the constitution of the terrestrial planets: 206–25. — Palaeomagnetism, polar wandering and continental drift: 234–36. — Bernhard Schmidt (1879–1935): 237–40. — The origin of the Moon: 245–48. — Star clusters as indicators of evolution and age; the origin of globular clusters: 251–54. — Period of rotation of Pluto: 255f. — The surface conditions on Venus: **4** ('56/57) 37–48. — Concluding results from the Arizona expedition for the study of meteors: 49–59. — Interplanetary dust and terrestrial accretion of meteoric matter: 84–135. — Matter and antimatter. Extragalactic asymmetry: 158–61. — The Astronomical News Letters and Soviet Astronomy: 161–64. — The density of the lunar atmosphere: 186–89. — Artificial satellites: 201–51; **5** ('58/59) 36. — Comments on satellites: **4** ('56/57) 252–56. — Meteor impact on solid surface: **5** ('58/59) 14–33. — On the catastrophic effects of collisions with celestial bodies: 34–36. — The spike of comet Arend-Roland 1956 h: 37–50. — Magnetic fields and rotation. The rotation of asteroids: 65–70. — The interstellar dust to hydrogen ratio and star formation. The interstellar hydrogen content of the Galaxy: 70–73. — Rotation of artificial satellites: 75–77. — Perturbations of a satellite by an oblate planet: 79–95. — Solar variability and palaeoclimatic changes: 97–109. — Further evidence of vegetation on Mars: 137. — The composition of the Martian atmosphere: 137–39. — Prehistoric records of supernova 1054 a.D. in Arizona?: 139–43. — Tables of meteor luminosities: **6** ('63/64) 3–11. — Astronomical aspects of the exploration of space, 1: 14–28; ~ 2: 260–72. — Solar flares and stellar wind: 29–32; **7** ('65/66) 87. — Runaway stars: **6** ('63/64) 33. — Extragalactic asymmetry. Cosmology and observation: 34–37. — The Alphonsus "eruption"; Phobos; Venus: 39–41; **9** ('69/70) 160. — Venus and the Mariner: **6** ('63/64) 59–67. — Water vapour on Mars: 68–71. — A Jupiter mystery resolved (Ammonia lines): 71–73. — Photometry, dimensions, and ablation rate of comets: 93–112. — The ages of rocks and the prehistory of the Earth's crust. Growth of the continents. The stability of the terrestrial poles and continents: 119–24. — Jupiter: 135–49. — O. L. Struve, 1897–1963: 153f. — The cosmic frame of biological evolution: 156–58. — Comet Pereyra 1963e and its sun-grazing family: 159–61. — Luminous efficiency of meteors: 162–64. — Microvariability of Sun and stars: 174–82. — Metal abundance, the origin of elements and of stars: 193–95. — Circular depressions as suspected meteor craters: 198f. — Meteorites from comets?: 231f. — Clusters of galaxies: 273–79. — The profile of the Moon's limb: 279f. — Is Phobos artificial?: 281–83. — Stellar planets and little dark stars as possible seats of life: 290–96. — Is interstellar travel possible?: 299–302. — Traces of life in meteorites?: 303–05. — Anomalous inclination of Jupiter's ammonia lines?: 307. — The oldest parts of the North American crust. Upper palaeozoic glacial tillites in Massachusetts. Permanence of the Earth's pole of rotation: 312f. — Zeta Bootis: Note on the difference in magnitude: **7** ('65/66) 15. — Notes on cometary physics: 31–46. — Solar flares, sunspot activity, and solar wind[14])[5]): 81–87. — Is the Sun habitable?: 87–90. — Mariner IV and craters on Mars: 92–104. — Rotation of Mercury, Venus, the Moon, and tidal evolution: 124–29. — Sun-grazing comets and tidal disruption: 141–61. — The Campo del Cielo group of meteorite craters: 169. — Homogeneity of tektites from Australia: 170. — Randomness of the distribution of lunar craters: 201–04. — The lunar surface: 204f. — Rotation of the Earth: 205–10. — Cosmological trends: **8** ('67/68) 24–33. — Evolution of the Moon's surface, 1: 38–52. — Interaction of meteoric bodies with the terrestrial atmosphere: 53–62. — Astronomy and the space age: 65f. — A study in microturbulence: 76–

89. — Cloud satellites of the Moon. Is the Moon hollow inside? Saturn's rings: 110–15. — Life and intelligence in the universe: Bottomless speculations: 128–39. — Climatic change and the onset of the ice ages: 153–57. — The Man-on-the-Moon programme: 158f. — The building material of the planets: 159f. — A new look at the old Moon: 160f. — Mars: Fantasy and reality: 162–74. — The cometary origin of meteorites: 185–208. — Cosmological comments: Extragalactic asymmetry; Pulsars; Gravitation and gravitational waves; Evolving versus steady-state universe; Antimatter, quasars; Supernovae; Cosmological absorption; Stellar structure and evolution: 229–48. — Star chains around Eta Carinae[15]): 249–73. — Stellar interiors: The source of life and death: **9** ('69/70) 15–31. — Interstellar absorption: 34–42. — Ice caps on Venus?: 43f. — Rilles and water on the Moon?: 79f. — Comments on cosmic physics, 1: The two ways of approach to research; ~ 2: Semi divergent interaction: 81–87. — Comments on cosmic physics: Tidal evolution of the Earth–Moon-system; Corals and molluscan shells: 120–35. — Mars – the changing picture: 136–48. — The Apollo 12 lunar landing: 151f. — The failures: Interstellar meteors: 156–59; ~ Organized elements in the Orgueil meteorite: 160–62. — Planetary climatology: 173–210. — Orientation of galaxies: 211–19. — Biological evolution and cosmical influences: 227–30. — Orbital commensurability problems and the asteroids: 283–95. — The sonic boom of the Boveedy meteorite: 308–10. — Comet families and transneptunian planets: **10** ('71/72) 35–92. — News and comments: Prehistoric astronomy; Interstellar dust; Stars in the making; Satellites and double stars: 153–70. — Comments on lunar origin: 187–234. — — Zahlreiche weitere Beiträge in dieser Zeitschrift, insbesondere in den Rubriken "News and Comments", "Biographical Notes" und "Obituaries".

J. geophysic. Res. The atmosphere and haze of Mars: **65** ('60) 3057–63. — Escape of gases from the Moon[13]): 3065–70. — The aeolosphere and atmosphere of Venus: **66** ('61) 2807–19.

J. Glaciology On the causes of palaeoclimatic variations and of the ice ages in particular: **2** ('53) 213–18.

McGraw-Hill Yearb. Sci. and Technol. Mars: **1968**, 3 S.

Mana [Visby] Jupiter and the origin of the solar system: **7** ('64) 292–99 [estn.].

Mémoires Soc. roy. Sci. Liège, Collect. in-8° The chemical composition of white dwarfs: (4) **14** ('54) 131–38. — Disturbances in dwarf stars caused by nuclear reactions and gas diffusion: 187–99. — The masses of meteors: **15** ('55) 125–46. — The distribution of meteor stream intensity over the celestial sphere: 147–73 (m. Diskuss. S. 186–90). — Dust and star formation in supernova explosions: 634–37 (m. Diskuss. S. 684–87). — Jupiter: Chemical composition, structure, and origin of a giant planet: (5) **7** ('63) 47–50. — The dynamical aspects of the origin of comets: **12** ('66) 523–74. — Comet nuclei as the principal source of meteorites: 575–80.

Monthly Notices roy. astron. Soc. Reports on the progress of astronomy: Meteors: **100** ('40) 315–26. — Secular changes of stellar structure and the ice ages: **110** ('50) 49–68. — Transport of heat and matter by convection in stars: 559–89. — Rotational currents: **111** ('51) 278–88. — Lunar surface as an impact counter: **120** ('60) 404–11.

Moon [Dordrecht] Comets and the formation of planets: **1** ('69/70) 487–93.

Nature [London] Cosmic sources of deep-sea deposits: **176** ('55) 926f. — Artificial satellites: **181** ('58) 1311.

Physical Fluids Distribution of density in a planetary exosphere [,1][13]): **2** ('59) 653–55; **3** ('60) 486–88; ~ 2[13]): **4** ('61) 221–23.

Planetary and Space Sci. The lunar atmosphere: **9** ('62) 211–44.

Popular Astron. Meteorites and the age of the universe: **41** ('33) 71–79.

Proc. amer. Acad. Arts and Sci. Note on stellar perturbations of nearly parabolic orbits: **67** ('32) 169–83.

Proc. nation. Acad. Sci. USA The Arizona expedition for the study of meteors[11])[3]): **18** ('32) 16–23. — Meteor heights from the Arizona expedition: **22** ('36) 525–30.

Proc. roy. irish Acad. Stellar models with variable composition, 1: Models with a discontinuity of molecular weight: **53** ('49) Sect. A, Nr. 1, 16 S.; ~ 2: Sequences of models with energy generation proportional to the fifteenth power of temperature: **54** ('51) Nr. 4, 49–77. — Collision probabilities with the planets and the distribution of interplanetary matter: Nr. 12, 165–99.

Proc. roy. Soc., London, Ser. A Meteor radiation, ionization and atomic luminous efficiency: **230** ('55) 463–501.

Publ. Observat. astron. Univ. Tartu Measures of double stars, 2: 1926–1930: **27** ('32/34) Nr. 5, 29 S. — Stellar distribution and the law of chance, 2: Probabilities of geometrical configurations, and the irregularity of stellar distribution in the Paris carte-du-ciel, zone $\delta = +24°$: Nr. 7, 28 S.; ~ 3: The Algiers carte-du-ciel zone $\delta = +1°$ [9]): **28** ('34/36) Nr. 1, 20 S. — Determination of colour equivalents of stars according to Tikhoff's method, 2: Violet-blue colour indices of 428 stars, and photographic magnitudes of 819 stars[6])[12]): Nr. 2, 26 S. — The densities of visual binary stars[4]): Nr. 3, 16 S. — Researches on the physical theory of meteor phenomena, 1: Theory of the formation of meteor craters; ~ 2: The possible consequences of the collisions of meteors in space: Nr. 6, 27 S.; ~ 3: Basis of the physical theory of meteor phenomena: **29** ('37) Nr. 5, 69 S. — On the upper limit of stellar masses: **30** ('38/41) Nr. 1, 42–46. — The density of the white dwarf A.C. +70°.8247: 47–49. — Stellar structure, source of energy, and evolution: Nr. 3, 118 S. — Composite stellar models [,1]: Nr. 4, 48 S.; Zusammengesetzte Sternmodelle, 2: **31** ('43) Nr. 1, 51 S. — Analysis of 1436 meteor velocities: **30** ('38/41) Nr. 5, 86 S. — Observations of meteor velocities 1931–1938: Nr. 6, 113 S. — Multiple stars and equipartition of energy[4])[10]): Nr. 7, 5–14.

Science [USA] Density of the lunar atmosphere[13]): **133** ('61) 1419f. — The Martian surface: **153** ('66) 255–65. — Martian and lunar craters [,2]: **155** ('67) 355f.

Science J. The lunar environment: **5** ('69) Nr. 5, 67–72.

Scientific American Climate and the changing Sun: **198** ('58) 85–92.

Scientific Monthly Meteorites and the age of the universe: **35** ('32) 109.

Southern Stars Planetary observations: **15** ('52) 103f.

Space Sci. Surface conditions on the nearest planets: 8 ('58/59) Nr. 9, 2–6. — Meteorite impact and life on Earth: **9** ('59/60) Nr. 10, 2–6; **10** ('60/61) Nr. 1, 2–7. — Origin of the Moon: Nr. 8, 2–7; **11** ('61/62) Nr. 4, 2–8.

Suomalaisen Tiedeakatemian Toimituksia, Sarja AIII The survival of stray bodies in the solar system: **61** ('61) 185–95.

Trans. amer. geophys. Union Reinterpretation of the uranium–helium ages of iron meteorites[13]): **38** ('57) 566–68.

Tulimuld [Lund] Visiting other worlds: 8 ('57) 227–31 [estn.].

World Sci. Reviews Artificial satellites: **1957**, Nov.-Nr., 3–6.

Z. Astrophysik Interplanetary gas: **35** ('54) 43–60. — The motion of the condensation in the tail of Halley's comet June 5–8, 1910: **58** ('63/64) 192–201.

Viele der zitierten Arbeiten auch erschienen als "Contributions from the Armagh Observatory" (Nrn. 2, 3, 5–9, 11–16, 19, 24, 26–29, 32, 34–39, 42, 44, 45, 49–54, 61, 63–65, 75, 77; Quarto series Nrn. 1 u. 2) oder als "Armagh Observatory Leaflet" (Nr. 3, 4, 6, 9, 11, 13–15, 19, 20, 22, 25–27, 29, 30, 33–36, 39–41, 43, 44, 46, 47, 55, 57–59, 61, 63, 64, 67, 78, 79, 83, 85, 88, 95, 99, 100, 102, 103, 105, 106, 108, 109).

Ferner: "Interaction of meteoroids with the atmosphere, 1: Stony micro meteorites" (m. E. G. Stolarik), vervielfältigt als Technical Report Nr. 577 ('66) des Department of Physics and Astronomy, University of Maryland, College Park, Md. (37 S.). — — Außerdem 6 Klavierstücke (Ballade élégique, Conte I, II, Visions I, II, L'épître) (Tartu '37).

Mit: [1]) J. W. Abrams; [2]) L. Barnes; [3]) S. L. Boothroyd; [4]) J. Gabovitš; [5]) A. M. Lencheck; [6]) R. Livländer; [7]) G. Maulbetsch; [8]) M. Olmsted; [9]) L. Pitka; [10]) V. Riives; [11]) H. Shapley; [12]) O. Silde; [13]) S. F. Singer; [14]) J. M. Wilcox; [15]) H. H. R. Grossie.

VI **OESPER,** Ralph Edward. Chem. (analyt.), Geschichte d. Chem. — 1918–37 Assoc. Prof., '37–51 Prof., '51 Prof. Emer., '59– Curator of Chemical Library, Univ. of Cincinnati, O. — '66 Hon. D. Sc. (Univ. of Cincinnati, O.). — '54 Eminent Chemist Award (Cincinnati Sect. of Amer. Chem. Soc.); '56 Dexter Award in History of Chem. (Amer. Chem. Soc.); '69 Cincinnati-Scientist-of-the-Year Award (Council of Cincinnati Techn. Societies).

*1886, Juni 14, Cincinnati, O.

Zur Biogr. Chemical and Engng. News **19** ('41) 916, 1037; **22** ('44) 1696; **23** ('45) 253, 1852 (m. Bildn.); **25** ('47) 2277, 3005; **26** ('48) 3130; **29** ('51) 3028; **32** ('54) 1384 (m. Bildn.); **33** ('55) 984, 1522 (m. Bildn.); **34** ('56) 4750 (m. Bildn.), 5296; **35** ('57) Nr. 11, S. 54; **37** ('59) 22. Juni, S. 100; **44** ('66) 6. Juni, S. 82; **47** ('69) 12. Mai, S. 88. [Meist kurze Notizen]. — J. chem. Educat. **34** ('57) 106 (m. Bildn.).

Ue. Newer methods of volumetric chemical analysis [Neuere maßanalytische Methoden (Die chemische Analyse, 33)] (NewYork–London '38) 13+268 S. — F. Feigl, Qualitative analysis by spot tests; inorganic and organic applications [Qualitative Analyse mit Hilfe von Tüpfelreaktionen] [3](New York–Amsterdam '46, '47) 16+574 S.; 4. Aufl. in 2 Bänden u.d.T.: Spot tests **1**: Inorganic applications [4]('54) 518 S., **2**: Organic applications [4]('54) 436 S.; 5. u. 6. Aufl. von **1** u. d. T.: Spot tests in inorganic analysis [5]('58) 13+600 S., [6]('72) 19+669 S., 5.–7. Aufl. von **2** u.d.T.: Spot tests in organic analysis [5]('56) 20+616 S., [6]('60), [7]('66) 23+772 S.; Gekürzte u. umgearbeitete Ausgabe d. 3. Aufl. u.d.T.: Specific and special reactions for use in qualitative analysis, with particular reference to spot test analysis (New York '40, London '47) 9+192 S. — F. Feigl, Laboratory manual of spot tests (New York '43) 12+276 S. — F. Feigl, Chemistry of specific, selective and sensitive reactions (New York '49) 14+740 S. — J. Timmermans, Chemical species [La notion d'espèce en chimie] (London–NewYork '40, '41) 8+177 S.; The concept of species in chemistry (New York '63) 201 S. — M.T.F. v.

Laue, History of physics [Geschichte der Physik] (New York '50) 8+150 S. — G. Charlot, D. Bézier, R. Gauguin, Rapid detection of cations [Analyse qualitative rapide des cations] (New York '54) 92 S.; ²(London '55) 92 S.; ³(New York '65) 107 S. — E. Bayer, Gas chromatography [Gaschromatographie] (Amsterdam '61) 240 S. (Elsevier monographs, Chemistry section, 10). — Principles and applications of paper electrophoresis [Die Papierelektrophorese; Methoden und Ergebnisse] (Amsterdam–New York '61) 253 S. (∼ 11). — [Aus d. Französischen] C. Duval, Inorganic thermogravimetric analysis ²(Amsterdam '63) 15+722 S. — Hans Berger [pseud.], Asbestos fundamentals; origin, properties, mining, processing, utilization [Asbest-Fibel] (New York '63) 171 S. — Hans Berger [pseud.], Asbestos with plastics and rubber [Verarbeitung von Asbest mit Kunststoffen und Kautschuken] (New York '66) 6+148 S. — Immuno-electrophoretic analysis; applications to human biological fluids (P. Grabar, P. Burtin) [Analyse immuno-électrophorétique] (Amsterdam '64) 12+302 S.

S. Encyclopaedia Britannica, a new survey of universal knowledge **2** (Chicago–London–Toronto ... '65) 474f.: Svante August Arrhenius[11]); **3** ('65) 534: Pierre Eugène Marcelin Berthelot; 544: Jöns Jacob Berzelius; 739: Joseph Black; **4** ('65) 790: Stanislao Cannizzaro; **6** ('65) 801: Sir William Crookes; **7** ('65) 750: Jean Baptiste André Dumas; **9** ('65) 926: Karl Remigius Fresenius; **10** ('65) 478f.: Johann Rudolf Glauber; 658: Thomas Graham; 1090f.: Fritz Haber; **11** ('65) 380: William Henry; 575f.: August Wilhelm von Hofmann; **13** ('65) 443f.: (Adolf Wilhelm) Hermann Kolbe; 878: Joseph Achille Le Bel; **16** ('65) 548: Alfred Bernhard Nobel; 1152: Wolfgang Ostwald; **17** ('65) 530: William Henry Perkin; **18** ('65) 968: Sir William Ramsay; **19** ('65) 289: Theodore William Richards; **21** ('65) 291: Georg Ernst Stahl; **23** ('65) 514: Alfred Werner; 694f.: Friedrich Wöhler; 700f.: William Hyde Wollaston. — Zahlreiche weitere Biographien in der Ausgabe 1947 der Encyclopaedia Britannica sowie in Harper's Encyclopedia of science (New York '63).

Chemical and Engng. News Letter to the editor, concerning the plight of European chemists during World War II: **25** ('47) 3460–.

Chemistry [Washington] Michael Faraday, an informal sketch: **43** ('70) Nr. 3, 16f.

Chymia [Philadelphia] Pierre Louis Dulong, his life and work[7]): **1** ('48) 171–90. — Henri Sainte-Claire Deville, 1818–1881[7]): **3** ('50) 205–21.

Industrial and Engng. Chem., Analyt. Edit. Oxidation–reduction indicators for use with dichromate[10]): **6** ('34) 465f.; ∼ 2[2]): **8** ('36) 364f. — Preparation of naphthidine[2]): 306f.

Analytical Chem. Use of glycolic acid derivatives in determination of zirconium[6]): **21** ('49) 1509–11. — Rapid method for determination of small amounts of zirconium[4])[6]): **24** ('52) 1492–94. — New analog of cupferron[5]): **25** ('53) 908f.

J. amer. chem. Soc. The preparation of lead tetraacetate[3]): **61** ('39) 972f. — Some bivalent-metal ethylenediammonium phosphates; a new series of double salts[8]): **77** ('55) 6474–77. — Some phosphates of aliphatic diamines[8]): 6513–15.

J. chem. Educat. Kjeldahl and the determination of nitrogen: **11** ('34) 457–62. — Enrique Moles: **13** ('36) 368. — Priestley, Lavoisier and Trudaine de Montigny: 403–12. — Arnold Holleman: **13** ('36). — Frédéric Joliot, Irène Joliot Curie: ibid. — Edmund von Lippmann: ibid. — Emil Abderhalden: **14** ('37) 237. — Epigrams of Remigius Fresenius I: 313–15. — Georg Bredig: **14** ('37). — Ignacy Mościcki: ibid. — Heinrich Wieland: ibid. — Max Bodenstein: **15** ('38). — J. N. Brønsted: ibid. — Peter Debye: ibid. — Hans von Euler: ibid. — Hans Fischer: ibid. — J.R. Partington: ibid. — Ernest Solvay: ibid. — S.P.L. Sørensen: ibid. — Georges Urbain: ibid. — Hermann Staudinger: **16** ('39) 1. — Jocelyn Field Thorpe: 98. — Berthold Schwarz: 303–06. — Karl Bonhoeffer: **16** ('39). — Fritz Paneth: ibid. — Nicola Parravano: ibid. — Erik Rideal: ibid. — Jean Timmermans: ibid. — Some famous balances: **17** ('40) 312–23. — Fritz Feigl: 538. — Otto Hönigschmid: 562. — Isidor Heilbron: **17** ('40). — George de Hevesy: ibid. — K. U. Linderstrøm-Lang: ibid. — Andreas Smits: ibid. — Adolf Windaus: ibid. — Wilhelm Böttger: **18** ('41) 24. — An excerpt from Lavoisier's laboratory journal: 85f. — Frederick George Donnan: 282. — Chemical warfare in those days: 423–. — Alfred W. Stewart: 492–. — (Julius) Robert Mayer, 1814–1878: **19** ('42) 134. — Ludwig Gattermann, 1860–1921: 444f. — Otto Ruff, 1871–1939: 496. — Nicolas Leblanc, 1742–1806: 567–72; **20** ('43) 11–20. — Recovery of tin from tin cans. A lab experiment: 406–. — Ernst von Meyer, 1847–1916: **21** ('44) 107f. — Heike Kamerlingh Onnes: 263f. — Walhalla, the German Hall of Fame: 314–. — An interesting photograph (Mendelejeff and Lothar Meyer): 366f. — Ernst Beckmann, 1853–1923: 470–74. — F. L. Hahn: 565. — Fritz Ephraim, 1876–1935: **22** ('45) 106. — Hans Landolt, 1831–1910: 158–62. — Sydney Young, 1857–1937: 211. — Wolfgang Ostwald, 1883–1943: 263f. — Birth of modern chemical nomenclature: 290–92. — M. M. Pattison Muir, 1848–1931: 458f. — The desecrated Lavoisier monument in Paris: 468–. — Paul Karrer: **23** ('46) 392f. — Friedrich Fichter: 394–. — Ferrous ethylenediamine sulfate as an oxidimetric standard[1]): **24** ('47) 235f. — A royal practical joke: **25** ('48) 93–95. — Hans Eduard Fierz-David: 279. — Karl Ziegler: 510f. — Alwin Mittasch: 531f. — Adolf Butenandt: **26** ('49) 91. — John Read: 172f. — Student fashions, yesterday and today: 202–. — Erich Pietsch: 251–53. — Wilhelm Prandtl: 398f. — Friedrich Bergius, 1884–1949: 508. — Tadeus Reichstein: 529f. — Günther Rienäcker: 666. — Josef Goubeau: **27** ('50) 158. — Georg Lockemann: 236. — Heinrich Rheinboldt: 296. — Werner Kuhn: 416. — Friedrich Wöhler: 465. — Arnold Eucken: 540f. — Marcel Delépine: 567f. — Otto Hahn: 590. — Walter Hückel: 625. — Walter Julius Reppe: 648, 653, 658. — Kurt H. Meyer: 665. — Erich Hückel: 674. — Arthur Stoll: **28** ('51) 24f. — Clément Duval: 36f. — Paul Pfeiffer: 62. — Georges Denigès: 194. — Rudolf Pummerer: 243f. — Klaus Clusius: 321. — John Arvid Hedvall: 381. — Karl Freudenberg: 426f. — Niels Bjerrum: 433. — Gunnar Hägg: 484. — Arne Tiselius: 538. — Vladimir Prelog: 575. — Odd Hassel: **29** ('52) 25. — Berthold Rassow: 76f. — Clemens Schöpf: 168f. — Georg-Maria Schwab: 247. — Robert Strebinger: 297. — Wilhelm Klemm: 336f. — Burckhardt Helferich: 459. — Albin Kurtenacker: 487. — Arthur Simon: 609f. — Gustav F. Hüttig: 622f. — Gustav Kortüm: **30** ('53) 2. — Paul E. Wenger: 66f. — Some chemical relics: 193f. — Hermann Mohler: 228. — Franz Hein: 313f. — Gerhart Jander: 348f. — Leo Ubbelohde: 414f. — Gertrud Woker: 435–37. — Robert Schwarz: 510. — Oskar Glemser: 550f. — Jean Baptiste Gillis: 622f. — Adolf von Baeyer: **31** ('54) 91. — Wolfgang Langenbeck: 94f. — Walter Hieber: 140f. — Gerhard Domagk and chemotherapy: 188–91. — Georg Wittig: 357f. — Haus Energie: 398. — Johann Diderik van der Waals: 599. — Josiah Willard Gibbs: **32** ('55) 267f. — The burial place of August Wilhelm Hofmann (1818–1892): **45** ('68) 153.

J. org. Chemistry Synthesis and properties of di-2,4-dimethylphenyl-thiocarbazone[6]): **13** ('48) 309–12.

Scientific Monthly The Faraday–Whewell correspondence concerning electro-chemical terms[9]): **45** ('37) 535–46.

Ferner Übersetzung und Bearbeitung zahlreicher insbesondere biographischer und chemiehistorischer Aufsätze ausländischer Autoren für J. chem. Educat. und andere chemische Fachzeitschriften.

Mit: [1]) K. P. Caraway; [2]) S. Cohen; [3]) C. L. Deasy; [4]) R. A. Dunleavy; [5]) R. E. Fulmer; [6]) J. J. Klingenberg; [7]) P. Lemay: [8]) R. C. Mast; [9]) M. Speter; [10]) L. E. Straka; [11]) E. N. da C. Andrade.

VI **ÖSTLING,** Gustav Jim. Chem. (med., pharm.). — 1906–12 Stud., '15–23 Doz., '23–38 Adjunkt der Chem. am Pharm. Inst., '28 Dr., '30–38 Dir. d. Pharm. Inst., '38–47 Prof., Univ. Helsinki; '12–17 Lehrer propädeut. Chem., Inst. f. Wirtschaftslehre d. Landbaus, Helsinki; '16–43 Techn. Dir., '43– Wiss. Dir., Medica Aktienges., Helsinki.

*1884, Jan. 24, Maarianhamina, Finnland;

†1955, Apr. 29, Helsinki.

Bildn. Finska Kemistsamfundets Medd. **52** ('44) nach S. 72.

Acta Soc. Medicorum fennicae „Duodecim", Ser. A Über die Wirkungen von Bornylacetat, Bornylbenzoat und Bornylisovalerianat auf Rana temporaria[1]): **21** ('39) Nr. 5, 13 S. [m. französ. und engl. Zusammenfassg.].

Årsbok-Vuosikirja Soc. Sci. fennica Adolf Ossian Aschan. Nekrolog: **19** ('41) C, Nr. 3, 16 S. [schwed.].

Nordisk Med. Über die Fähigkeit der Leber, momentan Digitalisglykoside zu binden: **10** ('41) 1055–57 [schwed. m. deutscher Zusammenfassg.].

Suomen Kemistiseuran Tiedonantoja Pehr Adolf von Bonsdorff: **46** ('37) 52–61 [schwed.]. — Neuere Fortschritte in der Chemotherapie: **51** ('42) 16–21 [~]. — Adolf Moberg: **52** ('44) 239–49 [~].

Tekniska Fören. i Finland Förh. Pharmaceutical manufacture in Finland: **59** ('39) 149–56 [ ].

Mit: [1]) A. Vartiainen.

IV, VI **OESTREICH,** Johann Wilhelm Karl. Geogr., Geomorphol. — 1908–44 Prof. physikal. Geogr. u. Geomorphol., Dir. d. Geogr. Inst. u. '22–44 Lehrbeauftragter f. Länderkunde, Rijksuniv. te Utrecht. — '35 Iovan-Cvijić-Medaille (Geogr. Ges. Beograd); Medaille (Geogr. Ges. Bruxelles).

*1873, Dez. 11, Frankfurt (Main);

†1947, Okt. 26, Driebergen.

Zum 20jährigen Dienstjubiläum Gedenkboek Oestreich. Bundel excursieverslagen 1909/1928 op 16 November 1928 aan prof. dr. K[arl] Oestreich door zijn leerlingen bij de herdenking van zijn 20-jarige ambtsvervulling aangeboden (Groningen '33) 379 S.

Nekr. J. B. L. Hol, J. P. Bakker, Tijdschr. koninkl. nederl. aardrijkskund. Genootsch. **65** ('48) 1–18 (m. Bildn. u. Schr.verz.).

MHZ. (Redakt.) Tijdschr. koninkl. nederl. aardrijkskund. Genootsch. **31** ('14) - **64** ('47).

S. De Utrechtsche Universiteit 1636–1936, **2**: 1815–1936 (Utrecht '36) 328–43: Geologische und geographische Wissenschaften [niederländ.]. — C. R. Congrès international de géographie, Amsterdam 1938. Travaux de la section IIa: Géographie physique (Leiden '38) 75–77: Gedanken zur Glazialerosion; 162–68: Historisches zur Frage der Piedmonttreppe. — R. Schuiling, Nederland. Handboek der aardrijkskunde. Suppl. 2 [6](Zwolle '41) 106–11: Geomorphologie [niederländ.].

W. Auf alten und neuen Wegen in Bulgarien. Nach Briefen und Tagebüchern, 1: Die Reise im Jahre 1916 (Utrecht '34) 165 S. (Geographische en geologische mededeelingen. Physiographisch-geologische reeks, 9); 2: Die Reise im Jahre 1917 ('45) 68 S. (~ 18). — (Mitbearb.) C.R. Congrès international de géographie, Amsterdam 1938. Excursion B4: La région glaciaire (Leiden '38) 46 S. — Grepen uit de geschiedenis der physische aardrijkskunde ('s-Gravenhage '47) 116 S. (Servire's encyclopaedie, Afd. A6, Nr. 1).

Geographische Z. Alfred Rühl: **42** ('36) 143–47. — Die neueren Strömungen in der niederländischen Geographie: **44** ('38) 289–97.

Geographisches Jahrb. Die Niederlande (1928–38): **54** ('39) 597–634.

Geologie en Mijnbouw Die Entstehung von Piedmonttreppen: **15** ('36) 61 [niederländ.].

Handelingen nederl. natuur- en geneeskund. Congr. Die glaziale Morphologie: **26** ('37) 319–21 [niederländ.]. — Wünschenswertes und Möglichkeiten für zukünftige morphologische Untersuchungen in Niederländisch-Ostindien: **28** ('41) 249–52 [~].

Izvest. bŭlgarsk. geogr. Druž. Kraischte und Ermaschlucht: **1** ('33) 55–73.

Petermanns geogr. Mitt. Hendrik Blink: **78** ('32) 81. — William Morris Davis: **80** ('34) 136.

Tijdschr. koninkl. nederl. aardrijkskund. Genootsch. Notizen zu 3 Luftfotos von Landschaften in Vorder-Asien: (2) **49** ('32) 1f. [niederländ.]. — Wie der Rhein entstand: **51** ('34) 133f. [~]. — Die Graubündener Pässe: **52** ('35) 544–64 [~]. — Lawinenkunde, ein neuer Zweig der Wissenschaft: **53** ('36) 483–88 [~]. — La genèse du paysage naturel: **55** ('38) 554–72 (= Congres-Nr. S. 18–35). — Notizen über die Piedmonttreppe des Fichtelgebirges: **56** ('39) 524–42 [niederländ.]. — Dr. Ph. C. Visser über die Gletscher des Karakorum: **57** ('40) 81–88 [~]. — Eiszeit und Aktualität. Bemerkungen zur Abhandlung von Dr. C.G.S. Sandberg: Ist die Annahme von Eiszeiten berechtigt?: **58** ('41) 363–80 [~]. — Zwei alte Bekannte: Neckar und Donau: 1039–50 [~]. — Gesteinsströme von Gletschern? Bemerkungen zu einer Abhandlung von Dr. C.G.S. Sandberg über „Gesteinsströme": **59** ('42) 178–87 [~]. — Bodemreliëf en rivierennet van België, als gevolg van jonge tectoniek. Naar anleiding van het werk van Ch. Stevens: Le relief de la Belgique: 371–410. — Betrachtungen über eine nackte Karstfläche bei Winterswijk: **60** ('43) 163–66 [niederländ.]. — Über Orogenese und Vergletscherung im nordwestlichen Himalaya: **61** ('44) 146–70 [~]. — Eine postume Ehrung für Mevr. J. Visser-Hooft: **62** ('45) 437f. [~]. — Wichtige geographische Beiträge aus einem geologischen Fest-Sammelband: **64** ('47) 18–30 [~].

Tijdschr. Onderwijs Aardrijkskunde Erdkunde, Geologie, Geophysik: **16** ('38) 82–85 [niederländ.].

Verhandelingen nederl. geol.-mijnbouwkund. Genootsch., Geol. Ser. Het Hooge Venn en de "Venn-glooiing": **14** ('45) 361–73.

VI **von OETTINGEN,** Wolfgang Felix. Pharmakol., Toxikol. — 1925–29 Instructor, '29–34 Assist. Prof., Western Reserve Univ., Cleveland, O.; '34–38 Dir., Haskell Laboratories of Industr. Toxicol., Wilmington, Del.; '38–46 Principal Industr. Toxicologist, Divis. of Industr. Hygiene, '46 Chief Industr. Toxicologist of the Labor. of Phys. Biol., Experimental Biol. and Med. Inst., '54– Medical Officer of Toxicol. of the Labor. of Pharmacol. and Toxicol., Inst. of Arthritis and Metabolic Diseases, Nation. Institutes of Health, Bethesda, Md. (⊠)

*1888, Dez. 3, Marburg, Lahn.

S. Handbuch der experimentellen Pharmakologie (begründet von A. Heffter). Ergänzungswerk (W. Heubner, J. Schüller) **3** (Berlin '37) 1–47: Die Atropingruppe.

W. The therapeutic agents of the quinoline group: cinchophen, plasmoquine, nupercaine, quinine and acridine dyes; the relation between their chemical constitution and pharmacologic action (New York '33) 301 S. (A.C.S. monograph series, 64). — The therapeutic agents of the pyrrole and pyridine group (Ann Arbor, Mich. '36) 258 S. — Toxicity and potential dangers of aerosols, mists, and dusting powders containing DDT (m. P. A. Neal, W. W. Smith u. a.) (Washington, D. C. '44) 32 S. (U. S. Public Health Service, Public health reports, Suppl. 177). — Toxicity and potential dangers of aerosols and residues from such aerosols containing three percent DDT (m. P. A. Neal, R. C. Dunn, N. E. Sharpless) (Washington, D. C. '45) 32 S. (~ 183). — Poisoning. A guide to clinical diagnosis and treatment (London–NewYork '52) 10+524 S.; [2](Philadelphia, Pa.–London '58) 12+627 S. — The halogenated aliphatic, olefinic, cyclic, aromatic and aliphatic-aromatic hydrocarbons including the halogenated insecticides, their toxicity and potential dangers (Washington, D. C. '55) 9+430 S. (U. S. Public Health Service, Publ. 414). — Handbook of toxicology (W. S. Spector) 1: Acute toxicities of solids, liquids and gases to laboratory animals (Philadelphia, Pa.–London '56) 7+408 S. — The halogenated hydrocarbons of industrial and toxicological importance (Amsterdam–New York '64) 10+300 S.

Ärztliche Sachverständigen-Ztg. Probleme und Arbeitsmethoden der Gewerbetoxikologie: **41** ('35) 269–72.

A.M.A. Archives industr. Hyg. and occupation. Med. Distribution and excretion of intravenously administered methyl chloride[27] [12]): **1** ('50) 215–24.

A.M.A. Archives industr. Health The aliphatic acids and their esters: toxicity and potential dangers, 1: Formic acid and esters: **20** ('59) 517–31; ∼ 2: Acetic acid and esters: **21** ('60) 28–65; ∼ 3: Saturated monobasic acids with three to eighteen carbon atoms and their esters: 100–13; ∼ [4]: Relation between the physical-chemical properties and the pharmacological effects of saturated monobasic aliphatic acids: 404–23.

American J. Diseases Children Enterodepressant factor in stools and spinal cords of monkeys infected with poliomyelitis[36]): **48** ('34) 30–34.

American J. Med. Complications of antibiotic therapy: **18** ('55) 792–809.

American J. Physiol. Comparative excretion and distribution of carbon[14]-labeled carbonate and formate in large albino rats[27])[14]): **174** ('53) 33–38.

Annals med. History The earliest suggestion of the use of cocaine for local anesthesia: **5** ('33) 275–80.

Antibiotics Annu. Durch allgemeine Anwendung von Antibioticis hervorgerufene ungünstige Wirkungen. Literaturübersicht: **1954/55**, 361–78 [engl.].

Archives int. Pharmacodyn. et Thérapie Comparative studies of the toxicity and pharmacodynamic action of chlorinated methanes with special reference to their physical and chemical characteristics [22])[24])[1])[20]): **81** ('50) 17–34.

Archives Pathology Pathological changes produced by chlorobromomethane[10])[29])[1])[20]): **45** ('48) 299–305.

Industrial Med. Toxic gases and vapors: **4** ('35) 245–53.

J. amer. med. Assoc. Comparative studies on mercurochrome and other antiseptics[4])[2])[21]): **99** ('32) 127–34. — Toxicity of toluene[19])[6]): **118** ('42) 579–84.

J. industr. Hyg. (and Toxicol.) The Haskell Laboratory of Industrial Toxicology, Wilmington, Delaware: **17** ('35) 174–78. — The relation between the chemical constitution and pharmacological action of phenylhydrazine derivatives[5]): **18** ('36) 1–16. — The toxicity and potential dangers of ethylene glycol[33]) [11]): 123–26. — 2-Chlorobutadiene (chloroprene): its toxicity and pathology and the mechanism of its action[11])[5])[33]): 240–70. — The toxicity and potential dangers of crude "Duprene"[5]): 271f. — The toxicity and potential dangers of phenylhydrazine zinc chloride[5])[11]): 301–09. — The pharmacological action and pathologic effects of alkyl thiocyanates in relation to their chemical constitution and physical-chemical properties[11])[5]): 310–36. — A laboratory of industrial toxicology: 609–22. — On the toxic effects of low concentrations of carbon disulfide[33])[11]): 733–40. — The halogenated hydrocarbons: their toxicity and potential dangers: **19** ('37) 349–448. — Acute toxicity of vapours of several monoalkyl ethers of ethylene glycol[32])[16])[15]): **25** ('43) 157–63. — Acute toxicity of vapours of solvents containing appreciable amounts of benzene and toluene[29])[7]): 366–73. — Effects of repeated exposures of rats to vapours of monoalkyl ethers of ethylene glycol[32])[18])[16])[15]): 374–79. — Effect of repeated exposures of dogs to monoalkyl ethylene glycol ether vapours[32])[16])[15]): 409–14. — Acute and chronic toxicity of methyl chloride, 1: Mortality resulting from exposures to methyl chloride in concentrations of 300 to 4000 parts per million[26]): **29** ('47) 47–52; ∼ 2: Symptomatology of animals poisoned by methyl chloride[26]): 123–28. — Toxicity and narcotic action of bromochloromethane with special reference to inorganic and volatile bromide in blood, urine, and brain[29]) [10])[1]): 382–89. — Toxicity and potential dangers of cyclotrimethylenetrinitramine (RDX) [6])[34])[17])[9]): **31** ('49) 21–31.

J. Pharmacol. and exper. Therapeut. The effect of phosphate and bicarbonate buffers on the ionization of calcium salts in physiologic salt solutions[21]): **44** ('32) 435–43. — On the pharmacologic action of some new choline derivatives in relation to their chemical constitution[8]): 465–77. — The physico-chemical properties of some new choline derivatives in relation to their chemical constitution and pharmacologic action[3]): **48** ('33) 333–40. — Comparison of the pharmacologic action of atropine and its optical isomers, levo- and dextro-hyoscyamine[13]): **50** ('34) 15–20. — Toxicity and toxic manifestations of 1,1,1-trichloro-2,2-di-p-chlorophenylethane (DDT) as influenced by chemical changes in its molecule. Relation between chemical constitution and toxicological action[24]): **88** ('46) 400–13. — The toxicology of potassium and sodium iodates; acute toxicity in mice[31])[23])[10]): **120** ('57) 171–78.

National Inst. Health Bull. Toxicity and potential dangers of methyl bromide with special reference to its use in the chemical industry, in fire extinguishers and in fumigation: Nr. **185** ('46) 41 S. — The effects of aliphatic nitrous and nitric acid esters on the physiological functions with special reference to their chemical constitution: Nr. **186** ('46) 4+76 S. — Xylidine (C,C-Dimethylaniline): its toxicity and potential dangers as compared with those of aniline and an appraisal of the potential hazards from its use in blending gasoline[19])[25])[29]): Nr. **188** ('47) 6+122 S. — Phenol and its derivatives: the relation between their chemical constitution and their effect on the organism: Nr. **190** ('49) 8+408 S. — Relation between the toxic action of chlorinated methanes and their chemical and physicochemical properties[22])[24])[1])[20]): Nr. **191** ('49) 5+85 S.

Physiological Rev. Manganese: its distribution, pharmacology and health hazards: **15** ('35) 175–201. — Organic chemical industrial hazards to health: **22** ('42) 170–89.

Proc. Soc. exper. Biol. and Med. Notes on toxicity and pharmacology of indium: **29** ('31/32) 1188–93. — An entero depressant factor in stools of monkeys infected with experimental poliomyelitis[36]): **30** ('32/33) 1082f. — Destruction of levo-, dextro- and racemic hyoscine by egg white and rabbits serum[13]): **31** ('33/34) 224f.

Public Health Bull. The aromatic amino and nitro compounds, their toxicity and potential dangers: Nr. **271** ('41) 7+221 S. — The toxicity and potential dangers of nitrous fumes: Nr. **272** ('41) 3+34 S. — Studies on the mechanism of carbon monoxide poisoning as observed in dogs anesthetized with sodium amytal[6])[35])[15]): Nr. **274** ('41) 5+50 S. — The toxicity and potential dangers of toluene, with special reference to its maximal permissible concentration[19]) u. a.): Nr. **279** ('42) 5+50 S. — The aliphatic alcohols: their toxicity and potential dangers in relation to their chemical constitution and their fate in metabolism: Nr. **281** ('43) 7+253 S. — Toxicity and potential dangers of penta-erythritol-tetranitrate (PETN)[6]) u. a.): Nr. **282** ('44) 3+39 S. — Carbon monoxide: its hazard and the mechanism of its action: Nr. **290** ('44) 6+257 S.

Public Health Rep. Excretion of DDT in man: clinical observations[19])[30])[28]): **61** ('46) 403–09.

Pure and appl. Chem. Methods used by the Committee Z 37 of the American Standards Association in establishing maximal acceptable concentrations of toxic dusts and gases: **3** ('61) 115f.

Trans., Conf. Liver Injury Hepatic injury due to chemicals: **2** ('44) 64–69.

Trans., Nation. Safety Council Variations in the toxicity of chemical compounds under different conditions: **1935**.

Yale J. Biol. and Med. Toxicity and potential dangers of aliphatic and aromatic hydrocarbons: **15** ('42) 167–84.

Mit: [1]) W. C. Alford; [2]) V. A. Badertscher; [3]) R. O. Bowman; [4]) O. V. Calhoun; [5]) W. Deichmann-Gruebler; [6]) D. D. Donahue; [7]) R. C. Dunn; [8]) D. F. Eveleth; [9]) M. R. Harris; [10]) B. Highman; [11]) W. C. Hueper; [12]) F. J. Macri; [13]) I. H. Marshall; [14]) E. S. Maxwell; [15]) J. W. Miller; [16]) J. L. Mitchell; [17]) A. R. Monaco; [18]) C. Z. Nawrocki; [19]) P. A. Neal; [20]) L. J. Pecora; [21]) R. E. Pickett; [22]) C. C. Powell; [23]) M. E. Rice; [24]) N. E. Sharpless; [25]) R. V. Sievers; [26]) W. W. Smith; [27]) F. Sperling; [28]) S. S. Spicer; [29]) J. L. Svirbely; [30]) T. R. Sweeney; [31]) S. H. Webster; [32]) H. W. Werner; [33]) F. H. Wiley; [34]) H. Yagoda; [35]) P. J. Valaer; [36]) J. A. Toomey.

VI **OFTEDAL,** Ivar Werner. Kristallogr., Mineral., Geochem. — 1918–20 Assist., '20–49 Konservator, Mineralogisk-geologisk Museum, '41 Dr. phil., '49–64 Prof., Univ. Oslo.

*1894, Febr. 25, Larvik.

HZ. Norsk geol. Tidskr. **23** ('43) – **29** ('50/51).

W. The Larvik-Langesund and the Fen areas. Larvikite and nepheline syenite pegmatite minerals, per-alkaline rocks, South Norway. Guide to excursions A12 and C8 (m. S. Bergstøl, S. Svinndal) (Oslo '60) 17 S. (21st International geological congress, Norden 1960, Guide-book k). — Steiner i farger (m. Farbphotographien von F. Johannson) (Oslo '60) 109 S. (Naturen i farger); [2]('61); [3]('69) 111 S.

Bull. geol. Instn. Univ. Upsala Contribution to the geochemistry of tungsten: **40** ('61) 135–38.

Mineralogical Mag. and J. mineral. Soc. Heating experiments on amazonite: **31** ('57) 417–19.

Norges geol. Undersøkelse A survey of the minerals of Norway: No. **170** ('48) 48 S. [norweg. m. engl. Zusammenfassg.].

Norsk geol. Tidskr. Note on some rock specimens collected by A. Høygård and M. Mehren in East Greenland: **11** ('31/32) 406–09. — Über die Parallelverwachsung von Tysonit und Bastnäsit: **12** ('32/33) 459–67. — On the occurrence of tin in Norwegian minerals: **19** ('39/40) 314–25. — Vanadium in dem Apatitvorkommen von Ødegården in Bamble: 340f. — Beryllium in radioactive minerals: 341f. — Enrichment of lithium in Norwegian cleavelandite-quartz-pegmatites: **20** ('40/41) 193–98. — Regelmäßige Verwachsung von Kristallindividuen: **21** ('41/42) 272–89. — Vektoranalytische Formulierung des Grundgesetzes der geometrischen Kristallographie: 291–93. — Lepidolite- and cassiterite-bearing pegmatites in Tørdal, Telemark: **22** ('42/43) 1–14 [norweg. m. engl. Zusammenfassg.]. — Conditions causing octahedral parting in galenas rich in bismuth: 61–68 [~]. — Scandium in biotite as a geologic thermometer: **23** ('43/44) 202–13. — On the crystal structure of phosgenite, Pb_2-

Cl_2CO_3, and the synthetic compounds $Pb_2Cl_2CO_3$, $Pb_2Br_2CO_3$, $Pb_2(Br,Cl)_2CO_3$: **24** ('44/45) 79–88. — Unit cell and space group of chalcocite: 114f. — Boundary zones of the Fevik granite: **25** ('45/46) 295–306 [norweg. m. engl. Zusammenfassg.]. — Remarks on the paper by H. Ramberg: Relation between external pressure and vapor tension of compounds, and some geological implications: **26** ('47) 221f. — Blei–Antimon-Sulfid von Reppen in Bindalen: 223f. [norweg.]. — Chrysoberyll von Lindstøl in Søndeled: 224f. [~]. — V. M. Goldschmidt zum Gedenken: **27** ('48) 143–49 [~]. — Remarks on the growth of crystalloblasts in a medium exposed to directed pressure: **28** ('49/50) 43–46. — A new Norwegian occurrence of forsterite: 46f. — A lithium-bearing granite pegmatite in Nordland: 234–37 [norweg. m. engl. Zusammenfassg.]. — Some observations on the regional distribution of lead in South Norwegian granitic rocks: **33** ('53) 153–61. — Contribution to the geochemistry of granite pegmatite: **36** ('56) 141–50. — Small scale tectonics in a South Norwegian gneiss complex: 151–56. — On the distribution of strontium and barium in the eruptive rocks of the Oslo region: **38** ('58) 221–29. — On the development of granite pegmatite in gneiss areas: 231–44. — Thorolf Vogt. Some words in commemoration: **39** ('59) 1–3. — On the occurrence of tellurium in Norwegian galenas: 75–80. — Native bismuth in the molybdenite deposit at Skjoldevik, Haugesund Peninsula, Western Norway: 81f. — Distribution of Ba and Sr in microcline in sections across a granite pegmatite band in gneiss: 343–49. — Remarks on the variable contents of Ba and Sr in microcline from a single pegmatite body: **41** ('61) 271–78. — Contribution to the geochemistry of nepheline-syenitic pegmatite in the Langesundsfjord area: **42** ('62) 167–78. — Danburite from the Kragerø District: **43** ('63) 73f. — The germanium contents of some Norwegian topaz specimens: 267–69. — Note on the crystal structure of cobaltite: 401–04. — Classification of some Norwegian members of the helvine group[1]): 405–09. — Chemical composition of hellandite: **44** ('64) 35–37. — On the occurrence and distribution of boron in pegmatite: 217–25. — Vesuvianite as a host mineral for boron: 377–83. — Note on boron-carrying minerals: 441f. — Apparent substitution of boron for beryllium in minerals: **45** ('65) 81f. — Minerals from nordmarkite druses[1]): 171–75. — Curved joints in gneiss: **46** ('66) 368–74. — Lead contents in microcline from some granites and pegmatites: **47** ('67) 191–98. — On minor elements in garnets: 251–54. — On minor elements in thorveitite: **49** ('69) 77–79. — Note on the iron content of microcline: 87f. — Lithium contents of some Norwegian beryls: **50** ('70) 245–47. — Calcium-rich gadolinite from Kragerø: **52** ('72) 197–200. — Sn contents in some Nb–Ta-minerals: 447–49.

Proc. geol. Soc. America Victor M. Goldschmidt †: **1947,** 149–54.

Skr. norske Vid.-Akad. Oslo Untersuchungen über die Nebenbestandteile von Erzmineralien norwegischer zinkblendenführender Vorkommen: **1940,** Nr. 8, 103 S.

Tidsskr. Kjemi og Bergvesen V. M. Goldschmidt (1888–1947): **5** ('47) 59–62.

Tschermaks mineral. u. petrogr. Mitt. Über den Hellandit: (3) **10** ('65) 125–29.

Z. Kristallogr., Kristallgeom., Kristallphysik, Kristallchem. Die Kristallstruktur des Covellins (CuS): **83** ('32) 9–25. — Die Raumgruppe des Bournonits ($CuPbSbS_3$): 157f.

• Ferner seit 1951 Kompendien der Vorlesungen für Studenten der Mineralogie und Petrographie an der Universität Oslo, mehrfach neu überarbeitet; die endgültigen Ausgaben sind: Petrografi ('57) 40 S., Mineralogi ('65) 40 S., Geokjemi ('65) 55 S., Krystallografi ('67) 70 S., Elementærkurs i mineralogi og petrografi ('68) 22 S.

Mit: [1]) P. C. Sæbø.

VI **OGBURN,** Sihon Cicero Jr. Chem., chem. Technol. — 1926–36 Prof. and Head of the Departm. of Chem. Engng., '33–36 Chairman of the Divis. of Engng., Bucknell Univ., Lewisburg, Pa.; '36–43 Project Engr., Techn. Supervisor and Research Manager, General Chemical Co., New York; '43–48 Manager of Research and Developm., Pennsylvania Salt Manufacturing Co., Philadelphia, Pa.; '48–51 Manager of Research and Developm., '49–57 Dir., '51–57 Vice-Pres. for Research and Developm., Foote Mineral Co., Philadelphia, Pa.; '57–63 Management Consultant, specializing in organizat., administrat., appraisal of industr. research. — '26 Smith Prize for Research in Natural Sci. (Univ. of North Carolina, Chapel Hill, N. C.).

*1900, Okt. 8, Winston-Salem, N. C.

S. Research is people (New York '56) (Industrial Research Institute, New York): Evaluating broadly the growth potential of the research man.

Bucknell J. Educat. Preparation for engineering: **1935,** Nov.-Nr.

Industrial and Engng. Chem. The thermal decomposition of alunite[2]): **24** ('32) 288–90.

Industrial and Engng. Chem., Analyt. Edit. Methods of analysis for anhydrous hydrofluoric acid: **16** ('44) 483–86.

Industrial Laboratories Research management: **2** ('51) Nr. 9.

J. amer. chem. Soc. The quantitative determination of palladium by means of ethylene[1]): **55** ('33) 1307–10.

J. chem. Educat. Fluorine, an important material for post-war development: **24** ('47) 314–18.

J. Engng. Educat. Chemical engineering laboratory texts and notebooks: **25** ('34) 219–24. — Chemical engineering laboratory instruction in the United States: **26** ('36) 511–.

Mit: [1]) W. C. Brastow; [2]) H. B. Stere.

VI **OGLESBY,** Earnest Jackson. Math. — 1907–11 Stud., Emory and Henry College, Emory, Va.; '12–16 Instructor, '14 M. A., '31–62 Prof. Engng. Math., '62 Prof. Emer., Virginia Univ., Charlottesville, Va.; '16–19 Prof., College of William and Mary, Williamsburg, Va.; '19–24 Assist. Prof., '24–26 Administr. Chairman of the Departm. of Math., Washington Square College of Arts and Sci., '24–26 Assoc. Prof., '26–31 Prof., New York Univ., New York. — '38 Hon. LL.D. (Emory and Henry College, Emory, Va.).

*1891, Sept. 11, Wythe Co., Va.

S. D. R. Curtiss, E. J. Moulton, Essentials of trigonometry with applications (Boston, Mass.–New York '42) [Anhang]: Heath's logarithmic and trigonometric tables (94 S.).

W. Plane trigonometry with tables (m. H. R. Cooley) Neuauflagen (New York '33, '37) 12+185 S.; [zusammengebunden mit] Logarithmic and trigonometric tables (m. H. R. Cooley) Neuauflagen ('31, '35) 3+76 S.

V, VI **OGURA,** Kinnosuke. Physik, Gesch. d. Math. — 1917–26 Prof., Osaka Medical College, Osaka; '25–37 Dir. of the Shiomi Physico-Chem. Research Inst., '32–43 Lecturer, Osaka Imp. Univ., Osaka.

*1885, März 14, Sakata, Yamagata-Ken; †1962, Okt. 21, Tokyo.

Zum 70. Geb.tag Festband: History of science and scientific education [japan.] (Tokyo '56) 318+18 S. (m. Schr.verz.).

W. History of mathematical education (Tokyo '32) Neuaufl. ('49) 4+4+7+356 S. — Studies in the history of mathematics, **1** (Tokyo '35) 10+340 S.; **2** ('38). — Scientific mind and mathematical education (Tokyo '37). — Mathematics in household economy (Tokyo '38). — Mathematics in Japan (Tokyo '40). — Mathematics in the time of war (Tokyo '44). — An index of science (Tokyo '47) 3+3+223 S. — Mathematics in the Meiji era (Tokyo '47). — Reform of mathematical education (Osaka '49). — Recollection of a mathematician (Tokyo '50) 8+3+330 S., ('51) 229 S., ('67) 229 S. — From the window of mathematics (Tokyo '53). — Mathematics in modern Japan (Tokyo '56) 272 S. — — Alle Bücher japan.

Bull., South Sea Assoc., Tokyo Mathematics as developed in Japan: **4** ('41).

Chûô-kôron Unique features of Japanese mathematics: **53** ('38) Nr. 1, 31–47 [japan.].

J. japan Soc. math. Educat. On development of teaching of mathematics: **14** ('32) 160–79 [japan.].

Kaizo — Rekonstruo Decline of the Japanese native mathematics of the feudal period: **20** ('38) Nr. 1, 107–21 [ ].

Nippon [Tokyo] Wasan, an old system of calculation: **1941**, Nr. 26 [auch deutsch, französ. u. span.].

VI **OGURI,** Sutezô. Physikal. Chem., chem. Technol. — 1923–27 Lecturer, '27–[ca. 58 ?] Prof. and for some years Dean of Fac. of Sci. and Engng., Waseda Univ., Tokyo. (⊠)

*1886, Nov. 20, Shizuoka Prefecture; †1960.

Bull., Waseda appl. chem. Soc. Chemical composition of bamboo, 6: Water-soluble constituents of bamboo[12]): Nr. **17** ('32) 19–27 [japan.]; ~ 11: Viscosity of bamboo cellulose: Nr. **20** ('33) 24–32 [japan. m. engl. Zusammenfassg. S. 4A f.]. — Efficiency of calcium chloride as a drying agent[9])[4]): Nr. **18** ('32) 1–4 [~ S. 1A–3A]. — Determination of the latent heat of vaporization of ethyl alcohol[1])[8]): Nr. **22** ('34) 1–4 [~ S. 2A]. — Shape of the cross section of viscose fiber[18]): Nr. **27** ('36) 10–17 [japan.]. — Direct determination of the heat of sorption of water vapour on cellulose with an ice calorimeter[27]): Nr. **29** ('36) 1–6 [japan. m. engl. Zusammenfassg. S. 60]. — Effect of chlorination on the properties of cellulose[21]): Nr. **30** ('37) 1–5 [japan.]. — Isolation of lignin from bamboo by use of glycerol[21]): Nr. **31** ('37) 1–9 [japan. m. engl. Zusammenfassg.]. — Change of temperature of cellulose by the sorption of water vapour[10]): Nr. **32** ('37) 1–8 [japan. m. engl. Zusammenfassg. S. 51]. — Absorption spectra of solution of bamboo lignin[21]): **14** ('37) Nr. 4, 17–22 [~ S. 37–40]. — Red silk cotton [12])[21]): **15** ('38) Nr. 4, 10–14 [~ S. 36]. — On the effect of water quality in the manufacture of Japanese paper [17])[14]): **21** ('54) 11–13 [japan.].

Cellulose Industry [Tokyo] Chemical investigations of bamboo, 10[a]: x-Ray study of bamboo cellulose: **9** ('33) 59–67 [japan. m. engl. Zusammenfassg. Suppl. 7f.].

J. chem. Soc. Japan, Industr. Chem. Sect. The condensation reaction of urea and formaldehyde, 1: Change of pH in the case in which ammonia is used as a neutralizing agent of formalin[15]): **54** ('51) 149f. [japan.]; ∼ 2: The reaction in which sodium hydroxide is used to neutralize the formalin; the pH change of the solution and the formation of a transparent product[15]): 403–05 [∼]. — Network structure of mucus of Hibiscus manihot. Investigation on Japanese paper[16])[13]): **58** ('55) 227f. [∼]. — Effects of standing, heating, and stirring on mucilage for Japanese papermaking[16]): **60** ('57) 467–69 [japan.].

J. Soc. chem. Industry, Japan; Suppl. Binding Hygroscopic moisture of cellulose, 5: On drying method of celluloses: **35** ('32) 232B–234B; ∼ 6: On hygroscopic moistures of raw cotton and tissue paper: 235B–239B; ∼ 7: On hygroscopic moisture of bamboo cellulose: 239B–244B; ∼ 8: 279B–282B; ∼ 9: On hygroscopic moistures of silk and wool: 478B–481B; ∼ 10: On the velocity of sorption of water vapour on cellulose: 507B–515B; ∼ 11: Consideration on mechanism of adsorption of water vapour by cellulose: **36** ('33) 67B–70B; ∼ 12: Determination of hygroscopic moistures of various products of cellulose: 504B–506B; ∼ 13: Indirect determination of the heat of sorption of water vapour on cellulose: **38** ('35) 434B–436B. — The chemical investigations of bamboo cellulose, 5: The study of bamboo cellulose: **35** ('32) 347B f.; ∼ 7: On the water soluble matter of bamboo: 388B f.; ∼ 8: On the optical property of bamboo cellulose, 1: 400B–402B; ∼ 9: ≈ 2: 402B–404B; ∼10 [b]: On the adsorption from aqueous solution by bamboo charcoal: **36** ('33) 150B f.; ∼ 12: On the adsorption of acetic acid from aqueous solution by charcoal[5]): 630B–632B; ∼ 13: On the chemical composition and fibres of bamboo sheaths and leaves[20]): **37** ('34) 341B–343B. — Study of photochemical reactions of cellulose, 1: On the effect of light on the copper number of cellulose (filter paper): 201B f.; ∼ 2: On the action of light and the copper number of some cellulose samples: 620B f.; ∼ 3: The determination of the relative spectral distributions of the energy of the emission light of the quartz mercury vapour lamp: **38** ('35) 392B f.; ∼ 4: The relation between the wave length and the strength of the light of the quartz mercury vapour lamp: **39** ('36) 35B f.; ∼ 5: A study on the light of Vitalight lamp, incandescent electric lamp (T_0 lamp) and quartz mercury vapour lamp: 143B–145B; ∼ 6: Determination of the transparency of glasses to radiations from the quartz mercury-vapour lamp: 286B f.; ∼ 7: Determination of the permeability of various transparent thin plates to radiations from the quartz mercury-vapour lamp: 287B–289B; ∼ 8: The effect of oxygen on the photochemical reactions of cellulose[26]): **40** ('37) 300B f.; ∼ 9: Influence of the gaseous medium on photochemical reaction of cellulose[26]): 356B; ∼ 10: Effect of wave length of radiation on photochemical reactions of cellulose[21]): **41** ('38) 3B; ∼ 11: The effect of water on the photochemical reaction of cellulose: 3B f. — Penetration of water vapours through papers[21]): 295B–297B. — Photochemical changes of cellulose derivatives, 1: Decrease in nitrogen content of nitrocellulose irradiated by ultraviolet light[21])[3]): **42** ('39) 54B f. — Studies on Japanese papers, 1: Physical properties of Japanese papers[21]): 300B–302B; ∼ 2: Cell and structure of Hibiscus manihot L.[7]): **45** ('42) 307–10; ∼ 3[28]): 644–48; ∼ 4: Net-like structure of the mucus of roots of Hibiscus manihot L.[23]): **46** ('43) 146f.; ∼ 5: Chemical composition of the mucus of roots of Hibiscus manihot L.: **47** ('44) 432–34. — Nitroacetylcellulose, 1: Reaction velocity of nitroacetylation of cellulose[21]): **42** ('39) 373B–375B.

J. Soc. Textile and Cellulose Industry, Japan Nonpermeability of packing materials to water vapour, 3: An experiment on permeability to water in carbon dioxide gas [23])[13]): **5** ('49) 343–45 [japan. m. engl. Zusammenfassg.]. — Structural viscosity, 1: Effect of ultraviolet rays on the mucus extracted from the root of Hibiscus manihot L.[15])[24]): **6** ('50) 7–10 [∼]; ∼ 2: Abnormal viscosity of cellulose derivatives[15])[6]): 516–18 [∼].

Kagaku no Ryôiki Mucilage for preparation of Japanese paper: **11** ('57) 431–36 [japan.].

Kôbunshi Kagaku Natural high-polymeric substances, 1: Protecting colloids protalbic acid and lysalbic acid[13]): **9** ('52) 44–47 [japan.].

Memoirs Fac. Sci. and Engng., Waseda Univ., Tokyo Chemical investigation of bamboo [,2]: On the acetolysis of bamboo cellulose: Nr. **11** ('34) 67–69; ∼ 3: On the pentosans of bamboo: 69–71; ∼ 4: The study of bamboo cellulose[11]): 72–74; ∼ 5: ≈: 75f.; ∼ 6: Water-soluble constituents of bamboo[12]): 77f.; ∼ 7: On the water soluble matter of bamboo; ∼ 8: On the optical property of bamboo cellulose, 1; ∼ 9: ≈ 2; ∼ 10: On the adsorption from aqueous solution by bamboo charcoal: 79–91; ∼ 11: Viscosity of bamboo cellulose: 92f.; ∼ 12: On the adsorption of acetic acid from aqueous solution by charcoal[5]): 94f. — Hygroscopic moisture of cellulose, 2[22]): 96–100; ∼ 3[22]): 101–05; ∼ 4[22]): 106–10; ∼ 5: On drying method of celluloses: 111–14; ∼ 6: On hygroscopic moistures of raw cotton and tissue paper: 115–19; ∼7: On hygroscopic moisture of bamboo cellulose: 120–25; ∼ 8: 126–29; ∼ 9: On hygroscopic moistures of silk and wool: 130–33; ∼ 10: On the velocity of sorption of water vapour on cellulose: 134–42; ∼ 11: Consideration on mechanism of adsorption of water vapour by cellulose: 143–45; ~ 12: Determination of hygroscopic moistures of various products of cellulose: 146–49. — Surface tension of alkaline soap solution: 150–53. — Direct determination of the heat of sorption of water vapour on cellulose with an ice calorimeter[27]): Nr. **12** ('37) 85–87. — Shape of the cross section of viscose fiber[18]): 88–94. — Efficiency of calcium chloride as a drying agent[9])[4]): 95f. — Determination of the latent heat of vaporization of alcohol[1])[8]): 97f. — Measurement of vapour pressure of ethylene glycol[2])[25]): 99f.

Science [Tokyo] Removal of formic acid from formaldehyde[15]): **20** ('50) 328f.

Ferner einige Monographien in japanischer Sprache auf den Gebieten der angewandten anorganischen Chemie, der angewandten Kolloidchemie und der Papierindustrie.

Mit: [1]) Sh. Anjô; [2]) S. Hinonishi; [3]) N. Huzita; [4]) U. Inoue; [5]) J. Kashima; [6]) M. Kashiwagi; [7]) H. Kawasaki; [8]) Y. Kuwabara; [9]) M. Mizushima; [10]) T. Nakaoka; [11]) M. Nara; [12]) T. Ogura; [13]) T. Ono; [14]) S. Saito; [15]) Y. Sekine; [16]) I. Shinohara; [17]) K. Shinohara; [18]) H. Shôju; [19]) —; [20]) N. Tagami; [21]) M. Takei; [22]) S. Terui; [23]) K. Tomabechi; [24]) T. Tsubaki; [25]) K. Uesugi; [26]) T. Yamaguchi; [27]) T. Yoshida; [28]) T. Nakano.

VI **OHLSSON,** John Bernhard. Astron. — 1919–36 Assist., '27–45 Doz., '28–37 Stellvertr. Prof., Astron. Observat., Univ. Lund; '37–42 Lehrer Math. u. Physik, Höhere Mädchenschule Malmö, '45–61 Höhere Schule Hässleholm.

*1894, Okt. 7, Lund;
†1972, Dez. 30, Lund.

Nekr. Astronomisk Tidsskr. **1973.**

Annals Observat. Lund Lund Observatory tables for the conversion of equatorial coordinates into galactic coordinates, based on the galactic pole R. A. 12^h40^m, Dec. +28° (1900)[u. a.]): **3** ('32) 147 S.

Circular, Lund Observat. Observations of the total lunar eclipse of Sept. 26, 1931: **5** ('32) 83–85. — Declinations of 99 stars derived from observations with the meridian circle by Repsold of the Lund Observatory: **10** ('34) 287–301.

Nordisk astron. Tidsskr. Isaac Newton und seine "Philosophiae naturalis principia mathematica", 7: **17** ('36) 27–33; ~ 8: 66–75; ~ 9: **18** ('37) 87–93; ~ 10: **19** ('38) 14–20; ~ 11: 138–46; ~ 12: **20** ('39) 42–50; ~ 13: 127–37; ~ 14: **22** ('41) 15–23; ~ 15: 82–89. [Alle Beiträge schwed.].

VI **OKABE,** Kinjiro. Elektrotechn. — 1922–26 Lecturer, '26–29 Assist. Prof., Tôhoku Imp. Univ., Sendai; '29–35 Prof., Nagoya Higher Techn. College, Nagoya; '35–56 Prof., '56 Emer. Prof., Osaka (Imp.) Univ. — '37 Prize (Asahi Shimbun); '44 Cultural Medal (Japanese Government).

*1896, März 27, Nagoya.

Zur Biogr. Proc. IRE **27** ('39) 82 (m. Bildn.).

S. Internationaler Kongreß für Kurzwellen in Physik, Biologie und Medizin, Wien 1937 (Wien–Leipzig '37) 111: Electron-beam magnetron; a new vacuum tube for producing very high frequency oscillations of very large power.

W. Magnetron-oscillations of ultra-short wave-lengths and electron oscillations in general (Tokyo–Osaka '37) 3+57 S.; Neuaufl. (Tokyo '40) 68 S.

Collected Papers Fac. Sci., Osaka imp. Univ., Ser. B Production of ultra-short-wave oscillations with double-anode magnetrons: **3** ('35) Nr. 2, 2–7. — A. C. electron multipliers of new design: **4** ('36) Nr. 7, 1–11. — A new electron oscillator: Nr. 24, 69–74. — Experiments with magnetic electron multipliers of A. C. type: Nr. 25, 75–79. — Virtual cathode in the magnetron: **6.1938** ('39) Nr. 4. — Obtaining dwarf-waves with multi-split-anode magnetrons: Nr. 5. — Production of dwarf-waves by the Osaka tube[1])[u. a.]): Nr. 21. — Some electronic phenomena related to ultra-high frequency oscillations: Nr. 25. — Electron-beam magnetrons and type-B magnetron oscillations: Nr. 32.

Electrical Rev. [Kyoto] On neon tube oscillations of special type: **20** ('32) 39–44 [japan.].

Electrotechnical J. [Tokyo] Split-anode magnetron of special type: **1** ('37) 213f.

Hochfrequenztechn. u. Elektroakust. Bemerkungen zu der Arbeit von O. Pfetscher und W. Puhlmann „Über Habann-Generatoren großer Leistung für Ultrakurzwellen": **49** ('37) 24f.

J. Inst. electr. Engr. Japan On magnetron oscillations[3])[1]): Nr. **527** ('32) 478–85 [japan.]. — On the production of ultra-short wave oscillation with a cold-cathode discharge tube: Nr. **538** ('33) 369f. [japan. m. engl. Zusammenfassg.]. — On generation of ultra-short wave oscillation by means of a new tube called the double-anode magnetron[1]): Nr. **560** ('35) 241 [japan.]. — A method for producing centimeter-waves[1]): Nr. **566** ('35) 823. — Electron-beam magnetron: **57** ('37) 55 [ ].

J. Inst. Telegraph and Telephone Engr. Japan An A. C. type magnetic electron multiplier: Nr. **155** ('36) 113f. [ ]. — On the mechanism of split-anode magnetron oscillations: Nr. **164** ('36) 887–91 [ ].

Nature [London] A new electron oscillator: **138** ('36) 685f.

Nippon electr. Communicat. Engng. The production of dwarf waves by the Osaka tube[1])[2]): **11** ('37) 212–14. — A new electron oscillator[1])[2]): 461–.

Proc. Inst. Radio Engr. On the production of ultra-short-wave oscillations with cold-cathode discharge tubes: **21** ('33) 1593–98.

Proc. IRE Electron-beam magnetrons and type-B magnetron oscillations: **27** ('39) 24–27.

Rep. Radio Res. Japan On the production of ultra-short-wave oscillations with double-anode magnetrons: **5** ('35) 69–75. — A. C. electron multipliers of new design: **6** ('36) 1–11. — A new electron oscillator: 69–74. — Experiments with magnetic electron multipliers of A. C. type: 75–79. — Electron-beam magnetron (A new vacuum tube for producing very high frequency oscillations of very great power): **7** ('37) 1–6. — The virtual cathode in the magnetron: **8** ('38) 21–25. — Obtaining dwarf-waves with multi-split-anode magnetrons: 27–29.

Mit: [1]) M. Hisida; [2]) K. Owaki; [3]) M. Ishida.

VI **OKADA,** Takematsu. Geophysik, Meteorol., Klimatol. — 1896–99 Stud., Sci. College, 1911 D. Sc., '26–35 Prof., Tokyo Imp. Univ.; '20–41 Dir., Marine Meteorol. Observat., Kobe; '23–41 Dir., Central Meteorol. Observat., Tokyo. — '24 Symons Memorial Gold Medal (Roy. Meteorol. Soc. London); '49 Cultural Decoration (Japanese Government).

*1874, Aug. 17, Fusa, Chiba Prefecture; †1956, Sept. 2, Fusa, Chiba Prefecture.

Nekr. Gedenkbände: Geophysical Mag. [Tokyo] **28** ('58) Nr. 3 u. 4 (S. 237–593); darin S. 241–47: Nekr. von K. Wadati; S. 249–59: Schr.verz. — K. Hidaka, M. Uda, J. oceanogr. Soc. Japan **12** ('56) 131–34 [japan.].

Zur Biogr. Biography of Takematsu Okada [japan.] (Tokyo '68) 612 S.

W. An anecdotage in the weather service [japan.] [1] (Tokyo '33) 356 S.; **2** ('37) 312 S. — Climatology [japan.] (Tokyo '33) 126 S.; ('38) 164 S. — The climate of Japan and its influences on the Japanese people (Tokyo '35) 24 S., [2]('37) 24+7 S. (Lecture series on Japanese culture, 5) (K[okusai] B[unka] S[hinkokai] publications, Ser. B, Nr. 18). — Meteorological instruments [japan.] (Tokyo '37) 3+10+351+8 S. — A collection of miscellaneous papers on dynamic meteorology [japan.] (Tokyo '37) 470 S. — Instruction for meteorological observers [japan.] (Tokyo '39) 29 S. — Physics of the atmosphere [japan.] (Tokyo '41) 73 S. — Aeronautical meteorology [japan.] (Tokyo '42) 133 S. — Theoretical meteorology [japan.] (Tokyo '42/44) 3 Bände. — Pioneers of meteorology [japan.] (Tokyo '49) 6+308+4 S. — An introduction to meteorology [japan.] (Tokyo '49) 263 S. — Rain [japan.] (Tokyo '51) 2+9+351 S. — Chronological table of world meteorology [japan.] (Tokyo '56) 229 S.

Bull., (Int.) Assoc. terrestr. Magnetism and Electr. (Trans. Meeting) Observations of terrestrial magnetism, atmospheric electricity and earth-currents by the Central Meteorological Observatory of Japan: **10** ('37) 112–16.

Bull. centr. meteorol. Observat. Japan The climate of Japan: **4** ('32) 89–416.

Bull. Kobe Marine Observat. General report of researches of Muroto typhoon[6])[2])[1])[3])[5])[9])[4])[7])[10]): Nr. **76** ('34) 1–48. — An investigation of the Sprung's psychrometer formula: Nr. **115** ('38) 1–4. — On the psychrometer formula for ice-covered wet-bulb thermometer: Nr. **117** ('38) 1–9. — Further investigation on the psychrometer formula: 11f. — — Alle Arbeiten japan.

Geophysical Mag. [Tokyo] On the hours of the beginning and ending of a rainfall: **5** ('32) 239–99. — On the forecast of north-east monsoon in Formosa[11]): **8** ('35) 295–305. — On Sprung's psychrometric formula: **12** ('39) 261–72.

J. meteorol. Soc. Japan On a psychrometer constant: **10** ('32) 615–19 [japan.].

Japanese J. Limnol. On the influence of lakes upon the atmospheric temperature: **5** ('35) 1–3 [japan.].

Memoirs centr. meteorol. Observat. [Tokyo] On the order and purchase of psychrometer: **5** ('32) 173–77 [japan.].

Memoirs imp. Marine Observat. [Japan] Note on the correlative oscillations of the surface water temperature of the Oyashio and the Kuroshio: **6** ('36) 97–103.

Proc. imp. Acad., Tokyo On the seven day period in the winter temperature of Korea and Manchuria: **8** ('32) 116–18. — Note on the eye of the storm: **9** ('33) 203–06. — On the form of the east coast of Northern Japan: 580–83. — A new form of condensation hygrometer[8]): **16** ('40) 141–43. — Further studies on the condensation hygrometer[8]): 208–13.

Science [Tokyo] The Second Polar Year: **2** ('32) 250f. — Main problems of physical oceanography; recent progress in physical oceanography: **6** ('36) 443–45. — Heavy rain and flood damage in June and July: **8** ('38) 386f. — Recollections of the foundation of "Science": **11** ('41) 179. — Mr. J. Ishihara and "Science": **17** ('47) 93. — The original work of "Gufû-Shinwa" and its translator: **18** ('48) 330. — Dr. Sakuhei Fujiwhara: **20** ('50) 578. — — Alle Arbeiten japan.

Sea and Sky Introduction to the general report of researches of Muroto typhoon: **14** ('34) 365. — Survey of the magnetic force in

North China: **15** ('35) 428. — On the psychrometer formula for ice-covered wet-bulb thermometer: **18** ('38) 349–57. — Further investigation on the psychrometer formula 454f. — — Alle Arbeiten japan.

Tenki to Kikô Air-mass climatology: **1** ('34) 16–19. — The eighty-eighth day from the beginning of spring and the last frost: 54–56. — Fly and weather: 68f. — Topography and weather: 121. — Methods in meteorology: 241. — The atmosphere: 242–44. — On the cause of unusually cool summer in the north-eastern section of Japan: 338–42. — On the books on the synthetic education of natural science: 369. — On the scientific study for disaster prevention: **2** ('35) 1. — On the forecasting of the first date of north-east monsoon in Formosa: 98–100. — Improvement of meteorological observation: 293. — Improvement of weather forecasting: 536. — Useful and useless studies: **3** ('36) 49. — The relation between the water temperature of the Kuroshio and the unusually cool summer in the north-eastern section of Japan: 100–02. — On the inequality of annual mean temperature in Japan: 196f. — A scientific mind of observers: 297. — Meteorological observation and meteorological research: **4** ('37) 57. — Ryoto-maru (1,200 tons); an ocean weather ship: 467f. — Ampère's rule, cyclone and anticyclone: **5** ('38) 183. — On some countries using the 24-hour system: **6** ('39) 510. — National uniform and climate: **7** ('40) 1–3. — — Alle Arbeiten japan.

Weather Service Bull. [Tokyo] Earthquake in the sea: **3** ('32) 333f. — On the leaking of rain: **5** ('34) 33–36. — A short history of the foundation theory of precipitation by monsoon: 120–22. — A method of seismic prospecting: 129–34. — An autobiography of William Ferrel, 1: 179–84; ~ 2: 195–99. — Air navigation and the dawning of aeronautical meteorological observation: **18** ('51) 79–84. — Past and present of the Weather Forecasting Service in Japan: **19** ('52) 311–14. — — Alle Arbeiten japan.

Ferner Herausgeber eines Physikalisch-chemischen Wörterbuchs in japanischer Sprache ('39).

Mit: [1]) K. Hidaka; [2]) Y. Horiguchi; [3]) K. Koenuma; [4]) Y. Matsudaira; [5]) G. Okada; [6]) T. Sano; [7]) R. Taguchi; [8]) M. Tamura; [9]) K. Tanahashi; [10]) J. Tsukuda; [11]) T. Yamada.

VI **OKADA,** Yoshitomo. Math. — 1920–29 Assist. Prof., '24 D. Sc., '29–55 Prof., '55 Prof. Emer., Tôhoku (Imp.) Univ., Sendai; '55–57 Prof., Chiba Univ. — '57 Order of Merit (Japanese Government).

*1892, Jan. 20, Himeji, Hyogo Prefecture;

†1957, Okt. 5, Chiba.

Nekr. M. Fukamiya, Tôhoku math. J. (2) **10** ('58) 1f. (m. Schr.verz.).

HZ. Tôhoku math. J. 1929–1943.

W. Differential- und Integralrechnung für Hochschulen [japan.] (Tokyo '35). — Die Theorie der unendlichen Reihen. [japan.] (Tokyo '36). — Moderne analytische Geometrie [japan.] (Tokyo '51). — Einführung in die Theorie der unendlichen Reihen [japan.] (Tokyo '52). — Algebra [japan.] (Tokyo '53). — Differential- und Integralrechnung [japan.] (Tokyo '54).

Bull. amer. math. Soc. On some gap theorems for Euler's method of summation of series: **43** ('37) 536–40.

Proc. amer. math. Soc. Some theorems on meromorphic functions: **1** ('50) 246–49.

Tensor [Sapporo, Japan] On the application of tensor calculus to electrical engineering: **8** ('48) 1–40 [japan.].

Tôhoku math. J. On the converse of the consistency of Cesàro's summability: **38** ('33) 124–28. — On interpolation by polynomials: **48** ('41) 68–70. — On the representations of functions in the theory of interpolation: **49** ('42) 119–32.

VI **OKAYA,** Tokiharu. Physik (theoret.). — 1916 D. Sc., Tokyo Imp. Univ.; '32–33 Lecturer, '33–45 Prof., Osaka Imp. Univ.; '33– Physicist, Shiomi Physico-Chem. Research Inst., Osaka; '38–39 Lecturer, Kyoto Imp. Univ.

*1892, Apr. 6, Nagoya, Aichi Prefecture;

†1945, März 27.

W. Wahrscheinlichkeitsrechnung, Statistik [japan.] (Tokyo '42) 4+6+347 S.

Collected Papers Fac. Sci., Osaka imp. Univ., Ser. B Motion of liquid in a hollow cylinder caused by the torsional vibration[1]): **4** ('36) 13–22. — Sur la destruction des plaques en verre par la percussion, 1[2]): 53–71; ~ 2[2]): **5** ('37) Nr. 9; ~3[2]): **6** ('38) Nr. 10. — Method of determination of the coefficient of viscosity of a liquid by the torsional vibration: **4** ('36) 268–79. — Note sur le mouvement du fluide parallèle à l'axe d'un cylindre solide et sur le phénomène de Liesegang: **5** ('37) Nr. 7. — Sur la précipitation rythmique dans le champ électrique, 1: Nr. 11; ~ 2[3]): Nr. 24; ~ 3: Nr. 32. — Sur les fonctions caractéristiques des fonctions gamma incomplètes: **6** ('38) Nr. 12. — Sur la valeur approchée du coefficient de la trainée d'une plaque placée dans un courant en régime permanent: Nr. 13. — On the friction to the disc rotating in a cylinder[1]): Nr. 24.

Japanese J. Physics Sur les applications des fonctions caractéristiques de l'intégrale de probabilité: 8 ('32/33) 59–83. — Sur les fonctions complémentaires des fonctions caractéristiques de l'intégrale de probabilité de la distribution de la température dans un corps homogène: 115–49. — On the motion of liquid in a hollow cylinder caused by the torsional vibration[1]): **11** ('36) 13–22. — Note sur le mouvement du fluide parallèle à l'axe d'un cylindre solide et sur le phénomène de Liesegang: **12** ('37/38) 9–25. — On the friction to the disc rotating in a cylinder[1]): **13** ('39/40) 29–38. — On the turbulent boundary layers at the surface of two rotating coaxial cylinders[1]): 39–49. — On the velocity distribution of flow behind the parallel rods[1]): **14** ('41) 1–9.

Proc. physico-math. Soc. Japan Sur le phénomène de Liesegang: (3) **17** ('35) 101–18. — On a method of determination of the coefficient of viscosity of a liquid by the torsional vibration: **18** ('36) 268–79. — Sur la destruction des plaques en verre par la percussion, 1[2]): **19** ('37) 53–71; ~ 2[2]): 573–91; ~ 3[2]): **20** ('38) 540–46. — Sur les anneaux de Liesegang, 1: **19** ('37) 72–87. — Sur la précipitation rythmique dans le champ électrique, 1: 657–76; ~ 2[3]): 988–1002; ~ 3: **20** ('38) 110–19. — Sur les fonctions caractéristiques des fonctions gamma incomplètes: 618–24. — Sur la valeur approchée du coefficient de la traînée d'une plaque placée dans un courant en régime permanent: 625–35. — On the complementary functions of modified Bessel functions: **21** ('39) 287–98. — On the determination of the viscosity by the torsional vibration, 1: Temperature coefficient of viscosity of gasolene [1]): 347–53. — On the vibration of metallic discs by the rhythmic sublimation[5]): 768–86. — On the flow between smooth parallel walls and through smooth pipe: **22** ('40) 146–61. — On the flow through rough circular pipe: 365–77. — On the viscosity of aqueous solution of pure potassium bromide[4]): 721–33. — On the velocity distribution in plane jet[1]): 771–80. — An approximate formula for the determination of viscosity by torsional vibration: 1031–36. — Numerical integration by Tchebychef's q-functions: **23** ('41) 273–82. — Heat transfer from a flat plate[1]): 454–64. — Velocity distribution in the boundary layer of elliptic cylinder: Nr. 8. — Numerical tables of Tchebychef's q-functions and their integrated and derivated functions: 788–99. — On the approximate formula for the determination of viscosity by the torsional vibration: Nr. 12. — Viscosity of aqueous potassium chloride solution[4]): **25** ('43) 639–47.

Mit: [1]) M. Hasegawa; [2]) K. Ishiguro; [3]) K. Ohmori; [4]) R. Takeuti (Takeuchi); [5]) T. Tobiisi.

VI **OKÔCHI,** Masatoshi. Physik. — 1900–03 Stud., College of Engng., '03 Lecturer, '04–11 Assist. Prof., '11–25 Prof., '14 D. Engng., Tokyo Imperial Univ.; '18–21 Member of Research Staff, '21–46 Pres., Institute of Physical and Chemical Research, Tokyo; numerous leading activities in engineering and industrial communities of Japan.

*1878, Dez. 6, Tokyo;
†1952, Aug. 27, Tokyo.

Zum 60. Geb.tag Festband: Scientific Papers Inst. physic. and chem. Res. [Tokyo] **34** ('38) 1892 S.; darin S. If.: The career of Viscount M. Okôchi (m. Bildn., Faks.).

W. Occasional essays of a scientist [japan.] (Tokyo '53) 281 S.

VI **ÔKUBO,** Junzô. Physik. — 1920 D. Sc., '23–48 Prof., Tôhoku Imperial Univ., Sendai; '49–53 Vice-Pres., Tokyo Sci. Univ. (Tokyô Rika Daigaku).

*1886, Sept. 12, Tokushima, Shikoku;
†1964, Dez. 11.

S. Verhandelingen, op 25 Mei 1935 aangeboden aan P. Zeeman ('s Gravenhage '35) 253–60: On the Zeeman effect of thallium I λ 5351 Å[3]).

Astrophysical J. On the modification of the intensity distribution in the band spectrum of nitrogen[1]): **77** ('33) 130–40.

Nature [London] Fluted band at λ 3900 Å in the spectrum of mercury[2]): **129** ('32) 653.

Philosophical Mag. On the nature of the dark modification of active nitrogen[1]): **15** ('33) 103–13.

Physical Rev. On the nature of active nitrogen[1]): **42** ('32) 795–99.

Science Rep. Tôhoku imp. Univ., Ser. I On the band spectra superimposed on the continuous spectra of mercury in the visible region[2]): **22** ('33) 383–92. — On the effect of inert gases on the after-glow spectrum of nitrogen[1]): **23** ('34) 281–88. — On the activation of nitrogen by electron impacts[1]): 289–95. — On the Zeeman effect of thallium I λ 5351 Å[3]): **25** ('35/36) 141–55. — The time lag in the magnetization of soft iron in the upper portion of hysteresis loop[5]): 163–73. — On the effect of stretching and twisting on the discontinuous process of magnetization in nickel, iron and nickel–iron alloys[4]): 426–79. — On the Zeeman effect of indium lines $^2P_{3/2,1/2}$–$^2S_{1/2}$ ($\lambda\lambda$ 4511 and 4102 Å)[3]): Honda Anniversary Volume ('36) 8–27. — A further investigation of the time lag in the magnetization in the upper and in the steep portions of the hysteresis loop[5]): **27** ('38/39) 429–49.

Mit: [1]) H. Hamada; [2]) E. Matuyama; [3]) S. Satô; [4]) M. Takagi; [5]) N. Yamanaka.

IV-VI **OLDHAM,** Richard Dixon. Geol., Seismol. — 1879–1903 Assist.-Superintendent, Geol. Survey of India; 1897–1903 Fellow of Calcutta Univ.; Vice-Pres., '20–22 Pres., Geol. Soc. London. — '08 Lyell Medal (Geol. Soc. London).

*1858, Juli 31;

†1936, Juli 15, Llandrindod Wells.

Nekr. W. Bragg, Proc. roy. Soc. London, Ser. A **157** ('36) 706f. — C. Davison, Obituary Notices Fellows roy. Soc. London **2** ('36) 111–13 (m. Bildn., Faks.). — P. L., Nature [London] **138** ('36) 316f. — M. S. J., Proc., Geologists' Assoc., London **48** ('37) 110.

Zur Biogr. C. Davison, Geological Mag. **74** ('37) 532–34.

VI **OLIPHANT,** Sir Mark (Marcus Laurence Elwin). Physik. — 1929 Ph. D., Univ. of Cambridge; '31–34 Messel Research Fellow of Roy. Soc.; '34–35 Fellow and Lecturer and '52 Hon. Fellow, St. John's College, '35–37 Assist. Dir. of Research, Cavendish Labor., Univ. of Cambridge; '37–50 Prof. and Dir. of Physics Departm., Univ. of Birmingham; '50–63 Dir. of Post-graduate Research School of Physic. Sci., '50–64 Prof. Particle Physics, '64–67 Prof. Physics of Ionized Gases, Inst. of Advanced Studies, '67 Prof. Emer., Australian Nation. Univ., Canberra; '54–57 Pres., Australian Acad. Sci.; '71– Governor of South Australia. — Hon. D.Sc.: '42 (Univ. of Melbourne), '49 (Univ. of Toronto), '49 (Univ. of Belfast), '50 (Univ. of Birmingham), '52 (New South Wales Univ. of Technol., Sydney, N. S. W.), '68 (Australian Nation. Univ., Canberra), '69 (Univ. of Adelaide); '46 Hon. LL. D. (Univ. of St. Andrews). — '43 Hughes Medal (Roy. Soc. London); '48 Faraday Medal (Instn. of Electr. Engrs. of England).

*1901, Okt. 8, Adelaide, South Australia.

Zur Biogr. Nature [London] **152** ('43) 667; **166** ('50) 54.

MH. Cambridge physical tracts, 1 (Cambridge '38).

S. Papers and discussions, International conference on physics, London 1934, **1**: Nuclear physics (London '35) 144–68: Transformation effects produced in lithium, heavy hydrogen and beryllium, by bombardment with hydrogen ions. — Kernphysik (E. Bretscher) (Berlin '36) 62–70: The conservation of mass-energy and momentum in the transformation of the light elements. — Atomic challenge. A symposium (London '47): The American story [The Manhattan Project]. — Atomic energy; its international implications (H. Dale) (London '48): The scientific and technical backgrounds[16]). — The atomic age (London–New York '49) (Sir Halley Stewart lectures, 1948): The scientific achievement; italien.: L'età atomica (Bari '51) (Biblioteca di cultura moderna, 482): La conquista scientifica. — Atomic power in Australia; papers [of a symposium, New South Wales University of Technology 1954] (Sydney '54) 11–22: Physics of atomic energy.

W. Science and mankind (Accra-Tema, Ghana '70) 77 S. (Aggrey-Fraser-Guggisberg lectures, 1969). — Rutherford: Recollections of the Cambridge days (Amsterdam–London–NewYork '72) 12+162 S.

Annual Rep. Board Regents Smithsonian Instn. The industrial applications of atomic energy: **1951** ('52) 223–34.

Australian J. Sci. Science and the survival of civilization: **21** ('58) Nr. 4a, p8–p16.

Chemical Age Industrial applications of atomic energy. Present limiting factors and some prospects: **62** ('50) 369–72.

Chemistry and Industry High vacua in nuclear physics and atomic energy: **1949,** 88.

Coal [London] Atomic energy will never out coal: **1** ('47) Juni-Nr., 5–7.

Cornell Engr. Atomic energy in industry: 18 ('53) Nr. 4, 22–26.

Discovery The atomic deadlock could be broken[14])[15]): **9** ('48) 254–58.

Engineer [London] The industrial application of atomic energy: **189** ('50) 303f., 323–25.

J. Instn. electr. Engr., Part 1 Nuclear physics and the future: **94** ('47) 304–08.

Nature [London] Heavy hydrogen in contact with normal water: **132** ('33) 675. — Disintegration of the separated isotopes of lithium by protons and by heavy hydrogen[13])[4]): **133** ('34) 377. — Transmutation effects observed with heavy hydrogen[7])[12]): 413. — Secondary emission from elements bombarded with neutrons: **134** ('34) 735f. — Masses of light atoms: **137** ('36) 396f. — The 184-inch cyclotron at Berkeley, California: **148** ('41) 717f. — The release of atomic energy: **157** ('46) 5–7, 44. — Control of atomic energy: 679f. — Rutherford celebrations in Paris: **160** ('47) 806f. — S.W.J. Smith †[5]): **162** ('48) 519f. — The cyclosynchrotron. Acceleration of heavy particles to energies above 1,000 MeV, and the homopolar generator as a source of very large current pulses: **165** ('50) 466–68. — The University of Birmingham cyclotron: **169** ('52) 476f.

Nuovo Cimento The new High-Voltage Laboratory at Cambridge: **15** ('38) 160–66.

Physical Rev. The helium–deuteron and deuteron–deuteron nuclear reactions. Corrections: **54** ('38) 772.

Physics today The two Ernests, 1: **19** ('66) Nr. 9, 35–49; ~ 2: Nr. 10, 41–51.

Proc. physic. Soc. Acceleration of charged particles to very high voltages[6])[8]): **59** ('47) 666–77.

Proc. roy. canad. Inst. Science and the future: (3A) **14** ('48/49) 39–45.

Proc. roy. Instn. Great Britain The utilization of nuclear energy: **33** ('45) 506–14.

Proc. roy. Soc. London, Ser. A The surface ionization of potassium by tungsten[11]): **137** ('32) 463–80. — The energy distribution among the positive ions at the cathode of the glow discharge through gases[2]): 662–76. — Experiments on the transmutation of elements by protons[12]): **141** ('33) 259–81. — The transmutation of lithium by protons and by ions of the heavy isotope of hydrogen[10])[12]): 722–33. — Transmutation effects observed with heavy hydrogen[7])[12]): **144** ('34) 692–703. — Separation of the isotopes of lithium and some nuclear transformations observed with them[13])[4]): **146** ('34) 922–29. — The accurate determination of the energy released in certain nuclear transformations[9])[12]): **149** ('35) 406–16. — Some nuclear transformations of beryllium and boron, and the masses of the light elements[9])[12]): **150** ('35) 241–58. — The acceleration of protons to energies above 10 GeV: **234** ('56) 441–56. — The interaction of atomic particles with solid surfaces at intermediate energies, 1: Secondary electron emission[1])[3]): **314** ('69) 39–51; ~ 2: Scattering processes[1])[3]): 53–72; ~ 3: Angular and energy distributions of particles scattered with electric charge from polycrystalline and crystalline platinum[1])[3]): **319** ('70) 435–59.

Steam Engr. The industrial applications of atomic energy: **1** ('50) 241–.

Universities Quarterly [London] University or institute of technology: **4** ('49) 19–23.

Vacuum Some personal recollections of a science in the making: **18** ('68) 621–24.

Mitautor von Berichten und Tabellen der Atom-Kommission der Internationalen Union für Chemie, veröffentlicht in verschiedenen Zeitschriften.

Mit: [1]) E. R. Cawthron; [2]) R. M. Chaudrhi; [3]) D. L. Cotterell; [4]) B. M. Crowther; [5]) A. A. Dee; [6]) J. S. Gooden; [7]) P. Harteck; [8]) G. S. Hide; [9]) A. R. (E.) Kempton; [10]) B. B. Kinsey; [11]) P. B. Moon; [12]) E. Rutherford; [13]) E. S. Shire; [14]) E. M. Friedwald; [15]) N. F. Mott; [16]) R. E. Peierls.

V, VI **OLIVERI-MANDALÀ,** Emanuele. Chem. — 1924– Prof. e Dir. dell'Ist. di Chim., ca. '35 Rettore, Univ. di Messina. — — Weitere Daten nicht bekannt. (⊠) *1882, Juli 5, Palermo.

S. Atti del IV Congresso nazionale di chimica pura ed applicata, Roma 1932 (Roma '33) 547–52: La chimica organica e la teoria elettronica della valenza. — Atti del X Congresso internazionale di chimica, Roma 1938, 4 (Roma '39) 460–64: Fotosintesi, 1.

W. Lezioni di chimica generale inorganica (Palermo '32) 364 S. — Chimica generale [2](Palermo '42) 6+505 S.; [3]('47) 576 S.; Chimica generale ed inorganica (E. Deleo, R. Indovina) 1 [4]('55) 20+580 S.; 2: Elementi di organica [4]('55) 13+326 S. — Problemi ed esercizi di chimica generale (Palermo '46) 236 S.

Chimica e Industria Sintesi organiche per mezzo della luce solare: **20** ('38) 535–38. — Radicali liberi e loro importanza nelle reazioni chimiche: **21** ('39) 342–45. — Giuseppe Oddo†: **37** ('55) 63f.

Gazz. chim. ital. Influenza del triazo-ione nella catalisi dell'acqua ossigenata in presenza di ioduro potassico, 3[5]): **62** ('32) 34–39. — Tentativi di sintesi del pentazolo. Azione del diazometano sull'acido azotidrico: 716–26. — Struttura elettronica dei composti organici: **66** ('36) 253–58. — Influenza dell'ossido di deuterio sulla catalisi dell'acqua ossigenata con soluzioni colloidali di platino[4]): **67** ('37) 53–55. — Reazioni con la luce solare, 1: **68** ('38) 324–27; ~ 2[1])[2]): 327–31; ~ 3[3])[2]): **69** ('39) 104–10; ~ 4[2]): **70** ('40) 186–90; ~ 5[2])[1]): 579–83; ~ 7: **78** ('48) 204–07; ~ 8: Umwandlung von Isatin in Isatyd[2]): **79** ('49) 337–39 [italien.]; ~ 9: Trasformazione dell'acido azotidrico in idrossilammina con i raggi ultravioletti[7]): **80** ('50) 177–79. — Comportamento chimico e struttura del gruppo triazo N_3[1]): **71** ('41) 182–88. — Sul comportamento dell'ossidulo di azoto, del diazometano e della diazoimmide [1]): **81** ('51) 523–56. — Giuseppe Oddo†: **85** ('55) 469–89.

Ricerca sci. Reazioni con la luce solare e con i raggi ultravioletti[2]): **17** ('47) 234f. — Reazioni con la luce solare, 8[2]): **19** ('49) 374f.; ~ 9: Trasformazione dell'acido azotidrico in idrossilammina con i raggi ultravioletti[7]): 1169f.; ~ 10: Azione dei raggi ultravioletti sulle soluzioni in benzolo della fenilazide e derivati[1]): **22** ('52) 1219–23 [m. französ., engl. u. deutscher Zusammenfassg.]. — Comportamento dell'ossidulo di azoto, del diazometano e della diazoimmide ripetto ai raggi ultravioletti[6]): **21** ('51) 232f. [m. französ. u. engl. Zusammenfassg.].

Mit: [1]) G. Caronna; [2]) E. Deleo; [3]) A. Giacalone; [4]) R. Indovina; [5]) L. Irrera; [6]) G. Valenti; [7]) G. Werber.

VI **OLIVIER,** Charles Pollard. Astron. — 1928–54 Prof. and Dir. of Flower Observat., Upper Darby, Pa., '40–54 Dir. of Cook Observat., Wynnewood, Pa., '54 Prof. Emer., Univ. of Pennsylvania, Philadelphia, Pa.; '24–34 Chairman of Meteor Commiss., Int. Astron. Union; Founder and Pres., Amer. Meteor Soc.; Pres., Rittenhouse Astron. Soc.; Vice-Pres., Meteoritical Soc. — — '26 Research Prize (Univ. of Virginia, Charlottesville, Va.); '73 Médaille (Soc. Astron. de France).

*1884, Apr. 10, Charlottesville, Va.; †1975, Aug. 14.

W. Catalogue of fireball radiants (–['64]) 15 S. (Flower and Cook Observatory reprints, 146).

Astronomical J. Results of the Yale photographic meteor work, 1893–1909: **46** ('37) 41–57. — Fourteen new double stars found at Flower Observatory: **47** ('38) 100.

Astronomische Nachr. Corrections and additions to the double stars found by Olivier: **258** ('36) 409f. — Epochs and periods of certain variable stars: **284** ('58) 185f. — On the epochs and periods of 24 variable stars: **285** ('59) 148. — The variable EZ Aquilae: **286** ('61) 123–25.

Meteoritics Reports of the American Meteor Society: **1** ('53/56) 81–84. — The great daylight fireball of 1952 February 17/18: 84–88. — The Kentucky meteorite of 1950 September 19/20: 247–50. — The great Seattle bolide of 1952 May 10/11: 251–55. — The annual report for 1952: 257–59. — Radiants: 260–63. — The Pennsylvania fireball of 1952 January 29: 264–67. — The California bolide of 1953 October 4: 267–70. — Table of A.M.S. radiants: 270–73. — The fireball of 1953 September 28: 273–75. — The fireball of 1950 June 23/24: 275–79. — Meteor rates, 1953 August 1 to 20: 370–72. — The velocities of sporadic meteors: 389–93.

Monthly Weather Rev. The Tennessee fireball of August 21, 1933[3]): **61** ('33) 326. — The Pennsylvania fireball of February 27, 1935: **63** ('35) 158f.

Nature [London] A. R. Khan†: **196** ('62) 720.

Observatory A possible gegenschein to Venus: **61** ('38) 106.

Popular Astron. Meteor notes from the American Meteor Society: **40** ('32) 46–50, 94–97, 163–65, 220–23, 285–89, 357–60, 411–13, 495–500, 575–81, 645–49; **41** ('33) 51–55, 110–13, 167–69, 208–11, 278–81, 337, 340, 406–08, 461–67, 514–18, 578–81; **42** ('34) 41–44, 97–103, 154–57, 219f., 274, 334–37, 393, 465–69, 508–11, 595f.; **43** ('35) 28f., 116–20, 178–80, 239–41, 307, 376f., 455–57, 498f., 594f., 654–57; **44** ('36) 37–39, 88–91, 212–15, 277, 326–28, 374–78, 438–40, 499–505, 558f.; **45** ('37) 42f., 97–101, 159–62, 203–07, 266–69, 324–28, 441–45, 496–99, 553–56; **46** ('38) 43–47, 101–03, 154–56, 216–20, 271–75, 325–28, 400–03, 467–69, 515f., 576–78; **47** ('39) 40–42, 89–92, 145–47, 204–06, 264–68, 318–22, 380f., 434–36, 496–99, 556–58; **48** ('40) 38–41, 90–92, 149, 203f., 261f., 325–27, 379–81, 430–32, 490–93, 553f.; **49** ('41) 39–41, 148–51, 204–06, 261–67, 323–26, 379–81, 437–40, 493–503, 548–50; **50** ('42) 41–43, 93–97, 153–57, 211–15, 265–67, 327–29, 383–87, 436–41, 497–500, 556–60; **51** ('43) 41–44, 94–96, 155–58, 217–19, 271–73, 336–38, 392–97, 450–53, 508–11, 558–62; **52** ('44) 40–42, 91–93, 145–48, 192–94, 241–43, 297–300, 344–46, 449–59, 508–12; **53** ('45) 36–39, 136–38, 182–86, 235–37, 349–402, 455–64, 508–11; **54** ('46) 40–44, 90–92, 245–48, 305–07, 365–67, 475–77, 533–38; **55** ('47) 35–40, 151–55, 212–15, 261–65, 319–22, 379–81, 442–47, 491–97; **56** ('48) 39–41[8]), 100–05, 151–56, 212–17, 319–22, 381–84, 431–34, 491–96[12]), 542–48; **57** ('49) 82–84, 132–35, 242–45, 337f., 393–98, 446–50, 503–06; **58** ('50) 30–34, 128–33, 181–86, 233–36, 397–400, 454–58; **59** ('51) 34–36, 158–61, 217–20, 270–73, 329–32, 443–46[4]), 482–87, 542–45. — Ormond Stone†: **41** ('33) Nr. 6, 6 S. — EZ Aquilae: **46** ('38) 412f. — New double star BD −3°579: **48** ('40) 173. — Methods for computing the heights and paths of fireballs and meteors: **54** ('46) 141–49.

Proc. amer. philos. Soc. Heights and train-drifts of Leonid meteors of 1932: **72** ('33) 215–27. — Problems presented by a study of fireballs recently observed in America: **75**.1935 ('36) 483–98. — Research on meteor trains: **76** ('36) 772f. — Long enduring meteor trains [,1]: **85** ('42) 93–135; ∼ 2: **91** ('47) 315–27; Long enduring meteor trains and fireball orbits, 3: **101** ('57) 296–315. — Some results from data secured by the American Meteor Society: **94** ('50) 327–35. — Long enduring meteor trains: **113** ('69) 127–39.

Proc. Pennsylvania Acad. Sci. Pennsylvania fireballs of November 23, 1931: **6** ('32) 172–75. — Daily and monthly meteor rates[14]): **7** ('33) 94–96.

Publ., Amer. astron. Soc. A new method of testing a stellar photometer: **7** ('32) 98. — Observations of Leonid meteors: 183.

Publ. astron. Soc. Pacific G. W. Cook, 1867 Dec. 12 – 1940 June 4: **52** ('40) 272–75.

Publ. Univ. Pennsylvania, Astron. Ser. 1414 measures of 1033 double and multiple stars, made with the eighteen-inch refractor of the Flower Astronomical Observatory[2])[u. a.]): **5**, Nr.

1 ('32) 64 S. — 2117 measures of 1845 double and multiple stars, made with the eighteen-inch refractor of the Flower Astronomical Observatory[2][11][13]: Nr. 2 ('39) 83 S. — Magnitudes and coordinates of comparison stars in 52 regions of variable stars, and magnitudes of 284 variables[u. a.]: Nr. 3 ('40) 66 S. — A photometric study of EZ Aquilae[10][1]: **6**, Nr. 5 ('41) 12 S. — 1162 measures of 1125 double and multiple stars, made with the eighteen-inch refractor of the Flower Astronomical Observatory[2]: **7**, Nr. 1 ('49) 44 S. — Magnitudes and coordinates of comparison stars in 35 regions of variable stars, and magnitudes of other variables[u. a.]: Nr. 2 ('52) 98 S. — Measures of 558 double and multiple stars, made with the eighteen-inch refractor at the Flower Astronomical Observatory of the University of Pennsylvania[2][5]: Nr. 3 ('57) 1–14. — Observations of variable stars[7][6][9]: Nr. 4 ('57) 21–37.

Science [USA] Results of the Yale photographic meteor work, 1893–1909: **83** ('36) 484. — The great fireball of 26 July 1938: **131** ('60) 86–88.

Science News-Letter Will the great shower return?: **22** ('32) 290, 297.

Scientia Meteoric astronomy: **54** ('33) 10–16 [französ.: Suppl., 1–7].

Sky Meteors: **2** ('38) Nr. 10, 3–5.

Sky and Telescope The New Jersey fireball of April 23, 1962: **24** ('62) 19. — The path of the March bolide: **26** ('63) 263, 270. — The great bolide of April 26, 1966: **33** ('67) 83f.

Smithsonian Contribut. Astrophysics Catalog of hourly meteor rates: **4** ('60) 1–14. — Second catalog of hourly meteor rates: **8** ('65) 171–80.

Zahlreiche weitere Meteor-Berichte, herausgegeben von der American Meteor Society. — Ferner mehrere Artikel über Astronomie in verschiedenen Ausgaben von "Encyclopedia Americana" und "Grolier encyclopedia".

Mit: [1]) R. S. Alexander; [2]) S. G. Barton; [3]) S. Bunch; [4]) E. E. Friton; [5]) C. Hammer; [6]) M. E. Mason; [7]) R. C. Moore; [8]) C. H. Smith; [9]) S. Svelopoulos; [10]) P. H. Taylor; [11]) W. P. Wamer; [12]) N. E. Weber; [13]) R. H. Wilson; [14]) D. M. Wills.

V, VI **OLIVIER,** Simon Cornelis Johannes. Chem. (org.). — 1918–49 Prof., '23–24 u. '45–46 Rektor, Landwirtsch. Hochschule Wageningen. — '18 Médaille Roi Albert (König von Belgien).

*1879, Juni 13, Amsterdam;

†1961, Aug. 9, Wageningen.

Nekr. H. J. C. Tendeloo, Landbouwkundig Tijdschr. **73** ('61) 819–21 (m. Bildn.).

Zum 70. Geb.tag H. J. C. Tendeloo, Chemisch Weekbl. **45** ('49) 385–87 (m. Bildn.). — G. B. R. de Graaf, ibid. 387–89 (m. Schr.-verz.).

S. Trabajos del IX Cogreso internacional de química pura y aplicada, Madrid 1934, **2** (Madrid '34) 249–55: Relations entre la constitution du substrat et le pouvoir catalytique des ions OH dans l'hydrolyse[3]).

W. Een terugblik. Rede, uitgesproken ter herdenking van den 28en verjaardag der Landbouwhoogeschool op 9 Maart 1946 (Wageningen '46) 16 S. — Het studiejaar 1945–1946. Rede, uitgesproken op 16 September 1946 bij de overdracht van het rectoraat der Landbouwhoogeschool (Wageningen '46) 15 S.

Bull. Soc. chim. France Sur la préparation de la butadione: (4) **51** ('32) 99–107.

Chemisch Weekbl. Anläßlich der 6. Lustrumfeier der Niederländischen Chemischen Gesellschaft: **30** ('33) 274f. [niederländ.]. — Ein Apparat zur Aufspürung von „Kriegsgasen": **33** ('36) 249 [~].

Handelingen nederl. natuur- en geneeskund. Congr. Das Auftreten eines Zwischenproduktes bei der Einwirkung von Phosphorpentachlorid auf Aldehyde: **24** ('33) 130–42.

Recueil Trav. chim. Pays-Bas Sur la formation d'un produit intermédiaire dans l'action du pentachlorure de phosphore sur les aldéhydes[3]): **52** ('33) 169–74. — Relations entre la constitution du substrat et sa sensibilité à l'ion OH dans l'hydrolyse[3]): **53** ('34) 869–90. — L'influence de la nature du solvant sur le pouvoir catalytique des ions d'hydroxyle dans l'hydrolyse: 891–94. — L'influence de la constitution des éthers-sels sur leur sensibilité aux ions OH et H dans l'hydrolyse[3]): 899–902. — L'action des acides et des bases sur les deux dibromo-éthanes[3]): 1087–92. — Sur une règle relative à la formation de la double liaison dans les composés aliphatiques halogénés: 1093–96. — Sur les modèles d'estérase de MM. Langenbeck et Baltes: **54** ('35) 322–26. — A propos d'une note de M. Langenbeck sur ses modèles d'estérase: 599f. — Cinétique de la synthèse de cétones d'après Friedel et Crafts: 943f. — Olefin formation: **55** ('36) 567f. — Le m-dinitrobenzène comme indicateur de la respiration des cellules végétales et animales[2]): 723–26. — Hydrolyse d'halogéno-alcanes, 1: 1027–35; ~ 2: **56** ('37) 247–62. — Sur l'acide α-naphtylacétique[4]): 853–57. — Sur un composé se décomposant facilement à l'état pur sous l'influence catalytique de la matière des parois[4]): **57** ('38) 90–94. — Mesures cinétiques comme moyen de déceler la nature de produits accessoires présents en petites quantités dans un produit de réaction: 741–46. — Sur la condensation des aryl-halogéno-méthanes[4]): 1117–24. — Sur le dosage du phosphore dans les composés organiques: **59** ('40) 872–76. — On the composition of the eulans: 1088–92. —

Note sur l'acide 2,3,5-triiodo-benzoïque[1]): **69** ('50) 22–26. — Sur la phénothiazone[1]): 526–34.

Mit: [1]) W. P. Combé; [2]) K. Ebes; [3]) A. P. Weber; [4]) J. Wit.

V, VI **OLLIVIER,** Héloïs. Physik. — 1907–19 Maître de Conférences, Univ. de Lille; '19–48 Prof., Univ. Strasbourg. — '38 Prix L. La Caze de Physique (Acad. Sci. Paris).

*1879, März 27, Talence, Gironde; †1966, Nov. 7.

S. Jubilé de M. Marcel Brillouin (Paris '35): Variation thermique du pouvoir rotatoire magnétique spécifique de composés paramagnétiques dissous.

W. Cours de physique générale, à l'usage des candidats au certificat de physique générale, au diplôme d'ingénieur-électricien et à l'agrégation des sciences physiques **3**: Mouvements vibratoires; acoustique; optique physique; ondes électromagnétiques; électro-optique; effets optiques du mouvement [3](Paris '32) 807 S.

Annales Physique Contribution à l'étude des solutions paramagnétiques: Comparaison des lois de variation thermique du pouvoir rotatoire magnétique et de la susceptibilité: (11) **11** ('39) 461–503.

C.R. hebd. Séances Acad. Sci., Paris Variation thermique du pouvoir rotatoire magnétique. Utilisation d'une cuve légèrement prismatique. Contribution à l'étude des solutions de chlorure de nickel[2])[1]): **194** ('32) 2301–03. — Contraste entre les lois de la variation thermique du pouvoir rotatoire magnétique dans les cas des nitrates de manganèse et de gadolinium, d'une part, des nitrates de cérium, néodyme, praséodyme, d'autre part: **204** ('37) 1326–28. — Sur une évaluation des pouvoirs rotatoires magnétiques spécifiques du nitrate ferrique dissous et d'un sulfate cérique: **207** ('38) 983–85.

J. Physique et Radium Variation thermique de rotations magnétiques: (7) **4** ('33) 136Sf. — Quelques montages réalisés à l'Institut de Physique: **5** ('34) 144Sf. — Mesures magnéto-optiques: 145Sf.; **6** ('35) 113Sf.; **7** ('36) 148S; **8** ('37) 62Sf.; 119Sf.; 147Sf.; **9** ('38) 134S–136S.

Einige weitere Beiträge in Kongreßberichten.

Mit: [1]) J. Lesne; [2]) J. Pernet.

VI **OLMER,** Léon Joseph. Chem. — 1919–48 Prof., pour un certain temps Doyen hon., Fac. libre des Sci., Inst. Catholique de Paris; Dir.-Conseil des Labor. du Bureau Veritas, Paris.

*1877, Okt. 30, Paris; †1957, Juli 8, Paris.

Nekr. Bull. Soc. chim. France **1957**, 1299.

S. Traité de chimie minérale (P. Pascal) 8 (Paris '33) 551–664: Argent. — Proc. 11th International congress of pure and applied chemistry, London 1947, **2** (London '50) 235f.: Préparation des sels de magnésium des acides organiques en milieu anhydre[5]).

W. Chimie. Classe de seconde (Paris '32) 8+206 S., ('43) 8+276 S., ('46) 8+224 S.; Classe de première ('32) 150 S., ('47) 2+87 S.; Classe de philosophie ('32) 165 S. — Problèmes de chimie avec solutions pour les classes de seconde, première et philosophie (m. M.-L. Quinet) (Paris '34) 98 S. — Physique. Classe de seconde (Paris '33) 4+305 S., ('44) 8+263 S., ('47) 8+338 S.; Classe de première ('34) 8+404 S.; Classe de première A et B ('48) 7+196 S.; Classe de première C et moderne ('47) 8+378 S.; Classe de mathématique ('34) 1+498 S.; Classe de philosophie ('34) 268 S., ('49) 280 S. — Problèmes de physique avec solutions pour la classe de seconde (m. M.-L. Quinet) (Paris '36) 86 S. — Problèmes de physique avec solutions pour la classe de mathématiques élémentaires (m. M.-L. Quinet) (Paris '39) 1+260 S. — Exposé des titres et des travaux scientifiques du docteur Jean Olmer (Paris '33) 134 S. — Sciences physiques. Classe de cinquième B et première année des écoles primaires supérieures (Paris '38) 124 S.; Classe de troisième B et troisième année des écoles primaires supérieures ('40) 257 S. — Les étapes de la chimie (Paris '41) 128 S. (Que sais-je ?, 35), ('43) 128 S., (Neuaufl. m. F. Meyer) ('48) 128 S.; italien.: Le tappe della chimica (Milano '51) (Saper tutto, 23) 120 S.; span.: Las etapas de la química (Barcelona '53) 175 S. — Mesure des grandeurs. Physique. Classes de seconde et de première (Paris '42) 47 S. — Le papier et les dérivés de la cellulose (m. F. Meyer) (Paris '42) 128 S. (Que sais-je ?, 84), [2]('49) 128 S.

Bull. Soc. chim. France Combinaisons du chlorure de magnésium avec différents composés organiques, 1: Combinaisons avec quelques alcools et avec l'acide acétique[5]): (5) **1** ('34) 1579–84.

Chimie et Industrie, Congr. Chim. industr. Magnesiumsulfatzemente[1]): **14.** 1934, 2 ('35) 9 S. [französ.]; ~ [1]): **15.** 1935, 1 ('36) 485–91 [~].

C. R. hebd. Séances Acad. Sci., Paris Action du gaz ammoniac sur le chlorure de magnésium anhydre ou hydraté[5]): **209** ('39) 513–16. — Acétates acides et acétates hydratés de cadmium[3]): **220** ('45) 604–06. — Sels basiques de sodium en solution[2]): **222** ('46) 1398f. —

Conductibilité de l'ammoniac en solution dans les alcools absolus[4]): **223** ('46) 200f.

Mit: [1]) M. L. Delyon; [2]) F. Fouasson; [3]) M. Gerbault; [4]) S. Hatem; [5]) M. L. Quinet.

VI **OLSEN,** John Charles. Chem. — 1918–44 Prof., '18–37 Head of the Departm. of Chem. Engng., Polytechn. Inst. of Brooklyn, N.Y.; '08–26 Secretary, '26–27 Dir., '28–29 Vice-Pres., '31 Pres., Amer. Inst. Chem. Engrs. (☒)

*1869, Juli 22, Galesburg, Ill.;
†1948 [oder 1947 ?], Juni 8.

Nekr. School and Soc. **67** ('48) 460f.

W. Unit processes and principles of chemical engineering (m. C. Field, A. L. Webre, T. Baker, J. W. Lawrie, F. W. Sperr, jr., C. L. Bryden, R. M. Keeney, P. H. Emmett, A. M. Fairlie, L. D. Vorce, P. E. Landolt, G. A. Prochazka, jr., J. L. Warner) (NewYork–London '32) 14+558 S. — The efficient use of fuels (New York '45) 807 S.

Industrial and Engng. Chem. Formation of phosgene in thermal decomposition of carbon tetrachloride: **25** ('33) 541f. — Gases from thermal decomposition of common combustible materials[2])[7]): 599–603. — Vanadium catalysts. Performance and poisoning by arsenic in sulfuric acid manufacture[5]): **29** ('37) 254–67. — Quantitative control of sulfonation processes[8]): 1350–53. — Flammable limits of methane depressed by methyl bromide[3]): **30** ('38) 308–11. — Settling rate of calcium carbonate in the causticizing of soda ash[1]): **33** ('41) 204–18.

Industrial and Engng. Chem., Analyt. Edit. Determination of phosgene in gases from experimental fires extinguished with carbon tetrachloride fire-extinguisher liquid[11])[10])[4])[7]): 8 ('36) 20–25. — Determination of the concentration of vaporized carbon tetrachloride[9])[2])[7]): 260–63.

J. amer. chem. Soc. The preparation and properties of titanium tetrabromide and titanium tribromide hexahydrate[6]): **54** ('32) 2215–18.

Trans. amer. Inst. chem. Engr. Chemical engineering as a profession: 28 ('32) 299–329.

Mit: [1]) O. G. Direnga; [2]) G. E. Ferguson; [3]) A. H. Graddis; [4]) J. B. Littlefield; [5]) H. Maisner; [6]) E. P. Ryan; [7]) L. Scheflan; [8]) W. A. Simpson; [9]) H. F. Smyth, jr.; [10]) H. H. Storch; [11]) W. P. Yant.

VI **OLSON,** Axel Ragnar. Chem. — 1921–26 Assist. Prof., '26–30 Assoc. Prof., '30–54 Prof., Univ. of California, Berkeley, Calif.

*1889, Febr. 6, Helsingborg;
†1954, Dez. 22, Oakland, Calif.

Todesanzeige Chemical and Engng. News **33** ('55) 534.

Zur Biogr. The national cyclopaedia of American biography **43** (New York '61) 347f.

W. Introductory quantitative analysis (m. E. F. Orlemann, C. W. Koch) (San Francisco, Cal. '48) 8+299 S., (London '51) 9+299 S. — Introductory quantitative chemistry (m. C. W. Koch, G. C. Pimentel) (San Francisco, Cal. '56) 10+470 S.

J. amer. chem. Soc. The normal vibrations of acetylene[14]): **54** ('32) 136–38. — The effect of supersonic radiation on bromothymol blue[6]): 3617–20. — The photostationary states of some geometrically isomeric acids[11]): **55** ('33) 1410–24. — Heat capacities of cis and trans dichloroethylenes[3]): 4063–68. — The dielectric constant of $^{2}H^{2}HO$[15])[18]): 4731. — The mechanism of substitution reactions[17]): **56** ('34) 1294–99. — The thermal and photochemical equilibria of the cis-trans isomers of dichloro- and dibromoethylene[18]): 1320–22. — The racemization of L-bromosuccinic acid by bromide ion in non-aqueous solvents. The mechanism of organic reactions[26]): 1690–93. — The heats of activation of the related reactions involved when L-bromosuccinic acid is treated with chloride ion[17]): **58** ('36) 393–98. — The mechanism of substitution reactions. Substitution of bromine and chlorine in phenylbromo- and phenylchloroacetic acids by chloride and bromide ions in aqueous solution[27]): 1157–62. — An improvement on the quantitative determination of radioactivity[16])[17])[8]): 1313f. — The rate of exchange between chloride ion and chlorine in aqueous solutions[17]): 2214f. — The rearrangement of acetylchloroaminobenzene in the presence of radioactive hydrochloric acid[21])[17])[8]): 2467–72. — The rearrangement of N-chloroacetanilide[8])[10]): **59** ('37) 1613–15. — The rate and mechanism of hydrolysis and alcoholysis of tertiary butyl chloride. An application to the transition state theory of solvent effects[8]): 2644–47. — The mechanism of the aqueous hydrolysis of β-butyrolactone[19]): **60** ('38) 2687–92. — The strength of carbonic acid. The rate of reaction of carbon dioxide with water and hydroxyl ion[28]): **62** ('40) 1027f. — Thioanilides of malonic acids[20])[2]): **63** ('41) 314f. — Mechanism of lactone hydrolysis[12]): 2459–61. — Base-catalyzed decomposition of nitramide in aqueous solution[25]): 3406–11. — A study of the dilatometric method of measuring rates of reactions. Application to the rate of hydrolysis of acetal[25]): **65** ('43) 1704–07. — Interpretation of the effects of salts on the rates of some hydrolytic reactions[25]): **66** ('44) 1555–62. — Hydrolysis of β-butyrolactone[28]): **73** ('51) 2468–71. — The dissociation constant of lithium bromide in acetone[13]): **75** ('53) 5801f. — Henry's law constants for t-butyl chloride in aqueous methanol solutions[22])[4]): **76** ('54) 5255. — Specific rates of solvolysis of t-butyl chloride in aqueous methanol, aqueous acetone, and aqueous dioxane and of t-butyl bromide in aqueous acetone[5])[24]): 6248–53. — The products of solvolysis of t-butyl chloride in aqueous methanol solutions[24]) [22]): 6253–58. — Some salt effects on t-butyl chloride and t-butyl bromide solvolyses in aqueous acetone solutions[24]): **77** ('55) 1412–17.

J. chem. Physics The mechanism of substitution reactions: **1** ('33) 418–23. — Salt effects on ionic equilibria[23]): **17** ('49) 348. — Rates of ionic reactions in aqueous solutions[23]): 1167–73. — The hydrolysis of ferric ion[23]): 1322–25.

J. org. Chemistry The thermal rearrangement of N-chloroacetanilide in aqueous solution[10]): **3** ('38) 76–89.

J. physic. Chem. The reaction between bromosuccinate ion and thiosulfate ion[17]): **41** ('37) 267–81.

J. physic. and Colloid Chem. An unusual liquid interface[9]): **51** ('47) 567f. — The racemization of the dimethyl ester of L-bromosuccinic acid by lithium bromide in acetone[7]) [24]): **55** ('51) 60–73.

Proc. Soc. exper. Biol. and Med. Ultrasonic radiation and yeast cells[1]): **29** ('31/32) 362–64.

Mit: [1]) T. D. Beckwith; [2]) J. W. Blattenberger; [3]) F. W. Brittain; [4]) W. E. Clifford; [5]) W. H. Cropper; [6]) N. B. Garden; [7]) L. D. Frashier; [8]) R. S. Halford; [9]) J. H. Hildebrand; [10]) J. C. Hornel; [11]) F. L. Hudson; [12]) J. L. Hyde; [13]) J. Konecny; [14]) H. A. Kramers; [15]) G. N. Lewis; [16]) W. F. Libby; [17]) F. A. Long; [18]) W. Maroney; [19]) R. J. Miller; [20]) A. A. Morton; [21]) C. W. Porter; [22]) W. C. Ruebsamen; [23]) T. R. Simonson; [24]) F. J. Spieth; [25]) L. K. J. Tong; [26]) H. H. Voge; [27]) M. J. Young; [28]) P. V. Youle.

VI **OLTAY,** Károly. Geodäsie. — 1903–06 Assist., '06–10 Adjunkt, '10–13 stellvertr. Prof., '13–55 Prof., Techn. Hochsch. Budapest; '27 Gründer d. Ungar. Inst. f. Geodäsie; '32– Leiter d. Budapester Stadtvermessung; Präs., Ungar. Kommiss. f. Geodäsie u. Geophysik; Präs., Ungar. Ges. f. Photogrammetrie; Präs., Ungar. Vermessungsingenieurverein.

*1881, Apr. 1, Budapest;

†1955, Okt. 18, Budapest.

HZ. (Begründer u. Redakt.) Geodéziai Közlöny **1** ('25) – **25** ('49).

W. Geodézia. Tan- és kézikönyv mérnöki használata **1**: A mérés, a számítás és a térképrajzolás alapelvei és fontosabb segédeszközei (Budapest '19) 12+262 S., ²('23); **2**: A vízszintes mérés alapműveletei és műszerei ('19) 8+184 S., ²('37), ³('43); **3**: A vízszintes mérés módszerei ('19) 10+266 S., ²('40), ³('48) 15+336 S.; **4**: A magasságmérés műszerei és módszerei ('20) 11+149 S., ²('44). — Relative Schwerkraftmessungen zwischen Budapest und Wien; Anschluß des ungarischen (Budapester) Gravitations-Hauptpunktes an den Wiener Oppolzerischen Hauptpunkt und an den Hauptpunkt der Wiener Technischen Hochschule (Budapest '32) 53 S. (Mitteilungen des Ungarischen Geodätischen Instituts, 3). — Relative Schwerkraftmessungen zwischen Budapest und Padova (Budapest '34) 69 S. (∼ 4). — Les travaux de l'Institut Géodésique de Hongrie depuis 1930 jusqu'à la fin de 1932; rapport présenté à la cinquième Assemblée générale de l'Union Géodésique et Géophysique Internationale réunie à Lisbonne en 1933 (Budapest '33) 17 S. (= Trav. Assoc. int. Géodésie **11**, Nr. 3 ('35). — Les travaux ∼ depuis juin 1933 jusqu'à juin 1936; rapport présenté à la sixième ∼ réunie à Edimbourg en 1936 (Budapest '36) 20 S. — Report of the Geodetic and Geophysical National Committee of the Hungarian Academy of Sciences about the geodetic and geophysical works executed in Hungary in the period of 1936–1939, submitted to the seventh General Assembly in the International Geodetic and Geophysical Union held in 1939 in Washington (Budapest '39) 30 S. — A fontosabb redukáló tahiméterek elve, szerkezete és használata (Budapest '42) 36 S. (A Mérnöki Továbbképző Intézet kiadványai 4, 17). — Újítások a teodoliton és a teodolitszerű műszereken (Budapest '42) 2+48 S. (∼ 16, 25). — Relatív gravitáció-mérés invariábilis ingákkal; a Mérnöki Továbbképző Intézet 1943. évi tanfolyamainak anyaga (Budapest '44) 39 S. (∼ M, 50). — A szintezés műszereinek és módszereinek fejlődése és mai állása (Budapest '46) 2+118 S. (∼ M, 63). — A Magyar Geodéziai Intézet invariábilis ingákkal végzett relatív gravitációmérései (Budapest '44) 118 S. (Magyar Geodéziai Intézet közleményei, 7). — Geodézia ⁴(Budapest '46) 127 S. — A budapesti invardrótmérés (Budapest '51) 170 S. — Geodézia. Egyetemi tankönyv (Budapest '51) 523 S.; ²('54) 576 S.; 3. u. 4. Aufl. überarbeitet v. I. Rédey ³('62) 658 S.; ⁴('64) 671 S.

Általános Mérnök Der für die Maschinenberechnung des ebenen Rückwärtseinschnitts ökonomischste Algorithmus: **1** ('46) 24–26 [ungar.].

Bull. géodés. La précision des comparaisons de longueurs avec de fils d'invar: **1936,** 7 S.

Felsőoktatási Szemle Wir sollen unsere Studenten zu kontinuierlichem Lernen erziehen!: **2** ('53) Nr. 2, 75f. [ungar.].

Geodéziai Közlöny Der Aneroid nach Pauli: **8** ('32) 3–8. — Die Prüfung des Universalauftragsapparates und Planimeters System Hellebrandt-Kövesi: **5** S. — Das Vermessungsgesetz Deutschlands: **10** ('34) 4 S. — Die Frage des Gewichtes in Ausgleichungen der aus höheren Netzen abgeleiteten neuen Punkte: **4** S. — Abstecken einer Seilschwebebahn mit

Benutzung der Punkte der landestrigonometrischen Netze: **11** ('35) 10 S. — Die neue Vermessung der Stadt Kecskemét: 24 S. — Die deutsche Grundkarte 1:5000: **12** ('36) 10 S. — Die Ablesegenauigkeit steigernde Zusatzgeräte für optische Entfernungsmesser, besonders für den Prismenentfernungsmesser: 10 S. — Einige Daten zur Geschwindigkeit der Messung mit Invardrähten: **13** ('37) 2 S. — Einige Daten zur Genauigkeit der Messungen mit Invardrähten: 27 S. — Die Genauigkeit der Vergleichung von Invardrähten: 4 S. — Neuer Typ eines Theodolits für Teilvermessungen: 3 S. — Der Zusammenhang zwischen Länge und mittlerem Fehler bei den mit Invardrähten durchgeführten Messungen: 28 S. — Untersuchungen zu den Systemdaten und zur Genauigkeit des alten Budapester trigonometrischen Netzes: 12 S. — Der Einfluß des Ablesefehlers auf die Resultate der mit Invardrähten durchgeführten Längenmessungen: 20 S. — Vorkalkulation der Kosten für die waagerechten Teilmessungen der Stadtvermessung: **15** ('39) 16 S. — Die technischen Bedingungen der Hauptpunktnivellierung, der Polygonierung und der waagerechten Teilmessungen: 32 S. — Die bei der Längenbestimmung im Rahmen der Triangulierung bei der Budapester Stadtvermessung erzielte Genauigkeit: **17** ('41) 19 S. — Die Theorie der Niveauflächen: 15 S. — Die Berechnung der Kontrollmaße mit dem Rechenstab: 3 S. — Das Jubiläum des Meters: 14 S. — Prismen-Koordinatenmesser nach Zeiß: **18** ('42) 8 S. — Das Diagramm-Tachymeter nach Wild: **19** ('43) 16 S. — Die Prüfung des kinematischen Theodolits mit Achsensystem: 20 S. — Neuere Daten über die bei Höhenbestimmungen durch Photogrammetrie aus der Luft erreichbare Genauigkeit: 20 S. — 100jähriges Jubiläum des wichtigsten Algorithmus des Rückwärtseinschnitts: **23** ('47) 2–6. — Heutiger Stand der Vermessung der Hauptstadt: 31–36. — Verschiedene Möglichkeiten zur Lösung des Rückwärtseinschnitts durch Konstruktion: 125–30. — Analytische und direkte Lösung des ebenen Rückwärtseinschnitts: 239–46. — Fortschritt und Stand der neuen Budapester Stadtvermessung am 1. Januar 1948: **24** ('48) 37–44. — Lóránd Eötvös und die Geodäsie: 83–87. — Die Vermessung krummliniger Grundstücksgrenzen: 91–98. — Anläßlich des Baus der Freiheitsbrücke [in Budapest] durchgeführte geodätische Arbeiten: 107–21, 143–48. — Die Maße „béczi öl" und „kataszteri hold" sind aufgehoben worden: 167–69. — Konstruktion des Rückwärtseinschnitts: **25** ('49) 4–6. — Stand der neuen Budapester Stadtvermessung am 1. Januar 1949: 35–40. — 150jähriges Jubiläum eines Algorithmus von Delambre: 75–81. — Die vor dem Neubau der Straßenbrücke über die Theiß bei Szeged durchgeführten geodätischen Arbeiten: 81–100. — — Alle Arbeiten ungar.

Gerlands Beitr. Geophysik Radó v. Kövesligethy †: **43** ('35) 337–39.

Magyar Fotogrammétriai Társaság Evkönyve Die Lebensgeschichte Dr. Eduard Dolezals: **1933**, 4 S. [ungar.].

Magyar Katonai Szemle Der Normaltheodolit für militärische und zivile Zwecke: **1933**, 9 S. [ungar.].

Magyar Mérnök- és Epítész-Egylet Közlönye Dr. Ludwig Bodola von Zágon: **70** ('36) 2 S. [ungar.]. — Die neue Flurbereinigung: **76** ('42) 4 S. [ungar.].

Magyar Techn. Die Hundertjahrfeier und das metrische System: **3** ('48) 56f. [ungar.].

Mélyépitéstudományi Szemle Die Genauigkeit des Präzisions-Prismentachymeters: **2** ('52) 176–79 [ungar.].

Technika [Budapest] Dr. Ludwig Bodola von Zágon: **17** ('36) 2 S. [ungar.].

Ferner ein Bericht „Die Photogrammetrie in Ungarn von 1934 bis 1938" für den 5. Internationalen Kongreß für Photogrammetrie, Roma 1938.

VI **ONICESCU,** Octav. Math., Mech. (theoret.). — 1929–31 außerord. Prof., '31–62 ord. Prof., '62 Prof. Emer., Univ. din Bucureşti; '30 Begründer, '30–48 Dir., Şcoala de Statistică → Inst. de Statistică, Actuariat şi Calcul, Bucureşti; Leiter d. Sekt. Wahrscheinlichkeitsrechnung am Math. Inst., Acad. Republ. Popul. (→ Socialiste) România. — '62 Staatspreis (Republ. Popul. România).
*1892, Sept. 2, Botoşani, Rumänien.

Zum 75. Geb.tag Ansprachen bei der Festveranstaltung der Akademie der Sozialistischen Republik Rumänien [in rumän. Sprache]: M. Nicolescu, Analele Acad. Republ. socialiste România **18.1968** ('70) 273f.; Gh. Mihoc, 275–79; Gh. Galbură, 281–85; Erwiderung und Dank von O. Onicescu: 287–99. — Festgabe: Revue Math. pures et appl. [Bucureşti] **12** ('67) Nr. 9, S. 1119–415 (m. Bildn., Faks.). — Analele Univ. Bucureşti, Mat.-Mec. **16** ('67) Nr. 1, 9f. (m. Bildn.).

Zum 80. Geb.tag Ansprachen bei der Festveranstaltung der Fakultät Mathematik-Mechanik der Universität Bucureşti [in rumän. Sprache]: I. Bucur, Analele Univ. Bucureşti, Mat.-Mec. **22** ('73) Nr. 1, 119f.; G. Ciucu, 120–22; Gh. Mihoc, 122–26; C. Iacob, 126–29; Gh. Galbură, 129f.; C. Petrescu, 130–32; V. Bulgaru, 132–34; I. Cuculescu, 135f.; S. Guiasu, 136f.; Erwiderung und Dank von O. Onicescu: 137–42.

H. Seminar de funcţii sumă (Bucureşti '63); darin eigene Beiträge: 9–15: Elemente einer

Wahrscheinlichkeitstheorie auf einer Booleschen σ-Algebra; 16–40: Fundamentale Eigenschaften Boolescher σ-Algebren und der auf ihnen definierten Summenfunktionen; 40–43: Summenfunktionen für Entropie, Korrelation und Informationsmenge; 73–81: Summenvektoren und ihre Eigenschaften; 105–17: Ein allgemeiner ergodischer Satz; 118–21: Summenfunktionen und Summenvektoren zur Darstellung stochastischer Prozesse. — — Alle Arbeiten rumän.

S. Actes du 1er Congrès interbalkanique des mathématiciens, Athènes 1934 (Athēnai '35) 63–68: La topologie de la fonction d'un point du plan ou de l'espace. — C. R. [10e] Congrès international des mathématiciens, Oslo 1936, 2 (Oslo '37) 198f.: Sur la notion de chaîne. — Le principe ergodique et les probabilités en chaîne (Paris '38) (Colloque consacré à la théorie des probabilités, 4 = Actualités scientifiques et industrielles, 737) 29–41: Théorie générale des chaînes à liaisons complètes. — Problema determinismului (Bucureşti '40) (Universitatea din Bucureşti, Seminarul de filozofia ştiinţei, Biblioteca „Natura", 2) 3–16: Der klassische Determinismus [rumän.]; 113–27: Ein neuer Objekt-Begriff und eine neue Form von Gesetzen [~]. — Œuvres de Georges Tzitzeica 1 (Bucureşti '41) III–XV: La vie et l'œuvre de G. Tzitzeica[8]). — 2e Congrès mathématique hongrois, Budapest 1960 (Budapest '61) Teil IV, 37–41: Les fonctions entropie, corrélation et quantité d'information. — Sesiunea ştiinţifică jubiliară a Institutului de Mecanică Aplicată „Traian Vuia" al Academiei R. P. R., Bucureşti 1960 (Bucureşti '63) 121–41: Structure et fondements des sciences mécaniques [rumän. m. russ. u. französ. Zusammenfassg.]. — Proc. Romanian-Finnish seminar on Teichmüller spaces and quasiconformal mappings, Braşov 1969 (Bucureşti '71) 235–43: Fonctions holotopes et mouvement des fluides. — Proc. 4th Conference on probability theory, Braşov 1971 (Bucureşti '73) 173–76: Processus de passage sur un champ fini d'événements.

W. Mecanica raţională II [Vorlesungsskripte] (Bucureşti '36) 319 S. [lithogr.]. — Newton (Bucureşti '36) 32 S. (Cunoştiinţe folositoare, Ser. A: Ştiinţă pentru toţi, Nr. 58). — Descartes (Bucureşti '37) 32 S. (~ Nr. 67). — La dépendance statistique. Chaînes et familles de chaînes discontinues (m. G. Mihoc) (Paris '37) 46 S. (Actualités scientifiques et industrielles, 503 = Exposés d'analyse générale, 7). — Calculul probabilităţilor (Bucureşti '39) 293 S.; Neubearbeitung: ('56) 392 S. — Les chaînes de variables aléatoires. Problèmes asymptotiques (m. G. Mihoc) (Bucureşti-Leipzig '43) 167 S. (Académie roumaine, Etudes et recherches, 14). — Reflecţii asupra ştiinţei (Bucureşti '44) 61 S. (Biblioteca „Natura", 7). — Calcul des probabilités. Etudes critiques et recherches (Bucureşti '45) 43 S. (L'Institut de Statistique, Actuariat et Calcul de l'Université de Bucarest). — Algebra **1** (m. G. Galbură) (Bucureşti '48) 2+358 S. [rumän.]. — Calculul probabilităţilor şi aplicaţii (m. G. Mihoc, C. T. Ionescu Tulcea) (Bucureşti '56) 787 S. — Lecţii de statistică matematică (m. G. Mihoc) (V. Neicov, D. Firescu) (Bucureşti '58) 731 S. — Strategia jocurilor cu aplicaţii la programarea liniară (Bucureşti '61) 226 S. (Colecţia Teoria probabilităţilor, 2); ²('71) 270 S. — Numere şi sisteme aleatoare (Bucureşti '62) 260 S. (~ 3); französ.: Nombres et systèmes aléatoires (Bucureşti-Paris '64) 280 S. — Teoria probabilităţilor şi aplicaţii (Bucureşti '63) 556 S. — Figuri ilustre ale antichităţii (m. E. Nicolau, N. Botnariuc) (Bucureşti '67) 383 S. — Mecanica (Bucureşti '69) 415 S. — Principiile teoriei probabilităţilor (Bucureşti '69) 236 S. [m. französ. Zusammenfassg.]. — Principes de logique et de philosophie mathématique (Bucureşti '71) 229 S.

Analele Acad. Republ. socialiste România [Siehe oben „Zum 75. Geb.tag"]: **18**.1968 ('70) 287–99.

Analele Acad. române, Mem. Secţ. şti. Probleme der Sprache in der Mathematik: (3) **15** ('39/40) 641–64 [rumän.].

Analele Acad. Republ. popul. romîne, Ser. Mat., Fizică, Chim. L'induction de la mécanique ondulatoire de celle corpusculaire: **3** ('49/50) 283–304 [rumän. m. russ. u. französ. Zusammenfassg.].

Analele româno-soviet., Ser. Mat.-Fizico-Chim. Die Entwicklung von Begriffen und Vorstellungen in der sowjetischen Schule der Wahrscheinlichkeitsrechnung: (3) **14** ('60) Nr. 3, 3–18 [rumän. m. russ. Zusammenfassg.].

Analele şti. Univ. "Al. I. Cuza" Iaşi, Secţ. Ia La fonction-somme d'un processus aléatoire, à temps discret, sur un ensemble fini d'états: **11b** ('65) 531–36 [m. rumän. u. russ. Zusammenfassg.].

Analele Univ. Bucureşti, Mat.-Mec. Construction d'un domaine contenant les zéros d'un polynôme: **16** ('67) Nr. 2, 9–11 [rumän. m. russ. u. französ. Zusammenfassg.]. — Integral differential equations verified by continuous process with complete connections and determination of the process by its variation[9]): **21** ('72) Nr. 1, 61–70 [rumän. m. engl. Zusammenfassg.]. — [Siehe oben „Zum 80. Geb.-tag"]: **22** ('73) Nr. 1, 137–42 [rumän.].

Analele Univ. "C. I. Parhon" Bucureşti, Ser. Acta logica Les axiomes de la mécanique du point matériel: **3** ('60) 97–104.

Analele Univ. Bucureşti, Ser. Acta logica La science des grandeurs dans l'œuvre d'Archimède: **4** ('61) 113–16. — Binary or ternary operations and operators: **6** ('63) 137–44; **9** ('66) 163f. — Les modèles fondamentaux des mathématiques: **10** ('67) 113–25.

Annales sci. Univ. Jassy, Partie I Sur une suite d'urnes disposées en cercle[4]): **24** ('38) 349–56.

Annali Mat. pura ed appl. Les axiomes de la mécanique du point matériel: (4) **53** ('61) 357–69. — La représentation des chaînes continues et des chaînes continues aléatoires: **70** ('65) 219–28.

Anuarul Asoc. Şti. Asigurărilor Sur les sommes de variables indépendantes[4]): **7.1935** ('36) 53–61.

Arhiva Şti. şi Reforma socială Sopra il valore sociale della scienza: **13** ('36) Nr. 1.

Atti (reale) Accad. nazion. Lincei, Rend. Proprietà topologiche delle trasformazioni puntuali dello spazio: (6) **20** ('34) 87f. — Variétés riemanniennes multilocales: (8) **22** ('57) 154–57. — Sur les fonctions somme au sens large et sur les corrélations somme: **34** ('63) 501–03. — L'espace fibré de la relativité restreinte[1]): **36** ('64) 457–60. — Un modello di campo probabilizzato: **40** ('66) 215–17 [m. französ. Zusammenfassg.].

Buletinul Fac. Şti. Cernăuţi Un problème d'analyse: **9** ('35) 16–21.

Buletinul Şedinţelor, Soc. română Şti., Secţ. Mat. Über die statistischen Ketten: **1** ('36) Nr. 2, 6–8 [rumän.]. — Über einen Satz in der Maßtheorie: **2** ('37/38) Nr. 2, 6f. [~].

Buletinul Soc. Şti. Cluj, România Fonction et corrélation: **7** ('32/34) 160–69.

Bull. Acad. polon. Sci., Sér. Sci. techn. Les principes de la mécanique invariantive: **21** ('73) 815–27.

Bull. Inst. int. Statistique Les applications de l'idée de chaîne statistique: **29** ('36/37) Nr. 2, 297–303.

Bull. Math. et Physique pures et appl. Ecole polytechn. Bucarest Zwei Beiträge zu einem Satz des Herrn Pompeiu[4]): **3** ('32/33) 159–64. — Sur la généralisation de l'urne de Bernoulli[4]): **8** ('36/37) 61–77; **9** ('37/38) 57–75.

Bull. math. Soc. roumaine Sci. Sur le déplacement affine, 1: **33/34** ('32) 63–89. — Sur la translation analytique et ses invariants: **35** ('33) 189–204. — Sur la relation de Poisson-Jensen: **40** ('38) 109–22. — Georges Ţiţeica †: **41** ('39) Nr. 1, 3–5. — Sur les sommes de variables enchaînées, 2[4]): 99–116. — La vie et l'œuvre de Georges Ţiţeica[8]): **43** ('41) Nr. 1/2, 147–61. — Les structures planes: **45** ('43) Nr. 1/2, 63–76. — Le coefficient de dispersion et la dépendance des épreuves[4]): **46** ('44) Nr. 1/2, 77–80. — Chaînes de mouvements discontinus et changements d'état[4]): **48** ('47) Nr. 1/2, 32–42.

Bull. math. Soc. Sci. math. et physiques République popul. roumaine Sur la mécanique du point matériel: (N. S.) **1** ('57) 461–65. — Sur les processus constitués par les événements d'un champ et sur les fonctions aléatoires correspondantes: **2** ('58) 95–108. — Une méthode d'ajustage et ses applications: 307–17. — Fonctions somme sur une b-algèbre: **3** ('59) 77–91. — Sur l'aspect mécanique des phénomènes naturels: 209–21. — Un théorème d'unicité: **4** ('60) Nr. 1, 75–77. — Sur les équations de la théorie des probabilités: Nr. 2, 61–86. — Considérations sur les problèmes actuels de la théorie des probabilités: **5** ('61) 77–89. — Les fonctions holotopes: **7** ('63) 203–23.

Bull. math. Soc. Sci. math. Républ. social. Roumanie Sur la relation entre des opérateurs Σ et T dans l'égalité $f(\Sigma\xi) = Tf(\xi)$: **10** ('66) 35–37.

Bull. Sci. math. Sur les chaînes de variables statistiques[4]): (2) **59** ('35) 174–92.

Bull. Sect. sci., Acad. roumaine La définition de la probabilité et le problème de la roulette: **21.1938/39** ('39) 106–09. — Sur l'application des équations fonctionnelles de Chapman et Smoluchowsky dans la théorie des chaînes de Markoff[4]): 110–12. — Sur les sommes de variables enchaînées dans le cas d'un ensemble numérable de valeurs[4]): **22. 1939/40** ('40) 231–36. — La probabilité d'un événement isolé: 280–86. — Un cas d'exception dans la théorie des chaînes de Markoff[4]): **24.1941/42** ('43) 401–08. — Les séries de structures: **26.1943/44** ('46) 503–10. — — Ferner Redaktion der mathematischen Bibliographien für 1939 (**22** ('41) Suppl., 54–60) und 1940 (**23** ('42) Suppl., 70–82).

Čas. Pěst. Mat. a Fysiky Sur les valeurs prises par un ensemble de fonctions dans le plan et dans l'espace: **64** ('35) 156f.

C. R. hebd. Séances Acad. Sci., Paris Sur les chaînes de variables statistiques[4]): **200** ('35) 511f. — Sur les fonctions holotopes: **201** ('35) 122f. — Sur les chaînes statistiques[4]): **202** ('36) 2031–33. — Sur les lois physiques s'exprimant par des chaînes statistiques: **203** ('36) 1493–95. — L'allure asymptotique de la somme des variables d'une chaîne de Markoff discontinue[4]): **205** ('37) 481f. — Les probabilités sur une algèbre de Boole: **246** ('58) 3210–13. — Sur les champs de vecteurs-somme: 3574–76. — Un théorème ergodique: **256** ('63) 2761–64. — Les propriétés ergodiques des transformations qui conservent la mesure: 5039–41.

C. R. hebd. Séances Acad. Sci., Paris, Sér. A Energie informationnelle: **263** ('66) 841f. — L'expansion de l'univers: **265** ('67) 358–60. — L'aspect mécanique de l'expansion de l'univers: **275** ('72) 1015–18.

Disquisitiones math. et physicae [Bucureşti] Comportement asymptotique des chaînes à liaisons complètes[4]): **1** ('40) 61f.

Dokl. bolgarsk. Akad. Nauk On the Weierstrass approximation theorem[6])[7]): **17** ('64) 789–92.

Gazeta mat. [Bucureşti] Der Ingenieur Ion Ionescu und die Gesellschaften der Wissenschaften: **53** ('47/48) 78–82 [rumän.].

Gazeta mat. [Bucureşti], Ser. A Emile Borel (1871–1956), der Begründer der Maßtheorie: **77** ('72) 361–72 [rumän.].

Gazeta mat. şi. fizică, Ser. A Quelques moments du développement de l'analyse fonctionnelle: **11** ('59) 513–16 [rumän. m. russ. u. französ. Zusammenfassg.]. — A. I. Hincin: **12** ('60) 214f. [rumän.]. — Sur la programmation linéaire: 393–98 [rumän. m. russ. u. französ. Zusammenfassg.].

Giorn. Ist. ital. Attuari Sopra le leggi-limite delle probabilità[4]): **7** ('36) 54–69.

J. Math. and Mech. Une mécanique des systèmes inertiaux. Une théorie de la gravitation. Une mécanique des petites distances: **7** ('58) 723–40.

Mathematica [Cluj] Fonction et corrélation: **7** ('33) 51–60. — Sur la notion de chaîne et l'idée de loi naturelle: **13** ('37) 66–71. — Propriétés asymptotiques des chaînes de Markoff étudiées à l'aide de la fonction caractéristique[4]): **16** ('40) 13–43. — D. Pompeiu: **19** ('43) 12–15. — Sur le théorème fondamental de l'algèbre: **22** ('46) 208–14. — On the restricted (simple) random walk: [N. S.] **3** ('61) 303–10.

Metron [Rovigo] Sopra i principi della teoria delle probabilità: **26** ('67) 47–71.

Natura [Bucureşti] Der „Congrès interbalkanique des mathématiciens" in Athen: **23** ('34) Nr. 8, 1–3; Nr. 9, 9–11. — Newton: **25** ('36) Nr. 3, 8–10. — Rede über die Zahl: **29** ('40) 15. Jan., 1–5. — G. Ţiţeica zum 1. Todestag: 15. März, S. 97. — Dimitrie Pompeiu: **30** ('41) 94–96. — Die statistischen Ketten: 346–51. — Vorwort zu einem Mechanik-Lehrbuch von Ion Plăcinţeanu: **31** ('42) 88–90. — — Alle Arbeiten rumän.

Progresele Şti. Die Wahrscheinlichkeitsrechnung und ihre Beziehung zu den Naturwissenschaften: **1** ('65) Nr. 2, 35–41 [rumän. m. russ., engl., französ. u. deutscher Zusammenfassg.].

Rend. Mat. e Appl., Univ. Roma Funzioni-somma e loro applicazioni alla teoria dei processi stocastici: (5) **26** ('67) 1–77.

Rend. Semin. mat. Univ. Padova La mécanique de certaines particules stables: **28** ('58) 322–30.

Revista Univ. "C. I. Parhon" şi Politehn. Bucureşti Intégrales singulières et représentation des fonctionnelles linéaires: **2** ('53) 15–18 [rumän. m. russ. u. französ. Zusammenfassg.]. — Une mécanique nouvelle des systèmes matériels, 1: **3** ('53) 23–33 [~]. — Chaînes continues à liaisons complètes: **4/5** ('54) 73–85 [~]. — L'évolution de la répartition des grandeurs additives de la mécanique statistique: **6/7** ('55) 31–34 [~]. — Sur la régularisation des mesures et le théorème de Riesz[3]): 35–38 [~]. — L'application de quelques théorèmes de calcul de probabilités à la statistique stellaire: **8** ('55) 35–38 [~].

Analele Univ. "C. I. Parhon" Bucureşti, Ser. Şti. Naturii Quelques remarques sur la solution du système de Cauchy pour l'intérieur d'une courbe de Jordan, comme un problème de Cauchy: **10** ('56) 9–13 [rumän. m. russ. u. französ. Zusammenfassg.]. — La répartition limite des sommes de variables aléatoires d'un processus Markov fini, homogène et continu: **12** ('56) 9–12 [~]. — Sur une intégrale et ses applications: **13** ('57) 9f. [~]. — Notes sur les b-algèbres: **22** ('59) 17–22 [~]. — Matrices caractéristiques et équations aux différences: **25** ('60) 17–20 [~]. — Univers antiminkowskiens: 149–57 [~].

Analele Univ. Bucureşti, Ser. Şti. Naturii Note sur les fonctions holotopes: **29** ('61) 45–49 [rumän. m. russ. u. französ. Zusammenfassg.]. — A remark on the theorem of Weierstrass[6]) [7]): 255–57 [rumän. m. russ. u. engl. Zusammenfassg.]. — Systèmes à double structure: **34** ('62) 9–15 [rumän. m. russ. u. französ. Zusammenfassg.].

Revue Inst. int. Statistique La dépendance statistique, la notion de chaîne et ses applications: **4** ('36) 349–54.

Revue Math. pures et appl. [Bucureşti] Introduction à une mécanique invariante des systèmes: **2** ('57) 167–80. — Notes sur les b-algèbres: **4** ('59) 345–50. — On the two bodies problem: **5** ('60) 533–39. — Sur un théorème de Min-Max: **6** ('61) 259–65. — Quelques théorèmes sur les vecteurs-somme: 621–28.

Revue roumaine Math. pures et appl. Un théorème ergodique pour les fonctions mesurables. Relations entre le théorème ergodique de Birkhoff et celui sur les fonctions-somme: **10** ('65) 105–10. — Sur les principes de la thermodynamique des systèmes en équilibre statistique: **12** ('67) 101–06. — La mécanique d'Elie Cartan: **14** ('69) 1051–53. — La mécanique invariantive des n corps: 1577–84. — Systèmes ordonnés et avec poids: **15** ('70) 1485f. — Les antinomies de la théorie des ensembles et la fonction logique de l'objet: **16** ('71) 639f. — Le problème de l'énergie informationnelle des systèmes continus: **19** ('74) 473–75.

Revue math. Union interbalkan. Les fonctions holotopes: **1** ('36) 33–52.

Revue Méc. appl. [Bucureşti] Variationsprinzipien, welche die inneren Verbindungen eines kontinuierlichen Mediums definieren: **1** ('56) Nr. 2, 7–13 [m. französ. Zusammenfassg.]. — Die Mechanik des starren Körpers: **3** ('58) Nr. 2, 179–84.

Revue roumaine Sci. techn., Sér. Méc. appl. L'holotopie des fluides: **17** ('72) 597–605. — Les principes de la mécanique invariantive: **19** ('74) 457–69.

Revue Physique [București] Univers antiminkowskiens: **5** ('60) 267–76.

Revue Univ. Bruxelles Chaînes statistiques et déterminisme: **44** ('38/39) 45–59.

Studii și Cercetări mat., Acad. Republ. popul. romîne, București Erweiterung der Begriffe des Moments und des Korrelationskoeffizienten auf beliebige Variable[5]): **15** ('64) 325–30 [rumän.]. — Informationsenergie: **18** ('66) 1419f. [~]. — In memoriam Professor Victor Marian: **23** ('71) 1531f. [~].

Studii și Cercetări Mec. apl., Acad. Republ. popul. romîne, București La mécanique du solide rigide: **9** ('58) 519–24 [rumän. m. französ. Zusammenfassg.].

Z. Wahrscheinlichkeitstheorie u. verwandte Geb. Finite abstract random automata[2]): **3** ('65) 279–85.

Ferner eine Arbeit „La relativité et la structure de l'univers" ('32), als Sonderdruck erschienen.

Mit: [1]) I. Bucur; [2]) S. Guiașu; [3]) C. T. Ionescu Tulcea; [4]) G. Mihoc; [5]) I. Săcuin; [6]) G. Sîmboan; [7]) R. Theodorescu; [8]) G. Vrănceanu; [9]) I. Bîrza.

VI **ONO,** Akimasa. Mech. — 1911–36 Prof., '12 Eng. D., '43 Prof. Emer., Kyushu Univ., Fukuoka; '36–43 Prof., Tokyo Univ.

*1882, Okt. 27, Tokyo.

J. Soc. mech. Engr. Japan Repeated bending of railway rails: **36** ('33) 1–6 [japan.]. — On vibrations of blades caused by lateral vibrations of a turbine disk[1]): **37** ('34) 1–4 [japan. m. engl. Zusammenfassg. S. S35–S39].

Memoirs Fac. Engng., Kyushu Univ. Supplementary note on the fracture of materials under thrust: **12** ('50) 215–21.

Proc. imp. Acad., Tokyo Repeated stress in railway rails: 8 ('32) 167–70.

Proc. Japan Acad. A supplementary study of the specific slip-resistance of aluminium single crystals: **26** ('50) 14–19. — Stress and strain in metals undergoing plastic flow – tube-wall subjected to axial pull and torque: **29** ('53) 446–51. — Tensile strength of materials in a pressure medium: **30** ('54) 183–88. — Formulation of the stress in a rotating disk with regard to the effect of permanent strain: **31** ('55) 169–74; A sequel of the note on rotating disk: **32** ('56) 261–66. — What is revealed by the experiments of tubes and rings: 255–60. — Vibration and strength of turbine blade, 1: Resonance vibration: **33** ('57) 211–16; ~ 2: Vibration stress and strength: 272–77; ~ 3: Vibration stress and condition of clamped end: **34** ('58) 287–92; ~ 4: Condition of clamped end and eigenfunction: 524–29; ~ 5: On the end-conditions of clamped-supported bar: **35** ('59) 191–96; ~ 6: Clamped-supported bar viewed as a subject of approximate calculation: 237–42; ~ 7: Reviewing the foregoing notes: **36** ('60) 278–81. — A review of pull- and torsion-tests on cast iron: 601–06. — Stress concentration v. fatigue strength in view of yielding of material: **37** ('61) 491–96. — Note to the condition of yielding assumed in investigating the effect of stress concentration on the fatigue strength: 577f. — Strength of metals in view of the internal energy: **38** ('62) 514–19. — Formulating strength by stresses, 1: 520–25; ~ 2: **39** ('63) 230–35; ~ 3: 300–05; ~ 4: 588–93; ~ 5: **40** ('64) 338–43. — Reflecting on energy tests: 344–48. — Torsion v. tension in view of the strength: **41** ('65) 288–93. — Ductile fracture of thin steel sheet under uniaxial tension: **44** ('68) 507–11. — Further note on ductile fracture of thin steel sheet: 512–15. — Thin sheet v. plate in view of the tension test: **49** ('73) 727–30.

Trans. Soc. mech. Engr. Japan Experimental investigation of the effect of notch on the fatigue strength of steel[4]): **5** ('39) Nr. 19, 167–74 [japan. m. engl. Zusammenfassg. S. S41–S43]. — Ermüdungsprüfung an Eisen, Stahl und Leichtmetall-Legierungen: **6** ('40) Nr. 24 [ ].

Z. angew. Math. u. Mech. Der Energieverbrauch und die Wärmeentwicklung des schwingenden Stahlstabes: **16** ('36) 23–32.

Mit: [1]) T. Ishibashi; [2]) M. Ono.

VI **ONORATO,** Ettore. Mineral. — 1924–30 Assist., '29 Libero Doc., '38–69 Prof., '42–67 Dir. dell'Ist. di Mineral. e Petrogr., '60–61, '62–63 Pres. della Fac. di Farm., '63–64 Pres. della Fac. di Sci. mat., fisiche e naturali, Univ. di Roma; '30–33 Prof. straord., '33–35 Prof. ord., '30–35 Dir. dell'Ist. di Mineral., Univ. di Cagliari; '35–38 Dir., Inst. de Mineral., Univ. de São Paulo; '35–38 Prof., Univ. di Genova; '38 Pres., Commiss. Ital. Cristallogr.; '58–61 Pres., Società Mineralogica Italiana. — '35 Dr. h. c. (Univ. de São Paulo). — '32 Premio Volta (Accad. d'Italia); '41 Stella d'argento al Merito della Scuola, '58 Medaglia d'oro ai Benemeriti della Scuola, della Cultura e dell'Arte (Repubbl. Italiana).

*1899, Febr. 8, Lucera, Foggia;
†1971, Okt. 31, Roma.

Zur Biogr. Annuario gen., Accad. nazion. XL **1961**, 441–43 (m. Bildn., Faks., Schr.verz.).

Zum 70. Geb.tag Festband: Periodico Mineral. **39A** ('70).

Nekr. M. Fornaseri, Atti Accad. Sci. Torino **106** ('72) 981–92 (m. Schr.verz.). — C. Lauro, Periodico Mineral. **41** ('72) V–XII (m.

Schr.verz.); Rend. Soc. ital. Mineral. e Petrol. **28** ('72).

HZ. Periodico Mineral. 1942–1969.

MHZ. Periodico Mineral. 1930–1942.

W. Corso di mineralogia e geologia per gli allievi ingegneri (m. A. Bellanca) (Roma '42) 374 S.; ('47); ('48) 336 S. – Corso di mineralogia (Roma '42) 462 S.; ('50); ('54) 473 S. – Guida al corso di mineralogia (Roma '57) 286 S.; [2]('60) 318 S.; [3]('69) 455 S. – Tabelle mineralogiche (Roma '59) 109 S.; ('65) 109 S. – Microsonde elettroniche (m. F. Sgarlata) (Roma '66) 39 S.

Accad. Italia, Fondaz. A. Volta, Viaggi Studio ed Esploraz. Il metodo dei Bragg: **2** ('35).

Acta crystallogr. x-Ray examination of cobaltite: **10** ('57) 764f.

Annuario, Univ. Studi Roma Federico Millosevich: **1944/45.**

Atti Accad. Sci. Torino Cooperazione scientifica: **96** ('62) 430–40.

Boletim Mineral., Fac. Fil., Ci. e Letras, Univ. São Paulo Pesquizas röntgenográficas sobre a leucita: **2** ('38) 3–14.

Chimica e Industria Struttura della materia cristallina e i raggi x: **2** ('34) 100–03.

Neues Jahrb. Mineral., Geol. u. Paläontol., Monatsh., Abt. A Friedrich Millosevich †: **1943**, 223f.

Neues Jahrb. Mineral., Abh. Röntgenographische Untersuchungen über den Kobaltglanz: **91** ('57) 41–51.

Periodico Mineral. Semidrato del solfato di calcio e anidrite solubile: **3** ('32) 135–44. – La struttura della fosgenite: **5** ('34) 37–61. – Ricerche röntgenografiche sulla leucite: **9** ('38) 85–97. – Federico Millosevich †: **13** ('42) 245–53. – Equazione del Laue ed espressione dei Bragg: **15** ('45) 1–4. – Il metodo di Weissenberg: **21** ('52) 1–38. – Relazione tra spettri di fluorescenza e numero atomico[1]): **29** ('60) 301–06. – Struttura del sanidino[2])[3]): **32** ('63) 1–34. – Le fasi del feldspato potassico[3]): **36** ('67) 325–53.

Relazioni, Soc. ital. Progr. Sci. Federico Millosevich (1875–1942): **41.1942** ('49).

Rend. Semin. Fac. Sci. R. Univ. Cagliari Risultati di recenti studi sulla costituzione chimica dei silicati naturali: **2** ('32) 25–30. – Determinazione delle forme dirette ed inverse nella pirite: **3** ('33) 145f.

Rend. Soc. mineral. ital. Il I Congresso dell'Unione Internazionale di Cristallografia (Cambridge, Mass.): **5** ('48) 44–. – Considerazioni generali sulla struttura dei silicati: **16** ('60) 3–.

Ricerca sci. I Congresso dell'Unione Internazionale di Cristallografia (Cambridge, Mass.) [4]): **19** ('49) 123f. – XIX Congresso geologico internazionale, Algeri 1952[5])[7])[2])[8]): **23** ('53) 673–86. – III Congresso internazionale di cristallografia, Parigi 1954[4])[6])[9]): **25** ('55) 1485–89. – Centro di Studi per la Mineralogia e la Petrografia: Attività svolta nel quinquennio 1952–1957: **28** ('58) 955–; ∼: Relazione sull'attività svolta nel biennio 1965–1966: **37** ('67) 238–. – Il Gruppo di Ricerca per la Cristallografia e la Strutturistica Mineralogica. Attività nel biennio 1960–1962: **33** ('63) 289–.

Rivista Antropol. Descrizione del Sambaqui da Cabeçuda: **35** ('47) 349–.

Scienza e Tecnica Accrescimento e forma dei cristalli: (N. S.) **3** ('59) 211–.

Selecta chim. [São Paulo] Il „metodo delle impronte" per il riconoscimento dei minerali: **15** ('56) 39–.

Mit: [1]) E. Abbolito; [2]) M. Penta; [3]) F. Sgarlata; [4]) G. Carobbi; [5]) E. Feruglio; [6]) P. Gallitelli; [7]) E. Montanaro-Gallitelli; [8]) L. Trevisan; [9]) U. Ventriglia.

VI **ONSAGER,** Lars. Chem. (theoret.). —1928–33 Instructor, Brown Univ., Providence, R. I.; '33–34 Sterling Fellow, '35 Ph. D., '34–40 Assist. Prof., '40–45 Assoc. Prof., '45–72 Prof., '72 Prof. Emer., Yale Univ., New Haven, Conn.; '72– Distinguished Prof., Center for Theoret. Studies, Univ. of Miami, Coral Gables, Fla. — '54 Hon. D. Sc. (Harvard Univ., Cambridge, Mass.); '60 Dr. techn. h. c. (Norges Tekn. Høgskole, Trondheim); '62 Hon. D. Sc. (Rensselaer Polytechn. Inst., Troy, N. Y.); '62 Hon. D. Sc. (Brown Univ., Providence, R. I.); '62 Dr. h. c. (Techn. Hochsch. Aachen); '68 Hon. D. Sc. (Univ. of Chicago, Ill.). — '68 Nobelpreis f. Chem. — '53 Rumford Gold and Silver Medal (Amer. Acad. Arts and Sci.); '58 Lorentz Medal (Koninkl. Nederl. Akad. Wet.); '62 G. N. Lewis Medal (Amer. Chem. Soc., California Sect.); '62 J. G. Kirkwood Medal (Amer. Chem. Soc., New Haven Sect.); '62 Willard Gibbs Medal (Amer. Chem. Soc., Chicago Sect.); '64 T. W. Richards Medal (Amer. Chem. Soc., Northeastern Sect.); '65 Peter Debye Award (Amer. Chem. Soc. and Humble Oil and Refining Company); '66 Annual Award of the Belfer Graduate School of Yeshiva Univ., New York.

*1903, Nov. 17, Oslo;

†1976, Okt. 5.

Zur Biogr. J. G. Kirkwood, The scientific work of Lars Onsager: Proc. amer. Acad. Arts and Sci. 82 ('52/53) 298–300. – T. Shedlovsky, E. Montroll, J. math. Physics 4 ('63) 2 S. vor S. 147 (m. Frontispiz auf d. Febr.-Nr.). – Chemical and Engng. News 40 ('62) 127 (m. Bildn. u. Frontispiz auf d. Mai-Nr.).

Zur Verleihung des Nobelpreises R. M. Fuoss, Science [USA] 162 ('68) 646–48. – R. de Groot, Nederlands Tijdschr. Natuurkunde 35 ('69) 4–8. – H. Hartmann, Umschau Wiss. u. Techn. 69 ('69) 5. – J. Meixner, Physikalische Bl. 25 ('69) 65–68. – A. Nowak, Wissenschaft u. Fortschr. 19 ('69) 290f. (m. Bildn.). – H. Wergeland, Fysikkens Verden 31 ('69) 11–13. – Nature [London] 220 ('68) 533. – Nobel lectures, Chemistry, 1963–1970 (Amsterdam–London–NewYork '72) 267–71, 289–91.

Nekr. R. H. Cole, J. Non-Equilibrium Thermodynamics 2 ('77) 129–31. – C. Domb, Nature [London] 264 ('76) 819f. (m. Bildn.). – R. Schlögel, Ber. Bunsenges. physik. Chem. 81 ('77) 253f.

S. Report of an International conference on fundamental particles and low temperatures, Cambridge 1946 (London '47) 137–44: Transition points[7]). – Proc. International conference of theoretical physics, Kyoto and Tokyo 1953 (Tokyo '54) 669–76: Diamagnetism in metals; 877–80: Introductory talk (on liquid helium). – Proc. 5th International conference on low temperature physics and chemistry, Madison, Wis., 1957 (J. R. Dillinger) (Madison, Wis. '58) 119–21: Low temperature fluctuations[9]). – Electrolytes. International symposium, 1959 (New York '62) 27–46: Electrical properties of ice[2]). – Annual report of the Conference on electrical insulation (National Academy of Science - National Research Council, Division of Engineering and Industrial Research) Washington, D. C., 1961 (Washington, D. C. '62) 131–35: Protonic semiconductors (Whitehead memorial lecture). – The many-body problem. Proc. [of a symposium, Hoboken, N. Y., 1957] (J. K. Percus) (New York–London '63) 457–64: Helium II. – Physics of ice. Proc. [of an international symposium, Munich 1968] (N. Riehl, B. Bullemer, H. Engelhardt) (New York '69) 363–68: Protonic semiconductors. – Nobel lectures, Chemistry, 1963–1970 (Amsterdam–London–New York '72) 272–88: The motion of ions: Principles and concepts.

W. Kinetic theory and statistical mechanics. Lecture notes of a course given at Yale University (D. E. Harrison, jr.) (New Haven, Conn. '52) 229 S. (daktylogr.).

Angewandte Chem. Die Bewegung von Ionen: Prinzipien und Vorstellungen (Nobel-Vortrag): 81 ('69) 1009–16.

Annalen Physik Integrals in the theory of electron correlations[13])[20]): (7) 18 ('66) 71–77.

Annals New York Acad. Sci. Theories and problems of liquid diffusion: 46 ('45) 241–65. – Effects of shape on the interaction of colloidal particles: 51 ('49) 627–59.

Chemical Reviews Theories of concentrated electrolytes: 13 ('33) 73–89.

J. amer. chem. Soc. Electric moments of molecules in liquids: 58 ('36) 1486–93. – A general theory for the Gouy diffusion method[5]): 74 ('52) 6066–74. – A correction to the Poisson-Boltzmann equation for unsymmetrical electrolytes: 86 ('64) 3421–23. – Relaxation effects in associating electrolytes[15]): 90 ('68) 3134–40.

J. chem. Physics The surface tension of Debye-Hückel electrolytes[18]): 2 ('34) 528–36. – Deviations from Ohm's law in weak electrolytes: 599–615. – Proton magnetic resonance spectrum of propane[23])[19])[1]): 32 ('60) 67–71. – Surface specific heat of an isotropic solid at low temperatures[2])[12]): 33 ('60) 1452–61. – Diffusion and relaxation phenomena in ice[17]): 50 ('69) 1089–103. – Hopping of ions in ice[26])[25])[28]): 60 ('74) 405–19.

J. physic. Chem. Irreversible processes in electrolytes. Diffusion, conductance, and viscous flow in arbitrary mixtures of strong electrolytes[3]): 36 ('32) 2689–778. – Electrostatic interaction of molecules: 43 ('39) 189–96. – Wien effect in simple strong electrolytes[8]): 61 ('57) 198–215, 1687. – The relaxation effects in mixed strong electrolytes[8]): 215–29, 1687. – Conductance of unassociated electrolytes[3]): 668–82. – The kinetic term in electrolytic conductance[3]): 62 ('58) 1339f. – The conductance of symmetrical electrolytes, 1: Potential of total force[3]): 66 ('62) 1722–26; ∼ 2: The relaxation field[3]): 67 ('63) 621–28; ∼ 3: Electrophoresis[3]): 628–32; ∼ 4: Hydrodynamic and osmotic terms in the relaxation field[3]): 68 ('64) 1–8; ∼ 5: The conductance equation[3])[21]): 69 ('65) 2581–94.

J. Physics, Sect. A Electrons and vortex lines in He II, 1: Brownian motion theory of capture and escape[27]): 8 ('75) 203–13; ∼ 2: Theoretical analysis of capture and release experiments[27]): 882–90.

J. Physics, Sect. C Asymptotic forms for luminescent intensity due to donor–acceptor pair recombination[29]): 7 ('74) 645–48.

Philosophical Mag. Interpretation of the de Haas - van Alphen effect: (7) 43 ('52) 1006–08.

Physical Rev. Initial recombination of ions: 54 ('38) 554–57. – On the theory of isotope separation by thermal diffusion[4])[6]): 55 ('39) 1083–95. – Turbulence in convection in gases between concentric vertical cylinders[22]): 56 ('39) 474–77. – Crystal statistics, 1: A two-dimensional model with an order–disorder transition: 65 ('44) 117–49; ∼ 3: Short-range order in a binary Ising lattice[7]): 76 ('49) 1244–52. – Fluctuations and irreversible processes

[,1][11]): **91** ('53) 1505–12; ∼ 2: Systems with kinetic energy[11]): 1512–15. – Bose-Einstein condensation and liquid helium[14]): **104** ('56) 576–84.

Physical Rev. Letters Magnetic flux through a superconducting ring: **7** ('61) 50.

Proc. nation. Acad. Sci. USA Conductance of strong electrolytes at finite dilutions[3]): **41** ('55) 274–83. – Thermodynamic potentials of symmetrical electrolytes[3]): **47** ('61) 818–25. – Mechanism for self-diffusion in ice[17]): **50** ('63) 208–10.

Rend. Scuola int. Fisica "Enrico Fermi" The electrical properties of ice[2]): **10.** 1959 ('60) 294–315.

Review sci. Instruments Apparatus for isotope separation by thermal diffusion[22])[24]): **20** ('49) 924–27.

Science [USA] Thermodynamic potentials of symmetrical electrolytes[3]): **133** ('61) 1365. – The motion of ions: Principles and concepts: **166** ('69) 1359–64.

Suppl. Nuovo Cimento Statistical hydrodynamics: (9) **6** ('49) 279–86.

Z. physik. Chem. [Leipzig] Zur Theorie des Wieneffekts in schwachen Elektrolyten[10]): **228** ('65) 428–32.

Mit: [1]) H. E. Dubb; [2]) M. Dupuis; [3]) R. M. Fuoss; [4]) W. H. Furry; [5]) L. J. Gosting; [6]) R. C. Jones; [7]) B. Kaufman; [8]) S. K. Kim; [9]) J. L. Lebowitz; [10]) C. T. Liu; [11]) S. Machlup; [12]) R. Mazo; [13]) L. Mittag; [14]) O. Penrose; [15]) S. W. Provencher; [16]) –; [17]) L. K. Runnels; [18]) N. N. T. Samaras; [19]) M. Saunders; [20]) M. J. Stephen; [21]) J. F. Skinner; [22]) W. W. Watson; [23]) D. R. Whitman; [24]) A. Zucker; [25]) J. Bonner; [26]) M. S. Chen; [27]) J. McCauley, jr.; [28]) J. Nagle; [29]) A. M. Stewart.

VI **ONSLOW,** Muriel Wheldale (bis 1919 Muriel **WHELDALE**). Pflanzenbiochem. – 1900–04 Stud., '06–08 Assist. Lecturer Botany, '09– Research Fellow, Newnham College, Cambridge; '11–14 Research Worker, John Innes Horticultural Inst., Merton; '17– Research Worker, Food Investigat. Board, Cambridge; '22– Research Worker, Cambridge Low Temperature Stat.; Associate of Botany School and Biochem. Departm., '26–32 Lecturer, Univ. of Cambridge. (⊠)

*1880, März 31, Birmingham;

†1932, Mai 19, Cambridge.

Nekr. [F. G. Hopkins,] Nature [London] **129** ('32) 859. – M. S., Biochemical J. **26** ('32) 915f.

Nature [London] Genetical and biochemical aspects of anthocyan pigments: **129** ('32) 601–04.

Rep. Food Investigat. Board, Dep. sci. and industr. Res. Biochemical study of senescence in apples[1])[2]): **1932** ('33) 70–75.

Mit: [1]) F. Kidd; [2]) C. West.

VI **OORT,** Jan Hendrik. Astron. – 1924–35 Astronom, '35–45 Stellvertretender Dir. u. '45–70 Dir. d. Observat., '26–30 Doz., '30–35 außerplanm. Prof., '35–45 außerord. Prof., '45–70 ord. Prof., Univ. Leiden; '52 Visiting Prof., California Inst. of Technol., Pasadena, Calif., and Univ. of Princeton, N. J.; '35–48 Generalsekretär, '59–61 Präs., Int. Astron. Union; '49– Präs., Niederländ. radioastronom. Stiftung. – Zahlreiche Ehrendoktorate (Københavns Univ.; Univ. of Glasgow; Univ. of Oxford; Univ. Cathol., Louvain; Harvard Univ., Cambridge, Mass.; Univ. Libre de Bruxelles; Univ. of Cambridge; Univ. de Bordeaux; Australian Nation. Univ., Canberra). – '42 Bruce Medal (Astron. Soc. Pacific); '46 Gold Medal (Roy. Astron. Soc.); '46 Médaille Janssen (Acad. Sci. Paris); Prix Janssen (Soc. Astron. de France); '66 Vetlesen Prize (Columbia Univ., New York).

*1900, Apr. 28, Franeker.

Zur Biogr. W. E. Gourlay, Picture book of today's scientists (New York '62) 54–57 (Visual science series). – A. van Hoof, Annuaire, Univ. cathol. Louvain **91.** 1953/56, II ('60) 414–17. – H. van Woerden, Hemel en Dampkring **64** ('66) 305. – Nature [London] **157** ('46) 99; **183** ('59) 1499.

Zum 60. Geb.tag J. J. Raimond, jr., Hemel en Dampkring **58** ('60) 99.

Zur Verleihung des Vetlesen-Preises Galaxies and the universe. Vetlesen symposium, Columbia University, New York 1966. Held on the occasion of the 1966 Vetlesen Prize award to Jan Hendrik Oort (New York '68) 15+112 S.; darin S. VII–XIII: B. Strömgren, An appreciation of Jan Hendrik Oort (Vgl. auch **S.**).

HZ. Annalen Sterrewacht Leiden **18** ('36/40) - **22** ('62/66). – Trans. int. astron. Union **6** ('39) - **7** ('50).

S. Antieke en moderne kosmologie (Arnhem '41): Moderne Ansichten über die Struktur des Weltalls [niederländ.]. – Comité national français d'Astronomie. Communications et Mémoires, Réunions scientifiques, Paris 1946 (Orléans '48) 11–14: Quelques remarques sur la nébuleuse autour de la Nova Persei 1901; 119f.: L'orientation de l'ellipsoïde des vitesses pour les étoiles faibles. — Problems of cosmical aerodynamics. Proc. of the symposium on the motion of gaseous masses of cosmical dimensions, Paris 1949 (Dayton, Ohio '51): Introduction; 118–24: Interaction of nova and supernova shells with the interstellar medium. — Gas dynamics of cosmic clouds. 2nd Symposium on cosmical gas dynamics, Cambridge, England, 1953 (New York–Amsterdam '55) (International Astronomical Union symposium series, 2) 147–58: Outline of a theory on the origin and acceleration of interstellar clouds and O-associations. — Vistas in astronomy (A. Beer) **1** (London–New York '55) (J. atmospher. and terrestr. Physics, Spec. Suppl. Nr. 3) 607–16: Measures of the 21-cm line emitted by interstellar hydrogen. — Radio astronomy. International Astronomical Union symposium Nr. 4, Jodrell Bank Experimental Station near Manchester 1955 (H. C. van de Hulst) (Cambridge '57) 197–200: Polarization and the radiating mechanism of the Crab nebula [28]). — Comparison of the large-scale structure of the galactic system with that of other stellar systems. IAU symposium Nr. 5, Dublin 1955 (N. G. Roman) (London '58) 69–72: Comparison of the galactic system with other stellar systems. — La structure et l'évolution de l'univers. Rapports et discussions, 11e Conseil de physique, 1958 (Institut International de Physique Solvay) (Bruxelles '58) 163–81: Distribution of galaxies and the density in the universe. — Das Universum. Unser Bild vom Weltall [Übersetzung von: The Universe (New York '57) (Scientific American)] (Wiesbaden '58) (Wissen und Leben, 6): Die Entwicklung der Galaxien. — Handbuch der Physik (S. Flügge) **53**: Astrophysik 4: Sternsysteme (Berlin–Göttingen–Heidelberg '59) 100–28: Radio-frequency studies of galactic structure. — Paris symposium on radio astronomy, 1958. IAU symposium Nr. 9 = URSI [Union radio-scientifique internationale] symposium Nr. 1 (R. N. Bracewell) (Stanford, Calif. '59) 409–15: A summary and assessment of current 21-cm results concerning spiral and disk structures in our galaxy; 416–22: Neutral hydrogen in the central part of the galactic system[22]). — The distribution and motion of interstellar matter in galaxies. Proc. of a conference held at the Institute for Advanced Study, Princeton, N. J., 1961 (L. Woltjer) (New York '62) 3–22: Radio data on the distribution and motion of interstellar gas; 71–77: Some remarks on the transition region between disk and halo; 78f.: Measurement of polarization of the continuous radiation at 75-cm wavelength; 234–44: Spiral structure. — The moon, meteorites and comets (B. M. Middlehurst, G. P. Kuiper) (Chicago, Ill. '63) (The solar system, 4) 665–73: Empirical data on the origin of comets. — Problems of extragalactic research. IAU symposium Nr. 15, Santa Barbara, Cal., 1961 (G. C. McVittie) (London '62, New York '63) 137–45: Dynamics of regular galaxies; 179–83: Normal galaxies and stellar systems: summary. — The galaxy and the Magellanic clouds. Dedicated to the memory of Joseph Lade Pawsey. IAU symposium Nr. 20, Canberra 1963 (F. J. Kerr, A. W. Rodgers) (Canberra '64) 179–83: Recent observations at Dwingeloo of the central region of the galactic system. — The structure and evolution of galaxies. Proc. of the 13th Conference on physics at the University of Brussels, 1964 (Institut International de Physique Solvay) (London–New York–Sydney '65) 17–22: Some topics concerning the structure and evolution of galaxies. — Galactic structure (A. Blaauw, M. Schmidt) (Chicago, Ill. '65) (Stars and stellar systems, 5) 455–511: Stellar dynamics. — Nestacionarnye javlenija v galaktikach. Simpozium MAS 29 (Non-stable phenomena in galaxies. IAU symposium Nr. 29), Bjurakan 1966 (Erevan '68) 41–45: Über ein neues Phänomen in der Nähe des galaktischen Zentrums [russ.]. — Galaxies and the universe. Vetlesen symposium, Columbia University, New York 1966 (New York '68) 1–32: Radio astronomical studies of the galactic system.

W. De bouw der sterrenstelsels. Rede, uitgesproken na de aanvaarding van het ambt van buitengewoon hoogleeraar aan de Rijksuniversiteit te Leiden 1935 (Groningen '35) 20 S. — Gas en vaste stof in de interstellaire ruimte (m. H. C. van de Hulst) (Amsterdam '46) 4 S. (Koninklijke Nederlandse Akademie van Wetenschappen). — De oorsprong van het heelal (Haarlem '72) 28 S. (Haarlemse voordrachten, 32).

American Scientist Radio astronomy - a window on the universe: **48** ('60) 160–78.

Annales Astrophysique Quelques résultats concernant la répartition de la matière interstellaire et la structure du système galactique: **1** ('38) 71–96. — Internal motions and density distribution in a globular cluster[5]): **23** ('60) 375–78.

Astronomical J. Report of the Committee of the American Astronomical Society on the merits of the proposed international project of determining accurate proper motions with the Photographic Zenith Tube: **52** ('47) 133–35. — The interstellar gas in the central part of the galaxy[22]): **64** ('59) 130f. — Very accurate positions of selected stars: **65** ('60) 229–31.

L'Astronomie (BSAF) Le cinquantenaire de l'Observatoire Yerkes (1897–1947): **62** ('48) 85f. — Structure et évolution du système galactique: **79** ('65) 381–89, 425–44.

Astronomy and Astrophysics The formation of galaxies and the origin of the high-velocity hydrogen: **7** ('70) Nr. 3, 381–404. — The density of the universe: 405–07. — The radio emission of NGC 4258 and the possible origin of spiral structure[12])[14]): **21** ('72) Nr. 2, 169–84.

Astrophysical J. Some problems concerning the structure and dynamics of the galactic system and the elliptical nebulae NGC 3115 and 4494: **91** ('40) 273–306. — Problems of galactic structure (Henry Norris Russel Lecture): **116** ('52) 233–50. — Photo-electric measurements of extragalactic nebulae[7])[6]): **120** ('54) 439–53. — Acceleration of interstellar clouds by O-type stars[24]): **121** ('55) 6–23.

Bull. astron. [Paris] Some remarks concerning the determination of the constant of precession: **15** ('50) 217–28 [m. französ. Zusammenfassg.].

Bull. astron. Inst. Netherlands The force exerted by the stellar system in the direction perpendicular to the galactic plane and some related problems: **6** ('32) 249–87. — Note on the distribution of luminosities of K and M giants: 289–94. — Mean parallaxes of faint stars derived from the Radcliffe Catalogue of proper motions: **8** ('36/39) 75–104. — A redetermination of the constant of precession, the motion of the equinox and the rotation of the galaxy from faint stars observed at the McCormick Observatory: 149–55. — Absorption and density distribution in the galactic system: 233–64. — Motions of RR Lyrae variables: 337f. — The attractive force of the galactic system as determined from the distribution of RR Lyrae variables[31]): **9** ('41/43) 185–88. — Note on the structure of the inner parts of the galactic system: 193–96. — A determination of the galactic pole from stars at large distances from the galactic plane: 324f. — Note on the distances and motions of some extremely remote cepheids[19]): 325–27. — On the relation between velocity- and density-distribution of long-period variables[27]): 327–31. — Remark on the distances of long-period variables[27]): 332–34. — The constants of differential rotation and the ratio of the two galactic axes of the velocity ellipsoid in the case when peculiar motions are not negligible: 334–36. — Some remarks on the fundamental systems of the General Catalogue and the Dritter Fundamentalkatalog: 417–22. — Tentative corrections to the FK 3 and GC systems of declinations: 423f. — The constants of precession and of galactic rotation: 424–27. — Gas and smoke in interstellar space[9]): **10** ('46) 187–204. — The structure of the cloud of comets surrounding the solar system, and a hypothesis concerning its origin: **11** ('50/51) 91–110. — Differences between new and old comets[23]): 259–69. — A comparison of the intensity distribution of radio-frequency radiation with a model of the galactic system[29]): 323–33. — A new determination of the precession and the constants of galactic rotation[17]): 379–84. — The spiral structure of the outer part of the galactic system derived from the hydrogen emission at 21-cm wave length[9])[18]): **12** ('54/56) 117–49. — Outline of a theory on the origin and acceleration of interstellar clouds and O associations: 177–86. — Polarization and composition of the Crab nebula[28]): 285–308. — Structure and dynamics of Messier 3[5]): **14** ('59) 299–321. — Note on the determination of K_2 and on the mass density near the sun: **15** ('60) 45–53. — Possible interpretations of the high-velocity clouds: **18** ('66) 421–38. — On the frequency of supernova outbursts in galaxies [10]): **19** ('67/68) 239–45. — On the possibility of amplification of 21-cm radio emission in high-velocity clouds[2]): 414–16.

Ciel et Terre L'hydrogène interstellaire: **69** ('53) 117–33.

C. R. hebd. Séances Acad. Sci., Paris Expansion d'une structure spirale dans le noyau du système galactique, et position de la radiosource Sagittarius A[30])[22]): **244** ('57) 1691–95. — Hydrogène neutre dans la couronne galactique ?[18])[20]): **257** ('63) 1661f.

Hemel en Dampkring Die Struktur des Weltalls: **34** ('36) 1–16. — Der neue Doppelastrograph der Sternwarte Leiden, Abteilung Johannesburg: **37** ('39) 129–33. — Die zwei Sternströmungen: **41** ('43) 40–46. — H. van Gent, † 29. März 1947: **45** ('48) 159. — Jacobus Cornelius Kapteyn, geboren 19. Januar 1851: **49** ('51) 1–4. — Spiralförmige Arme im Milchstraßensystem: **51** ('53) 153–68, 206. — Ninth Congress of the International Astronautical Federation, Amsterdam 1958: **56** ('58) 130f., 170f. — W. H. W. Baade, 24. März 1893 - 25. Juni 1960: **59** ('61) 2–17. — J. J. Raimond, 13. April 1903 - 3. Dezember 1961: 255f. — Bau und Entwicklung des Milchstraßensystems: **63** ('65) 179–204. — — Alle Arbeiten (außer **56** ('58) 130f. ?) niederländ.

ICSU Review A European project for a large observatory in the southern hemisphere: **3** ('61) 30–35.

Information Bull. southern Hemisphere Hartebeespoort: Southern Station of the Leiden Observatory [Tätigkeitsberichte]: Nr. **2** ('62) 18f.; Nr. **3** ('63) 20; Nr. **4** ('63) 22; Nr. **5** ('64); Nr. **6** ('65) 29f.; Nr. **9** ('66) 16.

J. Télécommunicat. La radioastronomie: fenêtre ouverte sur l'univers: **26** ('59) 226f–230f. — Les grands radiotélescopes modernes: **30** ('63) 313–20.

Jaarb. Koninkl. nederl. Akad. Wet. Raumfahrt und ihre Bedeutung für die Naturwissenschaft: **1958/1959**, 147–71 [niederländ.].

Kouter Naturwissenschaft und Weltanschauung: **1936**, 443–47 [niederländ.].

Mémoires Soc. roy. Sci. Liège Inferences on the origin of comets derivable from the distribution of the reciprocal major axes: (4) **13** ('53) 324–31; Discussion: 386–89. — Solid particles in extra-galactic nebulae: Introductory report: **15** ('55) 407–10.

Mitt. astron. Ges., Hamburg Die Spiralstruktur des Milchstraßensystems: **1955,** 83–87.

Mitt. hamburger Sternwarte Bergedorf Die Spiralstruktur des Milchstraßensystems: **23** ('56) 159–63.

Monthly Notes astron. Soc. South Africa Spiral structure and interstellar radio emission[18]): **11** ('52) 65–70. — Expanding groups of B-type stars: 91f.

Monthly Notices roy. astron. Soc. Reports on the progress of astronomy: Stellar motions: **99** ('39) 369–84. — Some phenomena connected with interstellar matter (George Darwin Lecture): **106** ('46) 159–79. — The galactic system as a spiral nebula[11])[29]): **118** ('58) 379–89. — The position of the galactic centre[22]): **121** ('61) 171–73.

Nachrichtentechnische Z. Hochfrequenzstrahlungen aus dem Weltenraum: **10** ('57) Nr. 1, 39–41.

Nature [London] The interstellar hydrogen line at 1,420 Mc./sec., and an estimate of galactic rotation[18]): **168** ('51) 357f. — Infall of gas from intergalactic space: **224** ('69) 1158–63. — Absence of radio emission from Maffei I: **230** ('71) 103–05.

Naturwissenschaften Moderne Untersuchungen über die Struktur der Milchstraße: **41** ('54) 73–80.

Nederlands(ch) Tijdschr. Natuurkunde Kolloquium über die Bildung von festen Teilchen in interstellarem Gas, 1: Verteilung und Bewegung der interstellaren Wolken: **10** ('43) 239–41; ~ 3: Die Bildung der festen Teilchen (Einleitung): 246–48; ~ 7: Schlußbetrachtung: 255–57. — Kolloquium: Lichtabgebende Gasnebel im Sternensystem, 1: Einleitung: **12** ('46) 153–55; ~ 5: Formen und innere Bewegungen planetarer Nebel: 195–205. — Radiostrahlung aus dem Weltraum: **18** ('52) 116–18; ~: Die monochromatische Emission des interstellaren Wasserstoffs: 151–54. — — Alle Arbeiten niederländ.

Nordisk astron. Tidsskr. Struktur und Entwicklung des Milchstraßensystems: **1965,** 79–105 [dän.]. — E. Hertzsprung, 1873 Okt. 8 – 1967 Okt. 21[3]): **1967,** 133–38 [~].

Observatory W. Chr. Martin, A. de Sitter, J. Uitterdijk: **66** ('45/46) 265f. — Origin and development of comets (Halley Lecture): **71** ('51) 129–44.

Orion [Murnau - München] Die Milchstraße meldet sich: **12** ('57) 485–87.

Pontificae Acad. Sci. Scripta varia Stellar populations: Neutral hydrogen in galaxies: **16** ('58) 25–30; ~: Dynamics and evolution of the galaxy, in so far as relevant to the problem of the population: 415–25.

Proc. nation. Acad. Sci. USA Distribution and motion of interstellar hydrogen in the galactic system with particular reference to the region within 3 kiloparsecs of the center[22]): **46** ('60) 1–13.

Publ. astron. Soc. Pacific Further data bearing on the identification of the Crab nebula with the supernova of 1054 A. D., 2: The astronomical aspects[15]): **54** ('42) 95–104.

Quarterly J. roy. astron. Soc. B. Lindblad, 1895 Nov. 26 – 1965 Juni 25: **7** ('66) 329–41.

Science [USA] Galaxies and the universe. Properties of the universe are revealed by the rotation of galaxies and their distribution in space: **170** ('70) 1363–70.

Scientific American Evolution of galaxies: **195** ('56) Nr. 3, 101–08. — The Crab nebula: **196** ('57) Nr. 3, 53–60.

Sky and Telescope A new southern hemisphere observatory: **15** ('56) 163.

South african J. Sci. Spiral structure and interstellar radio emission[18]): **49** ('52) 87–92.

Sterne Struktur und Entwicklung des galaktischen Systems: **41** ('65) 169–91.

Trans. int. astron. Union Purpose and requirements for proper motions of faint stars: 8. 1952, IV ('54) 783f. — Review of problems requiring a resolution of one minute of arc: **11B** ('62) 463, 465–67.

Universitas [Stuttgart] Die neue Erschließung des Weltalls durch die Radioastronomie: **12** ('57) 379–87.

Versl. gewone Vergad. Afd. Natuurkunde, Koninkl. Akad. Wet. Amsterdam Symposium über die Tätigkeit der Stiftung „Radiostrahlung von Sonne und Milchstraße" und über die Entdeckung einer Emissionslinie des interstellaren Wasserstoffs: Einleitung: **60** ('51) 53f.; ~: Beobachtungen der durch interstellares Gas ausgesandten Emissionslinie bei 21 cm Wellenlänge[18]): 58–62. — Die Spiralstruktur des Milchstraßensystems[9])[18]): **61** ('52) 140–43. — Die Rotation des Milchstraßensystems[13])[18])[29]): **63** ('54) 94–98. — Polarisation des Lichtes des Crab-Nebels[28]): **64** ('55) 64–66. — Das interstellare Gas im zentralen Teil des Milchstraßensystems[22]): **67** ('58) 139–43. — Spektrophotometrische Beobachtungen von Überriesen auf der Südlichen Station der Sternwarte Leiden durch Dr. Th. Walraven und Frau J. H. Walraven: **72** ('63) 10–17. — Interstellare Wolken mit hohen Geschwindigkeiten[1])[8])[18])[20])[26]): **73** ('64) 94–101. — — Alle Arbeiten niederländ.

Zemlja i Vselennaja Aufbau und Entwicklung des Milchstraßensystems: **1** ('65) Nr. 2, 14–22; Nr. 3, 8–17 [russ.].

Ferner weitere Beobachtungsmitteilungen. — Sonderdruck eines Kongreßvortrages: „Différences entre les nouvelles et les anciennes comètes“ ('50) 2 S. — Einige weitere Mitteilungen in Kongreßberichten.

Mit: [1]) A. Blaauw; [2]) H. G. van Bueren; [3]) K. Gyldenkerne; [4]) –; [5]) G. van Herk; [6]) W. A. Hiltner; [7]) C. J. van Houten; [8]) A. N. M. Hulsbosch; [9]) H. C. van de Hulst; [10]) P. Katgert; [11]) F. J. Kerr; [12]) P. C. van der Kruit; [13]) K. K. Kwee; [14]) D. S. Mathewson; [15]) N. U. Mayall; [16]) –; [17]) H. R. Morgan; [18]) C. A. Muller; [19]) P. Th. Oosterhoff; [20]) E. Raimond; [21]) –; [22]) G. W. Rougoor; [23]) M. Schmidt; [24]) L. Spitzer, jr.; [25]) –; [26]) C. R. Tolbert; [27]) J. J. M. van Tulder; [28]) T. Walraven; [29]) G. Westerhout; [30]) H. van Woerden; [31]) A. J. J. van Woerkom.

VI **OOSTERHUIS**, Ekko. Physik. — 1914–26 Wissenschaftl. Mitarbeiter, '26–51 Stellvertr. Dir., Natuurkundig Labor., N. V. Philips' Gloeilampenfabrieken, Eindhoven.

*1886, Okt. 20, Zetten;

†1966, Jan. 26.

Zur Biogr. A. D. Fokker, Nederlandsch Tijdschr. Natuurkunde **6** ('39) 117.

Nekr. G. Holst, Nederlands Tijdschr. Natuurkunde **32** ('66) 41f. (m. Bildn.).

MHZ. (Mitredakt.) Physica 1932ff. — (Mitredakt.) Nederlandsch Tijdschr. Natuurkunde 1934–1938. — (Mitredakt., später Hauptredakt.) Philips techn. Tijdschr. 1935–1952.

IV, VI **OOSTING**, Hendrik Jan. Math. u. Physik. — 1883–1923 Lehrer, Kgl. Seekadettenschule, Den Helder; danach wiss. Mitarbeiter u. Berater d. Firma P. M. Tamson, Fabrik naturwiss. Geräte, 's Gravenhage. (⊠)

*1857, Okt. 28, Groningen;

†1932, Juli 2, 's Gravenhage.

Nekr. M. de Haas, Physica **12** ('32) 225–28 (m. Bildn., Faks.) [niederländ.].

Physica Versuche über das Trägheitsmoment mit Hilfe von Torsionsschwingungen: **12** ('32) 56–59 [niederländ. m. französ. Zusammenfassg.]. — Elektromagnetisch eingerichtete Apparate für Torsionsschwingungen: 60f. [~]. — Versuche mit einem einfachen physischen Pendel und ein damit zusammenhängendes Problem: 229–33 [~].

VI **OPARIN**, Aleksandr Ivanovič. Biochem. — 1927–34 Stellvertr. wiss. Dir., '27–34 Leiter d. Biochem. Labor., Zentralinst. f. Zuckertechnol., Moskva; '34 Dr. d. biol. Wiss.; '31–34 Leiter d. Enzymol. Abteilg., '35–46 Stellvertr. Dir. u. '46– Dir. d. Biochem. Inst. „A. N. Bach“, '45–48 Stellvertr. Sekretär u. '48–55 Sekretär d. Abteilg. f. biol. Wiss., '48–55 Mitglied. d. Präsidiums, Akad. Wiss. UdSSR; '37–49 Prof., Technol. Inst. f. Lebensmittelindustrie, Moskva; '42–60 Leiter d. Lehrstuhls f. Biochem. d. Pflanzen, '60– Prof., Staatl. Univ. Moskva; '51–57 Präs., Unionsgesellschaft z. Verbreitg. polit. u. wiss. Kenntnisse; '52– Präs., Nationalkomitee d. Sowjet. Biochemiker; '59– Präs., Biochem. Ges. d. UdSSR; '62– Vizepräs., Int. Biochem. Ges. — Dr. rer. nat. h. c. (Friedrich-Schiller-Univ. Jena); '63 Dr. ès sci. h. c. (Univ. de Poitiers). — '44 Rotbannerorden, '53, '64 Leninorden (UdSSR); '60 Goldene Mečnikov-Medaille (Akad. Wiss. UdSSR); '61 Goldmedaille (Univ. di Roma).

*1894, März 3 (Febr. 19), Uglič, Gouv. Jaroslavl'.

Zur Biogr. L. G. M. Baas Becking, The origin of life; an appraisal of Oparin: Australian J. Sci. **14** ('51) Nr. 2, 34–40. — A. Dorochov, Ogonek **29** ('51) Nr. 7, S. 5f. (m. Bildn.). — G. Georgiev, 50 Jahre materialistische Theorie des Akademiemitglieds A. I. Oparin über die Entstehung des Lebens: Priroda [Sofija] **1972**, Nr. 4, 99–104 [bulgar.] (m. Bildn.). — T. E. Pavlovskaja, 50 Jahre Theorie A. I. Oparins über die Entstehung des Lebens auf der Erde: Ž. èvoljuc. Biochim. i Fiziol. **8** ('72) 473f. [russ.]. — V. Viszokov, Búvár **25** ('70) 299f. — Shizen **11** ('56) Nr. 1, S. 78. — Vestn. Akad. Nauk SSSR **1947**, Nr. 1, S. 88 (m. Bildn.).

Zum 60. Geb.tag M. A. Bokučava, Subtropičeskie Kul'tury **1954**, Nr. 1, 127–29 (m. Bildn.). — I. A. Egorov, Vinodelie i Vinogradarstvo SSSR **14** ('54) Nr. 2, S. 53 (m. Bildn.). — V. A. Šeftel', Akademik Aleksandr Ivanovič Oparin (Moskva '54) 13 S. (Vsesojuznoe obščestvo po rasprostraneniju političeskich i naučnych znanij, Central'naja politechničeskaja biblioteka). — V. M. Sisakjan, Ogonek **32** ('54) Nr. 9, S. 27 (m. Bildn.). — Biochimija **19** ('54) 129f. (m. Bildn.). — Chemische Techn. **6** ('54) 694. — Mikrobiologija **23** ('54) 129f. — Shizen **9** ('54) Nr. 10, S. 36f. — Usp. sovremennoj Biol. **37** ('54) 133f. — Vestn. Akad. Nauk SSSR **24** ('54) Nr. 8, 71–73 (m. Bildn.). — Vestn. mosk. Univ. **1954**, Nr. 3, Ser. fiz.-mat. i estestv. Nauk Nr. 2, 135–38 (m. Bildn.). — Ž. obščej Biol. **15** ('54) Nr. 2, 89f.

Zum 70. Geb.tag Festband: Problemy èvoljucionnoj i techničeskoj biochimii [Probleme der Biochemie der Evolution und der technischen Biochemie] (Moskva '64) 364 S. — N. S. Gel'man, Izvest. Akad. Nauk SSSR, Ser.

biol. **1964**, 637f. — Biochimija **29** ('64) 3f. (m. Bildn.). — Biologija v Škole **1964**, Nr. 3, 67f. (m. Bildn.). — Fiziologija Rastenij **11** ('64) 565 (m. Bildn.). — Priroda [SSSR] **1964**, Nr. 5, 105f. (m. Bildn.). —Vestn. Akad. Nauk SSSR **1964**, 159–61 (m. Bildn.). — Vestn. mosk. Univ., Ser. VI **1964**, Nr. 3, 75–78 (m. Bildn.). — Der Begründer der materialistischen Theorie der Entstehung des Lebens: Ž. obščej Biol. **25** ('64) 163f. [russ.] (m. Bildn.).

Zum 75. Geb.tag G. Schneider, Wissenschaftliche Z. Univ. Jena **17** ('68) 492–94.

Zum 80. Geb.tag E. Kreps, Ž. ėvoljuc. Biochim. i Fiziol. **10** ('74) 113–15 [m. engl. Zusammenfassg.]. — K. Mothes, H. Hanson, Leopoldina (3) **20**. 1974 ('76) 33f. — Fiziologija Rastenij **21** ('74) 437f. (m. Bildn.).

Zur Biobibliogr. N. M. Sisakjan (Biogr.), O. V. Isakova (Bibliogr.), Aleksandr Ivanovič Oparin (Moskva–Leningrad '49) 48 S. (m. Bildn. u. Faks.) (Materialy k biobibliografii učenych SSSR, Ser. biochimii, 6); ²(Moskva '64) 111 S.

H. (Redakt. bzw. Hauptredakt.) Biochimija čajnogo proizvodstva [Biochemie der Teefabrikation] **3** (Moskva-Leningrad '37), darin eig. Beitr.: 95–120: Ergebnisse der chemischen Analyse sowjetischer und ausländischer Sorten schwarzen Tees [russ.]; **4** ('40), darin eig. Beitr.: 7–34: Resultate der Anwendung einer biochemischen Kontrollmethode in der Teefabrikation in den Jahren 1937–1938 [russ.]; **7** ('59), darin eig. Beitr.: 3f.: Vorwort [russ.][17]); **8** ('60), darin eig. Beitr.: 3f.: Vorwort [russ.][17]); **9** ('62), darin eig. Beitr.: 3–5: Aufgaben der Biochemie der Teefabrikation [russ.][17]). — (Redakt.) Biochimija chlebopečenija [Biochemie des Brotbackens] **1** (Moskva–Leningrad '38), darin eig. Beitr.: 5–21: Die enzymologischen Grundlagen des Brotbackens [russ.]; **2** ('41), darin eig. Beiträge: 3f.: Vorwort [russ.], 145–53: Die Bedeutung der Hefequalität bei der Arbeit mit Mehl aus von Getreidewanzen befallenem Korn [~][71]). — (Redakt.) B. A. Rubin, Biochimičeskie osnovy chranenija ovoščej [Biochemische Grundlagen der Lagerung von Gemüse] (Moskva–Leningrad '39). — (Redakt.) B. A. Rubin, Chranenie sacharnoj svekly [Die Lagerung der Zuckerrübe] (Moskva–Leningrad '39); darin eig. Beitr.: S. 3: Vorwort [russ.]. — (Redakt.) Ju. V. Rakitin, Praktičeskoe rukovodstvo po uskorennomu sozrevaniju plodov [Praktische Anleitung zur Beschleunigung der Fruchtreifung] ²(Moskva–Leningrad '42). — (Redakt.) Biochimija vinodelija [Die Biochemie der Weinfabrikation] **1** (Moskva–Leningrad '47); darin eig. Beiträge: 3–8: Vorwort [russ.]; 134–57: Biochemische Prozesse im Sekt während der Lagerung zum Zweck der Alterung [~][55])[83])[13]). — (Redakt.) N. P. Koz'mina, V. L. Kretovič, Biochimija zerna i produktov ego pererabotki [Biochemie des Getreides und seiner Verarbeitungsprodukte] ⁴(Moskva '50), Nachdruck ('51). — (Redakt.) Dejstvie izlučenij i primenenie izotopov v biologii. Sbornik referatov i annotacij inostrannoj periodičeskoj literatury [Strahlenwirkung und Anwendung von Isotopen in der Biologie. Sammlung von Referaten und Annotationen ausländischer Periodika] **1**: Ser. B: Primenenie mečenych atomov v biologii [Anwendung markierter Atome in der Biologie] (Moskva '50); **2**: Ser. A: Biologičeskoe dejstvie izlučenij [Biologische Wirkung der Strahlen] ('50). — (Redakt.) V. L. Kretovič, Osnovy biochimii rastenij [Grundlagen der Biochemie der Pflanzen] (Moskva '52), ²('56), ³('61); ukrain.: (Kyïv '59). — (Redakt.) B. A. Rubin, Fiziologija rastenij [Pflanzenphysiologie] **1** (Moskva '54), **2** ('56). — (Redakt.) M. A. Bokučava, Biochimičeskie osnovy proizvodstva lao-ča i zelenogo kirpičnogo čaja [Biochemische Grundlagen der Herstellung des Teehalbfabrikats „Lao-ča" und des grünen in Ziegelform gepreßten Tees] (Moskva '55). — (Redakt.) D. M. Michlin, Razvitie učenija o biologičeskom okislenii [Die Entwicklung der Lehre von der biologischen Oxydation] (Moskva '56). — (Redakt.) K. S. Suchov, Virusy [Viren] (Moskva '56); darin eig. Beitr.: S. 3: Vorwort [russ.]. — (Redakt.) A. E. Braunštejn, Glavnye puti assimiljacii i dissimiljacii azota u životnych [Die hauptsächlichen Wege der Assimilation und der Dissimilation des Stickstoffs in den tierischen Lebewesen] (Moskva '57) (Bachovskie čtenija, 12). — (Redakt.) V. L. Kretovič, Biochimija avtotrofnoj assimiljacii azota [Biochemie der autotrophen Assimilation des Stickstoffs] (Moskva '61) (~ 16). — (Redakt.) V. N. Orechovič, V. O. Špikiter, Biologičeskoe značenie, svojstva i stroenie rastvorimych kollagenopodobnych belkov (prokollagenov) [Biologische Bedeutung, Eigenschaften und Struktur pflanzlicher kollagenähnlicher Eiweißstoffe (Prokollagene)] (Moskva '62) (~ 18). — (Redakt.) Vozniknovenie žizni na Zemle. Sbornik dokladov na Meždunarodnom soveščanii [Die Entstehung des Lebens auf der Erde. Sammlung der Vorträge der Internationalen Konferenz], Moskva 1957 (Moskva–Leningrad '57); darin eigene Beiträge: 3–5: Vorwort [russ.]; 227–34: Biochemische Prozesse in einzelligen Strukturen [~]. — (Redakt.) M. A. Bokučava, Biochimija čaja i čajnogo proizvodstva [Biochemie des Tees und der Teeproduktion] (Moskva '58). — (Redakt.) K. M. Džemuchadze, Osnovy biologičeskogo kontrolja čajnogo proizvodstva [Grundlagen der biologischen Kontrolle der Teeproduktion] (Moskva '58). — (Redakt.) V. L. Kretovič, Biochimija zerna i chleba [Biochemie des Korns und des Brotes] (Moskva '58). — (Redakt.) VIII Mendeleevskij s-ezd po obščej i prikladnoj chimii. Referaty dokladov i soobščenij [8. Mendeleev-Kongreß für allgemeine und angewandte Chemie. Referate der Vorträge und Mitteilungen] **10**: Sekcija chimii i technologii piščevych produktov [Sektion für Chemie und Technologie der Lebensmittel] (Moskva '58). – (Redakt.) D. M. Michlin, Biochimija kletočnogo dychanija [Biochemie der Zellatmung] (Moskva '60). – (Redakt.) B. A. Rubin, E. V. Arcichovskaja, Biochimija i fiziologija immuniteta rastenij [Biochemie und Physiologie der Immunität der Pflanzen] (Moskva '60). – (Redakt.) Voprosy biochimii vinodelija. Trudy konferencii 1960 g. [Fragen der Biochemie der Weinfabrikation, Arbeiten einer Konferenz 1960] (Moskva '61); darin eig. Beiträge: 3f.: Eröffnungsansprache[russ.]; 230: Schlußwort [~]. – (Redakt.) Praktičeskoe rukovodstvo po novoj technologii proizvodstva černogo čaja [Praktische Anleitung für eine neue Technologie der Produktion von schwarzem Tee] (Moskva '61); darin eig. Beitr.: Vorwort [russ.]. – (Redakt.) Trudy V Meždunarodnogo biochimičeskogo kongressa, Simpozium 3: Ėvoljucionnaja biochimija [Arbeiten des 5. Internationalen biochemischen Kongresses, Symposium 3: Biochemie der Evolution]. Moskva 1961 (Moskva '62); darin eig. Beiträge: 7f.: Eröffnungsansprache [russ.]; 74–90: Entstehung und Evolution des Stoffwechsels [~]; 246f.: Diskussionsbeitrag [~]; auch Redaktion der engl. Ausgabe (mit den gleichen Beiträgen): Proc. 5th International congress of biochemistry, Moscow 1961, **3**: Evolutionary biochemistry (London '63). – (Hauptredakt.) Kniga o vkusnoj i zdorovoj pišče [Ein Buch über schmackhafte und gesunde Kost] (Moskva '65, '69, '71, '73); darin eig. Beitr.: Vorwort [russ.]. – (Redakt.) Abiogenez i načal'nye stadii ėvoljucii žizni [Abiogenese und die Anfangsstadien der Evolution des Lebens] (Moskva '68); darin eig. Beiträge: 5–10: Stand und Aufgaben der Forschungen zum Problem der Entstehung des Lebens [russ.]; 69–75: Über das Prinzip der Organisation von Koazervatsystemen und über die Modellierung der primären Formen des Stoffwechsels in ihnen [~].

MH. (Mitredakt.) Biochimija vinodelija [Biochemie der Weinfabrikation] **2** (Moskva–Leningrad '48); darin eig. Beitr.: 3–5: Vorwort [russ.][87]). – (Mitredakt.) Soveščanie po belku, Moskva 1947. Sbornik dokladov [Konferenz über das Eiweiß, Moskva 1947. Sammlung der Vorträge] (Moskva–Leningrad '48) (5-ja Konferencija po vysokomolekuljarnym soedinenijam); darin eig. Beiträge: S. 4: Vorwort [russ.]; 5–17: Eiweiß als Grundlage der Lebensprozesse [~]. – (Hauptredakt.) A. N. Bach. Sobranie trudov po chimii i biochimii [Sammlung seiner Arbeiten auf dem Gebiete der Chemie und Biochemie] (Moskva '50); darin eig. Beitr.: V–XVI: Biographie A. N. Bachs [russ.]. – (Mitredakt.) Protiv reakcionnogo mendelizma-morganizma (Moskva–Leningrad '50); darin eig. Beitr.: 47–70: Die Unhaltbarkeit der Vorstellungen der Mendelisten-Morganisten über die Frage nach der Entstehung des Lebens [russ.]; poln.: W walce z reakcyjnym mendelizmem i morganizmem (Warszawa '50); tschech.: Proti reakčnimu mendelismu-morganismu (Praha '51); slowak.: Proti reakčnemu mendelizmu-morganizmu (Bratislava '52), eig. Beitr.: 40–58; ungar.: Harcban a reakciós mendelizmus-morganizmus ellen (Budapest '52); deutsch: Gegen den reaktionären Mendelismus-Morganismus (Berlin '53), eig. Beitr.: 51–78. – (Mitredakt.) Biochimija zerna [Biochemie des Korns] **1** (Moskva '51); darin eig. Beiträge: 3–6: Vorwort [russ.]; 7–16: Vergleichende Beschreibung der Eigenschaften der Atmungsfermente der Keimlinge von Reis und von Weizen [~][37]). – (Mitredakt.) Vitaminnye resursy rybnoj promyšlennosti [Vitaminquellen der Fischverarbeitungsindustrie] (Moskva '51) (Institut biochimii im. Bacha. Vitaminnye resursy i ich ispol'zovanie, 1); darin eig. Beitr.: 3–6: Vorwort [russ.]. – (Mitredakt.) Belki v promyšlennosti i sel'skom chozjajstve. Konferencija po belku [Eiweißstoffe in Industrie und Landwirtschaft. Konferenz über Eiweiß], Moskva 1950 (Moskva '52); darin eig. Beiträge: 3f.: Vorwort [russ.]; 5–8: Eröffnungsansprache [~]. – (Mitredakt.) A. N. Krištofovič, Istorija paleobotaniki v SSSR [Die Geschichte der Paläobotanik in der UdSSR] (Moskva '56). – (Mitredakt.) The origin of life on the Earth. Reports on the International symposium, Moscow 1957 (Moskva '57); darin eig. Beiträge: 3f.: Preface; 221–28: Biochemical processes in the simplest structures. – (Mitredakt.) Vozniknovenie žizni na Zemle. Trudy Meždunarodnogo simpoziuma [Die Entstehung des Lebens auf der Erde. Arbeiten des internationalen Symposiums], Moskva 1957 (Moskva '59); darin eig. Beiträge: 3–6: Vorwort [russ.]; 7–9: Eröffnungsansprache [~]; 362: Diskussionsbeitrag [~]; 433–40: Biochemische Prozesse in den Protozoenstrukturen [~]; 656: Schlußwort [~]. – (Mitredakt.) Fermentativnoe rasščeplenie celljulozy [Der fermentative Aufschluß von Zellulose] (Moskva '67); darin eig. Beitr.: Vorwort [russ.][32]). – (Mitredakt.) Funkcional'naja biochimija kletočnych struktur [Funktionale Biochemie der Zellstrukturen] (Moskva '70); darin eig. Beiträge: 5f.: Vorwort [russ.]; 7–14: Vergleichende Untersuchung der sensibilisierenden Aktivität des Chlorophylls und seiner Analoga in Koazervatsystemen [~][86])[58]).

HZ. (Redakt.) Dokl. Akad. Nauk SSSR **78** ('51) - **96** ('54).

MHZ. (Hauptredakt.) Dokl. Akad. Nauk SSSR **97** ('54) - **200** ('71).

S. Sbornik rabot po spirtovoj promyšlennosti [Sammlung von Arbeiten auf dem Gebiet der Alkoholindustrie] (L. R. Bogdanov) (Moskva–Leningrad '34) 53–58: Aufbewahrung der Kartoffel durch Einfrierung durch die natürliche Kälte [russ.]. — Techničeskaja ėnciklopedija [Technische Enzyklopädie] **26** (Moskva '34) 758–61: Enzyme [russ.]; **2** ²('37, '39) 783–87: Biochemie [russ.]; **6** ²('38) 629f.: Diastase [russ.]. — Trudy VI Vsesojuznogo Mendeleevskogo s-ezda po teoretičeskoj i prikladnoj chimii [Arbeiten des 6. Mendeleev-Unionskongresses für theoretische und angewandte Chemie], Char'kov 1932, **2**, 1 (Char'kov–Kiev '35) 148–53: Die fermentative Katalyse [russ.]; **2**, 2 ('35) 128–33: Über die Abbauprozesse in der lebenden Zelle [russ.]. — Biochimija čajnogo proizvodstva [Biochemie der Teefabrikation] [**1**] (Moskva–Leningrad '35) 6–16: Biochemische Theorie der Teefabrikation [russ.]; **2** ('36) 5f.: Vorwort [russ.], 73–99: Produktionskontrolle in Teefabriken [~]; **5** ('46) 153–60: Herstellung von Teekonzentrat aus zum Formen geeignetem Material [russ.]; **6** ('50) 82–89: Die oxydativen Atmungssysteme des Teeblatts [russ.][91]). — Bol'šaja sovetskaja ėnciklopedija [Große Sowjetenzyklopädie] **44** (Moskva '39) 69f.: Panspermie [russ.]; **57** ('36) 160–68: Fermente [russ.][18]); **4** ²(Moskva '51) 322f.: Aleksej Nikolaevic Bach [russ.]; **5** ²('51) 203–10: Biologie: Ergebnisse der sowjetischen Biologie [russ.]; 220–28: Biochemie [~][29])[87]); **16** ²('52) 139–53: Leben [russ.]; **30** ²('55) 326–33: Stoffwechsel [russ.][51])[57]); **34** ²('55) 646–49: Die Entstehung des Lebens [russ.]; **44** ²('56) Fermente [russ.][51]). — Problema immuniteta kul'turnych rastenij [Das Problem der Immunität der Kulturpflanzen] (Moskva–Leningrad '36) 60–75: Die Immunität der Zuckerrübenwurzel [russ.][53]). — Sovremennye dostiženija i zadači fiziologii rastenij [Neuere Erfolge und aktuelle Aufgaben der Pflanzenphysiologie] (Moskva–Leningrad '37) (Trudy Moskovskogo doma učenych, 1) 47–55: Biochemische Grundlagen der Teefabrikation [russ.]. — Uglevody. Chimija uglevodov i uglevodnyj obmen [Kohlenhydrate. Chemie der Kohlenhydrate und des Kohlenhydrat-Stoffwechsels] (Moskva–Leningrad '37) 41–54: Carbohydrasen [russ.]. — Prezidentu Akademii nauk SSSR akademiku Vladimiru Leont'eviču Komarovu. K semidesjatiletiju so dnja roždenija i sorokapjatiletiju naučnoj dejatel'nosti [Dem Präsidenten der Akademie der Wissenschaften der UdSSR Vladimir Leont'evič Komarov zum 70. Geburtstag und zur 45jährigen wissenschaftlichen Tätigkeit] (Moskva '39) 588–600: Die Bedeutung von Oxydationsprozessen für die Fermentation des Tees und für die Alterung des Weins [russ.][61]). — Sintez organičeskogo veščestva i rol' vitaminov v rastenij [Die Synthese organischer Materie und die Rolle der Vitamine in den Pflanzen] (A. V. Blagoveščenskij, A. P. Ščerbakov) (Moskva–Leningrad '40) (Trudy Moskovskogo doma učenych i Instituta biochimii Akademii nauk SSSR, 4) 5–12: Die Richtung der Wirkung der Fermente in der lebenden Zelle [russ.]. — Fermenty [Fermente] (A. N. Bach, V. A. Ėngel'gardt) (Moskva–Leningrad '40) 78–98: Carbohydrasen [russ.]; 227–44: Die Technologie der Fermente [~]. — Sbornik rabot po fiziologii rastenij. Pamjati K. A. Timirjazeva [Sammlung von Arbeiten zur Pflanzenphysiologie. K. A. Timirjazev zum Gedenken] (Moskva–Leningrad '41) 119–29: Die Wirkungsweise der Fermente in der lebenden Zelle [russ.]. — Aleksej Nikolaevič Bach (Moskva–Leningrad '46) (Materialy k biobibliografii učenych SSSR, Ser. biochimii, 1) 5–14: Kurze Charakteristik der wissenschaftlichen, organisatorischen und praktischen Tätigkeit des Akademiemitglieds A. N. Bach [russ.][87]). — Rasskazy o nauke i ee tvorcach. Chrestomatija dlja vsech [Erzählungen über die Wissenschaft und ihre Schöpfer. Ein Lesebuch für alle] (A.E. Fersman) (Moskva–Leningrad '46) 31–38, ²(Moskva '49) 17–24: Die Entstehung des Lebens [russ.]; poln. in: Nauka i jej twórcy (Warszawa '50) 21–31. — Trudy Soveščanija, posvjaščennogo 50-letiju perekisnoj teorii medlennogo okislenija i roli A. N. Bacha v razvitii otečestvennoj biochimii [Arbeiten der Konferenz anläßlich des 50jährigen Bestehens der Peroxid-Theorie der langsamen Oxydation und in Würdigung der Rolle A. N. Bachs bei der Entwicklung der russisch-sowjetischen Biochemie] (L. A. Orbeli) (Moskva–Leningrad '46) 5–21: A. N. Bach – der Begründer der russisch-sowjetischen Biochemie [russ.]. — Sbornik materialov po naučno-prosvetitel'noj propagande [Sammlung von Materialien zur Verbreitung wissenschaftlicher Kenntnisse] (Nal'čik '46) 28–52: Die Entstehung des Lebens auf der Erde [russ.]. — Žizn' i čelovek. (V pomošč lektoru). Sbornik estestvenno-naučnych lekcij (Cikl biologičeskij) [Leben und Mensch. (Hilfsmittel für den Lektor). Sammlung naturwissenschaftlicher Vorlesungen (Biologischer Zyklus)] (Moskva '47) 69–84: Die Entstehung des Lebens auf der Erde [russ.]. — Besedy o prirode i čeloveke [Vorträge über Natur und Mensch] (Moskva '47) 191–216: Die Entstehung des Lebens auf der Erde [russ.]. — Jubilejnyj sbornik [Akademii nauk SSSR], posvjaščennyj tridcatiletiju Velikoj Oktjabr'skoj socialističeskoj revoljucii [Jubiläumsband der Akademie der Wissenschaften der UdSSR zum 30. Jahrestag der Großen Sozialistischen Oktoberrevolution] (S. I. Vavilov u. a.) **2** (Moskva–Leningrad '47) 332–47: Fermente im Lebenszyklus der Pflanzen [russ.]; 348–65: A. N. Bach – der Begründer der sowjetischen Enzymologie [~]. — Obščee sobranie Akademii nauk SSSR, posvjaščennoe tridcatiletiju Velikoj Oktjabr'skoj socialističeskoj revoljucii. Doklady [Allgemeine Versammlung der Akademie der Wissenschaften der UdSSR anläßlich des 30. Jahrestages der Großen Sozialistischen Oktoberrevolution. Vorträge] (Moskva–Leningrad '48) 647–59: Fermente im Lebenszyklus der Pflanzen [russ.]. — Iosifu Visarionoviču Stalinu - Akademija nauk SSSR [Festband der Akademie der Wissenschaften der UdSSR, I. V. Stalin zum 70. Geburtstag gewidmet] (Moskva '49): Die Erfolge der sowjetischen Biologie [russ.]; ungar.: (Budapest '50). — Problemy biochimii v mičurinskoj biologii [Probleme der Biochemie in der Mitschurinschen Biologie] 1 (Moskva '49) 81–91: Die Richtung der Wirkung der Fermente und ihre Beeinflussung durch die Jarowisation [russ.][108]); ungar.: (Budapest '50). — Sbornik po biologii [Sammelband zur Biologie] (Ufa '49) 344–74: Die Entstehung des Lebens [russ.]. — Nauka i žizn'. Sbornik [Wissenschaft und Leben. Sammelband] (Moskva '49) 37–48: Die Entstehung des Lebens [russ.]. — Pamjati akad. D. N. Prjanišnikova [Dem Akademiemitglied D. N. Prjanišnikov zum Gedenken] (Moskva–Leningrad '50) 151–58: Über die Umwandlung der Nucleinsäuren beim Keimen [russ.][37]). — K poznaniju sovremennych analogov neftenosnych facij. Opyt kompleksnogo issledovanija [Zur Kenntnis moderner Analoga erdölhaltiger Fazies. Versuch einer komplexen Untersuchung] (V. M. Senjukov) (Moskva–Leningrad '50) 290–95: Über die Kohlenhydrate von Zostera, Cladophora und Lyngbya und ihren Zerfall beim Absterben der Pflanzen [russ.][13]). — Nauka i religija. Sbornik statej [Wissenschaft und Religion. Sammlung von Aufsätzen] ([Brjansk] '50) 45–53: [Aussagen von] Wissenschaft und Religion über die Entstehung des Lebens auf der Erde [russ.]. — Vselennaja, Zemlja i čelovek. Sbornik statej na estestvenno-naučnye temy [Weltall, Erde und Mensch. Sammlung von Aufsätzen zu naturwissenschaftlichen Themen] 2 (Gor'kij '50) 152–72: Die Entstehung des Lebens [russ.]. — Nauka i kino. Sbornik statej [Wissenschaft und Kino. Sammlung von Aufsätzen] (Moskva '50) 23–25: Naturwissenschaften und Kino [russ.]. — Pervaja sessija Vsemirnogo soveta mira [1. Kongreß des Weltfriedensrates], Berlin 1951 (Materialy) [(Materialien)] (Moskva '51) 70–77: Ansprache [russ.]. — Filosofskie voprosy sovremennoj biologii. Sbornik statej [Philosophische Fragen der modernen Biologie. Sammlung von Aufsätzen] (Moskva '51) 267–87: Das Problem der Entstehung des Lebens im Lichte der modernen Naturwissenschaft [russ.]; poln. in: Filozoficzne problemy współczesnej biologii (Warszawa '53); ungar. in: A modern biológia filozófiai problémái (Budapest '54). — Význam Stalinových prací o jazykovědě pro přírodní vědy (Praha '52) (Sovětská věda, 7): Die Bedeutung der genialen Arbeiten des Genossen I. V. Stalin zu Fragen der Sprachwissenschaft für die schöpferische Entwicklung der sowjetischen Biologie [tschech.]. — Die Biologie (Berlin '53) (Große Sowjetenzyklopädie, Reihe Biologie und Agrarwissenschaft, 13) 57–86: Ergebnisse der sowjetischen Biologie. — Zbiór artykułów filozoficznych (Warszawa '53): Die Entstehung des Lebens [poln.]. — Nauka i religija neprimirimy. Sbornik statej [Wissenschaft und Religion unvereinbar. Sammlung von Aufsätzen] (Saratov '54) 60–70: Wie das Leben auf der Erde entstand [russ.]. — Nauka i religija [Wissenschaft und Religion] (P. N. Fedoseev, M. M. Šejnman) (Moskva '57) 108–22: Der gegenwärtige Stand des Problems der Entstehung des Lebens [russ.]; tschech. in: Přírodní vědy a náboženství (Praha '59, '60) 54–70. — Trudy konferencii po technike i technologii chlebopekarnogo proizvodstva za rubežom [Arbeiten der Konferenz über Technik und Technologie der Backwarenproduktion im Ausland] (Moskva '57) 5–9: Entwicklung der Biochemie des pflanzlichen Rohmaterials im Ausland [russ.]. — Studies in plant physiology. Dedicated to the 85th anniversary of the birth of Bohumil Němec (Praha '58) 107–13: Die Entstehung organischer hochmolekularer Systeme als Vorläufer der ersten Organismen auf der Erde [russ.]. — Proc. International symposium on enzyme chemistry, Tokyo and Kyoto 1957 (Tokyo '58) (International Union of Biochemistry, Symposium series, 2) 433–36: Action of enzymes included in coacervate drops. — Proc. 1st International symposium on the origin of life on the Earth, Moskva 1957 (London '59) (International Union of Biochemistry, Symposia, 1) 428–36: Biochemical processes in the simplest structures; auch in der Auswahlausgabe, erschienen u. d. T.: Aspects of the origin of life (M. Florkin) (Oxford–London '60) (International series of monographs on pure and applied biology. Modern trends in physiological sciences division, 6) 170–78. — Filosofskie problemy sovremennogo estestvoznanija; Trudy Vsesojuznogo soveščanija po filosofskim voprosam estestvoznanija (Moskva '59) 324–40: Das Problem der Entstehung des Lebens im Lichte der Errungenschaften der modernen Naturwissenschaft [russ.], 579–84: Schlußwort [~]; deutsch in: Philosophische Probleme der modernen Naturwissenschaft; Materialien der Allunionskonferenz zu den philosophischen Fragen der Naturwissenschaft, Moskau 1958 (Berlin '62) 292–306 u. 525–29. — The encyclopedia of the biological sciences (P. Gray) (New York '61) 561–63: Life, origin of. — Biochimija zerna i chlebopečenija [Biochemie des Getreides und der Brotbäckerei] 6 (Moskva '60) 9–11: Die Aufgaben der Unionsversammlung über Biochemie von Getreide und Brot [russ.]. — Pjatyj Meždunarodnyj biochimičeskij kongress, Moskva 1961, Simpozium 3: Ėvoljucionnaja biochimija [5. Internationaler biochemischer Kongreß, Moskva 1961, Symposium 3: Biochemie der Evolution] 1 (Moskva '61): Entstehung und Evolution des Stoffwechsels [russ.]. — Oceanography; invited lectures presented at the International oceanographic congress, New York 1959 (M. Sears) (Washington, D. C. '61) (American Association for the Advancement of Science, Publication 67) 119–28: Origin of life in the oceans. — Uspechi sovremennoj nauki i religija [Die Fortschritte der modernen Wissenschaft und die Religion] (I. P. Camerjan) (Moskva '61) 71–80: Das Problem der Entstehung des Lebens und seine atheistische Bedeutung [russ.]. — La vie et l'évolution (Paris '61) (Recherches internationales à la lumière du marxisme, No. 25/26) 5–20: Le problème de l'origine de la vie. — Doklady i soobščenija na X Meždunarodnom kongresse po vinogradarstvu i vinodeliju [Vorträge und Mitteilungen auf dem 10. Internationalen Kongreß für Weinbau und Weinfabrikation], Tbilisi 1962, Sekcija „Vinodelie" [Sektion „Weinfabrikation"] (Moskva '62) 199–205: Die Biochemie des Weins [russ.]. — Naši kosmičeskie puti [Unser Weg ins All] (Moskva '62) 43–45: Start frei! [russ.]. — Trudy V Meždunarodnogo biochimičeskogo kongressa [Arbeiten des 5. Internationalen biochemischen Kongresses], Moskva 1961, Plenarnye zasedanija [Plenarsitzungen] (Moskva '63) 79f.: Ansprache auf der Eröffnungssitzung [russ.]; 92: Ansprache auf der Schlußsitzung [~]. — Ljudi russkoj nauki [Vertreter der russischen Wissenschaft], [3]: Biologija, Medicina, Sel'skochozjajstvennye nauki [Biologie, Medizin, Landwirtschaftswissenschaften] (Moskva '63) 288–301: Aleksej Nikolaevič Bach [russ.]. — Očerk dialektiki živoj prirody [Kurze Darstellung der Dialektik der belebten Natur] (Moskva '63) 25–63: Das Leben und seine Wechselbeziehungen zu anderen Formen der Bewegung der Materie [russ.]. — Vozniknovenie žizni vo Vselennoj. Doklady na soveščanii Komissii po kosmogonii Astronomičeskogo soveta Akademii nauk SSSR [Die Entstehung des Lebens im Universum. Vorträge auf der Konferenz der Kommission für Kosmogonie des Astronomischen Rates der Akademie der Wissenschaften der UdSSR] 1962 (Moskva '64) 4–21: Modernes Material über die Art und Weise der Entstehung des Lebens [russ.]; 94–96: Allgemeine Schlußfolgerungen [~][33]). — O suščnosti žizni [Über das Wesen des Lebens] (Moskva '64) 8–34: Das Leben und seine Wechselbeziehungen zu anderen Formen der Bewegung der Materie [russ.]. — Biokompleksy i ich značenie [Biokomplexe und ihre Bedeutung (Symposium)] (Moskva '65): Eröffnungsansprache [russ.]. — Funkcional'naja ėvoljucija nervnoj sistemy [Die funktionelle Evolution des Nervensystems] (Moskva–Leningrad '65) 5–9: Die Rolle der Membranen der Bakterien in der Organisation der Fermentkette für die Elektronenübertragung [russ.][37]). — Beiträge zur Biochemie und Physiologie von Naturstoffen. Festschrift Kurt Mothes zum 65. Geburtstag (Jena '65) 347–54: Fermentkette für die Elektronenübertragung bei anaeroben Bakterien[37])[22]). — Nauka protiv religii, [1:] Žizn', ee proischoždenie i razvitie [Wissenschaft contra Religion, 1: Das Leben, seine Entstehung und Entwicklung] (Moskva '67): Die Entstehung des Lebens [russ.][35]). — Chemical evolution and the origin of life. Proc. of the International conference on the origin of life, Pont-à-Mousson 1970 (Amsterdam '71) (Molecular evolution, 1) 3–9: Problem of the origin of life: Present state and prospects. — Razvitie koncepcii strukturnych urovnej v biologii [Die Entwicklung der Konzeption von Strukturebenen in der Biologie] (Moskva '72) 235–46: Die Art und Weise der Entstehung der biologischen Organisation [russ.].

W. Proischoždenie žizni [Entstehung des Lebens] (A. N. Bach) (Moskva–Leningrad '35) 63 S.; ukrain.: (Kyïv '37) 72 S. — Vozniknovenie žizni na Zemle [Die Entstehung des Lebens auf der Erde] (Moskva–Leningrad '36) 159 S., ²('41) 268 S., ³('57) 458 S.; engl.: The origin of life (New York '38) 8+270 S., ²('53) 25+270 S., The origin of life on the Earth ³(Edinburgh–New York '57) 18+495 S.; japan.: (Tokyo '39) 270 S., ('41) 280 S., ('58) 4+379 S.; span.: El origen de la vida (Buenos Aires '40) 318 S., ²('43) 318 S.; bulgar.: (Sofija '46) 270 S., ²('46) 280 S.; serb.: (Beograd '47) 271 S., ('61) 418 S. (Nauka, tehnika, umetnost, 2); deutsch: Die Entstehung des Lebens auf der Erde (Berlin–Leipzig '49) 255 S., (Berlin '57) 411 S.; italien.: L'origine della vita sulla Terra (Torino '56) 28+401 S. (Biblioteca di cultura scientifica, 46); chines.: (Peking '60) 426 S.; rumän.: (București '60) 472 S.; ungar.: (Budapest '60) 370 S.; slowak.: (Bratislava '61) 373 S.; serbokroat.: (Beograd '61) 417 S.; französ.: L'origine de la vie sur la Terre (Paris '65) 14+516 S.; alban.: (Beograd '66) 461 S. — Proischoždenie (*oder* Vozniknovenie) žizni na Zemle *[Die unter diesen Titeln veröffentlichten Broschüren und gedruckt erschienenen Vorträge über die* Entstehung des Lebens auf der Erde *sind nachfolgend gesammelt aufgeführt, obwohl sie zum Teil unabhängig voneinander publiziert wurden; Entsprechendes gilt auch für die beiden folgenden Titel]:* (Moskva '44) 24 S., (Rostov-na-Donu '44) 43 S., (Stavropol' '44) 33 S., (Leningrad '44) 20 S., (Moskva '45) 32 S., (Moskva '45) 18 S., (Gor'kij '45) 30 S., (Leningrad '45) 27 S., (Sverdlovsk '45) 24 S., (Smolensk '45) 43 S., (Moskva '46) 22 S., (Moskva–Leningrad '46) 24 S., (Tamboo '46) 20 S., (Kaluga '47) 12 S., (Penza '49) 20 S. (Besedy o prirode i čeloveke, 2), (Novosibirsk '49) 24 S., (Moskva '54) 23 S. (Bibliotečka „V pomošč' lektoru", 23), (Moskva '65) 59 S.; grusin.: (Tbilisi '45) 26 S.; litauisch: (Kaunas '45) 39 S.; ukrain.: (L'vov '45) 20 S., (Char'kov '45) 28 S.; beloruss.: (Minsk '45) 43 S., ('51) 30 S.; serb.: (Beograd '45) 28 S. (Nauka i život, 1), ('49) 33 S. (Knijžnica za narodno prosvećivanje, 72); rumän.: (București '45) 36 S. (Știință pentru toti, 2), ('49) 29 S.; chakassisch: (Abakan '46) 25 S.; italien.: L'origine della vita sulla terra (Fiume '46) (Piccola biblioteca di cultura, 1); tatarisch: (Kazan' '46) 24 S., (Ufa '46) 30 S.; abasinisch: (Stavropol' '46) 46 S.; lettisch: (Riga '46) 24 S.; usbek.: (Taškent '46) 22 S., ('46) 18 S., ('66) 60 S.; jakutisch: (Jakutsk '46) 24 S.; bulgar.: (Sofija '46) 31 S., ('49) 34 S. (Populjarna nauka, 5); kroat.: (Zagreb '46) 32 S.; mariisch: (Joškar-Ola '46) 23 S.; baschkirisch: (Ufa '46) 30 S.; tadshikisch: (Stalinabad (= Dušanbe) '47) 24 S., ('55) 24 S.; korean.: (Pjöngjang '48) 38 S., ('49) 56 S.; chines.: (Peking '48) 20 S.; ungar.: (Bucureşti '48) 30 S.; turkmen.: (Aščhabad '49) 36 S.; japan. [Titel etwa: Das Leben auf der Erde und der Ursprung des Menschen]: (Tokyo '50) 129 S.; burjat-mongol.: (Ulan-Udė '50) 19 S.; alban.: (Priština '50) 32 S. (Shkenca dhe jeta, 4). — Proischoždenie žizni [Die Entstehung des Lebens] (Moskva '45) 103 S., ('48) 120 S., ('53) 95 S., ('54) 96 S., ('59) 127 S., (Kujbyšev '50) 104 S.; serb.: (Beograd '46) 113 S.; kroat.: (Zagreb '46) 105 S.; armen.: (Erevan '47) 146 S.; japan.: (Tokyo '47) 280 S., ('51) 280 S., ('52) 270 S.; grusin.: (Tbilisi '49) 4+104 S.; lettisch: (Riga '49) 84 S., ('55) 92 S.; tatarisch: (Kazan' '50) 124 S.; ukrain.: (Kyïv '50) 96 S.; tschech. u. d. T.: Vznik a vývoj života (Praha '50) 122 S., ('52) 95 S., ('53) 112 S., u. d. T.: Vznik života ('60) 87 S.; beloruss.: (Minsk '53) 108 S.; kirgis.: (Frunze '54) 103 S.; usbek.: (Taškent '55) 96 S.; span.: El origen de la vida (Moskva '55) 111 S., (Buenos Aires '60) 109 S.; französ.: L'origine de la vie (Moskva '55) 103 S.; engl.: The origin of life (Moskva '55) 100 S.; portugies.: A origem de la vida (Rio de Janeiro '56) 102 S. (Coletanea de estudos científicos, 1); in Hindi: (Madras '57) 108 S.; isländ.: (Reykjavik '60) 82 S.; vietnames.: (Moskva '62) 103 S. — Proischoždenie žizni [*kürzere Fassungen des vorigen Titels*] (Moskva–Leningrad '49) 32 S., (Moskva '49) 20 S., ('50) 20 S., ('52) 16 S., (Brjansk '50) 24 S.; ukrain.: (Kyïv '45) 31 S., ('53) 23 S.; kroat.: (Zagreb '46) 32 S.; japan.: (Tokyo '51) 152 S., ('55) 4+118 S.; grusin.: (Tbilisi '53) 23 S.; awarisch u. lesginisch: (Machačkala '49) 32 S.; kumykisch: (Machačkala '49) 36 S.; ungar.: (Budapest '49) 59 S. (Természettudományos kiskönyvtár, 9); moldauisch: (Kišinev '50) 23 S.; lakisch: (Machačkala '50) 30 S.; darginisch: (Machačkala '50) 28 S.; poln. u. d. T.: Jak powstało życie (Warszawa '50) 31 S.; tschech. u. d. T.: O původu života (Praha '51) 28 S.; finn.: (Petrozavodsk '52) 18 S.; slowak.: (Martin '53) 17 S.; kirgis.: (Frunze '53) 22 S.; kasach.: (Alma-Ata '53) 20 S., ('56) 30 S. — Wie entstand das Leben? [ukrain.] (in einem Band mit G. A. Gurev, Gab es einen Anfang und wird es ein Ende der Welt geben? [ukrain.]) (Char'kov '45) [zusammen] 28 S. — Proischoždenie žizni na Zemle. Al'bom nagljadnych posobij [Die Entstehung des Lebens auf der Erde. Bildbändchen mit Anschauungsmaterial] (Moskva '46) 39 S.; ('60) 47 S. — Izučenie belka - osnovnaja problema biochimii [Die Erforschung des Eiweiß - das Grundproblem der Biochemie] (Moskva '47) 15 S. — Sovremennye vzgljady na proischoždenie žizni [Die heutigen Auffassungen über die Entstehung des Lebens] (Moskva '47) 22 S. (Vsesojuznoe obščestvo po rasprostraneniju političeskich i naučnych znanij); litauisch: (Kaunas '48) 28 S.; estn.: (Tallin '48) 24 S.; poln.: (Warszawa '49) 35 S. — Kak zarodilas' žizn' na Zemle? [Wie entstand das Leben auf der Erde?] (Moskva '49) 84 S.; italien.: Come nacque la vita sulla Terra? (Milano '53) 124 S. (Universale economica, 158 = Ser. scientifica, 24); ukrain. (gekürzt): (Kyïv '53) 22 S. — Čto govorjat nauka i religija o proischoždenii žizni? [Was sagen Wissenschaft und Religion über den Ursprung des Lebens?] (Moskva '50) 20 S. (Vsesojuznoe obščestvo po rasprostraneniju političeskich i naučnych znanij. Kolchoznaja serija), (Kišinev '50) 20 S. (Bibliotečka po naučno-ateističeskim voprosam); ukrain.: (Kyïv '50) 23 S., (L'viv '52) 24 S.; tatarisch: (Kazan' '50) 24 S., ('51) 24 S., ('54) 21 S.; litauisch: (Vil'njus '50) 24 S.; tschech.: (Praha '51) (zusammen mit einem Aufsatz von M. S. Pliseckij) [insgesamt] 87 S. (Vědění všem, 14), ('53) 70 S.; moldauisch: (Kišinev '51) 27 S. (Naučno-ateističeskaja biblioteka); usbek.: (Taškent '51) 28 S.; poln.: (Vil'njus '51) 25 S.; uigurisch: (Alma-Ata '52) 24 S.; jakutisch: (Jakutsk '53) 23 S. — Naukata i religijata za proizchoda na života [Stellung von Wissenschaft und Religion zur Entstehung des Lebens] (Sofija '51) 29 S. [Orig.: Nauka i Žizn' **1950**, 9–14]. — Narody mira v bor'be za mir [Die Völker der Welt im Kampf um den Frieden] (Moskva '51) 24 S.; (Vsesojuznoe obščestvo po rasprostraneniju političeskich i naučnych znanij); kasachisch: (Alma-Ata '52) 47 S.; lettisch: (Riga '52) 28 S.; moldauisch: (Kišinev '52) 27 S.; finn.: (Petrozavodsk '52) 27 S. — Úspěchy sovětské biologie (in einem Band mit K. M. Bykov, Učení I. P. Pavlova ve světle dialektického materialismu) (Praha–Brno '51) S. 5–44. — Pervaja sessija Vsemirnogo soveta mira [Der 1. Kongreß des Weltfriedensrates] (Moskva '51) 16 S. (Vsesojuznoe obščestvo po rasprostraneniju političeskich i naučnych znanij). — Značenie trudov tovarišča I. V. Stalina po voprosam jazykoznanija dlja razvitija sovetskoj biologičeskoj nauki [Die Bedeutung der Arbeiten des Genossen I. V. Stalin zu Fragen der Sprachwissenschaft für die Entwicklung der sowjetischen biologischen Wissenschaft] (Moskva '51) 32 S. (~); litauisch: (Vil'njus '52) 32 S. — Material k lekcii na temu: Problema proischoždenija žizni v svete dostiženij sovremennogo estestvoznanija [Material zu einer Vorlesung über das Thema: Das Problem des Ursprungs des Lebens im Lichte der Errungenschaften der modernen Naturwissenschaft]

(Moskva '52) 16 S. (~); [Stenogramm eines öffentlichen Vortrags zum gleichen Thema:] Proischoždenie žizni na Zemle v svete sovremennych dostiženij estestvoznanija ('55) 23 S. (~, Ser. 3, Nr. 35); engl.: The origin of life in the light of achievements of modern natural science (Moskva '57) 12 S. (Akademija nauk SSSR). – Izmenenie dejstvija ėnzimov v rastitel'noj kletke pod vlijaniem vnešnich vozdejstvij. Doklad na II Meždunarodnom biochimičeskom kongresse, Pariž 1952 [Die Veränderung der Wirksamkeit der Enzyme in der pflanzlichen Zelle unter dem Einfluß äußerer Einwirkungen. Vortrag auf dem 2. Internationalen Kongreß für Biochemie, Paris 1952] (Moskva '52) 56 S. [russ. u. französ.] (Akad. nauk SSSR). – Das Leben (Berlin '52) 56 S. (Große Sowjetenzyklopädie, Reihe Biologie und Agrarwissenschaft, 2). – Die Biochemie (m. V. A. Ėngel'gardt, N. M. Sisakjan) (Berlin '54) 30 S. (~, Reihe Medizin, 1). – Współczesna nauka o pochodzeniu życia na Ziemi [Die moderne Wissenschaft über die Entstehung des Lebens auf der Erde] (Warszawa '54) 31 S.; burjatmongolisch: (Ulan-Udė '54) 28 S. – Priroda i mechanizm dejstvija drožževoj invertazy. La nature et le mécanisme d'action de l'invertase de la levure (Moskva '55) 22 S. [russ. u. französ.] (Soobščenija i doklady na III Meždunarodnom biochimičeskom kongresse, Brjussel'). – O merach dal'nejšego ulučšenija raboty Vsesojuznogo obščestva po rasprostraneniju političeskich i naučnych znanij. Doklad predsedatelja pravlenija Obščestva III plenumu pravlenija Obščestva [Über Maßnahmen zur weiteren Verbesserung der Arbeit der Unionsgesellschaft zur Verbreitung politischer und wissenschaftlicher Kenntnisse. Vortrag des Präsidenten beim 3. Plenum des Vorstands der Gesellschaft] (Moskva '55) 33 S. – Novoe o proischoždenii žizni na Zemle [Neues über die Entstehung des Lebens auf der Erde] (Moskva '56) 22 S. (Učenye – molodeži); litauisch: (Vil'njus '56) 22 S. – Žizn' vo Vselennoj [Leben im Weltall] (m. V. G. Fesenkov) (Moskva '56) 224 S.; engl. u. d. T.: The Universe (Moskva '57) 232 S., [2]('60) 244 S., Life in the Universe (New York '61) 245 S.; tschech.: (Praha '57) 168 S.; französ.: La vie dans l'Univers (Moskva '58) 249 S.; korean.: (Moskva '58) 302 S.; chines.: (Peking '59) 164 S.; span.: La vida en el Universo (Buenos Aires '59) 235 S.; bulgar.: (Sofija '60) 210 S.; kasach.: (Alma-Ata '61) 221 S.; rumän.: (București '61) 215 S.; schwed.: (Moskva '63) 241 S. – Aleksej Nikolaevič Bach. Biografičeskij očerk. K 100 letiju so dnja roždenija [Biographische Skizze. Zum 100. Geburtstag] (m. L. A. Bach) (Moskva '57) 175 S. – The influence of the change in the bacterial protoplast structure on some biochemical processes (m. N. Gel'man) (Moskva '57) 10 S. – Sovremennaja nauka o vozniknovenii žizni na Zemle [Die Stellung der modernen Wissenschaft zur Entstehung des Lebens auf der Erde] (m. G. A. Deborin) (Moskva '58) 35 S. (Vsesojuznoe obščestvo po rasprostraneniju političeskich i naučnych znanij, Ser. 8, Folge 1, Nr. 5); grusin.: (Tbilisi '59) 40 S.; estn.: (Tallin '59) 36 S. – Ustav Vsesojuznogo biochimičeskogo obščestva pri Akademii nauk SSSR [Statut der Biochemischen Unionsgesellschaft bei der Akademie der Wissenschaften der UdSSR] (m. E. V. Budnickaja-Pavlova) (Moskva '59) 35 S. – Žizn', ee priroda, proischoždenie i razvitie [Das Leben, seine Natur, Herkunft und Entwicklung] (Moskva '60) 192 S., [2]('68) 173 S.; japan.: (Tokyo '61) 4+221 S.; engl.: Life: its nature, origin and development (Edinburgh–London–New York '61) 11+207 S., (New York '64) 207 S.; deutsch: (Jena '63) 8+187 S.; französ.: L'origine et l'évolution de la vie (Moskva '64) 223 S.; auch estnisch. – De mens in de kosmos (m. L. Sedov, N. Sissakian) (Amsterdam '61) 148 S. – Žizn', ee sootnošenie s drugimi formami dviženija materii [Das Leben und seine Wechselbeziehungen zu anderen Formen der Bewegung der Materie] (Moskva '62) 36 S. (in einem Band mit A. N. Kolmogorov, Žizn' i myšlenie s točki zrenija kibernetiki [Leben und Denken aus dem Blickpunkt der Kybernetik]) (Akademija nauk SSSR) [Maschinenschrift vervielfältigt]. – Žizn' kak forma dviženija materii [Leben als Form der Bewegung der Materie] (Moskva '63) 48 S. – The chemical origin of life (Springfield, Ill. '64) 27+124 S. (American lecture series, 588). – Sovremennye dannye o proischoždenii žizni [Neues Material über den Ursprung des Lebens] (Moskva '66) 46 S. (Novoe v žizni, nauke, technike, Serija 12: Estestvoznanie i religija, 4). – Vozniknovenie i načal'noe razvitie žizni ([Moskva '66]) 203 S.; engl.: Genesis and evolutionary development of life (New York '68) 7+203 S., u. d. T.: The origin and initial development of life (Springfield, Va. '68) 3+158 S. – Ėvoljucionnye vzgljady K. A. Timirjazeva i problema proischoždenija žizni [Die Ansichten K. A. Timirjazevs über die Evolution und das Problem der Entstehung des Lebens] (Moskva '69) 19 S. (Timirjazevskie čtenija, 29).

Acta physiol. Acad. Sci. hungar. The influence of ergosterol on the enzymic action of phosphoglyceraldehyde dehydrogenase[25])[42])[27]): **17** ('60) 133–40 [russ. m. engl. Zusammenfassg.].

Advances Enzymol. and related Subj. Biochem. Origin of life and the origin of enzymes: **27** ('65) 347–80.

Agitator [Moskva] Unter Berücksichtigung der wissenschaftlich begründeten Bedürfnisse [Aufgaben der Nahrungsmittelindustrie]: **1966,** Nr. 7, 30–33 [russ.].

Agrártudomány Die Richtung der Fermentwirkung und ihre Beeinflussung durch die Jarowisation[108]): **2** ('50) 495–98 [ungar.].

Agrobiologija Die Ansichten K. A. Timirjazevs über die Evolution und das Problem der Entstehung des Lebens: **3** ('68) 643–54 [russ.].

Analele Acad. Republ. popul. române, Ser. Geol., Geogr., Biol., Şti. tehn. şi agric. Die Umgestaltung der belebten Natur erweist sich als die wichtigste Aufgabe der sowjetischen Biologie: **3** ('50) 297–311 [rumän. m. französ. Zusammenfassg.].

Analele romåno-soviet., Ser. Biol. Biologie: Ergebnisse der sowjetischen Biologie: **1952**, Nr. 14 [rumän.]. – Der gegenwärtige Stand des Problems der Entstehung des Lebens: **1958**, Nr. 2, 5–21 [~].

Antireligioznik Das neueste Material über die Entstehung des Lebens: **15** ('40) Nr. 2, 36–43 [russ.].

Anyag- és Adatszolgáltatás Das Problem der Entstehung des Lebens im Lichte der Ergebnisse der modernen Naturwissenschaft: **1954**, Nr. 1, 46–49 [ungar.].

Archives Biochem. and Biophysics Significance of structure in certain enzymic processes[37])[25]): **69** ('57) 582–91.

Astronomičeskij Ž. Die Entstehung des Lebens auf der Erde: **17** ('40) Nr. 3, 52–65 [russ.].

Aviacija i Kosmonavtika Weltall und Leben. Was uns auf anderen Planeten erwartet: **1962**, Nr. 10, 11–15 [russ.]. – Leben außerhalb der Erde: **1963**, Nr. 10, 12–14 [~]. – Die Erforschung des Mondes und der Planeten – eine wichtige Aufgabe der Wissenschaft der Gegenwart[16])[103])[33])[99]): **1967**, Nr. 11, 36–39 [~].

Biochemische Z. Über die Aktivität der Amylase in den Blättern der Zuckerrübe[81]): **252** ('32) 8–15. – Über das Wesen der pH-Wirkung auf die Tätigkeit der Amylase[55]): **256** ('32) 190–95. – Zur Frage der Hitze-Inaktivierung der Amylase[61]): **260** ('33) 170–79. – Über den Einfluß der Koagulation von begleitenden Eiweißstoffen auf die Aktivität der Amylase[61])[60]): **265** ('33) 21–28. – Die Inaktivierung der Amylase durch Adsorption an Eiweißniederschlägen[61])[39]): **272** ('34) 317–23.

Biochimija Umwandlungen der Kohlenhydrate in den Zuckerrübenwurzeln beim Lagern und bei der zweiten Keimung[85]): **1** ('36) 35–48. – Die Bedeutung der Invertase der Wurzeln für die Zuckerspeicherung bei verschiedenen Sorten von Rüben: **2** ('37) 135–45. – Herstellung von Teekonzentrat aus zum Formen geeignetem Material: **9** ('44) 90–100. – Umwandlung der β-Amylase in Weizensämlingen[47]): **10** ('45) 25–36. – Über die Umwandlung stickstoffhaltiger Substanzen im Sekt[13])[7]): 311–25. – Der Lebensweg A. N. Bachs: **11** ('46) 193–96. – Zur Frage der Stickstoffsubstanzen des Weines, 1: Hochmolekulare Stickstoffverbindungen des Sekts[13]): **14** ('49) 291–301. – Einige Angaben über die chemische Untersuchung der Pflanzen im 18. Jahrhundert in Rußland[87])[37]): **15** ('50) 291–96. – Eröffnungsansprache auf der Gedenksitzung für das Akademiemitglied Vladimir Ivanovič Palladin: **17** ('52) 246–48. – Zustand und Aktivität der Invertase und Maltase bei einigen Hefearten der Gattung Saccharomyces[37])[109]): **20** ('55) 571–75. – Relation between the rate of labeled glycine incorporation and of the increase in the protein nitrogen content to the structural state of the bacterial protoplasts[37])[109]): **22** ('57) 399–403 [m. engl. Zusammenfassg.]. – Activity of the enzymes of the di- and tri-carboxylic acid cycle as a function of protoplast structure of Micrococcus lysodeikticus[37])[109])[59]): **23** ('58) 909–16 [~]. – Succinic and malic oxidases in the structural elements of Micrococcus lysodeikticus[37])[109])[59]): **24** ('59) 481–88 [~]. – Probleme der technischen Biochemie auf dem Gebiet der Lebensmittelindustrie: 769–76. – The effect of a surface active substance on the enzymatic system which oxidized malic acid in the cytoplasmatic membranes of Micrococcus lysodeikticus[37])[109]): 1074–78 [m. engl. Zusammenfassg.]. – The cytochrome system of cytoplasmatic membranes of Micrococcus lysodeikticus[37])[59]): **25** ('60) 482–86 [~]. – The synthesizing action of polynucleotide phosphorylase of Micrococcus lysodeikticus in solution and in coacervate systems[86])[4]): **26** ('61) 499–504 [~]. – Preparation of dehydrogenase of L-malic acid and reduced diphosphopyridine nucleotide from the cytoplasmatic membrane of Micrococcus lysodeikticus[37])[109]): **28** ('63) 122–27 [~]. – Succinate oxidation in Micrococcus lysodeikticus structural elements with reference to deoxyribonucleic acid (DNA) and Mg ions[59])[37]): 334–39 [~]. – Enzymic synthesis of polyadenylic acid (poly A) in coacervate drops[86])[76])[102]): 671–75 [~]. – Electron (hydrogen) transfer chain in cytoplasmatic membranes in Micrococcus lysodeikticus[37])[59])[109]): 801–07 [~]. – Synthesis of starch in coacervate drops[30])[92]): **29** ('64) 1035–41 [~]. – Purification of enzyme complex of malate- and NAD · H_2-dehydrogenases from membranes of Micrococcus lysodeikticus[109])[74])[37]): **31** ('66) 1209–15 [~]. – Structural organization of the protein-synthesizing system of chloroplasts[34])[96])[2]): **35** ('70) 247–56 [~]. – Non-histone proteins of nuclei of wheat germs[101])[12])[69])[89]): **38** ('73) 922–28 [~]. – Comparison of histone-like proteins from blue-green alga Anacystis nidulans with ribosomal basic proteins of alga and with histones of wheat germs[40])[44])[82]): **40** ('75) 1104–11 [~]. – – Alle Arbeiten russ.

Biofizika Photosensibilisierende Aktivität des Chlorophylls in Koazervaten[86])[31])[36]): **7** ('62) 34–41 [russ.].

Biologie in der Schule Zur Frage der Entstehung des Lebens: **2** ('53) 353–57.

Biologija v Škole Die Entstehung des Lebens auf der Erde: **1941**, Nr. 1, 1–14 [russ.]. – Der gegenwärtige Stand des Problems der Entstehung des Lebens: **1957**, Nr. 5, 77–83 [~]. – Das Leben und seine Entstehung [Kapitel aus dem Buch „Očerk dialektiki živoj prirody“]: **1964**, Nr. 3, 68–79 [~].

Bjul. èksper. Biol. i Med. Akademiemitglied Aleksej Nikolaevič Bach: **22** ('46) Teil 1, Nr. 7, 3–6 [russ.]. – Beratung über das Eiweiß. 5. Konferenz über hochmolekulare Verbindungen, 10.–13. März 1947: **23** ('47) Nr. 7, 77–80 [~].

Bull. Soc. Chim. biol. Enzymes et cycle vital de la plante: **32** ('50) 306–13. – Variations de l'activité des enzymes dans la cellule végétale sous l'effet des facteurs extérieurs: **35** ('53) 67–82.

Čas. Lekařů česk. Das Problem der Entstehung des Lebens im Lichte der modernen Naturwissenschaft: **93** ('54) 889–94 [tschech.].

Chimija v Škole Der Ursprung des Lebens: **1965**, Nr. 5, 6–15 [russ.].

Chlebopekarnaja i konditersk. Promyšl. Unser tägliches Brot[6]: **1957**, Nr. 10, 39–42 [russ.].

Chlebopekarnaja Promyšl. Biochemische Merkmale des zum Brotbacken geeigneten Korns und Mehls: **1939**, Nr. 1, 9f. [russ.].

Comparative Biochem. and Physiol. Origin and evolution of metabolism: **4** ('62) 371–77.

Croatica chem. Acta Einfluß der Desoxyribonucleinsäure auf den Eiweißabbau durch einige proteolytische Enzyme[25][10]: **29** ('57) 229–37 [russ.].

Dokl. Akad. Nauk SSSR Stoffwechsel der Zuckerrübe bei niedrigen Temperaturen und ihre Lagerung im Gefrierzustande: **1934** II, 116–18. – Fermentative Behandlung der Kleie als Mittel zur Verbesserung ihrer Verdaulichkeit[79][19]: **46** ('45) 258–61. – Über die Bildung von Purinbasen beim Keimen von Weizenkörnern[37]: **54** ('46) 43–46. – Der Einfluß der Nucleinsäure auf die Thermostabilität eines Proteins[30]: **58** ('47) 253–55. – Bildung von Maltose bei Einwirkung von Phosphorylase und Amylase auf Glucose-1-phosphat[30]: 1713f. – Über die Adsorption von Fermenten durch Hefezellen[45]: **66** ('49) 247–49. – Zur Frage eines Zusammenhanges zwischen Atmung und synthetischen Prozessen bei höheren Pflanzen[37]: **85** ('52) 1357–60. – Zur Frage der enzymatischen Synthese der Fructoside (β-Alkylfructofuranoside)[11]: **89** ('53) 531–34. – Einige Angaben über den Mechanismus der enzymatischen Wirkung der Invertase[11]: **94** ('54) 305–08. – Untersuchung der Lokalisation der Fermente in den Zellen von Endomyces magnusii mittels Ultraschallwellen[37][28]: **96** ('54) 573–76. – Nachweis von Invertase bei Saccharomyces globosus 349 mittels Ultraschallwellen[37][28]: **97** ('54) 293–95. – Die Wirkung von Ultraschallwellen auf die Hefeinvertase[11][28]: **99** ('54) 423–26. – Einfluß des Nährmediums auf den Kohlenhydratgehalt der Hefe und auf deren fermentative Aktivität[37][109]: 593–96. – Koazervate und Fermente. Protein–Kohlenhydrat-Koazervate und α-Amylase[30][91][66]: **104** ('55) 581–83. – Die Synthese von β-Alkylfructosiden durch pflanzliche Gewebe[11][78]: 886–89. – Einfluß der Strukturveränderung bakterieller Protoplasten auf die Atmung und den Einschluß von markiertem Glykokoll[37][109]: **105** ('55) 1036–38. – Einige Angaben über die Komplexbildung im System Serumalbumin-Gummi arabicum[11][63][86]: **108** ('56) 1125–27. – Der Einfluß von Desoxyribonucleinsäure auf die Spaltung von Eiweißstoffen durch Trypsin[25][10]: **116** ('57) 270–72. – Untersuchung der Aktivität der Ribonuclease in Gegenwart von Gummi arabicum[86][11]: **120** ('58) 1311–13. – Die Wirkung von in Koazervattropfen eingeschlossener Ribonuclease[86]: **122** ('58) 661–64. – Einfluß der Desoxyribonuclease auf die Oxydation der Äpfelsäure durch Lysate von Micrococcus lysodeikticus[37][109]: **126** ('59) 198f. – Der Einfluß der Desoxyribonucleinsäure auf die enzymatische Wirkung des Papains und der Dehydrase des Phosphoglycerinaldehyds[10][25]: **130** ('60) 450–52. – Oxydation von L-Äpfelsäure und reduziertem Diphosphopyridinnucleotid in der zytoplasmatischen Membran von Micrococcus lysodeikticus[37][109]: **133** ('60) 1209–12. – Der Einfluß von Desoxycholat auf die Oxydation von reduziertem Diphosphopyridinnucleotid, L-Äpfelsäure und L-Milchsäure in der zytoplasmatischen Membran von Micrococcus lysodeikticus[37][109]: **135** ('60) 200–03. – Koazervation eines Systems aus Ribonucleinsäure und Chlorophyll[86]: 1532–35. – Synthese und Zerfall der Stärke in Koazervattropfen[30][56][24]: **143** ('62) 980–83. – Die Bildung von Koazervattröpfchen bei der Synthese von Polyadenylsäure durch Polynucleotidphosphorylase[86]: **148** ('63) 943f. – Die elektronenmikroskopische Untersuchung von Koazervaten[90][86][65]: **150** ('63) 684f. – Redoxprozesse im Koazervattropfen[86][75]: **151** ('63) 234–36. – Die Lipide eines Dehydrasenpräparats aus Zytoplasmamembranen von Micrococcus lysodeikticus[37][109][93][20][21]: **152** ('63) 228–30. – Die Bildung von Koazervaten aus Polypeptiden und Polynukleotiden[86][102][9]: **154** ('64) 471f. – Untereinheiten in zytoplasmatischen Membranen von Micrococcus lysodeikticus[15][59][37]: **156** ('64) 198f. – Die Lokalisation der Dehydrasen und ihre Beziehung zu den Kohlenhydraten in den Zellen von Lactobacterium pentoaceticum[22][37]: **157** ('64) 211–14. – Der Einfluß von Lipase und Phospholipase auf die Aktivität der Dehydrasen in einem Fermentpräparat aus den Membranen von Micrococcus lysodeikticus[37])[109]): **161** ('65) 237–40. – Photosensibilisierende Aktivität von Chlorophyll a im Koazervatsystem Phosphatid–Eiweiß[86])[58]): **162** ('65) 1418f. – Zur Frage nach der Funktion des Membranapparates bei Milchsäurebakterien[22])[46]): **175** ('67) 1154–56. – Untersuchung der Ribonucleaseaktivität in einem Phosphatid–Eiweiß-Koazervat[86])[102])[84]): **179** ('68) 976–78. – Sensibilisierungsaktivität des Protophyrins in Eiweiß–Kohlenhydrat-Koazervaten[86])[58]): 1240–42. – Modell der präbiologischen Auslese supermolekularer Systeme (Koazervattröpfchen)[86])[102]): **181** ('68) 744–46. – Strukturbildende Wirkung von Proteinen auf die Koazervation im System Kaliumoleat–Wasser–KCl[86])[49]): **183** ('68) 719–21. – Die Umkehrbarkeit der Fermentwirkung in Systemen Phosphatid–Wasser–Ferment[86]): **185** ('69) 707f. – Die Umkehrung der Reaktion der Übertragung von Phosphat auf Glucose im Koazervatsystem Hexokinase–Lecithin[86])[41]): 952f. – Einfluß des Substrats und konkurrierender Inhibitoren der Ribonuclease auf deren Transport durch eine künstliche Lipidmembran im Modellsystem[25])[43]): **190** ('70) 720f. – Untersuchung der Eigenschaften der Lipoproteide der inneren Membranen der blaugrünen Alge Anacystis nidulans[13])[64])[106])[50]): **193** ('70) 223–26. – Die submikroskopische Organisation obligat-anaerober Bakterien im Lichte der Vorstellungen über die Evolution der Mikroorganismen[1])[98]): 1397–99. – Dichte-Werte für die Ribosomen photosynthetisierender Bakterien und Pflanzen[44])[70]): **205** ('72) 997–1000. – Ribosomen photosynthetisierender Bakterien[44])[23])[73])[70]): **206** ('72) 503–06. – Bestimmung der mittleren Größe und Anzahl von Koazervattröpfchen auf Grund des Tyndall-Spektrums[38])[72])[30]): 995–98. – Absonderung von t-Ribonucleinsäure- und Aminoacyl-t-Ribonucleinsäure-Synthetase aus Membranen der Chloroplaste von Erbsenkeimlingen[34])[88]): **217** ('74) 1207–09. – Wirkung des Ferments der Polynucleotidphosphorylase im Protein–Kohlenhydrat-Koazervatsystem[30])[72]): **220** ('75) 733–35. – Aminoacylphosphatidylglycerine verschiedenartiger Chloroplaste[64])[100]): 975–77. – Zur Untersuchung einer Fraktion der Membranen von Micrococcus lysodeikticus nach der freeze-etching-Methode[22])[105])[46]): **223** ('75) 741–43. – Über die Absonderung von Proteolipiden aus Membranen von Plastiden und von blaugrünen Algen[64])[100])[50]): **224** ('75) 242–45. – Die strukturelle Organisation der Polyribosomen von Chloroplasten im Zusammenhang mit der Biogenese von Thylakoiden[34])[68]): **225** ('75) 223–26. – Untersuchung der Lokalisation der Synthese der Ribonucleinsäure in der Feinstruktur der Chloroplaste[34])[94]): 1210–12. – Die Proteine in den Ribosomen der photosynthetisierenden Bakterien Chromatium vinosum[44])[23])[73])[70]): 1450–52. – – Alle Arbeiten russ.

Enzymologia Richtungseinstellung der Invertasewirkung in der lebenden Pflanzenzelle: **4** ('37) 13–23.

Ergebn. Enzymforsch. Die Wirkung der Fermente in der lebenden Zelle: **3** ('34) 57–72.

Estestvoznanie v Škole Das Leben: **1952,** Nr. 1, 10–31 [russ.]. – Die biologische Wissenschaft [Leitartikel]: **1953,** Nr. 3, 3–7 [~].

Fiziologija Rastenij Untersuchung der Lokalisation der Polyribosomen in den Chloroplasten der Erbse[34])[14]): **19** ('72) 995–1001 [russ. m. engl. Zusammenfassg.].

Front Nauki i Techn. Die Entstehung des Lebens: **1936,** Nr. 5, 21–25 [russ.].

Ideen exakten Wissens Die Entstehung des Lebens auf der Erde und im Kosmos: **1971,** Nr. 1, 57–63.

Impact of Sci. on Soc. How life on Earth began: **9** ('59) 169–77.

Iskusstvo Kino Das Kino und die Verbreitung wissenschaftlicher Kenntnisse: **1952,** Nr. 8, 118–20 [russ.]. – Der Weg zu neuen Entdeckungen: **1958,** Nr. 8, S. 105 [~]. – [Über populärwissenschaftliche Filme]: **1963,** Nr. 6, 109f. [~] (m. Bildn.).

Izvest. Akad. Nauk SSSR, Ser. biol. The biochemical principles of tea industry: **1936,** 697–719 [m. engl. Zusammenfassg.]. – Enzyme systems as the basis of physiological characters in plants: **1937,** 1733–53 [~]. – Biochemical indices of the baking quality of grain and flour: **1939,** 43–70 [~]; [Ergänzung]: 862–64. – Die technologische Qualität vegetativen Rohmaterials: 859–61. – I. V. Stalin – der große Erbauer der sowjetischen Wissenschaft[67]): **1949,** 639–57. – Die Bedeutung der genialen Arbeiten des Genossen I. V. Stalin über Fragen der Sprachwissenschaft für die schöpferische Entwicklung der sowjetischen Biologie: **1951,** Nr. 6, 3–22. – Die Beschlüsse des 19. Parteitages – das Kampfprogramm der Arbeit der sowjetischen Gelehrten: **1952,** Nr. 6, 3–5. – I. V. Stalin – der Initiator der fortschrittlichen Biologie: **1953,** Nr. 2, 7–13. – Die Aufgaben der Abteilung der biologischen Wissenschaften der Akademie der Wissenschaften der UdSSR im Lichte der Beschlüsse des XIX. Parteitages der KPdSU und der genialen Ideen der neuen Arbeit I. V. Stalins „Die ökonomischen Probleme des Sozialismus in der UdSSR“: 14–33. – Das Problem der Entstehung des Lebens im Lichte der Errungenschaften der modernen Naturwissenschaft: **1954,** Nr. 2, 5–13. – Vladimir Aleksandrovič Ėngel'gardt zum 60. Geburtstag[87])[54])[110]): Nr. 6, 125f. – Über die Natur und den Wirkungsmechanismus der Hefeinvertase[11]): **1955,** Nr. 2, 3–7. – Die grundlegenden wissenschaftlichen Leistungen der Abteilung der biologischen Wissenschaften der Akademie der Wissenschaften im Jahre 1954: Nr. 3, 3–15. – A. N. Bach – der Begründer der sowjetischen Biochemie (Zum 100. Geburtstag): **1957**, 635–39. – Internationales Symposium über das Problem der Entstehung des Lebens: **1958**, 240–44. – New trades to be organized as based on modern achievements of biochemistry: **1961**, 664–68 [m. engl. Zusammenfassg.]. – Der V. Internationale biochemische Kongreß: **1962**, 141–50. – Life in the universe: **1963**, 3–8 [m. engl. Zusammenfassg.]. – Modern state and prospects for the solution of the problem of the origin of life: **1967**, 656–68 [~]. – Philosophical and naturally historical aspect of the problem of life origin: **1970**, 635–42 [~]. – The history of the creation and development of the theory of the origin of life: **1972**, 799–803 [~]. – Evolution of general ideas on the origin of life, 1924–1974: **1975**, 5–10 [~]. – – Alle Arbeiten russ.

Kagaku [Tokyo] Veränderungen der Enzymwirkung in der Pflanzenzelle durch äußere Einflüsse: **23** ('53) 453–57 [japan.].

Kagaku no Ryôiki Natur und Mechanismus der Wirkung der Hefeinvertase: **10** ('56) Nr. 6, 44–49 [japan.].

Klub [Moskva] Der Welt den Frieden!: **1951**, Nr. 3, 4f. [russ.].

Kommunist [Moskva] Die moderne Wissenschaft und die Entstehung des Lebens auf der Erde: **1954**, Nr. 11, 66–80 [russ.].

Kul'tura i Žizn' Von der Entstehung des Lebens bis zu unseren Tagen: **1958**, Nr. 6, 15–18 [russ.].

Květy [Praha] Über die Entstehung des Lebens: **9** ('59) Nr. 52, S. 12; **10** ('60) Nr. 1, S. 12; Nr. 2, S. 12; Nr. 3, S. 10; Nr. 4, S. 11, 14f. – Auf welchen Planeten könnte Leben existieren?: Nr. 5, S. 3. – – Alle Arbeiten tschech.

Leben [Hamburg] Das Leben. Seine Natur, Herkunft und Entwicklung: **3** ('66) 58–60.

Les i Step' Die progressiven Grundgedanken der sowjetischen Biologie: **2** ('50) Nr. 5, 34–41; Nr. 7, 16–23 [russ.].

Magyar kém. Folyóirat Zur Frage der Entstehung des Lebens: **60** ('54) 220–22 [ungar.].

Mathematik u. Naturwiss. in der neuen Schule Die Entstehung des Lebens: **2** ('50) 486–500.

Melliand Textilber. Bildung von Maltose durch die Einwirkung von Phosphorylase und Amylase auf Glucose-1-phosphat[30]): **29** ('48) 310–12.

Mir Nauki [London] Das Leben im Weltall: **1961**, Nr. 4, 2–6 [russ.].

V Mire Knig Fünf Fragen an das Akademiemitglied Oparin (Interview): **1962**, Nr. 10, 8f. [russ.].

Mladež Die Entstehung des Lebens auf der Erde: **1961**, Nr. 3, 73–75 [bulgar.]. – Die ersten Lebewesen: Nr. 5, 75–78 [~].

Modern Quarterly The problem of the origin of life: **6** ('51) Nr. 2, 135–46.

Molodoj Kommunist Die neuesten Schlußfolgerungen der Wissenschaft über die Entstehung des Lebens: **1958**, Nr. 7, 97–102 [russ.].

Monatsh. Chem. Die Rolle nichtkovalenter Wechselwirkungen bei der Stabilisierung von Micrococcus-lysodeikticus-Membranen[59])[37]): **102** ('71) 828–36.

Moskovskij Propagandist Eine neue Etappe des Kampfes um den Frieden (Zu den Ergebnissen der 1. Tagung des Weltfriedensrates): **1951**, Nr. 3, 8–14 [russ.].

Naturwissenschaft heute Die ersten Lebewesen und die Evolution: **1965**, 152–64.

Naučnye Dokl. vysšej Školy, Filosofsk. Nauki Entstehung und Wesen des Lebens: **1961**, Nr. 4, S. 200 [russ.].

Nauka i Religija An den Quellen des Lebens: **1959**, Nr. 1, 14–19 (m. Bildn.) [russ.]. – Kämpfen für eine materialistische Weltanschauung: **1964**, Nr. 1, 48f. [~].

Nauka i Techn. [Moskva-Leningrad] Leben im Weltall: **1962**, Nr. 5, 38–40 [russ.].

Nauka i Žizn' Die Entstehung des Lebens: **1936**, Nr. 1, 19–23; **1945**, Nr. 2/3, 31–38; **1954**, Nr. 4, 25–27. – Wissenschaft und Religion über die Entstehung des Lebens auf der Erde: **1950**, Nr. 3, 9–14. – Die Wissenschaft - der Feind des Dogmatismus: **1951**, Nr. 10, 1–4. – Im neuen China: **1952**, Nr. 1, 38–40. – Das Wissen dem Volke: Nr. 6, 1–4. – Zum Nutzen des Volkes [Anwendung der Atomenergie zu friedlichen Zwecken]: **1955**, Nr. 4, S. 18 (m. Faks.). – Zu Gast bei japanischen Biochemikern: **1956**, Nr. 4, 54–56. – Die chemische Reaktion, die zum Leben geführt hat: **1957**, Nr. 10, S. 14 (m. Faks.). – An der Schwelle des Weltalls: Nr. 12, S. 9. – Über die Entstehung des Lebens: **1961**, Nr. 11, 48f. (m. Bildn.). – Das Wesentliche - der Stoffwechsel: **1962**, Nr. 4, S. 8 (m. Bildn.). – – Alle Arbeiten russ.

Nauka i Žyttja Die Wissenschaft von der Entstehung des Lebens auf der Erde: **1956**, Nr. 5, 23–26 [ukrain.]. – Tatsachen und Vermutungen: **1963**, Nr. 2, 21f. [~].

Neue Gesellschaft Die Entstehung des Lebens: **3** ('50) 10–13, 132–36. – Die Wissenschaft, ein Feind des Dogmatismus: **5** ('52) 125–28, 221–24 (m. Bildn.).

Neue Welt [Berlin] Die Entstehung des Lebens: **7** ('52) 1997–2010.

New Scientist The origin of life on Earth: **11** ('61) 474f.

News [Moskva] That life may florish: **1955,** Nr. 9, 6f.

Nippon Nôgei-kagaku Kaishi Landwirtschaftliche Technologie und Biochemie: **30** ('56) A27–A29 [japan.].

Nova Acta Leopoldina Polynucleotid-Synthese in Koazervat-Tropfen: (N. F.) **26** ('63) Nr. 165, 87–92 [Diskuss. S. 93–96].

Novaja Techn. [Taškent] Industrielle Biochemie: **1962,** Nr. 9, 20–23 [usbek.].

Novoe Vremja Zu Gast bei chinesischen Wissenschaftlern: **1952,** Nr. 7, 18–22 [russ.]. – Internationale Begegnung von Biochemikern (Interview): **1955,** Nr. 6, 22f. [~].

Novyj Mir Die Herkunft des Lebens: **1940,** Nr. 7, 233–46 [russ.].

Nowe Drogi Die moderne Wissenschaft über die Entstehung des Lebens auf der Erde: 8 ('54) Nr. 9, 79–95 [poln.].

Ogonek Die Wissenschaft des befreiten China: **1952,** Nr. 21, 20f. [russ.]. – Die Biochemie dient dem Volk: **1953,** Nr. 29, S. 21 [~] (m. Bildn.). – Wie entstand das Leben?: **1963,** Nr. 24, S. 8 [~] (m. Bildn.).

Orvosi Hetilap Das Leben: **93** ('52) 294–309 [ungar.].

Prikladnaja Biochem. i Mikrobiol. Achievements of soviet biochemistry as the theoretical foundation for food production: **3** ('67) 509–12 [russ. m. engl. Zusammenfassg.].

Priroda [Sofija] Die Entstehung des Lebens auf der Erde: **1954,** Nr. 2, 54–61 [bulgar.]. – Biochemie und Nahrungsmittelindustrie: **1966,** Nr. 3, 14–20 [~].

Priroda [SSSR] Akademiemitglied T. D. Lysenko – der wissenschaftliche Neuerer (Zum 50. Geburtstag): **1948,** Nr. 12, 74–77. – Das Aufblühen der Wissenschaft in China [Interview]: **1952,** Nr. 3, 91–94. – Die Entstehung des Lebens: Nr. 4, 7–16. – Der gegenwärtige Stand des Problems der Entstehung des Lebens: **1958,** Nr. 3, 11–16. – Technische Biochemie in der Nahrungsmittelindustrie: **1959,** Nr. 1, 40–43. – Weltall und Leben: **1961,** Nr. 7, 5–12. – Biochemie und Leben: Nr. 12, 8–15. – Das Leben außerhalb der Erde: **1962,** Nr. 9, S. 21. – Das Leben im Weltall: **1963,** Nr. 2, 14–21. – Entstehung und Evolution des Stoffwechsels: **1964,** Nr. 6, 29–33. – Biochemie und Lebensmittelindustrie: **1965,** Nr. 11, 17–25. – – Alle Arbeiten russ.

Priroda i Znanie [Sofija] Die Entstehung des Lebens: **7** ('54) Nr. 3, 1–4, Nr. 4, 1–4 [bulgar.].

Propagandist [Moskva] Die Entstehung des Lebens: **1941,** Nr. 8, 11–19 [russ.].

Qualitas Plantarum et Materiae vegetabiles ['s Gravenhage] Travaux de l'Institut de Biochimie A. N. Bach dans le domaine de l'étude des tannins: **3/4** ('58) 456–67.

Realtà soviet. La meravigliosa storia della vita e dell'uomo: **1959,** Nr. 6, 21–24. – [Ohne Überschrift: Eindrücke von der Reise nach Italien zum Symposium zum Gedenken Spallanzanis]: Nr. 7, 29f. [italien.].

Russischer Digest Wie das Leben auf der Erde entstand und wie es sich weiter entwickeln wird: **1959, Nr. 4, 31–40.**

Scientia Les vues modernes sur l'origine de la vie: (6) **95** ('60) 322–26. – Modern aspects of the problem of the origin of life: **106** ('71) 195–206.

Sel'sko-chozjajstvennaja Biol. K. A. Timiryasev's concept of evolution and the problem of the origin of life: **3** ('68) 643–54 [russ. m. engl. Zusammenfassg.].

Sel'skoe Chozjajstvo Belorussii Die Wiederaufforstungsarbeiten im Gebiet Grodno: **1959,** Nr. 6, S. 51 [russ.].

Sel'skoe Chozjajstvo Tadžikistana Biochemie und Landwirtschaft [Interview]: **1965,** Nr. 10, 22–26 [russ.].

Shizen Zur Frage der Entstehung des Lebens: **8** ('53) Nr. 9, 3–6 [japan.]. – Die Entstehung des Lebens: **9** ('54) Nr. 10, 32–38 [~]. – Grundlagen der modernen Naturwissenschaften[87])[29]): **11** ('56) Nr. 1, 74–82 [~].

Slavjane Man darf nicht schweigen!: **1952,** Nr. 4, 17–19 [russ.]. – Dem Kongreß der Völker zum Schutze des Friedens entgegen!: Nr. 11, 41–43 [~].

Socialistický Směr Die moderne Wissenschaft über die Entstehung des Lebens: **6** ('54) Nr. 16, 12–19 [tschech.].

Sovětská Věda, Biol. Das Problem der Entstehung des Lebens im Lichte der Erfolge der modernen Naturwissenschaft: **5** ('54) 512–20 [tschech.].

Sovetskaja Agron. Der Stalinpreisträger B. A. Rubin: **1947,** Nr. 9, 75–77 [russ.].

Sovetskaja Nauka Der gegenwärtige Stand des Problems der Entstehung des Lebens auf der Erde: **1940,** Nr. 6, 63–80 [russ.]. – Der wissenschaftliche Weg des Akademiemitgliedes A. N. Bach: **1941,** Nr. 4, 3–9 [~].

Sovetskaja Ženščina Weltall und Leben: **1963,** Nr. 1, 18f. [russ.] (m. Bildn.).

Sovetskie Subtropiki [Moskva] Biochemie und Technologie der Teefabrikation: **1935,** Nr. 2, 24–33 [russ.]. – Die biochemischen Grundlagen der Teefabrikation: **1936,** Nr. 7, 16–25 [~].

Sovetskoe Mukomol'e i Chlebopečen'e Bestimmung der Aktivität der proteolytischen und amylolytischen Fermente im Mehl in Verbindung mit dessen Eignung zum Backen[8]): **1933,** Nr. 5, 22–24 [russ.].

Sowjetliteratur Die Wissenschaft muß dem Frieden dienen: **1949,** Nr. 7, 185–94.

Sowjetunion heute [Bonn] Der Start gelang [Jurij A. Gagarin]: **6** ('61) Nr. 12, S. 25.

Sowjetwissenschaft Über nichtzelluläre Formen des Lebens und die Entstehung von Zellen: **1950**, 111–13. — Aufgaben der Abteilung Biologie an der Akademie der Wissenschaften der UdSSR: **1953**, 445–68. — Das Problem der Entstehung des Lebens im Lichte der modernen Naturwissenschaft: **1954**, 299–309 (m. Bildn.). — Die moderne Naturwissenschaft und das Problem der Entstehung des Lebens: **1956**, 1–15. — Biochemische Prozesse in den einfachsten Strukturen: **1958**, 188–97. — Die Entstehung und Entwicklung des Lebens auf der Erde: **1959**, 667–84.

Sowjetwissenschaft, Gesellschaftswiss. Beitr. Internationale Konferenz zu Problemen der Entstehung des Lebens: **1971**, 201–04.

Staršina — Seržant Organische Substanzen von Meteoriten: **1962**, Nr. 9, 30f. [russ.].

Szovjet Kultura Die Wissenschaft dem Volke!: **4** ('52) Nr. 10, 31–33 [ungar.].

Társadalmi Szemle Die Entstehung des Lebens: **7** ('52) 827–39 [ungar.].

Technika - Molodeži Vom unbelebten Stoff zum Lebewesen: **1958**, Nr. 5, S. 12 [russ.] (m. Bildn.).

Természet és Techn. Die Wissenschaft und der Kampf um den Frieden: **108** ('49) 466–69 [ungar.]. — Die Wissenschaft - der Feind des Dogmatismus: **111** ('52) 223–26 [~]. — Die Entstehung des Lebens: **112** ('53) 489–91 [~].

Trans. Bose Res. Inst., Calcutta Coacervate drops as the initial systems on the way to the origin of life: **22** ('58) 121–25.

Trudy central'n. naučno-issled. Inst. sacharn. Promyšl. Bestimmung der Amylase in den Blättern der Zuckerrübe[81]): Nr. **12** ('33) 28–35 [russ.]. — Zuckerverluste bei der Aufbewahrung getrockneter Rüben: 64–72 [~]. — Die Aufbewahrung von Rüben im gefrorenen Zustand[26])[48])[80]): Nr. **14** ('33) 3–9 [~].

Trudy Inst. Istorii Estestvoznanija Studie zur Geschichte der Pflanzenphysiologie in Rußland: **1** ('47) 21–79 [russ.]. — Materialien zur Geschichte der Biochemie der Pflanzen in der UdSSR[87])[37]): **4** ('52) 236–66 [~].

Trudy Inst. Mikrobiol., Akad. Nauk SSSR Eröffnungsansprache bei der Jubiläumssitzung [anläßlich des 25jährigen Bestehens des Instituts] am 20. Juni 1955: **5** ('58) 3–5 [russ.].

Uč. Zap. mosk. gos. Univ. Die Rolle der russischen Wissenschaftler bei der Entwicklung der heutigen Auffassungen über den Chemismus der Atmung der Pflanzen: **103** ('46) 79–84 [russ.].

Ukrainskyj biochem. Ž. Modellierung des aktiven Eiweißeintritts durch die Lipidmembran[25]): **37** ('65) 761–68 [russ.].

Urania [Jena] Die Mendelisten-Morganisten kritisiert in bezug auf die Frage über die Entstehung des Lebens: **13** ('50) 43–48, 96–102. — Die Entstehung des Lebens: **15** ('52) 403–12 (m. Bildn.).

Usp. Chim. Die chemische Natur der Fermente: **2** ('33) 334–51 [russ.]. — Die Wirkung der Fermente in der lebenden Zelle: **3** ('34) 200–16 [~]. — Die wissenschaftlichen Arbeiten des Akademiemitgliedes A. N. Bach: **6** ('37) 315–27 [~].

Usp. sovremennoj Biol. 30 Jahre Biochemie der Pflanzen in der Sowjetunion[87]): **24** ('47) 219–28 [russ.]. — Fortschritte der sowjetischen Biologie: **28** ('49) 321–38 [~]. — Der gegenwärtige Stand des Problems der Entstehung des Lebens: **44** ('57) 158–72 [~]; tschech. in der Reihe: Přednášky Československé společnosti pro šíření politických a vědeckých znalosti, Sekce biologická, 4 (Praha '58) 22 S.

Věda a Život Unser heutiges Wissen über die Lebensprozesse: **1962**, 266–70 [tschech.].

Vestn. Akad. Nauk SSSR Das biochemische Institut der Akademie der Wissenschaften der UdSSR[5]): **1934**, Nr. 11/12, 25–30. — Arbeitsergebnisse des Instituts für Biochemie zur Kontrolle der Rationalisierung der Teefabrikation: **1936**, Nr. 2, 5–10. — Das Problem der Biochemie der Sorte [landwirtschaftlicher Nutzpflanzen]: **1937**, Nr. 6, 48–52. — Das Institut für Biochemie [der Akademie der Wissenschaften der UdSSR]. Die Arbeit in den Jahren 1935–1937: Nr. 10/11, 197–210. — Probleme der Steuerung biochemischer Prozesse: **1938**, Nr. 9/10, 61–71. — A. N. Bach – der Begründer der russisch-sowjetischen Biochemie (Zum 50jährigen Bestehen seiner Peroxid-Theorie): **1944**, Nr. 9, 15–23. — Das Institut für Biochemie „A. N. Bach" (Zum 10. Jahrestag seiner Gründung)[87]): **1945**, Nr. 3, 62–72. — Der Fünfjahrplan der biologischen Wissenschaften: **1946**, Nr. 5/6, 65–73. — [Vortrag über eigene Forschungsarbeiten auf der Präsidiumssitzung der Akademie der Wissenschaften, August 1948]: **1948**, Nr. 9, 38–44. — Die Wissenschaft und der Kampf für den Frieden: **1949**, Nr. 4, 17–24. — Über nichtzelluläre Formen des Lebens und die Entstehung von Zellen: **1950**, Nr. 7, 119–22. — Die Ergebnisse des 2. Weltfriedenskongresses: **1951**, Nr. 1, 42–48. — Sergej Ivanovič Vavilov † [Gedenkworte]: Nr. 2, 17f. — Die Methode der Elektronenmikroskopie in der Biologie[52]): Nr. 6, 64–70. — Das Problem der Entstehung des Lebens im Lichte der Erfolge der modernen Naturwissenschaft: **1953**, Nr. 12, 39–48. — Die freundschaftlichen Beziehungen zwischen sowjetischen und chinesischen Wissenschaftlern: **1955**, Nr. 2, 61–63. — Zu Gast bei japanischen Biochemikern: **1956**, Nr. 3, 105–09. — Symposium [Lazzaro] Spallanzani zum Gedenken: **1959**, Nr. 11, 100f. — Internationale

Zusammenkunft von Wissenschaftlern und Hochschullehrern: **1962**, Nr. 12, 68–70. – Die Entstehung vorbiologischer Systeme (Konferenz in den USA): **1964**, Nr. 5, 113–15. – 6. Internationaler biochemischer Kongreß [New York 1964][51)]: **1965**, Nr. 1, 73–75. – Internationale Konferenz zum Problem der Entstehung des Lebens, Pont-à-Mousson, Frankreich, 1970: **1970**, Nr. 7, 77–80. – Das erste Zentrum der biochemischen Forschung in der Akademie der Wissenschaften der UdSSR: **1974**, Nr. 6, 44–48. – – Alle Arbeiten russ.

Vestn. mosk. Univ. Lev Ivanovič Kursanov[77)][62)][u. a.)]: **1955**, Nr. 2, 183f. [russ.]. – Materialien der modernen Naturwissenschaften zur Frage der Entstehung des Lebens: Nr. 4/5, 193–206 [~].

Vestn. vysšej Školy Über die Fachkenntnisse der Spezialisten, die von den Universitäten kommen[107)][3)]: **1945**, Nr. 5/6, 22f. [russ.]. – Die Vereinigung aller Kräfte zum Kampf gegen den Krieg: **1950**, Nr. 12, 4–6 [~].

Világosság Leben im Weltall: **4** ('63) 393–97 [ungar.].

Vinodelie i Vinogradarstvo Biochemische Prozesse im Sekt während des Ablagerns[55)][83)][13)]: **1946**, Nr. 5, 12–19 [russ.]. – Einfluß von Autolysaten auf die Ablagerungsvorgänge im Sekt[55)][83)][13)]: Nr. 6, 20–24 [~].

Vopr. Filos. Aleksej Nikolaevič Bach – der Begründer der sowjetischen Biochemie: **1951**, Nr. 3, 68–81 [russ.]. – Zur Frage nach der Entstehung des Lebens: **1953**, Nr. 1, 138–42 [~]. – Die Entstehung und Entwicklung des Lebens auf der Erde: **1958**, Nr. 11, 44–60 [~].

Vopr. Pitanija Die Leistungen der sowjetischen Biochemie als der theoretischen Basis der Nahrungsmittelproduktion: **26** ('67) Nr. 5, 10–15 [russ.].

Wissen und Leben [DDR] Der heutige Stand des Problems der Entstehung des Lebens: **3** ('58) 641–46.

Wissenschaft u. Fortschr. Die Entstehung des Lebens: **4** ('54) Nr. 10, 17–19 (m. Bildn.). – Leben im Weltall: **11** ('61) 337–39. – Biochemie und Leben: **12** ('62) 513–15. – Entstehung und Evolution des Stoffwechsels: **14** ('64) 489–92.

Wissenschaftliche Welt Die Entstehung vorbiologischer Systeme: **8** ('64) Nr. 3, 39–43.

Wissenschaftliche Z. Univ. Jena Zum heutigen Stand der Frage der Entstehung des Lebens: **5** ('55/56) 1–6.

Ž. ėvoljuc. Biochim. i Fiziol. Rôle of lipids in organization of enzymatic chains of electron transfer in bacteria Micrococcus lysodeikticus[59)][93)][u. a.)]: **1** ('65) 7–15 [russ. m. engl. Zusammenfassg.]. – Enzymatic splitting of ribonucleic acid, separated from ribonuclease by a lipid membrane[25)][95)][97)]: 550–56 [~]. – Das Symposium „Struktur und Funktionen der biologischen Membranen" [Moskva 1965]: **2** ('66) Nr. 2, S. 89 [russ.]. – Studies on the effect of proteins and phosphatides upon photosensibilizing activity of protoporphyrine IX in model experiments[58)][86)]: **5** ('69) Nr. 2, 124–28 [russ. m. engl. Zusammenfassg.]. – Proteolysis of serum albumin by trypsin in a model system in which the enzyme and the substrate are separated by artificial membrane[25)][43)]: **7** ('71) Nr. 2, 121–26 [~].

Ž. fizič. Chim. Das wissenschaftliche Werk des Akademiemitgliedes A. N. Bach[87)]: **15** ('41) 697–707 [russ.].

Ž. obščej Biol. Das Leben: **12** ('51) 369–93 [russ.].

Ž. obščej Chim. Aleksej Nikolaevič Bach, sein Leben und seine Tätigkeit, 1857–1946[104)]: **17** ('47) 837–43 [russ.].

Zdorov'e An den Quellen des Lebens (Interview): **3** ('57) Nr. 12, 9–11 [russ.]. – Die Biochemie dient dem Volke: **5** ('59) Nr. 11, 6–8 [~]. – Die Wissenschaft über die Entstehung des Lebens: **10** ('64) Nr. 8, 1–3 [~].

Zemlja i Vselennaja Das Problem der Entstehung des Lebens auf der Erde: **1967**, Nr. 2, 27–31 [russ.].

Pod Znamenem Marksizma Über die Entstehung des Lebens: **1938**, Nr. 2, 93–114 [russ.]. – Die chemische Organisation der lebenden Materie: **1943**, Nr. 12, 26–41 [~].

Znanie - Sila Der Ursprung des Lebens: **1939**, Nr. 5, 2–5 [russ.]. – Die Entstehung des Lebens auf der Erde: **1947**, Nr. 1/2, 2–5 [~].

Zvezda [Leningrad] Das Problem der Entstehung des Lebens auf der Erde: **1958**, Nr. 4, 161–68 [russ.].

Ferner zahlreiche Lehrprogramme für das Fach Biochemie an Fachhochschulen und Universitäten. – Veröffentlichung der Thesen von Vorträgen. – Weitere Aufsätze über die Entstehung des Lebens in politischen, populärwissenschaftlichen und für die Jugend bestimmten Zeitschriften sowie in Tageszeitungen.

Mit: 1) A. A. Abakjan; 2) B. A. Alina; 3) I. I. Artobolevskij; 4) T. L. Auerman; 5) A. N. Bach; 6) L. A. Bach; 7) I. Bacyna; 8) I. V. Balabucha; 9) T. O. Balaevskaja; 10) V. Z. Baranova; 11) M. S. Bardinskaja; 12) G. G. Belkina; 13) Ė. N. Bezinger; 14) I. N. Bezsmertnaja; 15) V. I. Birjuzova; 16) A. A. Blagonravov; 17) M. A. Bokučava; 18) A. Brounštejn; 19) L. A. Cejtlin; 20) Ju. N. Čergadze; 21) I. M. Cfasman; 22) E. F. Charat'jan; 23) V. I. Čudina; 24) I. M. Davydova; 25) G. A. Deborin; 26) N. N. D'jačkov; 27) P. Elödi; 28) I. E. Ėl'piner; 29) V. A. Ėngel'gardt; 30) T. N. Evreinova; 31) V. B. Evstigneev; 32) R. V. Feniksova; 33) V. G. Fesenkov; 34) I. I. Filippovič; 35) V. I. Garadža; 36) V. A. Gavrilova; 37) N. S. Gel'man; 38) K. L. Gladilin; 39) I. V. Glazunov; 40) L. V. Gofštejn; 41) L. Z. Gogilašvili; 42) V. P. Ivanova; 43) N. D. Janopol'skaja; 44) N. P. Jurina; 45) V. V. Jurkevič; 46) L. N. Kac; 47) S. V. Kaden; 48) M. I. Kamenskaja; 49) G. A. Korneeva; 50) A. P. Kotovskaja; 51) V. L. Kretovič; 52) A. E. Kriss; 53) O. I. Kuplenskaja; 54) A. A. Kursanov; 55) A. L. Kursanov; 56) T. I. Larionova; 57) S. M. Lejtes; 58) G.

I. Lozovaja; 59) M. A. Lukojanova; 60) M. Magaram; 61) S. M. Manskaja; 62) K. I. Mejer; 63) S. S. Melik-Sarkisjan; 64) M. I. Molčanov; 65) T. A. Nekrasova; 66) M. N. Nestjuk; 67) I. I. Novinskij; 68) V. N. Nozdrina; 69) L. O. Nurminskaja; 70) M. S. Odincova; 71) E. G. Oniščenko; 72) A. F. Orlovskij; 73) L. K. Osnickaja; 74) D. N. Ostrovskij; 75) S. A. Pancchava; 76) S. N. Pancchava; 77) I. G. Petrovskij; 78) K. B. Pjatikrestovskaja; 79) N. I. Proskurjakov; 80) V. P. Radkevič; 81) S. R. Riskina; 82) V. I. Romaškin; 83) N. F. Saenko; 84) V. M. Samsonova; 85) E. O. Šapiro; 86) K. B. Serebrovskaja; 87) N. M. Sisakjan; 88) S. N. Skopinskaja; 89) S. Ju. Stepanenko; 90) I. G. Stojanova; 91) T. A. Šubert; 92) N. N. Šurygina; 93) V. I. Švec; 94) V. V. Svetličkin; 95) I. P. Tjurina; 96) A. M. Tongur; 97) T. I. Torchovskaja; 98) I. Ch. Tordžjan; 99) A. A. Trofimuk; 100) V. M. Trusova; 101) N. A. Vasil'eva; 102) N. V. Vasil'eva; 103) A. P. Vinogradov; 104) S. I. Vol'fkovič; 105) É. I. Zaičkin; 106) T. Ja. Zarobjan; 107) N. D. Zelinskij; 108) V. A. Zenčenko; 109) I. G. Žukova; 110) S. E. Severin.

VI **OPPENHEIM,** Tan Sri Sir Alexander. Math. — D. Sc., Univ. of Oxford; 1930–31 Lecturer, Univ. of Edinburgh; '31–42, '45–49 Prof., '47 and '49 Deputy Principal, Raffles College, → '49–57 Prof., '49, '51, '53 Dean of Fac. of Arts, '55 Acting Vice-Chancellor, '57–65 Vice-Chancellor, Univ. of Malaya, Singapore → Kuala Lumpur; Visiting Prof.: '65–68 Univ. of Reading, '68 Univ. of Ghana, Legon; '51–55, '57 Pres., Malayan Math. Soc.; '56 Pres., American Universities Club; '56–60 Pres., Singapore Chess Club; '69–70 Pres., Math. Assoc. of Ghana. — '61 Hon. D. Sc. (Univ. of Hongkong); '62 Hon. LL.D. (Univ. of Singapore); '65 Hon. D. Litt. (Univ. of Malaya, Kuala Lumpur). — '51 Officer of the Order of Brit. Empire. (⊠)

*1903, Febr. 4, Salford, England.

S. Studies in pure mathematics. Papers in combinatorial theories, analysis, geometry, algebra and the theory of numbers, presented to Richard Rado on the occasion of his 65th birthday (L. Mirsky) (London '71) 195–201: The irrationality or rationality of certain infinite series.

Acta arithmet. [Warszawa] The rational integral solution of the equation $a(x^3 + y^3) = b(u^3 + v^3)$ and allied Diophantine equations: **9** ('64) 221–26. — Representations of real numbers by series of reciprocals of odd integers: **18** ('71) 115–24.

Acta math. On indefinite binary quadratic forms: **91** ('54) 43–50.

American math. Monthly Criteria for irrationality of certain classes of numbers [,1]: **61** ('54) 235–41; ∼ 2[4]): **62** ('55) 222–25. — Inequalities connected with definite Hermitian forms, 2: **61** ('54) 463–66. — On the Diophantine equation $x^2 + y^2 + z^2 + 2xyz = 1$: **64** ('57) 101–03. — The Erdös inequality and other inequalities for a triangle: **68** ('61) 226–30, 349. — Triangles with rational sides and angle ratios[3]): **74** ('67) 45–47.

Annali Mat. pura ed appl. New inequalities for a triangle and an internal point: (4) **53** ('61) 157–63.

Bull. amer. math. Soc. Rational approximations to irrationals: **47** ('41) 602–04.

Canadian J. Math. A note on continued fractions: **12** ('60) 303–08.

Duke math. J. Least determinants of integral quadratic forms: **20** ('53) 391–93.

J. London math. Soc. The arithmetical reduction of quadratic forms: **13** ('38) 115f. — Remark on the minimum of quadratic forms: **21** ('46) 251f. — A positive definite quadratic form as the sum of two positive definite quadratic forms, 1: 252–57; ∼ 2: 257–64. — The non-negative values of a ternary quadratic form[1]): **30** ('55) 429–39. — The irrationality of certain infinite products: **43** ('68) 115–18.

Mathematical Gaz. Inequalities of Schur's type[2]): **48** ('64) 25–27. — On inequalities connecting arithmetic means and geometric means of two sets of three positive numbers: **49** ('65) 160–62. — Some inequalities for a triangle: **53** ('69) 38–40.

Mathematische Ann. Quadratic fields with and without Euclid's algorithm: **109** ('34) 349–52.

Mathematische Z. The minima of positive definite Hermitian binary quadratic forms: **38** ('34) 538–45.

Monatsh. Math. u. Physik The minima of positive quaternary Hermitian forms: **43** ('36) 407–09. — Diophantische Approximationen in imaginär quadratischen Zahlkörpern: **46** ('37) 196. — Über die Endlichkeit der Klassenzahl von ganzzahligen hermitischen Formen: 197f.

Monatsh. Math. One-sided inequalities for Hermitian quadratic forms: **57** ('53) 1–5. — Value of quadratic forms, 3: 97–101.

Proc. amer. math. Soc. On the Diophantine equation $x^3 + y^3 + z^3 = x + y + z$: **17** ('66) 493–96.

Proc. London math. Soc. The minima of quaternary quadratic forms of signature zero: (2) **37** ('34) 63–81. — The lower bounds of Hermitian quadratic forms in any quadratic field: **40** ('35/36) 541–55. — The continued fractions associated with chains of quadratic forms: **44** ('38) 323–35. — One-sided inequalities for quadratic forms, 1: Ternary forms: (3) **3** ('53) 328–37; ∼ 2: Quaternary forms: 417–29.

Publikacije elektrotehn. Fak. Univ. u Beogradu, Ser. Mat. i Fizika Some inequalities for a spherical triangle and an internal point:

200–209 ('67) 13–16. — Inequalities for a simplex and an internal point: 17–20. — On inequalities connecting arithmetic means and geometric means of two sets of three positive numbers, 2: **210–228** ('68) 21–24. — On the Diophantine equation $x^3 + y^3 - z^3 = px + py - qz$: **230–241** ('68) 33–35.

Quarterly J. Math., Oxford Ser. The lower bounds of indefinite Hermitian quadratic forms: **3** ('32) 10–14. — Two lattice-point problems: **18** ('47) 17–24. — Values of quadratic forms, 1: (2) **4** ('53) 54–59; ∼ 2: 60–66. — On the representation of real numbers by products of rational numbers: 303–07.

Mit: [1]) E. S. Barnes; [2]) R. O. Davies; [3]) D. E. Daykin; [4]) P. H. Diananda.

VI **OPPENHEIMER,** Julius Robert. Physik. — 1929–31 Assist. Prof., '31–36 Assoc. Prof., '36–47 Prof., Univ. of California, Berkeley, Calif., and California Inst. of Technol., Pasadena, Calif.; '43–45 Dir., Los Alamos Sci. Labor., Los Alamos, New Mex.; '47–66 Dir., '47–67 Prof., Inst. for Advanced Study, Princeton, N. J.; '46–52 Chairman, General Advisory Committee, Atomic Energy Commission; '48 Pres., Amer. Physical Soc. — '47 Hon. D. Sc. (Harvard Univ., Cambridge, Mass.). — '46 U. S. Medal for Merit; '63 Enrico Fermi Prize (U. S. Atomic Energy Commission).

*1904, Apr. 22, New York;

†1967, Febr. 18, Princeton, N. J.

Ehrung Oppenheimer Memorial Prize (Scientific Council, Center for Theoretical Studies, Univ. of Miami).

Zur Biogr. B. Aguettant, Le cas Oppenheimer: Table ronde **1955**, Nr. 87, 110–13. — J. W. Alsop, S. J. O. Alsop, We accuse! The story of the miscarriage of American justice in the case of J. Robert Oppenheimer (New York '54) 88 S.; (London '55) 208 S. — L. K. Barnett, Writing on life (New York '51) 345–83. — H. A. Bethe, Fermi Prize to J. R. Oppenheimer: Science [USA] **140** ('63) 161–63 (m. Bildn.). — H. A. Bethe, H. DeW. Smyth, G. F. Kennan, Three tributes to J. Robert Oppenheimer (Princeton, N. J. '67) 29 S. (Institute for Advanced Study). — J. Boskin, F. Krinsky, The Oppenheimer affair; a political play in three acts (Beverly Hills, Calif. '68) 145 S. — J. M. Brown, Through these men. Some aspects of our passing history (London '56) 228–91. — H. M. Chevalier, Oppenheimer; the story of a friendship (New York '65, London '66) 17+219 S. — R. H. S. Crossman, The Oppenheimer story: New Statesman and Nation [London] **48** ('54) 492f., 524f. — C. P. Curtis, The Oppenheimer case. The trial of a security system (New York '55) 11+281 S. — D. Dubarle, J. Robert Oppenheimer et le problème humain de la science moderne: Sciences [Paris] Nr. **48** ('67) 4f. — A. Fabre-Luce, Le sage et le sorcier: Revue deux Mondes [Paris] **1959**, Nr. 6, 267–78. — A. Gong, The case of J. Robert Oppenheimer: American–German Rev. **31** ('65) Nr. 5, 27f. — G. Grumme, Hamlet der modernen Physik. Robert Oppenheimer und die Vertreibung aus dem Paradies der Wissenschaft: Zeit **22** ('67) Nr. 9, S. 9. — H. Kipphardt, In der Sache J. Robert Oppenheimer [Theaterstück] (Frankfurt/M. '71) 101 S. (Fischer Bücherei, 7013); engl.: In the matter of J. Robert Oppenheimer; a play freely adapted on the basis of the documents (New York '69) 127 S. — J. A. Kugelmass, J. Robert Oppenheimer and the atomic story (New York '53) 179 S. — S. A. Lakoff, The trial of Dr. Oppenheimer, in: Knowledge and power. Essays on science and government (S. A. Lakoff) (New York–London '66) 65–86. — D. E. Lilienthal in: The journals of David E. Lilienthal, **2**: The atomic energy years 1945–50 (New York '64). — J. Major, The Oppenheimer hearing (New York '71) 336 S. — R. Maria, Le dossier Oppenheimer: Pensée (N. S.) Nr. **122** ('65) 131–34. — A. Meyer-Abich, Betrachtungen zum Fall Oppenheimer; die übernationale Gelehrtenrepublik: Außenpolitik **5** ('54) 453–61. — H. Meyerhoff, Der Fall Oppenheimer, Brief aus Amerika: Monat **7** ('55) 236–47. — H. Meyerhoff, D. Trilling, The Oppenheimer case; an exchange: Partisan Rev. **22** ('55) 238–51. — P. Michelmore, The swift years: The Robert Oppenheimer story (New York '69) 273 S. — F. Perrin, Robert Oppenheimer – la responsabilité du scientifique: Sciences [Paris] **11** ('71) Nr. 70, 8–13. — F. Pratt, Famous inventors and their inventions (New York '55) 134–37. — P. Pringle, Great discoverers in modern science (New York '55) 189–206. — S. R. Riedman, Men and women behind the atom (London–New York '57) 200–17 (m. Bildn.). — P. Rieff, The case of Dr. Oppenheimer: Twentieth Century [London] **156** ('54) 113–24, 218–32. — D. B. Robinson, The 100 most important people in the world today (Boston, Mass. '52) (A Cardinal edition, 24) 247–49; The 100 most important people, 1953 ('53) (∼ 86) 254–56. — D. Royal, The story of J. Robert Oppenheimer (New York '69) 196 S. — E. Schühle, Forscher-Tragödie: Christengemeinschaft **27** ('55) 29–31. — J. B. Sheerin, The people vs. Oppenheimer: Catholic World **179** ('54) 321–25. — A. Simpson, The retrial of the Oppenheimer case: Bull. atom. Scientists **10** ('54) 387f. — G. W. Speyer, [Lewis] Strauss contra Oppenheimer; der Titanenkampf um die Wasserstoffbombe: Weltwoche **22** ('54) Nr. 1067, S. 3–. — P. M. Stern, H. P. Green, The Oppenheimer case;

security on trial (New York '69, London '71) 591 S. — U. Stille, Mr. Atom's dilemma: Standpunkt 8 ('54) Nr. 18, 3f. — D. Trilling, The Oppenheimer case; a reading of the testimony: Partisan Rev. **21** ('54) 604–35. — S. White, Men who unlocked the atomic door, in: Man who make your world (New York '49) (Overseas Press Club of America) 69–82. — G. Wieser, Der Fall Oppenheimer: Kirchenbl. reformierte Schweiz **110** ('54) 155f. — Zum „Fall Oppenheimer": ibid. 272. — F. Wildmann, Symbol Oppenheimer: Weg [Buenos Aires] **8** ('54) 643–46. — T. W. Wilson, The great weapons heresy (Boston, Mass. '70) 22 + 275 S. — Hombre y ciencia; un desafio al mundo por Oppenheimer (Buenos Aires '50) 210 S. (Colección Austral, 987). — In the matter of J. Robert Oppenheimer, brief on behalf of Dr. J. Robert Oppenheimer, filed with the Atomic Energy Commission's Personnel Security Board, May 17, 1954 (L. K. Garrison, H. S. Marks, S. J. Silverman) (Washington, D. C. '54) 3+128 S. — In the matter of J. Robert Oppenheimer; transcript of hearing before the Personnel Security Board, Washington, D. C., April 12, 1954, through May 6, 1954 (U. S. Atomic Energy Commission) (Washington, D. C. '54) 992 S. — In the matter of J. Robert Oppenheimer; texts of principal documents and letters of Personnel Security Board, General Manager, Commissioners, Washington, D. C., May 27, 1954, through June 29, 1954 (~) (Washington, D. C. '54) 2+67 S. — Neuausgabe der beiden vorstehenden Titel in 1 Band: In the matter of J. Robert Oppenheimer; transcript of hearing before Personnel Security Board and texts of principal documents and letters (U. S. Atomic Energy Commission) (Cambridge, Mass. '71) 1084 S. — A nations security; the case of Dr. J. Robert Oppenheimer; edited from the official transcript of evidence given before the Personnel Security Board of the United States Atomic Energy Commission (London '55) 398 S. — Conscience, science and security; the case of Dr. J. Robert Oppenheimer (C. Strout) (Chicago, Ill. '63) 58 S. — J. Robert Oppenheimer on science and culture: Américas **13** ('61) Nr. 11, 2–5. — El caso del doctor Oppenheimer: Arbor [Madrid] **28** ('54) 311–14. — Enrico-Fermi-Preis für Prof. J. R. Oppenheimer: Atomkernenergie **8** ('63) 199. — The Oppenheimer case: Nichols presents charges, Oppenheimer replies: Bull. atom. Scientists **10** ('54) 173–87, 191; ~: Scientists affirm faith in Oppenheimer: 188–90; ~: Report of the Special Personnel Security Board - Majority report: 243–49, 254; ~: L. K. Garrison, Oppenheimer requests review: 251–54; ~: H. Kalven, The case of J. Robert Oppenheimer before the Atomic Energy Commission: 259–69; In the matter of J. Robert Oppenheimer: Mr. Garrison to General Nichols: 270f.; ~: Findings and recommendations of General Nichols: 271–74; ~: AEC majority decision: 275–77; ~: Concurring opinion of Thomas E. Murray: 277–79; ~: Dissenting opinion of Henry de Wolf Smyth: 280–82; ~: Scientists express confidence in Oppenheimer: 283–86. — Oppenheimer found loyal clearance denied: Chemical and Engng. News **32** ('54) 2364–66. — The Oppenheimer decision: Economist [London] **171** ('54) 891f. — The Oppenheimer case: Engineer [London] **199** ('55) 142. — Security risks; Robert Oppenheimer, Atomphysiker: Gegenwart [Frankfurt/Main] **9** ('54) 430–33. — The Oppenheimer case: Nature [London] **174** ('54) 569–73. — The Oppenheimer case: New Statesman and Nation [London] **47** ('54) 520f. — The storm breaks: Time [New York] **63** ('54) Nr. 16, S. 11. — J. Robert Oppenheimer, his life and times: ibid. Nr. 17, 13–15. — The Oppenheimer story: ibid. S. 48. — A matter of character. The findings of the Gray Board: ibid. Nr. 24, 13–16. — The issues beyond the individual: ibid. S. 17. — The Oppenheimer case: ibid. Nr. 26, 19–22; **64** ('54) Nr. 2, 14f.; **70** ('57) Nr. 23, S. 23. — Oedipus at Los Angeles: ibid. **74** ('59) Nr. 18, 76f. — Message for our times: Time and Tide **36** ('55) Nr. 1, S. 7. — Der Fall Oppenheimer: Ziviler Luftschutz **18** ('54) 117–.

Zum 60. Geb.tag Festheft: Reviews modern Physics **36** ('64) Nr. 2 (S. 507–679) (m. Bildn.); darin Glückwunschartikel von F. Dyson, A. Pais, B. Stromgren, Chen N. Y. S. 507f., M. Born, S. 509.

Nekr. A memorial to Oppenheimer: Physics today **20** ('67) Okt.-Nr., S. 34 (m. Bildn. u. Frontispiz); dazu 35–38: R. Serber, The early years; 39–41: V. F. Weisskopf, The Los Alamos years; 41–48: A. Pais, The Princeton period; 48–51: G. T. Seaborg, Public service and human contributions; 52f.: Oppenheimer-Bibliography. — H. A. Bethe, Biographical Mem. Fellows roy. Soc. **14** ('68) 391–416 (m. Bildn., Faks., Schr.verz.); Science [USA] **155** ('67) 1080–84 (m. Bildnissen). — E. Guth, Acta physica austriaca **25** ('67) 371–75 (m. Bildn.). — N. Holte, Samtiden **76** ('67) 322–28. — R. Kaufmann, Christ und Welt **20** ('67) Nr. 8, S. 30. — K. J. Knutsen, Fysikkens Verden **29** ('67) 32–34. — Don K. Prize, Science [USA] **155** ('67) 1061. — I. I. Rabi, R. Serber, Nature [London] **214** ('67) 215f. — E. Rabinowitch, Bull. atom. Scientists **23** ('67) Nr. 8, S. 2 (m. Frontispiz). — H. A. Bethe, ibid. S. 3–6. — H. DeW. Smyth, ibid. S. 6. — G. Unger, Als Physiker im Niemandsland geistiger Verantwortung: Technische Rdsch. **59** ('67) Nr. 13, 1f. — Nature [London] **213** ('67) 748. — Physikalische Bl. **23** ('67) 224. — Postępy Fizyki **18** ('67) 470f.

Zur Biobibliogr. Oppenheimer; choix de textes, bibliographie, portraits, facsimilés (M. Rouzé) (Paris '62) 223 S. (Savants du monde entier, 7); engl.: Robert Oppenheimer; the man and his theories (New York '62, '65) 192 S., (London '64) 189 S.

MH. (Mitbearb.) Jews in the world of science; a biographical dictionary of Jews eminent in the natural and social sciences (New York '56); darin eig. Beitr. S. Vf.: A tribute to Albert Einstein; (Bildn. S. XI).

S. Savoir et vulgarisation (Paris '62) (Recherches et débats du Centre catholique des intellectuels français, 39) 97–118: Réflexion sur la science et la culture. — Nuclear physics (University of Pennsylvania. Bicentennial conference) (Philadelphia, Pa. '41) 39–50: The mesotron and the quantum theory of fields. — Science in the University (University of California, 75th anniversary) (Berkeley, Calif. '44) 23–38: Cosmic rays. — Serving through science (New York '45) 13 f.: The atomic age. — Science and life in the world; the George Westinghouse centennial forum 1946, 1 (New York '46): Atomic explosives. — A treasury of science (H. Shapley) ²(New York '46): Atomic weapons. — One world or none (D. Masters, K. Way) (New York '46): The new weapon: the turn of the screw. — The scientists speak (W. Weaver) (New York '47, London '48) 115–17: The atomic age. — Composition for technical students (J. D. Thomas) (New York '49): Physics in the contemporary world. — Les particules élémentaires. Rapports et discussions, 8e Conseil de physique, Institut international de chimie Solvay, Bruxelles 1948 (Bruxelles '50) 269–86: Electron theory. — Freedom and the university; the responsibility of the university for the maintenance of freedom in the American way of life (Ithaca, N. Y. '50) 93–112: The relation of research to the liberal university. — Readings in philosophy of science; introduction to the foundations and cultural aspects of the sciences (P. P. Wiener) (New York '53): The scientific foundations for world order. — Man's right to knowledge; an international symposium presented in honor of the two-hundredth anniversary of Columbia University, 1754–1954, 2: Present knowledge and new directions (New York '55): Prospects in the arts and sciences. — Readings for today (E. P. Lawrence, H. Weisinger) (New York '55, '56): Prospects in the arts and sciences. — This is my philosophy; 20 of the world's outstanding thinkers reveal the deepest meanings they have found in life (W. Burnett) (New York–London '56): Prospects in the arts and sciences. — Atoms for power: United States policy in atomic energy development (American Assembly, Columbia University) (New York '57): The environs of atomic power. — Great English and American essays (D. S. Mead) (New York '57) (Rinehart editions, 34): Prospects in the arts and sciences. — The American style; essays in value and performance; a report on the Dedham conference 1957 (E. E. Morison) (New York '58) (Massachusetts Institute of Technology, Center for International Studies): Theory versus practice in American values and performance. — The world's great speeches (L. Copeland) ²(New York–London–Toronto '58): Prospects in the arts and sciences. — Selected papers on quantum electrodynamics (J. S. Schwinger) (New York '58) 145–55: Electron theory. — Science and the modern mind; a symposium, American Academy of Arts and Sciences (G. J. Holton) (Boston, Mass. '58) 63–73: The growth of science and the structure of culture. — Frontiers in science; a survey (E. Hutchings, Jr.) (New York '58, London '60): Talk to undergraduates. — A treasury of great American speeches; our country's life and history in the words of its great men (C. Hurd) (New York '59): Prospects in the arts and sciences. — Symposium on basic research, New York 1959 (Washington, D. C. '59) (Publications of the American Association for the Advancement of Science, Nr. 56): The need for new knowledge. — Issues in university education; essays by 10 American scholars (C. Frankel) (New York '59): Science, values, and the human community. — Adventures of the mind (R. Thruelsen, J. Kobber) (London–New York '60): The mystery of matter. — Colloques de Rheinfelden (Paris '60) (Liberté de l'esprit): In the keeping of unreason. — The autobiography of science (F. R. Moulton, J. J. Schifferes) ²(New York–Toronto '60): The atomic age. — Readings in sociology (E. A. Schuler u. a.) ²(New York '60): Talk to undergraduates. — La démocratie à l'épreuve du XXe siècle (Congrès pour la liberté de la culture, Colloques de Berlin 1960) (Paris '60): A time of sorrow and renewal [ ]. — Science and the future of mankind (H. Boyko) (Den Haag '61) (World Academy of Art and Science, [Publication] 1) 29–36: Thoughts on art and science, 1: Science and our times; 37–47: ~ 2: Prospects in the arts and sciences. — History and hope; tradition ideology and change in modern society. Congress for cultural freedom, Berlin 1960 (K. A. Jelenski) (New York–London '62) 160 f.: Freedom as an attribute of human life. — Savoir et vulgarisation (Paris '62) (Recherches et débats du Centre catholique des intellectuels français, 39): On science and culture. — Readings in sociology; sources and comment (J. F. Cuber, P. B. Harroff) (New York '62): The tree of knowledge. — Sociology: Introductory readings (R. Bain) (Philadelphia, Pa. '62): The tree of knowledge. — The scientist vs. the humanist (G. L. Levine, O. P. Thomas) (New York '63): The tree of knowledge. — The mission of Israel (J. Baal-Teshuva) (New York '63): Science and statecraft. — World technology and human destiny (R. Aron) (Ann Arbor, Mich. '63) 199–210: [In the keeping of unreason]. — Comment vivre demain ? Textes des conférences et des entretiens organisés par les Rencontres internationales de Genève 1964 (Neuchâtel '64) 11–33: L'intime et le commun; 261–80: Science et morale[20])[21]u. a.). – Persuasive prose; a reader (R. E. Hughes, P. A. Duhamel) (Englewood Cliffs, N. J. '64): Tradition and discovery. – Fifty great essays (E. Huberman) (New York '64): Prospects in the arts and sciences. – Encyclopaedia Britannica, **22** (Chicago, Ill.–London–Toronto–... '65) 277f.: Tolman, Richard Chace; (auch schon in den vorigen Ausgaben seit '59). – The scientific endeavor. Addresses presented at the centennial celebration of the National Academy of Sciences (New York '65) 271–79: Communication and comprehension of scientific knowledge. – 2nd Coral Gables Conference on symmetry principles at high energy, University of Miami 1965 (San Francisco, Calif.–London '65) 2–4: Remarks on symmetry principles. – Classical rhetoric for the modern student (E. P. J. Corbett) (New York '65): On science and culture. – Listen to leaders in science (A. Love, J. S. Childers) (Atlanta, Ga. '65) 43–56: Physics. – Humanistic viewpoints in psychology; a book of readings (F. T. Severin) (New York '65): Analogy in science. – The world of the atom (H. A. Boorse, L. Motz) **2** (NewYork–London '66) 1206–22: Electron theory: Description and analogy. – Perspectives in modern physics. Essays in honor of Hans A. Bethe. On the occasion of his 60th birthday, July 1966 (R. E. Marshak) (New York '66) 9–19: Perspectives in modern physics. – Knowledge among men; eleven essays on science, culture, and society commemorating the 200th anniversary of the birth of James Smithson (P. H. Oehser) (New York '66): Physics and man's understanding. – Preludes in theoretical physics, in honor of V. F. Weisskopf (A. de Shalit) (New York–Amsterdam '66) 70–77: The symmetries of forces and states. – Readings for liberal education (L. G. Locke, W. M. Gibson, G. Arms) [5](New York '67): On Albert Einstein. – Literarische und naturwissenschaftliche Intelligenz. Dialog über die „Zwei Kulturen" (H. Kreuzer) (Stuttgart '69) 80–92: Über Wissenschaft und Kultur.

W. Physics in the contemporary world (Cambridge, Mass. '47) 23 S. (2nd Arthur Dehon Little memorial lecture at the Massachusetts Institute of Technology). – The scientific foundations for world order (Denver, Colo. '47) 21 S. (Foundations for world order. Twentieth anniversary lecture series, 2). – Science and the common understanding (London–New York '54) 7+120 S. (B. B. C. Reith lectures, 1953), (New York '66) 120 S.; norweg.: (Oslo '54) 91 S.; französ.: La science et le bon sens (Paris '55) 195 S., ('63) 189 S.; deutsch: Wissenschaft und allgemeines Denken (Hamburg '55) 135 S. (Rowohlts deutsche Enzyklopädie, 6); span.: La ciencia y el conocimiento común (Madrid '55) 67 S. (Cuadernos de lógica, epistemologia e historia de la ciencia, 2), u. d. T. Ciencia y el entendimiento común (Buenos Aires '55) 134 S.; japan.: (Tokyo '55) 155 S.; portugies.: Ciência e saber comum (Lisboa '57) 167 S.; dän.: (København '60) 132 S. (Gyldendals uglebøger, 6); serbokroat.: (Beograd '67) 135 S. (Biblioteka „Današnji svet", 1); auch italien. – Electron theory: description and analogy (Ames, Ia. '55) 16 S. (Iowa State College. John Franklin Carlson lecture, 1). – The open mind (New York '55, '60) 146 S.; französ.: L'esprit libéral (Paris '57) 232 S.; deutsch: Atomkraft und menschliche Freiheit (Vorträge) (Hamburg '57) 126 S. (Rowohlts deutsche Enzyklopädie, 52). – Science and our time (Chicago, Ill. '56) 5 S. (Roosevelt Univ. [Chicago] occasional papers, 2). – The constitution of matter (Eugene, Ore. '56) 7+37 S. (Condon lecture publications). – Knowledge and the structure of culture (Poughkeepsie, N. Y. '58) 15 S. (Helen Kenyon lectureship, Lecture 1958). – Some reflections on science and culture (Chapel Hill, N. C. '60) 28 S. (The John Calvin McNair lectures, 1959). – Reflections on science and culture; a public lecture (Edmonton, Alberta, Can. '61). – The flying trapeze: three crises for physicists (London–New York '64) 9+65 S. (The Whidden lectures for 1962, Ser. 7), (New York '69) 9+69 S. (Harper colophon books, CN 165); dän.: (København '65) 96 S. (Gyldendals uglebøger, 134); schwed.: (Stockholm '66) 84 S. (Aldusböckerna, 167); deutsch: Drei Krisen der Physiker (Olten (Schweiz)–Freiburg (Breisgau) '66) 129 S.; russ.: (Moskva '67) 79 S. – Lectures on electrodynamics; notes compiled at Berkeley, Calif., [and edited at Chicago, Ill., 1947] by S. Kusaka, S. Frankel, E. Nelson (B. S. DeWitt) (New York '70) 10+164 S.

ACLS Newsletter Tradition and discovery: **10** ('59) Nr. 8, 3–19.

Adelphi [London] Prospects in the arts and sciences: **31** ('55).

Age nucléaire The environs of atomic power: **11** ('58) 173–81 [ ].

AIA Journal The houses of science: **33** ('60) Nr. 6, 58–64.

American Psychologist Analogy in science: **11** ('56) 127–35.

Amerikanische Rdsch. Physik in der heutigen Welt: **4** ('48) Nr. 19, 10–20.

Andover Bull. Secretary Stimson and the atomic bomb: **55** ('61) 11f.

Atlantic Monthly The open mind: **183** ('49) 28–31.

Atomes Le mystère de la matière: **14** ('59) 5–10.

Außenpolitik Atomwaffen und die Politik Amerikas: **4** ('53) 703–11.

BLM On science and culture: **32** ('63) 11–18 [schwed.].

Blueprint [Vancouver, B. C.] Atomic weapons: **1946**.

Boletin, Soc. mexicana Física Reflections on science and culture: **6** ('61) 78–[ ].

Bull. Assoc. amer. Colleges Encouragement of science: **36** ('50) 404–11.

Bull. atom. Scientists International control of atomic energy: **1** ('45/46) Nr. 12, 1–5; **4** ('48) 39–43, 48. — Functions of The International Agency in Research and Development: **3** ('47) 173–76, 197. — Physics in the contemporary world: **4** ('48) 65–68, 85f. — The open mind: **5** ('49) 3–5. — A letter to Senator McMahon: 163, 178. — Encouragement of science: **7** ('51) 6–8. — Comments on the military value of the atom: 43–45. — Atomic weapons and American policy: **9** ('53) 202–05. — Prospects in the arts and sciences: **11** ('55) 42–44, 52. — Science and our times: **12** ('56) 235–37. — Science, values, and the human community: **15** ('59) 7. — In the keeping of unreason: **16** ('60) 18–22. — A talk in Chicago: **19** ('63) Nr. 8, 4–6.

Bull., Kokusai Bunka Kaikan, Tokyo Science and culture: **6** ('60) 2–10, 21 [ ].

Bull. Sci. Clubs India Encouragement of science: **3** ('51) 9–19.

Centennial Rev. Arts and Sci. Analogy in science: **2** ('58) 351–73.

Chemical Bull. Talk to undergraduates: **45** ('58) Nr. 9, 11f.

Chemical and Engng. News Future of atomic energy. Atomic explosives: **24** ('46) 1350–52.

Chemistry [Washington] Prospects in the arts and sciences: **28** ('55) 24–30.

Ciencia e Investigac. L'arbre de la science: **5** ('60) 151–60 [ ].

Colorado Quarterly Reflections on science and culture: **10** ('61) 101–18.

Congressional Rec., Congress USA A letter to Senator McMahon: **95** ('49) 17. Mai. — Encouragement of science: **96** ('50) A1796–A1798, A2888–A2890.

Contemporary Rev. Prospects in the arts and sciences: **1955**.

Cuadernos [Paris] In the keeping of unreason: Nr. **40** ('60) 9–12. — On science and culture: Nr. **67** ('62) 3–12.

Daedalus The growth of science and the structure of culture. Comments on Dr. Frank's paper: **87** ('58) 67–76.

Deutsche Rdsch. Die Hebel des großen Krieges. Rede bei der Eröffnungssitzung der internationalen Tagung des Kongresses für kulturelle Freiheit: **86** ('60) 694–98.

Encounter A time of sorrow and renewal: **16** ('61) Nr. 2. — On science and culture: **19** ('62) Nr. 4. — The added cubit: **21** ('63) 44–47. — Knowledge among men: **26** ('66) Nr. 5.

Engineering and Sci. Talk to undergraduates: **20** ('57) Nr. [?], 17–21.

Epoca [Milano] Atomic weapons and American policy: **1953** [ ].

Epoches [Athinai] The added cubit: **1963**, Nr. 5 [ ].

Etudes philos. Science et culture: **19** ('64) 519–35.

Europa [Bad Reichenhall] Die Kluft zwischen Geist und Materie schwindet immer mehr: **16** ('65) Nr. 10, 61f.

Express [Paris] Prospects in the arts and sciences: **1955**, 22. Jan., 6–[ ]. — In the keeping of unreason: **1959**, 15. Okt., 16, 25 [ ].

Foreign Affairs International control of atomic energy: **26** ('48) 239–52. — Atomic weapons and American policy: **31** ('53) 525–35. — An inward look: **36** ('58) 209–20.

France - Asie [Saigon] The future of civilization in the scientific age: **17** ('61) 1807–15.

Gadfly [Chicago, Ill.] Prospects in the arts and sciences: **6** ('55) Nr. 8, 104–.

General Mag. and histor. Chronicle The atom bomb and college education: **1946**, 262–66.

Harper's Mag. The tree of knowledge: Nr. **216** ('58) 55–60.

Huong Xa Science and our times: **4** ('57) 32–35 [vietnames.].

Impact of Sci. on Soc. Encouragement of science: **1** ('50) 27–29.

J. gen. Physiol. Internal conversion in the photosynthetic mechanism of blue-green algae[1]): **33** ('49/50) 423–35.

J. secondary Educat. [Santa Barbara, Calif.] Some reflections on science and culture: **41** ('66) März/April-Nr.

Jeunes-Science L'espoir d'ordre: **1958**, Nov.-Nr.

Kansas Teacher Talk to undergraduate: **67** [?] ('59) Nr. 6, 18–20, 39f.

Kontinente Wissenschaft und menschliche Gemeinschaft: **7** ('53/54) Nr. 7, 1–5.

Kultur Fragwürdiger Fortschritt. Bewältigt den seltsamsten Abschnitt der Geschichte!: **6** ('57/58) Nr. 114, 1f.

Listener The Reith lectures, 1: Newton, the path of light: **50** ('53) 839f., 862f.; ∼ 2: Science as action: Rutherford's world: 895f., 913; ∼ 3: A science in change: 941–43; ∼ 4: Atom and void in the third millenium: 991–93; ∼ 5: Uncommon sense: 1035–37; ∼ 6: The science and man's community: 1075–77.

Look Your future in the atomic age: **1946**, 24. Dez.

Main Currents in modern Thought The implicatiọns of atomic power: **14** ('58) Nr. 4, 87–.

Mexico quarterly Rev. Reflections on science and culture: **1** ('62) Nr. 2, 67–83.

Midstream Science and statecraft: **5** ('59) 2–4, 105f.

Milton Bull. Niels Bohr and the atomic nucleus: **28** ('65) Nr. 2, 4–17.

Mundo atomico [Buenos Aires] La ciencia y el entendimiento común: Nr. **20** ('55[?]) 11–19; Nr. **21** ('55) 4–10, 98; Nr. **22** ('55) 16–23, 78.

Nauka i Čelovečestvo On science and culture: **3** ('64) 52–65 [russ.] (m. Bildn.).

Neutralität [Bern] The fraternal dialogue: **2** ('64) Nr. 6/7 [ ].

New Outlook [New York] Encouragement of science: **3** ('50) Nr. 6, 22–27. – Prospects in the arts and sciences: **8** ('55) Nr. 5, 20–28. – Talk to undergraduates: **11** ('58) Nr. 2, 55f.

New Republic Narrowness, loneliness and love: **132** ('55) Nr. 2, 7f. – Science and modern society: **135** ('56) 6. Aug., 8f.

New York Times Mag. The atom bomb as a great force for peace: **1946**, 9. Juni, S. 7, 59f.

Nouvel Observateur Albert Einstein: **1965**, 22. Dez., 18f.

Nowa Kultura The growth of science and the structure of culture: Comments on Dr. Frank's paper: **9** ('58) 31. Aug. [ ].

Perspectives USA Prospects in the arts and sciences: Nr. **11** ('55).

Perspektiven [Frankfurt/Main] Die Zukunft der Künste und Wissenschaften: **1955**, Nr. 11, 5–14.

Physical Rev. The impacts of fast electrons and magnetic neutrons[3]): **41** ('32) 763–92. – On the production of the positive electron[14]): **44** ('33) 53–55. – The production of positives by nuclear gamma-rays[10]): 948f.; **45** ('34) 283. – On the theory of the electron and positive[6]): 245–62, 343f. – On the limitations of the theory of the positron[6]): 903f. – On the scattering of the Th C'' γ-rays[8]): **46** ('34) 80f. – Are the formulae for the absorption of high energy radiations valid?: **47** ('35) 44–52. – Note on charge and field fluctuations: 144f. – Note on the production of pairs by charged particles: 146f. – The disintegration of the deuteron by impact: 845f. – Note on the transmutation function for deuterons[13]): **48** ('35) 500–02. – On multiplicative showers[3]): **51** ('37) 220–31. – The disintegration of high energy protons[11])[12])[16]): 1037–45. – Note on the nature of cosmic-ray particles[16]): 1113. – Note on nuclear photoeffect at high energies[7])[16]): **52** ('37) 273–78. – Note on resonances in transmutations of light nuclei[7])[16]): 279–82. – Note on boron plus proton reactions[16]): **53** ('38) 636–38. – On the stability of stellar neutron cores[16]): **54** ('38) 540. – On massive neutron cores[18]): **55** ('39) 374–81. – On continued gravitational contraction[17]): **56** ('39) 455–59. – On pair emission in the proton bombardment of fluorine[15]): 1066f. – The production of soft secondaries by mesotrons[17])[16]): **57** ('40) 75–81. – On the spin of the mesotron: **59** ('41) 462. – On the selection rules in beta-decay: 908. – On the interaction of mesotrons and nuclei[15]): **60** ('41) 150–52. – Reaction of radiation on electron scattering and Heitler's theory of radiation damping[2]): **70** ('46) 451–57. – The multiple production of mesons[9])[19]): **73** ('48) 127–40. – Note on stimulated decay of negative mesons[4])[5]): 1140f.

Physics today Physics tonight: **9** ('56) Nr. 7, 10–13. – Electron theory: Description and analogy (1st John Franklin Carlson lecture): **10** ('57) Nr. 7, 12–20. – Thirty years of mesons: **19** ('66) Nr. 11, 51–58.

Physikalische Bl. Ausblicke auf Kunst und Wissenschaft: **11** ('55) 433–40.

Aus Politik u. Zeitgeschichte Ein Blick nach innen: **1958**, Nr. 26, 333–38.

Princeton Alumni Weekly The scientist in society: **1953**, Febr.-Nr.

Princeton Packet Einstein: **1955**, Apr.-Nr.

Proc. amer. philos. Soc. Atomic weapons: **90** ('46) 7–10.

Proc. nation. Acad. Sci. USA Communication and comprehension of scientific knowledge: **50** ('63) 1194–200.

Prospective [Paris] In the keeping of unreason: **1960**, Mai-Nr. [ ].

Record Assoc. Bar City New York Contemporary problems of atomic energy: **6** ('51) 106–21.

Rep. Conf., Assoc. Princeton Graduate Alumni The scientist in society: **3** ('53) 22–29.

Representative amer. Speeches Talk to undergraduates: **1957/58** ('58).

Reviews modern Physics Discussion to: Behavior of high-energy electrons in cosmic radiation, by C. G. Montgomery and D. C. Montgomery: **11** ('39) 264–66. – Discussion on the disintegration and nuclear absorption of mesons: **21** ('49) 34f. – Concluding remarks to Cosmic-ray symposium, California Institute of Technology 1948: 181–83. – Einstein: **28** ('56) 1f.

Revista Estudios gen. Tradition and discovery: **1960**, Aug.-Nr. [ ].

Revista Occidente The need for new knowledge: (2) **1** ('63) Apr.-Nr. [span.].

Revista Univ. Buenos Aires Reflections on science and culture: (5) **6** ('61) 219–36 [ ].

Sapere Thirty years of mesons: (N. S.) **68**, Nr. 685 ('67) 16–19, 52f. [ ].

Saturday Rev. [New York] Where is science taking us?: **1956**, 24. März, 58–.

Saturday Rev. Lit. Atomic weapons: **22** ('45) 24. Nov.

Science [USA] Celebration of the sixtieth birthday of Albert Einstein: **89** ('39) 335f. — Encouragement of science: **111** ('50) 373–75. — On the collateral lives of physicists: **123** ('56) 397. — Impossible choices: **125** ('57) 1021. — Policy and the first bombs: **130** ('59) 1530, 1592. — Communication and comprehension of scientific knowledge: **142** ('63) 1143–46.

Science News-Letter Encouragement of science: **57** ('50) Nr. 11, 170–72.

Science Perspectives A talk to young scientists: **1** ('58) Nr. 2, 6f.

Sciences [Paris, Hermann] L'arbre de la science: Nr. **2** ('59) 73–85.

Scientific American The age of science 1900–1950: **183** ('50) Nr. 3, 20–23.

Selections Space Technol. Labor. Lecture Ser. The constitution of matter: where we stand today: **1** ('61) 22–30.

Suelo tico El impulso de la ciencia: **4** ('50) 304–09.

Syn og Segn On science and culture: **68** ('62) [ ].

Technika - Molodeži Über die Notwendigkeit von Experimenten mit Teilchen hoher Energien: **1965**, Nr. 4, 10–12 [russ.].

Technion Yearb. The tree of knowledge: **16** ('59) 35–37, 133–36.

Technology Rev. Physics in the contemporary world: **50** ('47/48) 201–04, 231f., 234, 236, 238.

Tempo presente [Roma] On science and culture: **8** ('63) 1–10 [ ].

Theoria [Madrid] Sentido no-commún: **2** ('54) Nr. 7/8, 19–24. — Las ciencias y la comunidad del hombre: 24–29.

Think [New York] The role of the big accelerators: **25** ('59) Nr. 10, 8–11.

This Week Mag. Statement on Einstein's theories: **1956**, 5. Febr., 9–.

United States News and World Rep. Atomic weapons and American policy: **35** ('53) 10. Juli, 48–51.

Beyond Victory Atomic weapons: **1945.**

Vie intellectuelle Perspectives sur les arts et les sciences: **26** ('55) Febr.-Nr., 25–39.

Vital Speeches Day The open mind: **15** ('49) 304–06. — Prospects in the arts and sciences: **21** ('55) 1004–07.

Yearb., Amer. philos. Soc. Niels Henrik David Bohr: **1963**, 107–17.

Zahlreiche weitere Beiträge in Kongreßberichten, Sammelwerken, Wochenschriften, Tageszeitungen usw.

Mit: [1]) W. Arnold; [2]) H. A. Bethe; [3]) J. F. Carlson; [4]) S. T. Epstein; [5]) R. J. Finkelstein; [6]) W. H. Furry; [7]) F. Kalckar; [8]) C. C. Lauritsen; [9]) H. W. Lewis; [10]) L. Nedelsky; [11]) G. Nordheim; [12]) L. W. Nordheim; [13]) M. Phillips; [14]) M. S. Plesset; [15]) J. S. Schwinger; [16]) R. Serber; [17]) H. Snyder [18]) G. M. Volkoff; [19]) S. A. Wouthuysen; [20]) E. Heer; [21]) V. F. Weisskopf.

VI **ORCEL,** Jean François. Mineral. — 1920–27 Préparateur, '27–32 Assist., '32–37 Sous-Directeur, '37– Dir., Labor. de Mineral., '37– Prof., Muséum Nation. d'Histoire Natur., Paris; Prof., Ecole Prat. des Hautes Etudes, Paris; Prés., Soc. Franç. de Minéral. — '28 Médaille d'Or (Soc. d'Encouragem. pour l'Industrie Nation.); '28 Prix Raulin, '32 Prix Jérôme Ponti (Acad. Sci. Paris). (☒)

*1896, Mai 3, Paris.

Zur Biogr. C. R. hebd. Séances Acad. Sci., Paris **211** ('40) 738. — Pensée Nr. **110** ('63) 3f.

Zur Bibliogr. Notice sur les travaux scientifiques de M. Jean Orcel (Paris '37) 73 S.

MH. Bibliographie minéralogique de la France et de ses anciens territoires d'outremer, de 1913 à 1963 (Paris '64).

MÜ. (aus d. Dänischen) K. Calissen, Minéraux et roches (Paris ['65 ?]) 144 S.

S. Introduction aux études minières coloniales (Bureau d'Etudes Géologiques et Minières Coloniales) (Paris '34) 209–64: L'étude microscopique des minerais métalliques. — VIIe Congrès international des mines, de la métallurgie et de la géologie appliquée, Paris 1935. Section de géologie appliquée (Paris '36) 207–16: Le minéral de cobalt de Bou Azzer (Maroc), sa composition minéralogique et sa structure[17]); 359–71: L'emploi de l'analyse thermique différentielle dans la détermination des constituants des argiles, des latérites et des bauxites. — Encyclopédie française **3**: Le ciel et la terre (Paris '56) 3·06,16–3·08,2: Le système solaire, 3^{II}: Les météorites. — F. W. B. Rinne, La science des roches, étude théorique et pratique [3](Paris '59): [Ergänzung].

W. Radiesthésie agricole (Paris '39) 240 S. — Etude radiesthésique sur l'eau minérale du puits artésien de la rue Jardel, à Bordeaux (Bordeaux '39) 20 S. — Radiesthésie agricole et humaine (Paris '40) 83 S. — Guide du radiesthésiste sourcier et planteur. Comment trouver une eau bienfaisante dans toute propriété ? Comment planter les arbres fruitiers et augmenter les récoltes ? Contribution au retour des familles à la terre (Nice '44) 59 S. — Les substances radioactives naturelles, leurs modes de répartition et de transformation dans l'écorce terrestre (Alençon '52) 31 S. (Les conférences du Palais de la Découverte, Sér. A, No. 168). — Les volcans, regards vers les profondeurs terrestres (m. E. Blanquet) (Paris '53) 128 S.; ital.: I vulcani (Vicenza '56) 144 S.

(Gioia di conoscere, 4). — Les sciences minéralogiques au XIXe siècle. Minéralogie, cristallographie, lithologie (Paris '63) 40 S. (Les conférences du Palais de la Découverte, D 92). — Atomes et cristaux (Paris '64) 72 S. (Petite encyclopédie marxiste, 4).

American Mineralogist Alfred Lacroix †: **34** ('49) 242–48.

Annales Soc. géol. Belgique, Bull. Les météorites, messagères du cosmos: **86** ('64) 481–518.

Archives Muséum nation. Histoire natur., Paris L'éclat des minéraux et la mesure de leurs pouvoirs réflecteurs au moyen du microscope photoélectrique: (6) **12** ('35) 18 S.

Archiwum mineral. Les minéraux radioactifs métamictes et l'état métamicte: **26** ('66) 31–60.

Bull. mens. Informat. Union franç. universit. Survivances idéalistes dans la pensée scientifique moderne: Nr. **7** ('48) 7–17.

Bull. Muséum nation. Histoire natur., Paris Histoire de la Chaire de Minéralogie du Muséum National d'Histoire Naturelle: (2) **10** ('38) 328–56.

Bull. Soc. belge Géol., Paléontol. et Hydrol. L'état métamicte: **65** ('56) 165–94.

Bull. Soc. chim. France Quelques aspects chimiques de l'étude des météorites et leur signification: **1961**, 159–72.

Bull. Soc. franç. Minéral. (et Cristallogr.) Remarques sur la préparation de la liqueur de Clerici[22]): **55** ('32) 85–88. — Revue des espèces minérales nouvelles: **56** ('33) 358–60; **58** ('35) 329f. — La coronadite et le minerai qui la renferme dans les gîtes de manganèse de l'Imini, sud marocain: **65** ('42) 73–114. — Composition minéralogique et structure des zones cuprifères du minerai stannifère de Vaulry (Haute-Vienne); caractères du nouveau type de stannite qu'elles renferment: **66** ('43) 435–51. — La célébration du deuxième centenaire de la naissance de l'abbé Haüy: **67** ('44) 5–12. — Haüy et la notion d'espèce en minéralogie: 265–337. — Caractères microscopiques de la lépidocrocite en lumière polarisée réfléchie: **69** ('46) 42–46. — Alfred Lacroix †: **73** ('50) 347–408. — Sur quelques roches syénitiques à épidote et chlorite de Corse[24]): **75** ('52) 569–79. — Considérations générales sur les rapports entre la minéralogie et les autres sciences: **77** ('54) 45–69. — Essai sur le concept d'espèce et les classifications en minéralogie et pétrographie: 397–432. — La métallogénie: 573–97. — Sur la présence de l'anauxite en France[15])[5]): **79** ('56) 435–48. — Propriétés de la stainiérite[15]) [5]): **81** ('58) 189–94. — Emploi de silicates naturels à grand paramètre pour les spectrographes et monochromateurs à rayons x mous[9])[4]): **85** ('62) 188f. — Etude minéralogique et structurale de la météorite de Chassigny[16])[24]): 262–66.

Bull. Soc. géol. France Albert Michel-Lévy, 1877–1955: (6) **6** ('56) 597–621.

Bull. Soc. Hist. natur. Toulouse Minerais de fer oolithiques d'Audun-le-Tiche, Bassin de Longwy[18])[5]): **85** ('50) 349–54.

C. R. Congr. Soc. savantes Paris et Dép. Données nouvelles sur l'origine des gisements stannifères de Pak Hin Boun (Laos): **65** ('32) 190–96. — Etude métallographique d'un minerai cuprifère complexe, du gîte pyriteux d'El Azouar (Constantine): **66** ('33) 178–83. — Etude minéralogique de concentrés aurifères, provenant des alluvions de la Falémé (A. O. F.): **67** ('34) 82–86. — La stannine de certains gisements d'étain de la France métropolitaine et coloniale: **68** ('35) 49–51. — Remarques sur les conditions expérimentales de la mesure des pouvoirs réflecteurs des minéraux opaques à l'aide du microscope photoélectrique: **69** ('36) 133–36. — Preuves nouvelles du métamorphisme de contact du granite dans le bassin carbonifère de Ferrières-sur-Sichon (Allier): **72** ('39) 177–81. — Un nouvel gîte pyrénéen d'ullmanite[3]): **78** ('53) 203–06. — Einige Schiefer des Kohlengebirges der Roanne-Region[15])[5]): **80** ('55) 99–102 [französ.]. — La chondrite de Galim (Cameroun) [16]): **83** ('58) 211–17.

C. R. hebd. Séances Acad. Sci., Paris Sur l'existence de la coronadite dans les minerais de manganèse de Bou Tazoult, région de l'Imini (Maroc): **194** ('32) 1956–58. — L'analyse thermique différentielle des argiles à montmorillonite (bentonites)[5]): **197** ('33) 774–77. — Courbes de dispersion de quelques étalons de pouvoirs réflecteurs utilisables dans l'étude microscopique des minerais métalliques[12]): **200** ('35) 1485–88. — Nouvelles observations sur les transformations des perchlorites magnésiennes sous l'action de la chaleur[5]): **207** ('38) 788–90. — Etude du dégagement d'hydrogène associé au départ de l'eau de constitution des chlorites ferromagnésiennes[23]): **212** ('41) 918–21. — Recherche d'éléments rares dans quelques minéraux du calcium[25]): **214** ('42) 833–35. — Sur les silicates phylliteux des minerais de fer oolithiques [15])[5]): **229** ('49) 134f. — Observations préliminaires sur la présence d'un vanadate d'urane dans les gisements de phosphate du Maroc[2]): **233** ('51) 1635f. — Analyse thermique différentielle de quelques minéraux métamictes: **236** ('53) 1052–54. — Analyse thermique de la bétafite, minéral métamicte[20]): 1177–79. — Données nouvelles sur la recristallisation des minéraux métamictes[13])[14]): **241** ('55) 658–60. — La hibonite, nouvelle espèce minérale[8])[11]) [26]): **242** ('56) 2845–47. — La texture des pyrophyllites et son influence sur leur courbe thermique différentielle[15])[5]): **244** ('57) 1383–86. — Sur l'origine des oxydes de titane observés dans les bétafites et les euxénites métamictes et recristallisées sous l'action de la chaleur[13]): **245** ('57) 701–03. — Sur la présence de stainiérite à Bou Azzer et les propriétés de cet hydroxyde[15])[5]): **246** ('58) 792–95. — La météorite de Sainte-Marguerite en Comines (Nord). Chute du 9 juin 1962[16])[24]): **255** ('62) 749–51.

C. R. hebd. Séances Acad. Sci., Paris, Sér. D Etude de la microstructure de la météorite carbonée d'Orgueil[1]): **262** ('66) 1393–97. — Sur la météorite de Saint-Séverin (Charente). Chute du 27 juin 1966[10])[18])[21])[27]): **264** ('67) 1556–60. — Répartition du carbone dans deux météorites carbonées[1]): **265** ('67) 897–99.

Geochimica et cosmochim. Acta [London] La météorite de Dosso (République du Niger) [16])[24]): **28** ('64) 1119–24.

Mineralogical Mag. and J. mineral. Soc. Nouvel essai de classification des chlorites[5])[15]): **29** ('50) 329–40.

Mineralogische u. petrogr. Mitt. [Bibliographischer] Index 1930: Frankreich: **45** ('34) 260–62; ~ 1931: ~: 263–68.

Pensée Paul Langevin †[28]): Nr. **34** ('51) 10–13. — L'objectivité des lois naturelles [Introduction]: Nr. **51** ('53) 83–85; ~ [Discussion]: 96, 107f. — Hommage à Paul Langevin[7]): Nr. **53** ('54) 9–13. — Lénin et les sciences de la nature: Nr. **57** ('54) 3–18. — Réflexions sur l'histoire: Nr. **61** ('55) 25–27. — Pour le 40e anniversaire de la Révolution d'Octobre 1917: Nr. **76** ('57) 11f. — La pensée et l'action de Frédéric Joliot-Curie. La valeur humaine de la science et la responsabilité du savant: Nr. **87** ('59) 14–29. — Hommage à René Maublanc: Nr. **90** ('60) 18–23. — Un humaniste méconnu: Bernard Palissy: Nr. **96** ('61) 42–51. — Louis Barrabé (1895–1961): 90. — Structures en évolution et niveaux d'organisation dans la matière terrestre. Importance des sciences minéralogiques: Nr. **102** ('62) 15–38.

Rapport annu. Service géol., Républ. malagache Mineralogische Untersuchung einiger Proben nickelhaltiger Gesteine und Eisenerze von Ambatovy, Madagaskar: **1961**, 73–76 [französ.].

Revue gén. Sci. pures et appl. Revue de cristallographie: **47** ('36) 68–77. — Revue de minéralogie: **48** ('37) 423–36. — Armand Dufrénoy, 1792–1857: **64** ('57) 229–37. — Météorites: **69** ('62) 277–304.

Revue Opt. théor. et instrument. Oculaire photoélectrique pour la mesure des pouvoirs réflecteurs des minéraux opaques et transparents, ainsi que des métaux et des alliages: **13** ('34) 58–62. — Détermination des propriétés optiques des cristaux opaques à l'aide du microscope métallographique polarisant[6]): **20** ('41) 47–114.

Revue roumaine Géol., Géophysique et Géogr., Sér. Géol. Essai sur le concept d'espèce et les classifications en minéralogie et pétrographie. Aperçu historique et philosophique: **10** ('66) 3–39. — Importance de l'étude des météorites pour notre connaissance de la constitution chimique du cosmos: 41–73.

Terre et Vie Les minéraux luminescents dans l'ultraviolet: **6** ('36) 282–92.

Mit: 1) B. Alpern; 2) C. Arambourg; 3) L. Barrabé; 4) C. Bonnelle; 5) S. Caillère; 6) L. Capdecomme; 7) G. Cogniot; 8) H. Curien; 9) Y. Cauchois; 10) B. David: 11) C. Guillemin; 12) P. Fastré; 13) D. Fauquier; 14) M. Foëx; 15) S. Hénin; 16) E. Jérémine; 17) G. Jouravsky; 18) F. Kraut; 19) –; 20) C. Lévy; 21) D. Nordemann; 22) S. Pavlovitch; 23) P. Renaud; 24) A. Sandréa; 25) M. Servigne; 26) M. Sternberg; 27) J. Tobailem; 28) H. Wallon.

VI **ORE**, Øystein. Math., Geschichte d. Naturwiss. — 1927–28 Assist. Prof., '28–29 Assoc. Prof., '29–68 Prof., '68 Emer. Prof., '36–45 Chairman of the Math. Departm., Yale Univ., New Haven, Conn.

*1899, Okt. 7, Oslo;

†1968, Aug. 13, Oslo.

Zum 50. Geb.tag K. E. Aubert, Norsk mat. Tidsskr. **31** ('49) 81–84.

Zur Biogr. Universitetet i Oslo 1911–1961 **1** (Oslo '62) 488.

Nekr. J. combinatorial Theory **8** ('70) I–III.

H. Slektsbok over familien Ore fra Lista (Oslo '63) 85 S.

MH. Richard Dedekind, Gesammelte mathematische Werke **1–3** (Braunschweig '30–32); Neudruck: (Bronx, N. Y. '69).

S. Verhandlungen des internationalen Mathematiker-Kongresses, Zürich 1932, **2** (Zürich–Leipzig '33) 19f.: Theory of non-commutative polynomials. — C. R. Congrès international des mathématiciens, Oslo 1936, **1** (Oslo '37) 297–307: On the decomposition theorems of algebra. — 9. Skandinaavinen Matematikkokongressi, Helsinki 1938 (Helsinki '39) 113–20: Some studies on group theory. — Development of the sciences; second series (L. L. Woodruff) (New Haven, Conn. '41) (Yale University Amasa Stone Mather memorial publication fund, 19) 1–51: Mathematics. — Festschrift zum 60. Geburtstag von Prof. Dr. Andreas Speiser (Zürich '45) 184–91: Graphs and correspondences. — One hundred Norwegians; an introduction to Norwegian culture and achievement (S. Mortensen, P. Vogt) (Oslo '55): Niels Henrik Abel. — Beretning fra den 4. Nordiske kongress for lærere i matematikk, fysikk og kjemi, Oslo 1960 (Oslo '60) 33–40: Die Erfordernisse des Mathematikunterrichts von morgen [norweg.]. — Encyclopaedia Britannica; a new survey of universal knowledge **1** (Chicago, Ill.–London–Toronto–... '65) 26: Abel, Niels Henrik; 330: Agnesi, Maria Gaetana; 611–13: History of algebra; **3** ('65) 528f.: Bernoulli; 856: Bohr, Harald August; **4** ('65) 64: Brahmagupta; 889f.: Cardano, Geronimo; **5** ('65) 216: Ceva, Giovanni; 338: Chasles, Michel; 356f.: Chebichev, Pafnutiy Lvovich; **7** ('65) 164: Dedekind, Julius (Wilhelm Richard)[10]); 227: De Moivre, Abraham; 280: Desargues, Gérard; 484: Dirichlet, Peter Gustav Lejeune; **9** ('65) 199: Ferrari, Lodovico; 838: Fredholm, Eric Ivar; 1105: Galois, Evariste; **10** ('65) 912: Gregory, James; 1043f.: Gunter, Edmund; **11** ('65) 34: Hamilton, Sir William Rowan; **12** ('65) 837: Jacobi, Karl Gustav Jacob[u. a.]); **13** ('65) 483: Kovalevski, Sonya; 601: Lagrange, Joseph Louis[u. a.]); 622: Lambert, Johann Heinrich; 646f.: Landen, John; 963: Leonardo of Pisa[u. a.]); 1076: Lie, (Marius) Sophus[u. a.]); **14** ('65) 60: Lindemann, (Carl Louis) Ferdinand von; 84f.: Liouville, Joseph[10]); **15** ('65) 607: Mittag-Leffler, Magnus Gösta; 714: Monge, Gaspard; **16** ('65) 555: Noether, (Amalie) Emmy; **17** ('65) 419: Peano, Giuseppe; **18** ('65) 126: Poisson, Siméon Denis; 208: Poncelet, Jean Victor; 963: Ramanujan, Srinivasa; **19** ('65) 352: Roberval, Gilles Personne de; **20** ('65) 830: Smith, Henry John Stephen; **21** ('65) 377: Steiner, Jacob; 404f.: Stevin, Simon; 442: Störmer, Frederik Carl Mülertz; 823: Tartaglia, Niccolò Fontana; **23** ('65) 144f.: Vieta, François; 480: Weierstrass, Karl Theodor Wilhelm. — Recent progress in combinatorics. Proc. 3rd Waterloo conference on combinatorics, 1968 (W. T. Tutte) (New York '69) 287–93: Cyclic coloration of plane graphs[8]).

W. Les corps algébriques et la théorie des idéaux (Paris '34) 72 S. (Mémorial des sciences mathématiques, 64). — L'algèbre abstraite (Paris '36) 56 S. (Actualités scientifiques et industrielles, 362. Exposés d'analyse générale, 6). — Number theory and its history (New York '48) 10+370 S. — Niels Henrik Abel (Basel '50) 23 S. (Elemente Math., Beiheft 8). — Cardano, the gambling scholar. With a translation from the Latin of Cardano's Book on games of chance, by S. H. Gould (Princeton, N. J. '53) 14+249 S., (New York '65) 14+249 S. — Niels Henrik Abel. Et geni og hans samtid (Oslo '54) 317 S.; engl.: Niels Henrik Abel - mathematician extraordinary (Minneapolis, Minn.-London '57) 8+277 S.; russ.: (Moskva '61) 341 S. — Pascal and the invention of probability theory (Colorado Springs, Colo. '59) 24 S. (Colorado College studies, 3). — Theory of graphs (Providence, R. I. '62) 10+270 S., ('67) 10+270 S. (American Mathematical Society, Colloquium publications, 38); russ.: (Moskva '68) 352 S. — Graphs and their uses (New York '63) 8+131 S. (New mathematical library, 10); russ.: (Moskva '65) 174 S.; poln.: (Warszawa '66) 165 S.; italien.: I grafi e le loro applicazioni (Bologna '66) 165 S. (Matematica moderna, 2); französ.: Les graphes et leurs applications (Paris '70) 10+114 S. (Collection Sigma, 21). — The four-color problem (New York-London '67) 15+259 S. (Pure and applied mathematics, 27). — Invitation to number theory (New York '67) 8+129 S., ('69) 8+129 S. (New mathematical library, 20); französ.: Initiation à la théorie des nombres (Paris '70) 6+154 S. (Science-poche, 17).

American J. Math. Theory of quasi-groups[5]): **59** ('37) 983–1004. — Theory of multigroups[3]): **60** ('38) 705–33. — Remarks on multigroups[4]): **62** ('40) 67–71. — On generalized rings[7]): **63** ('41) 73–86.

American math. Monthly Mathematics for students of the humanities: **51** ('44) 453–58. — On the averages of the divisors of a number: **55** ('48) 615–19. — The general Chinese remainder theorem: **59** ('52) 365–70. — Note on Hamilton circuits: **67** ('60) 55. — Pascal and the invention of probability theory: 409–19.

Annali Mat. pura ed appl. Arc coverings of graphs: (4) **55** ('61) 315–21.

Annals Math. Theory of non-commutative polynomials: (2) **34** ('33) 480–508. — Criteria for the irreducibility of polynominals[2]): 81–94; **35** ('34) 195. — On the foundation of abstract algebra, 1: **36** ('35) 406–37; ~ 2: **37** ('36) 265–92. — Combinations of closure relations: **44** ('43) 514–33. — Mappings of closure relations: **47** ('46) 56–72. — Studies on directed graphs, 1: **63** ('56) 383–406; ~ 2: **64** ('56) 142–53; **65** ('57) 593; ~ 3: **68** ('58) 526–49.

Bull. amer. math. Soc. Abstract ideal theory: **39** ('33) 728–45. — On the application of structure theory to groups: **44** ('38) 801–06. — James Pierpont - in memoriam: **45** ('39) 481–86. — Chains in partially ordered sets: **49** ('43) 558–66.

Bull. amer. Soc. swed. Engr. Aurora Borealis: **38** ('43) 9–14.

Duke math. J. Direct decompositions: **2** ('36) 581–96. — Structures and group theory, 1: **3** ('37) 149–74; ~ 2: **4** ('38) 247–69. — A remark on the normal decompositions of groups: **5** ('39) 172f. — Contributions to the theory of groups of finite order: 431–60. — Theory of equivalence relations: **9** ('42) 573–627. — Some studies on closure relations: **10** ('43) 761–85. — Some studies on cyclic determinants: **18** ('51) 343–54. — Graphs and matching theorems: **22** ('55) 625–39.

Elemente Math. A problem regarding the tracing of graphs: **6** ('51) 49–53.

J. combinatorial Theory On a graph theorem by Dirac: **2** ('67) 383–92. — Diameters in graphs: **5** ('68) 75–81. — Numerical calculations on the four-color problem[9]): **8** ('70) 65–78.

J. Math. pures et appl. Conditions for subgraphs of directed graphs: (9) **37** ('58) 321–28. — Incidence matchings in graphs: **40** ('61)

123–27. — Hamilton connected graphs: **42** ('63) 21–27.

J. reine u. angew. Math. Formale Theorie der linearen Differentialgleichungen, 1: **167** ('32) 221–34; ~ 2: **168** ('32) 233–52.

Jahresber. dtsch. Mathematiker-Vereinig. Einige Bemerkungen über Irreduzibilität: **44** ('34) 147–51.

Mathematics Computat. Systematic computations on amicable numbers[1])[9]): **21** ('67) 242–45.

Mathematics Teacher An excursion into labyrinths: **52** ('59) 367–70. — Going somewhere?: **53** ('60) 180–82.

Monatsh. Math. u. Physik A remark on groups which are the direct product of their Sylow groups: **48** ('39) 41f.

Norsk mat. Tidsskr. Professor Th. A. Skolem: **29** ('47) 33f. [norweg.].

Norwegian-american Studies and Records Brother Ebben in his native country: **17** ('52) 36–46. — Norwegian emigrants with university training, 1830–1880: **19** ('56) 160–88.

Proc. amer. math. Soc. Some remarks on commutators: **2** ('51) 307–14. — On the selection of subsequences: **3** ('52) 706–12. — On coset representatives in groups: **9** ('58) 665–70. — Subsets and subgraphs with maximal properties[6]): **10** ('59) 965–69. — Sex in graphs: **11** ('60) 533–39; **12** ('61) 510.

Revista Ci. [Lima] A note on the factorization of polynomials: **41** ('39) 587–92.

Scientific Monthly Our everyday reckonings: **61** ('45) 372–78.

Scripta math. [USA] The poet and the circle: **17** ('51) 123f.

Trans. amer. math. Soc. On a special class of polynomials: **35** ('33) 559–84; **36** ('34) 275. — Contributions to the theory of finite fields: 243–74. — On the theorem of Jordan-Hölder: **41** ('37) 266–75, 482. — On functions with bounded derivatives: **43** ('38) 321–26. — Theory of monomial groups: **51** ('42) 15–64. — Galois connexions: **55** ('44) 493–513; **56** ('44) 570. — Graphs and subgraphs [,1]: **84** ('57) 109–36; ~ 2: **93** ('59) 185–204.

Vjschr. naturforsch. Ges. Zürich Remarks on structures and group relations: **85** ('40) Beibl. Nr. 32, 1–4.

Yale sci. Mag. Games and mathematics: **1951**, Jan.-Nr., 9f., 18, 20.

Mit: [1]) J. Alanen; [2]) H. L. Dorwart; [3]) M. Dresher; [4]) J. E. Eaton; [5]) B. A. Hausmann; [6]) T. S. Motzkin; [7]) D. C. Murdoch; [8]) M. D. Plummer; [9]) J. Stemple; [10]) E. T. Bell.

VI **ORECHOV,** Aleksandr Pavlovič. Chem. (org.). — 1918–28 Leitender Chemiker im Labor. von Prof. M. Tiffeneau, Univ. de Paris; '28–39 Leiter d. Alkaloid-Abteilg., Staatl. Chem.-Pharm. Forschungsinst., Moskva. (☒)
*1881, Nov. 19 (7), Nižnij Novgorod; †1939, Okt. 19.

Nekr. M. S. Rabinovič, Ž. obščej Chim. **10** ('40) 855–62 (m. Schr.verz. 119 Nrn.). — V. M. Rodionov, Vestn. Akad. Nauk SSSR **1940**, Nr. 6, 97–99. — A. Travin, Farmacija [Moskva] **1939**, Nr. 12, 37f. — Nature [London] **144** ('39) 891.

Zum 10. Todestag M. S. Rabinovič, Fortschritte der sowjetischen Wissenschaft auf dem Gebiet der Alkaloide: Medicinskaja Promyšl. SSSR **1949**, Nr. 5, 20–24 [russ.].

Zum 75. Geb.tag R. A. Konovalova, M. S. Rabinovič, Chimičeskaja Nauka i Promyšl. **1** ('56) 469–71.

Zur Bibliogr. Aleksandr Pavlovič Orechov (Z. M. Karasik) (Moskva '39) 22 S. (Akademija nauk SSSR. Spiski trudov naučnych rabotnikov SSSR, Ser. chimičeskich nauk, 2). — V. M. Rodionov in: Jubilejnyj sbornik [Akademii nauk SSSR] posvjaščennyj tridcatiletiju Velikoj Oktjabr'skoj socialističeskoj revoljucii [Jubiläumsband der Akademie der Wissenschaften der UdSSR zum 30. Jahrestag der Großen Sozialistischen Oktoberrevolution] **1** (Moskva–Leningrad '47) 683–91: Die Arbeiten A. P. Orechovs auf dem Gebiet der Chemie der Alkaloide [russ.].

Teilsammlungen A. P. Orechov, Chimija alkaloidov rastenij SSSR [Alkaloidchemie der Pflanzen der UdSSR] (M. I. Kabačnik u. a.) (Moskva '65) 391 S. (m. Bildn. u. Schr.verz.-Auszug 104 Nrn.). — A. P. Orechov, Vnutrimolekuljarnye peregruppirovki. Issledovanija v oblasti teoretičeskoj organičeskoj chimii [Innermolekulare Umlagerungen. Untersuchungen auf dem Gebiet der theoretischen organischen Chemie] (M. I. Kabačnik) (Moskva '65) 312 S. (m. Bildn.); darin S. 5–13: R. A. Konovalova, Das Akademiemitglied Aleksandr Pavlovič Orechov, Skizze über sein Leben und seine Tätigkeit [russ.]; 14–22: Schr.-verz.; 23–32: S. I. Sergievskaja, Die Arbeiten A. P. Orechovs auf dem Gebiet der organischen Chemie [russ.].

W. Chimija alkaloidov [Die Chemie der Alkaloide] (Moskva '38) 623 S.; 2. Aufl. berichtigt u. ergänzt v. R. A. Konovalova u. A. A. Konovalova [2]('55) 860 S. (m. Bildn.).

Arch. Pharm. u. Ber. dtsch. pharm. Ges. Über die Alkaloide von Leontice eversmannii Bge., 1[7]): **270** ('32) 329–34. — Über die Alkaloide von Convolvulus pseudo-cantabricus Schrenk, 1[7]): **271** ('33) 145–48. — Über die Alkaloide von Berberis heteropoda: 323–27. — Über die Alkaloide von Vinca pubescens[3])[13]): **272** ('34) 70–74. — Untersuchung einiger Heil- und Giftpflanzen der UdSSR auf ihren Alkaloidgehalt: 673–91. — Untersuchungen in der Reihe des Harmins und Harmalins, 1: Über die N-Alkyl-Derivate des Harmins und Harmalins[7]): 748–61; ∼ 2: Nitro- und Amino-Derivate des Harmins und Harmalins; O-Alkyläther des Harmols und Harmalols[7])[14]): **273** ('35) 156–63. — Über die Alkaloide von Cytisus caucasicus[13]): 369–72.

Ber. dtsch. chem. Ges. Über die Alkaloide von Anabasis aphylla, 2: Zur Konstitution des Anabasins[11]): **65** ('32) 232–34; ∼ 3: Über die hochsiedenden Basen[11]): 234–41; ∼ 4: Über N-Alkyl-Derivate des Anabasins sowie über das angebliche Vorkommen von Methyl-anabasin in Anabasis aphylla[13]): 724–29; ∼ 5: Über das N-Amino-anabasin und über racemisches Anabasin[13]): 1126–30; ∼ 6: Über die Hydrierung des Anabasins[1]): **66** ('33) 466–68; ∼ 7: Aminierung des Anabasins und N-Methyl-anabasins mit Natriumamid[11])[2]): **67** ('34) 289–92; ∼ 8: Über einige Oxydationsprodukte des Anabasins[11])[10]): 1157f.; ∼ 9: Über die Oxydation des Methyl- und Benzoyl-anabasin-jodmethylats[11])[2]): 1398–402; ∼ 10: Über die Reduktion des Aphyllidins[13]): 1845–49; ∼ 11: Über den Hofmannschen Abbau des Aphyllidins[13]): 1974–79. — Über Sophora-Alkaloide, 1: Über die Alkaloide des Krautes von Sophora pachycarpa[15])[7]): **66** ('33) 621–25; ∼ 2: Über die Alkaloide von Thermopsis lanceolata[13])[3]): 625–30; ∼ 3: Über die Alkaloide des Krautes von Sophora alopecuroides: 948–51; ∼ 4: Über die Alkaloide der Samen von Sophora pachycarpa[14]): **67** ('34) 77–83; ∼ 5: Über die Neben-Alkaloide von Thermopsis lanceolata[13])[3]): 1394–98; ∼ 6: Über die hochsiedenden Basen des Krautes von Sophora pachycarpa; Beiträge zur Kenntnis des Sophoridins und Sophocarpins[15])[7]): 1850–55; ∼ 7: Über die Alkaloide von Sophora flavescens und über die Identität des Sophocarpidins mit dem Matrin[14]): **68** ('35) 429–31; ∼ 8: Alkaloide aus dem Samen und aus dem Kraute von Sophora alopecuroides[14])[7]): 431–36; ∼ 9: Beiträge zur Kenntnis des Thermopsins[3]): 820–22. — Über die Alkaloide von Salsola richteri [,1][14]): **66** ('33) 841–43; ∼ 2: Die Konstitution des Salsolins[14]): **67** ('34) 878–84. — Über die Alkaloide von Convolvulus pseudo-cantabricus, 2[7]): 1153–56; ∼ 3: Konstitution des Convolvins und Isolierung von zwei neuen Basen[7]): **68** ('35) 814–19. — Konstitution und Synthese des Salsolins[16])[8]): **67** ('34) 1214–17. — Über die Konstitution des Anabasins. Zu A. Wenusch und R. Schöller: Beitrag zur Kenntnis der Konstitution des Anabasins: 1606. — Über die Alkaloide von Arundo donax L.[13]): **68** ('35) 436f. — Über Senecio-Alkaloide, 1: Die Alkaloide von Senecio platyphyllus D. C.: 650–55; ∼ 2: Zur Kenntnis des Platyphyllins[7]): 1886–90; ∼ 3: Abbau des Platynecins zum Heliotridan[7]): **69** ('36) 1908–13. — Über die Alkaloide von Ammodendron conollyi Bge., 1[14]): **68** ('35) 1807–09. — Über Alkaloide der Papaver-Arten, 1: Alkaloide von Papaver armeniacum und Papaver orientale[7])[4]): 2158–63; ∼ 2: Die Alkaloide von Papaver floribundum[7])[4]): 2277–82. — Über die Alkaloide von Ungernia sewerzowii (Rgl.) Fedsch.[13]): **69** ('36) 500–03. — Die Identität von Ungernin mit Tazettin[16])[8]): 2446f.

Bull. Soc. chim. France Sur les alcaloïdes de Salsola richteri, 3: Sur la salsoline optiquement active, ainsi que sur l'isolement de deux alcaloïdes nouveaux[14]): (5) **4** ('37) 1265–71; ∼ 4: Sur quelques propriétés de la salsolidine[14]): **6** ('39) 144–48. — Sur les alcaloïdes du séneçon, 4: Alcaloïdes de Senecio vulgaris; dégradation de la sénécionine[7]): **4** ('37) 1285–90; ∼ 5: Sur la constitution de la sénéciphylline[7]): 2037–42. — Sur les alcaloïdes de Ammodendron conollyi: Constitution de l'ammodendrine[14]): **5** ('38) 29–38. — Sur les alcaloïdes de Magnolia fuscata[14]): 1357–60. — Sur les alcaloïdes des Papavéracées, 3: Sur les alcaloïdes de Roemeria refracta D. C.[7])[4]): **6** ('39) 811–17; ∼ 4: Sur les alcaloïdes de Roemeria refracta D. C.; constitution de la roemérine et synthèse du 2.3-méthylène-dioxy-phénanthrène[7])[4]): 1479–85; ∼ 5: Sur les alcaloïdes de Roemeria refracta D. C.; constitution de la roemérine[4])[7]): **7** ('40) 70–77. — Sur les alcaloïdes des aconits, 1: Sur les alcaloïdes de Aconitum talassicum[7]): 95–105.

Chimiko-farmacevtičeskij Promyšl. Über die Alkaloide von Anabasis aphylla, 3: Untersuchung der hochsiedenden Alkaloide[11]): **1932,** 10–20; ∼ 4: Über Alkyl-Derivate des Anabasins sowie über das scheinbare Vorkommen von Methyl-anabasin in Anabasis aphylla[13]): 407–11; ∼ 5: Über N-Amino-anabasin und über racemisches Anabasin[13]): **1933,** 109–13; ∼ 6: Über die Anabasinhydrierung[1]): 188–90; ∼ 7: Aminierung des Anabasins und des N-Methyl-anabasins[11])[2]): **1934,** Nr. 4, 27–; ∼ 8: Oxydation des Benzoyl-anabasins mittels Kaliumpermanganat[9])[11]): Nr. 6, 7f.; ∼ 9: Die Oxydation der Jodmethylate des Methyl- und des Benzoyl-anabasins[2])[11]): **1935,** Nr. 2, 94–97. — Alkaloide von Leontice eversmannii[7]): **1932,** 371–75. — Über die Alkaloide von Convolvulus pseudo-cantabricus, 1[7]): **1933,** 52–54. — Untersuchung der Alkaloide von Berberis heteropoda: **1934,** Nr. 1, 19–22. — Untersuchung der Alkaloide von Salsola richteri [,1][14]): Nr. 2, 8–10; ∼ 2: Über die Konstitution des Salsolins[14]): Nr. 5, 5–10. — [Über Sophora-Alkaloide, 1:] Untersuchung der Alkaloide des Krautes von Sophora pachycarpa[15])[7]): Nr. 3, 5–8; ∼ 2: Untersuchung der Alkaloide von Thermopsis lanceolata[13])[3]): 9–13; ∼ 3: Die Untersuchung der Alkaloide von Sophora alopecuroides: Nr. 5, 10–13. — Untersuchung der Alkaloide von Vinca pubescens[13])[3]): Nr. 4, 9–12. — Ergebnisse der orientierenden Untersuchung von Pflanzen der UdSSR auf ihren Alkaloidgehalt: Nr. 6,

3-6; **1935**, Nr. 1, 9-19. — — Alle Arbeiten russ.

Dokl. Akad. Nauk SSSR Zur Konstitution des Oxypachycarpins[5][6]): **31** ('41) 335-38 [russ.].

Izvest. Akad. Nauk SSSR, Otdel. chim. Nauk Über die neuesten Arbeiten auf dem Gebiet der Chemie der Alkaloide: **1936**, 935-55 [russ.]. — Über die Alkaloide von Salsola richteri[14]): 957-60 [~]. — Über die Alkaloide von Senecio-Arten[11])[17])[3])[7]): 961-67 [~].

Vestn. Akad. Nauk SSSR Perspektiven der Entwicklung der sowjetischen Alkaloidchemie: **1939**, Nr. 2/3, 115- [russ.].

Ž. obščej Chim. Untersuchungen in der Reihe des Harmins und Harmalins, 1: Über N-Alkyl-Derivate des Harmins und Harmalins[7]): **6** ('36) 487-; ~ 2: Nitro- und Amino-Derivate des Harmins und Harmalins, O-Alkyläther des Harmols und Harmalols[7])[14]): 1256-62. — Über die Alkaloide von Convolvulus pseudo-cantabricus[7]): **7** ('37) 646-53. — Untersuchung der Alkaloide von Arundo donax[13]): .673-75. — Untersuchung der Alkaloide von Cytisus caucasicus[13]): 743-46. — Untersuchung der Alkaloide von Cytisus ratisbonensis[13]): 853-56. — Untersuchung der Alkaloide von Ungernia sewerzowii (Rgl.) Fedsch.[13]): 902-05. — Untersuchung der Alkaloide von Genista tinctoria[13])[12]): 906-10. — Über die Alkaloide von Anabasis aphylla, 13: Die optische Aktivität des Anabasins in Abhängigkeit von der Methode der Isolierung aus der Pflanze, der Natur des Lösungsmittels und der Konzentration[13])[12]): 951-55; ~ 14: Über die Struktur von Aphyllidin und Aphyllin: 2048-62. — Über die Alkaloide der wildwachsenden Mohnarten, 1: Alkaloide von Papaver orientale und Papaver armeniacum[7])[4]): 1791-96; ~ 2: Alkaloide von Papaver floribundum[7])[4]): 1797-802; Über die Alkaloide der Papaveraceen, 3: Über die Alkaloide von Roemeria refracta D.C.[7])[4]): **9** ('39) 1356-64; ~ 4: Über die Alkaloide von Roemeria refracta D. C.; Konstitution des Roemerins und Synthese des 2,3-Methylendioxyphenanthrens[7])[4]): 1507-11; ~ 5: Über die Alkaloide von Roemeria refracta; Konstitution des Roemerins [4])[7]): 1868-76; ~ 6: Über die Alkaloide von Glaucium fimbrilligerum[7])[4]): 1939-46; ~ 7: Über die Alkaloide von Papaver armeniacum; Struktur des Armepavins[4])[7]): **10** ('40) 641-48. — Über die Alkaloide von Salsola richteri, 3: Über das optisch-aktive Salsolin, sowie über die Isolierung von zwei neuen Alkaloiden[14]): **7** ('37) 1999-2006; ~ 4[14]): **9** ('39) 415-18. — Untersuchung der Alkaloide von Senecio-Arten [,1-3:] Alkaloide von Senecio platyphyllus[7]): **8** ('38) 273-87; ~ 4: Alkaloide von Senecio vulgaris[7]): 391-95; ~ 5: Über die Konstitution des Seneciphyllins[7]): 396-401. — Über die Alkaloide aus Ammodendron conollyi Bge. Über die Struktur des Ammodendrins[14]): 308-18. — Über die Alkaloide von Magnolia fuscata, 1[14]): **9** ('39) 126-28; ~ 2: Struktur des Magnolins[14]): **10** ('40) 707-13. — Über die Alkaloide von Fritillaria sewerzowii[4])[7]): **9** ('39) 1911-14. — Über Aconit-Alkaloide, 1: Über die Alkaloide von Aconitum talassicum[7]): **10** ('40) 745-55. — — Alle Arbeiten russ.

Mit: 1) D. A. Brodskij; 2) A. A. Grigorovič; 3) E. L. Gurevič; 4) S. Ju. Junusov; 5) M. I. Kabačnik; 6) T. Kefeli; 7) R. A. Konovalova; 8) F. Kuffner; 9) I. B. Losik; 10) M. Losik; 11) G. P. Men'šikov; 12) T. N. Narkuziev; 13) S. S. Norkina; 14) N. F. Proskurnina; 15) M. S. Rabinovič; 16) E. Späth; 17) E. S. Ždanovič.

VI **ORLOV,** Aleksandr Jakovlevič. Astron., Geophysik, Geodäsie. — 1898-1905 Stud. an d. Universitäten in Petersburg, Paris, Göttingen, Lund; '05-07 Hilfsastronom, '08-12 Astronom, Observat. d. Univ. Tartu; '07-08 Observator, Hauptobservat. Pulkovo; '12-13 Leiter d. Errichtung einer geophysikal. Station in Tomsk; '13-34 außerord. Prof. u. Dir. d. Observat., Univ. Odessa; '15 Dr. d. Astron. u. Geod., Univ. Petersburg; '26 Gründer, '26-34 u. '39-50 Dir. d. Gravimetr. Observat. Poltava ('41-43 evakuiert nach Irkutsk); '34-38 wiss. Mitarbeiter, Šternberg-Inst. f. Astron. u. Geodät. Inst., Moskva; '44-49 u. '50-51 Dir. d. Astron. Hauptobservat. d. Akad. Wiss. UdSSR in Pulkovo; '45 Begründer, '45-48 u. '50-51 Dir., Observat. d. Ukrain. Akad. Wiss. bei Kiev. — '51 Ehrentitel „Verdienter Wissenschaftler" (UdSSR). (⊠)

*1880, Apr. 6 (März 25), Smolensk; †1954, Jan. 28, Kiev.

Nekr. Z. N. Aksent'eva in: Trudy 11-j Vsesojuznoj astrometričeskoj konferencii [Arbeiten der 11. Astrometrischen Unionskonferenz] (Leningrad '55) 178-82 [russ.]. — B. A. Orlov, ibid. 182-84 [französ.]. — Z. N. Aksent'eva, Trudy poltavsk. gravimetrič. Observat. **5** ('55) 3-16 (m. Bildn. u. Schr.verz. 139 Nrn.). — Z. N. Aksent'eva, E. P. Fedorov, Astronomičeskij Cirk. Nr. **146** ('54) 1.

Teilsammlung A. Ja. Orlov, Izbrannye trudy [Ausgewählte Arbeiten] 1 (Kiev '61) 355 S. (m. Bildn.), darin 7-31: Z. N. Aksent'eva, Skizze über Leben und Werk A. Ja. Orlovs [russ.], 33-37: Schr.verz.; erstmalig veröffentlichte Arbeiten von A. J. Orlov S. 234-: Analyse von Beobachtungen am Zenitteleskop in Pulkovo 1915-1928 [russ.], 261-: Breitenbestimmung nach dem Verfahren der „gleichen Höhen" [~], 270-: Der Breitendienst [~]; **2** ('61) 320 S., darin erstmalig veröffentlicht: 316–18: Boris Semenovič Jakobi zum 75. Todestag [1949] [russ.]; **3** ('61) 243 S.

H. Korotkyj astronomičnyj kalendar na 1948 g. [Kurzer astronomischer Kalender für das Jahr 1948] (Kyïv '48) 24 S.; ~ 1949 g. ('49) 28 S.; 1950 g. ('49) 26 S. – (Redakt.) Trudy 2-j Vsesojuznoj širotnoj konferencii [Arbeiten der zweiten Unions-Breitenkonferenz] Moskva 1949 (Kiev '50).

HZ. (Hauptredakt.) Trudy poltavsk. gravimetrič. Observat. **2** ('48) – **4** ('51).

S. S. P. Glazenap, Matematičeskie i astronomičeskie tablicy [Mathematische und astronomische Tabellen] (A. N. Krylov) (Leningrad '32) 176–80: Harmonische Analyse [russ.]. – C. R. 7e Séance de la Commission géodésique baltique, Léningrad et Moscou 1934, 2 (Helsinki '35) 319–39: Über die Dreiachsigkeit des Trägheitsellipsoids der Erde aus Breitenbeobachtungen. – Trudy Soveščanija po metodam izučenija dviženij i deformacii zemnoj kory [Arbeiten der Konferenz über Methoden der Untersuchung der Bewegung und der Deformation der Erdrinde], Moskva 1944 (Moskva '48) 143–48: Über Breitenschwankungen in Batavia auf der Insel Java [russ.]. – Sprawozdania Polskiego Towarzystwa Astronomicznego, **3** (Wrocław '51) 36–44: Sowjetische Untersuchungen von Polverlagerungen, Breitenänderungen und gravimetrischen Schwankungen (1915–1950) [poln.]. – Sur le but et le programme d'observation du Service International de Latitude (Moskva '54) 13–18, 83–88: Über die säkulare Polbewegung [russ. m. französ. Zusammenfassg.]; 65–72, 103–06: Vorschläge der Astronomen der UdSSR für Kommission Nr. 19 („Breitenschwankungen")[1])[2])[3]) [~]. – Trudy 10-j vsesojuznoj astrometričeskoj konferencii [Arbeiten der 10. Astrometrischen Unionskonferenz], Pulkovo 1952 (Leningrad '54) 25f.: Ergänzung zum Bericht der Breiten-Unterkommission [russ.].

W. Lunnye i nekotorye drugie periodičeskie členy v pulkovskich nabljudenijach δ Cassiopeiae [Durch den Mond verursachte und einige andere periodische Glieder in den Pulkovoer Beobachtungen von δ Cassiopeiae] (Leningrad '34) 99 S. (Beilage zu: Trudy Astronomičeskoj konferencii v Pulkove 1932g.). – Kurs teoretičeskoj astronomii. (Opredelenie orbit planet i komet pri pomošči sčetnych mašin) [Lehrgang der theoretischen Astronomie (Bestimmung von Planeten- und Kometenbahnen mit Hilfe von Rechenmaschinen)] (m. B. A. Orlov) (Moskva–Leningrad '40) 198 S. – Poltavskaja observatorija [Das Observatorium in Poltava] (Kiev '41) 40 S. – Služba široty. Services des latitudes (Moskva' 58) 126 S. [russ. u. französ.].

Astronomičeskij Cirk. Über die Änderungen der mittleren Breite von Greenwich: Nr. **25** ('43) 2. – Die Polbewegung im Jahre 1940: Nr. **33** ('44) 5. – Die Polbewegung von 1949.6 bis 1950.6: Nr. **105** ('50) 5f. – Über die halbmonatliche Breitenschwankung nach Beobachtungen von δ Cassiopeiae in Pulkovo: Nr. **107** ('50) 1. – Die Polkoordinaten im Jahre 1950: Nr. **110** ('51) 7. – Die Polhodie 1948.9–1950.3: Nr. **113/114** ('51) 10. – Die Polhodie 1950.2–1951.3 nach Breitenbeobachtungen in Poltava: 12f. – Über die Nutationsformeln in Deklination: Nr. **116** ('51) 16. – Die Polhodie 1948.9–1950.9 nach internationalen Unterlagen und nach Beobachtungen in Pulkovo: Nr. **126** ('52) 17f. – Die Polhodie 1950.9–1952.0 nach Breitenbeobachtungen in Pulkovo und Poltava: 18f. – Verbesserung des halbmonatlichen Nutationsgliedes nach den Breitenbeobachtungen in Pulkovo 1915–28: 19f. – Der Breitendienst der UdSSR: Nr. **132** ('52) 6–8. – Die Polbewegung im Jahre 1951 nach internationalen Daten. Extrapolation bis 1953.1: 8f. – Die halbjährliche Schwankung der Rotationsachse der Erde: 9. – – Alle Beiträge russ.

Astronomičeskij Ž. Solar and lunar variations of elements of terrestrial magnetism from observations made at Koutchino [Kučino] in 1933: **13** ('36) 40–44 [russ. m. engl. Zusammenfassg.]. – Sowjetische Arbeiten zur Frage der Erdgezeiten: 407–11 [russ.]. – Die freie Nutation nach Beobachtungen in Pulkovo 1842–1912: **14** ('37) 64–81 [~].

Astronomische Nachr. Die Boccardischen und Courvoisierschen Wellen in den Pulkowaer Beobachtungen von δ Cassiopeiae: **246** ('32) 427–30.

Bjul. gos. astron. Inst. im. Šternberga Polhöhenschwankungen nach Breitenbeobachtungen in Pulkovo, Greenwich, Washington und auf drei internationalen Stationen von 1915.8 bis 1928.0: Nr. **7** ('41) 5–26 [russ.]. – Verschiebung der augenblicklichen Lage des Erdpols gegenüber seiner mittleren Lage während der 46 Jahre von 1892 bis 1938: Nr. **8** ('41) 5–34 [~].

Dokl. Akad. Nauk SSSR Die Bewegung des Pols von 1891.5 bis 1940.0: **37** ('42) 304–09. – Über die Änderungen der mittleren Breite von Greenwich: **42** ('44) 391–95. – Über die Dreiachsigkeit der Erde: **43** ('44) 343–45. – Über die Breitenänderungen von Batavia auf der Insel Java: **51** ('46) 421–24. – Über die mittlere jährliche Schwankung der Trägheitshauptachsen der Erde: 507f. – Vergleich der Breitenbeobachtungen von 1915.8 bis 1929.0 in Pulkovo und Washington: **67** ('49) 37–40. – Die Bewegung des Erdpols von 1939 bis 1949: **78** ('51) 649–52. – – Alle Arbeiten russ.

Dopovidi Akad. Nauk Ukraïns'k. RSR Die Bewegung des Erdpols in der Zeit 1935.0–1940.0: **1943**, Nr. 1/2, 3–24 [ukrain.]. – Über die Breitenschwankungen, beobachtet in Pulkovo an δ Cassiopeiae: 25–31 [~].

Izvest. Akad. Nauk SSSR, Ser. geogr. i geofizič. Bestimmung der durch den Mond verursachten geomagnetischen Schwankungen mit Hilfe von Rechenmaschinen: **1937,** 195–206 [russ.]. — Über Deformationen der Erde nach Beobachtungen in Tomsk und Poltava mit Horizontalpendeln: **1939,** 3–29 [~].

Izvest. vses. Tresta osnovn. geod. i gravimetr. Rabot Schwerkraftbestimmung im Altaigebirge (Oirotien): **1** ('35) 7–18 [russ.]. — Die Schwerebeschleunigung in Poltava, im Unionsinstitut für Metrologie und Standardisierung und in Černigov: 38–40 [~].

Mirovedenie Über vom Mond verursachte Gezeiten in der Erdatmosphäre nach Beobachtungen in Moskau: **24** ('35) 64–71 [russ.]. — Über den Pol und seine Bewegung: **26** ('37) 202–13 [~]. — Lomonosov über die Polverlagerung und die Bewegung der Kontinente: 214–16 [~].

Priroda [SSSR] Die Lichtgeschwindigkeit: **1944,** Nr. 1, 12–25 [russ.].

Sborn., Central'nyj naučno-issled. Inst. Geodez., Aèros-emki i Kartogr. Bestimmung der Koordinaten des Pols aus Breitenbeobachtungen ohne Anwendung der Kettenmethode: Nr. **5** ('39) 62–87 [russ.].

Sborn. naučno-techn. i proizvodstv. Statej po Geodez., Kartogr., Topogr., Aèros-emke i Gravimetrii Über die Genauigkeit von Bestimmungen der Polkoordinaten durch Breitenbeobachtungen auf Stationen, die nicht auf ein und demselben Breitenkreis liegen: Nr. **14** ('46) 23–26 [russ.].

Trudy central'n. naučno-issled. Inst. Geodez., Aèros-emki i Kartogr. Die Polbewegung 1935.0–1940.0: Nr. **43** ('49) 5–17 [russ.].

Trudy poltavsk. gravimetrič. Observat. Das Gravimetrische Observatorium der Akademie der Wissenschaften der Ukrainischen Sowjetrepublik in Poltava: **3** ('50) 3–12 [russ.]. — Eine neue Methode zur vorläufigen Berechnung der Polkoordinaten, die vom sowjetischen Breitendienst angewendet wird: **5** ('55) 17–25 [~].

Vestn. Akad. Nauk SSSR Vergleich von Beobachtungen in Pulkovo und in Washington: **1948,** Nr. 5 [russ.].

Mit: [1]) E. P. Fedorov; [2]) K. A. Kulikov; [3]) M. S. Zverev.

VI **ORLOV,** Egor Ivanovič. Chem., Chem. Technol. — Bis 1894 Stud., Staatsuniv. Moskva; 1894–1911 Doz., Chem.-Technol. Fachschule, Kostroma; '11–31 Prof., später auch Leiter d. Labor. f. mineral. Stoffe, ca. '26 Dekan d. chem. Fak., Technol. Inst. „I. V. Lenin“, Char'kov; '27–31 Dir., Ukrain. Forschungsinst. f. Silikatindustrie, Char'kov; '32– Lehrbeauftragter, Chem.-Technol. Inst. „D. I. Mendeleev“, Moskva; Prof. u. Leiter d. Lehrstuhls f. allg. Chem. u. Technol., Unionsinst. f. Lederindustrie, Moskva. — Ehrentitel „Verdienter Wissenschaftler u. Techniker d. RSFSR“; Rotbannerorden (UdSSR). (⊠)

*1865, Febr. 14 (2), Pokrov, Kreis Knjaginino, Gouv. Nižnij-Novgorod; †1944, Okt. 14, Moskva.

Zum 75. Geb.tag E. Burkser, Visti Akad. Nauk Ukraïns'k. RSR **1940,** Nr. 2, 62–65.

Nekr. P. P. Budnikov, Visti Akad. Nauk Ukraïns'k. RSR **1945,** Nr. 2/3, S. 77. — V. S. Kiselev, I. I. Kitajgorodskij, D. N. Polubojarinov u. a., Chimičeskaja Promyšl. **1944,** Nr. 10/11, S. 35. — A. A. Sosnin u. a., Stekol'naja i keram. Promyšl. **1944,** Nr. 10/11, S. 21 (m. Bildn.).

Zur Biogr. V. I. Atroščenko, M. I. Nekrič, E. I. Orlov – ein hervorragender Wissenschaftler unseres Landes: Trudy char'kovsk. politechn. Inst. im. Lenina Nr. **8** ('56) (= Ser. chim. Technol. Nr. 3) 3–12 [russ.] (m. Bildn. u. Schr.verz., 130 Nrn.). — R. L. Pevzner, Orlov und seine Rolle in der vaterländischen Wissenschaft: Ogneupory **1950,** Nr. 5, 195–99 [russ.] (m. Bildn.). — R. L. Pevzner, Priroda [SSSR] **1951,** 86–89 (m. Bildn.); Steklo i Keramika **1950,** Nr. 7, S. 3. — K. V. Puzickij, Ja. T. Èjdus, Die Arbeiten E. I. Orlovs auf dem Gebiet der organischen Synthese und Katalyse: Trudy Inst. Istorii Estestvoznanija i Techn. **35** ('61) 185–96 [russ.] (m. Schr.verz.-Auszug 55 Nrn.).

S. Trudy VI Vsesojuznogo Mendeleevskogo s-ezda po teoretičeskoj i prikladnoj chimii [Arbeiten des 6. Mendeleev-Unionskongresses für theoretische und angewandte Chemie] Char'kov 1932, **2,** 1 (Char'kov–Kiev '35) 378–95: Anwendung der Chemie auf die Metallurgie [russ.].

W. Formal'degid. Ego dobyvanie, svojstva i primenenie [Formaldehyd. Seine Gewinnung, Eigenschaften und Verwendung] [2](Leningrad '35) 448 S. — Issledovanija v oblasti kinetiki chimičeskich reakcij i kataliza [Forschungen auf dem Gebiet der Kinetik chemischer Reaktionen und der Katalyse] [2](Char'kov–Kiev '36) 297 S. — Glazuri, èmali, keramičeskie kraski i massy [Glasuren, Emails, keramische Farben und Massen] **1** [3](Moskva–Leningrad '37) 167 S.; **2** [3]('38) 108 S.

Stroitel'nye Mater. Mörtel aus Rohgips und Löschkalk[1]): **1937,** Nr. 8, 33–36 [russ.].

Ferner eine Abhandlung für die Staatliche Plankommission der UdSSR „Itogi i perspektivy ispol'zovanija sul'fitnych ščelokov

v SSSR“ [Bilanz und Perspektiven der Verwertung von Sulfitlaugen in der UdSSR] ('35).
Mit: [1]) A. V. Volženskij.

VI **ORLOV,** Michajlo Chrisanfovič.
Math. — Bis 1924 Stud., Volksbildungsinst. Kiev; '24–29 Doz. u. wiss. Mitarbeiter an verschiedenen Hoch- u. Fachschulen u. Instituten in Kiev, '29 zum Prof. ernannt; '29–34 Dir., Math. Forschungsinst. Char'kov; '34–36 Prof., Univ. Kiev; '34–36 wiss. Sekretar d. Math. Inst., Akad. Wiss. d. Ukrain. SSR. (⊠)
*1900, Jan. 7 (1899, Dez. 25), Kiev;
†1936, Okt. 17.

Za marksysts'ko-lenins'ke Pryrodoznavstvo Über Voltaires biologisch-mathematische Forschungen: **1933**, Nr. 1/2, 110–22 [ukrain.].

Ž. Inst. Mat., Kiev La solution numérique des équations différentielles linéaires du 2me ordre: **1935/36**, Nr. 1, 43–47 [ukrain. m. französ. Zusammenfassg.]. — Sur le calcul de la trajectoire du mouvement d'un projectile à ultragrande portée: Nr. 2, 45–53 [~]. — Sur la solution approchée des équations: 55–58 [ ]. — Sur quelques formules approchées pour les intégrales elliptiques complètes: Nr. 3/4, 41–44. — Sur les polynômes de Laguerre et d'Hermite: 45–50. — Quelques remarques sur l'équation différentielle de Tchébychef: **1936**, Nr. 1, 63–71 [ukrain. m. französ. Zusammenfassg.].

Ž. mat. Cyklu, Vseukraïns'ka Akad. Nauk Über die angenäherte Auswertung von Doppelintegralen: **1932**, Nr. 1, 39–46 [ukrain. m. deutscher Zusammenfassg.].

Zap. Mat. (i Mech.), Char'kov Über die angenäherte Auswertung von Stieltjes-Integralen: (4) **6** ('33) 47–60. — Über ein Problem von Liapounoff: **9** ('34) 63f.

VI **ORLOV,** Sergej Vladimirovič.
Astron. — 1899–1904 Stud., '02–04 Assist. am Observat., Staatsuniv. Moskva; '06–20 Mathematiklehrer u. '17–20 Konrektor an einem Gymnasium, Moskva; '20–22 Prof. u. Leiter d. Lehrstühle f. Astron. u. Physik, Univ. Perm'; '23–34 Stellvertr. Dir. d. wiss. Abteilg., Staatl. Astrophysikal. Inst.; '26–52 Prof., '40–52 Leiter d. Lehrstuhls f. Kometenastron., Staatsuniv. Moskva; '31–43 wiss. Mitarbeiter, '43–52 Dir., '52–58 Leiter d. Abteilg. f. Kometenastron., Staatl. Astron. Inst. „P. K. Šternberg“, Moskva; '36 Dr. d. physikal.-math. Wiss. — '43 Stalinpreis II. Kl., '44, '45 Rotbannerorden, '55 Leninorden (UdSSR); '59 (postum) Bredichin-Preis (Akad. Wiss. UdSSR).
*1880, Aug. 18 (6), Moskva;
†1958, Jan. 12, Moskva.

Zur 40jähr. wiss.-päd. Tätigkeit Cirkuljar stalinabadsk. astron. Observat. **1948**, Nr. 64/65, S. 1.

Zum 70. Geb.tag V. Arsent'ev, Astronomičeskij Cirk. Nr. **108** ('50) 16 f. — S. M. Poloskov, Priroda [SSSR] **1951**, Nr. 11, 73–75 (m. Bildn.). — Bjul. vses astron.-geod. Obšč. Nr. **10** ('51) 3 f. (m. Bildn.). — Vestn. Akad. Nauk SSSR **21** ('51) Nr. 6, 81–83.

Zum 75. Geb.tag Bjul. stalinabadsk. astron. Observat. Nr. **14** ('55) 3f.

Nekr. Astronomičeskij Cirk. Nr. **190** ('58) 1–3. — Astronomičeskij Ž. **35** ('58) 321f. (m. Bildn.). — Bjul. Komiss. po Kometam i Meteoram astron. Soveta, Akad. Nauk SSSR **1958**, Nr. 2, 53f.

H. (Redakt.) F. A. Bredichin, Ètjudy o meteorach [Meteorstudien] (Moskva '54).

S. Astronomija [Astronomie] (A. A. Kančeev) (Moskva–Leningrad '32) (Nauka v SSSR za 15 let, 1917–1932) 129–44: Die Fortschritte bei der Erforschung der Kometen und Meteore [russ.]. — Astronomija v SSSR za tridcat' let [30 Jahre Astronomie in der UdSSR] 1917–1947. Sbornik statej [Sammlung von Aufsätzen] (M. S. Zverev, P. P. Parenago, A. B. Severnyj) (Moskva–Leningrad '48) 83–88: Kometen [russ.]. — Astronomija v SSSR za sorok let [40 Jahre Astronomie in der UdSSR] 1917–1957 (Moskva '60) 165–73: Kometen[1]) [russ.]. — Fiziko-matematičeskij sbornik [Physikalisch-mathematischer Sammelband] (A. A. Butler, A. A. Verner, Ju. A. Stepanova) (Leningrad–Moskva '35) 141–44: Verwendung einer stereoskopischen Kamera für die Photogrammetrie [russ.]. — Bol'šaja sovetskaja ènciklopedija [Große Sowjetenzyklopädie] 6 [2](Moskva '51) 70–72: F. A. Bredichin [russ.].

W. Komety [Die Kometen] (Moskva–Leningrad '35) 195 S. — Kak opredelit' napravlenie i vremja po solncu i zvezdam? [Wie bestimmt man Richtung und Zeit nach der Sonne und den Sternen?] (m. I. F. Polak, B. M. Ščigolev, P. G. Kulikovskij) (Moskva–Leningrad '41) 20 S.; (Sverdlovsk '42) 32 S. — Priroda komet [Die Natur der Kometen] (Moskva–Leningrad '44) 164 S.; Neuausgabe: O prirode komet [Über die Natur der Kometen] (V. G. Fesenkov) (Moskva '58) 188 S. (m. Bildn.), ('60) 191 S. (m. Bildn.). — Golova komety i novaja klassifikacija kometnych form [Der Kometenkopf und eine neue Klassifikation der Kometformen] (Moskva '45) 91 S. — Fedor Aleksandrovič Bredichin, 1831–1904. Biografičeskij očerk [Biographische Skizze] (Moskva '48) 32 S. (Zamečatel'nye učenye Moskovskogo universiteta, 6). — Instrukcija dlja nabljudenij planet i komet [Anleitung zur Beobachtung von Planeten und Kometen] (m. V. A. Bronštèn) (Moskva-Leningrad '48) 16 S. (Vsesojuznoe astronomo-geodezičeskoe obščestvo). — Astrografy, reflektory i spektrografy [Astrographen, Reflektoren und Spektrographen] (Moskva '49) 32 S. (Moskovskij gosudarstvennyj universitet).

Astronomičeskij Cirk. Anweisung zur Beobachtung von Kometen mit Astrographen und Refraktoren: Nr. **48** ('46) 14f. [russ.]. — Bestimmung der Grenzgröße mit der Kamera aufgenommener Meteore durch eine statistische Methode: Nr. **150** ('54) 8f. [~].

Astronomičeskij Ž. Stereoscopic photography of comets: **9** ('32) 77–81 [m. engl. Zusammenfassg.]. — On the motion of the clouds in the tail of Morehouse's comet 1908 III: 163–65 [~]. — Cloud condensation in the tail of comet 1899 I (Swift): **10** ('33) 391–93 [~]. — On the repulsive forces of comet's nuclei: **11** ('34) 191–95 [~]. — On the structure of comet's head: **12** ('35) 1–20 [~]. — Entstehung der Gruppe kurzperiodischer Kometen: **13** ('36) 232–38 [m. deutscher Zusammenfassg.]. — Apparent radiants of cosmic meteor showers: 388–96 [m. engl. Zusammenfassg.]. — Multiple envelopes of comets possessing tails of the first type: **14** ('37) 130–34 [~]. — Diameters and masses of cometary nuclei: 135–40 [~]. — The type of the tail of comet 1862 III and the structure of its nucleus: 353–55 [~]. — Evolution and origin of comets: **16** ('39) Nr. 1, 3–27 [~]. — Meteoric streams and comets: **17** ('40) Nr. 1, 4–7 [~]. — Exceptional comets, 1: Comet 1892 III: 8–12 [~]; Außergewöhnliche Kometen, 3: Der große Septemberkomet 1882 II: **21** ('44) 201–04. — Repulsivbeschleunigung im Schweif des Kometen 1908 III (Morehouse): 205–10. — Leistung und Lichtstärke von Astrographen und Spektrographen: **22** ('45) 1–10. — Synchronen in Kometschweifen: 202–14. — Zur Verteidigung der neuen Klassifizierung der Kometenformen: **25** ('48) 289–98. — Der Verdünnungsfaktor bei den Berechnungen des Strahlungsdruckes der Sonne: **28** ('51) 219f. — Die Reflektoren von Maksutov und Schmidt: **30** ('53) 546–51. — The brightness of comets and activity on the solar surface: **33** ('56) 377–81 [m. engl. Zusammenfassg.]. — Radiation pressure and the gaseous tails of comets: 835–39 [~]. — Systèmes radiaux dans la tête de la comète 1908 III (Morehouse): **34** ('57) 237–40 [m. französ. Zusammenfassg.]. — Visual catalogues of absolute magnitudes of comets: **35** ('58) 486f. [m. engl. Zusammenfassg.]. — — Alle Arbeiten russ.

Bjul. Komiss. po Kometam i Meteoram astron. Soveta, Akad. Nauk SSSR Die Rolle der Basis bei der Bestimmung der Meteorbahnen: **1957**, Nr. 1, 24–28 [russ.].

Bjul. vses. astronomo-geod. Obšč. Anweisung zur Beobachtung von Kometen: Nr. **5** ('40) 3–7 [russ.].

Cirkuljar stalinabadsk. astron. Observat. Die Beobachtung von Meteoren von den Endpunkten einer Basis: Nr. **64/65** ('48) 2–6 [russ.].

Fizika v Škole Fedor Aleksandrovič Bredichin, 1831–1904: **1951**, Nr. 6, 81f. [russ.].

Izvest. Akad. Nauk SSSR, Ser. fizič. Kometen und Strahlungsdruck: **10** ('46) 399f. [russ.].

Meteoritika Asteroiden und Meteorite: **5** ('49) 3–13 [russ.].

Mirovedenie Spektroskopie der Kometen: **22** ('33) Nr. 2, 11–20 [russ.]. — Große Kometen: Nr. 4, 18–23 [~]. — Fortschritte der Kometenastronomie in der UdSSR, 1917–1937: **26** ('37) 326–32 [~].

Nauka i Žizn' Fedor Aleksandrovič Bredichin (zum 120. Geburtstag): **1951**, Nr. 12, 36f. [russ.].

Observatory Origin of sporadic meteors: **59** ('36) 132–35.

Priroda [SSSR] Der Bau eines Kometenkopfes: **1935**, Nr. 3, 1–7 [russ.].

Uč. Zap. mosk. gos. Univ. Geschichte des Staatlichen Astrophysikalischen Instituts, 1922–1931: Jubil. Ser., Nr. **58** ('40) 121–36 [russ.]. — Die Bedeutung F. A. Bredichins bei der Entwicklung der Wissenschaft: Nr. **91** ('47) 157–86 [~].

Usp. astron. Nauk Spektroskopie der Kometen: **4** ('35) 46–60 [russ.]. — Die Herkunft der Kometen: [N.F.] Nr. **2** ('41) 101–21 [~].

Vestn. mosk. Univ. Die Herkunft der Kleinen Planeten, Kometen und Meteorite: **4** ('49) Nr. 11, 43–52 [russ.].

Mit: [1]) S. M. Poloskov.

VI **ORMANDY,** William Reginald. Chem. (industr.). — Consulting and Research Chemist, London and Manchester. (☒)

*1870, Okt. 25;
†1941, Sept. 12, Moreton, Wirral, Cheshire.

Nekr. A. E. Dunstan, J. chem. Soc., London **1942,** 66; J. Inst. Petroleum **27** ('41) 448.

S. Proc. 1st World petroleum congress, London 1933 (A. E. Dunstan, G. Sell) **2** (London '34) 295–301: High-pressure experimental plant[1]).

Chemical Age The production of oil from coal; its technological and political view[1]): **29** ('33) 391f.

Colliery Guardian and J. Coal and Iron Trades Oil from coal[1]): **147** ('33) 749–51.

J. Inst. Fuel Oil from coal: **7** ('33) 71–.

J. Instn. Petroleum Technologists Miscibility of gasoline and some of its components with aliphatic alcohols of various strength[3])[2]): **20** ('34) 308–38. — A method for the determination of the alcohol content and water tolerance of alcohol-gasoline blends[3])[2]): 913–35.

Petroleum Times The production of oil from British coal[1]): **30** ('33) 551f., 579–81, 607f.

Trans., Inst. Marine Engr. Oil from coal[1]): **45** ('33) 239–54.

Mit: [1]) J. Burns; [2]) W. R. Davies; [3]) T. W. M. Pond.

VI **ORMONT,** Boris Filippovič. Chem. (physikal.). — 1927–31 Wiss. Mitarbeiter, '31–60 Leiter d. Labor. z. Erforschung d. Komplexverbindungen, '32– wiss. Leiter d. Ural-Abteilg., Karpov-Inst. f. physikal. Chem., Moskva; '35– ord. Mitglied d. Inst.; '40– Prof., Höhere Akad. Lehrgänge, Moskva; '39 Dr. d. chem. Wiss., Staatsuniv. Moskva; '61–76 Prof. u. Leiter d. Lehrstuhls f. physikal. Chem., Elektrotechn. Inst. „V. I. Lenin", Leningrad. — '41 Staatspreis (UdSSR).

*1900, Jan. 29 (16), Kiev.

H. (Hauptredakt.) Kačestvo materialov dlja poluprovodnikovoj techniki [Die Qualität der Werkstoffe für die Halbleitertechnik] (Moskva '59) (Postojannyj mežinstitutskij kollokvium po tverdym fazam peremennogo sostava. Trudy kollokviuma za 1957–1958); darin eigene Beiträge: 68–71: Aktivierungsanalyse des Sauerstoffs in Metallen und Halbleitern mit Hilfe der Reaktion $^{16}O(\gamma, n)^{15}O$ [2])[23]) [3])[48])[44]) [russ.]; 108–15: Standardisierung der Kennziffern ultrareiner Halbleiterwerkstoffe [~]. — (Redakt.) Soedinenija peremennogo sostava [Verbindungen mit variabler Zusammensetzung] (Leningrad '69); darin eig. Beiträge: Einführung, Kapitel 1 u. 2 [russ.].

S. Bol'šaja sovetskaja ėnciklopedija [Große Sowjetenzyklopädie] **59** (Moskva '35) 614–53: Chemie, 1: Die Entwicklung der Chemie bis zum 19. Jahrhundert; ~ 2: Die Chemie und die chemische Industrie im 19. Jahrhundert; ~ 3: Die Entwicklung der Chemie am Ende des 19. und zu Beginn des 20. Jahrhunderts; ~ 4: Die Entwicklung der verschiedenen Zweige der Chemie während der letzten 25 Jahre. [Alle Beiträge russ.]. — Bor. Trudy konferencii po chimii bora i ego soedinenij [Bor. Arbeiten der Konferenz zur Chemie des Bors und seiner Verbindungen] 1955 (Moskva '58) 5–18: Thermochemie und Thermodynamik des Bors und einiger Boride [russ.]; 177–81: Das System Bor–Kohlenstoff–Silicium und die Gewinnung von „Borundum" [9])[34]) [~]; 182–88: Großproduktion von „Borundum" und Prüfung seiner Eigenschaften[9])[34]) [~]. — Promyšlennoe ispol'zovanie petrurgičeskogo syr'ja Ukrainy [Die industrielle Verwertung des petrurgischen Rohmaterials in der Ukraine] (Kiev '59) 199–202: Gefärbte basaltähnliche Gußsteine aus künstlichen Chargen[39]) [russ.]. — Voprosy metallurgii i fiziki poluprovodnikov. Poluprovodnikovye soedinenija i tverdye splavy. Trudy 4-go soveščanija po poluprovodnikovym materialam [Fragen der Metallurgie und Physik der Halbleiter. Halbleiterverbindungen und feste Legierungen. Arbeiten der 4. Konferenz über Halbleitermaterialien], Moskva 1961 (N. Ch. Abrikosov) (Moskva '61) 5–17: Über die Rolle der modernen strukturthermodynamischen Vorstellungen bei Halbleiteruntersuchungen [russ.]. — Detskaja ėnciklopedija [Kinder-Enzyklopädie] **3** [2](Moskva '66) 370–: Der feste Körper und seine Rätsel [russ.]. — Problemy fiziki soedinenij $A^{II}B^{VI}$. [Materialy soveščanija] [Probleme der Physik der Verbindungen vom Typ $A^{II}B^{VI}$. Materialien einer Konferenz], Vil'njus 1972, **1** (Vil'njus '72) 337–40: Darstellung und Untersuchung von Zinktellurideinkristallen kontrollierter Zusammensetzung [russ.].

W. Chimija i stroenie materii [Chemie und Struktur der Materie] (Moskva–Leningrad '34) 466 S. — Struktury neorganičeskich veščestv [Strukturen anorganischer Stoffe] (Moskva–Leningrad '50) 968 S. (m. Bildn.). — Fizičeskaja chimija poluprovodnikov [Physikalische Chemie der Halbleiter] (Moskva '64) 56 S. (Novoe v žizni, nauke, technike, Ser. 11: Chimija, 9). — Soedinenija peremennogo sostava [Verbindungen mit variabler Zusammensetzung] (Moskva '67) 48 S. (~ 12). — Izloženie v kurse obščej chimii voprosov stroenija kristallov [Darlegung von Fragen zur Kristallstruktur im Lehrgang für allgemeine Chemie] (Moskva–Leningrad '66) 29 S. (Metodičeskaja ukazanija v pomošč' lektoru). — Vvedenie v fizičeskuju chimiju i kristallochimiju poluprovodnikov [Einführung in die physikalische Chemie und Kristallchemie der Halbleiter] (Moskva '68) 487 S.; [2]('73) 655 S.

Acta physicochim. URSS Valence maximale des éléments et structure des atomes, 1: **1** ('35) 745–51; ~ 2: 752–58; ~ 3: Dépendance de la stabilité des hydrures à liaison homopolaire de la structure et de la valence de leurs atomes centraux: **2** ('35) 533–46; ~ 4: Dépendance entre la stabilité des combinaisons métallo-organiques à liaison homopolaire et la structure de l'atome central et sa valence: 547–56; Maximale Wertigkeit der Elemente und Atombau, 5: Über die maximale Wertigkeit bei der Bildung von Hydriden, metallorganischen Verbindungen, Oxyden und Halogenverbindungen: 689–94; ~ 6: Quantencharakteristik der Valenzelektronen und die Schmelztemperaturen einfacher Stoffe: **4** ('36) 409–26; ~ 7: Quantencharakteristik der Valenzelektronen, Struktur und Gitterfestigkeit einfacher Stoffe: 427–40; ~ 8: Maximale Wertigkeiten der Elemente in Verbindungen und die Schmelztemperaturen einfacher Stoffe: **5** ('36) 405–16; ~ 9: Die physikalischen Eigenschaften und die Reaktionsfähigkeit der zur Koordinationssphäre gehörenden Moleküle: 593–603; ~ 10: Über chemische Bindungen in komplexen Ammoniakaten: **6** ('37) 115–30; ~ 11: Die Bildung chemischer Verbindungen und das periodische System der Elemente: **8** ('38) 811–47 [ ]. – Über die Bildung von Verbindungen von einwertigem Eisen, Kobalt, Nickel, Mangan und anderen Metallen: 848–56 [ ]. – Einige weitere Korrekturen zur Theorie und Nomenklatur der Komplexverbindungen: **9** ('38) 885–904. – On the value of the coordination number and the chemical formulae of complex compounds: **11** ('39) 87–96. – Über die Bedingungen der Bildung und der Stabilität von Carbonylen und komplexen Cyaniden: 585–602 [ ]. – Über die maximale Wertigkeit der Elemente der VIII. Gruppe des periodischen Systems der Elemente: 911–16. – Über die Bildung von Nitrosylen, Nitrosocarbonylen, Nitrosocyaniden und Nitrosohalogeniden: **12** ('40) 159–75. – Über die Bildung und die Stabilität von Halogen- und Cyanderivaten der Carbonyle und Carboxycyanide, 1: 411–32; ~ 2: 759–71. – Existence of a new type of chemical compounds – the cyanyls: **19** ('44) 571–75 [ ]. – Application of asymmetrical equilibrium diagrams to the investigation of complex systems: **20** ('45) 503–24, 737–42 [ ]. – On certain properties of real crystals of vanadium nitride: **21** ('46) 409–12. – Critical heats of formation and critical bond energies of chemical compounds: 412 f. – Critical bond energies and the stability of metal carbonyls: 413–22. – Chemical stability of metal carbonyls and carbonyl halides, 1: 741–48.

Dokl. Akad. Nauk SSSR Über die Bestimmung der Oberflächenspannung von Substanzen beim Schmelzpunkt[39]): **82** ('52) 751–53. – Struktur und Homogenitätsgrenzen der Tantalcarbide[39]): **96** ('54) 557–60. – Über die Möglichkeit einer Erhöhung der Dichte eines realen Kristalls mit Vergrößerung der Zahl nicht durch Atome besetzter Plätze des Kristallgitters[39]): 1017–19. – Über die Struktur der Carbidphasen des Vanadins[17]): 1165–68. – Abhängigkeit der Wärmetönungen und freien Energien der Bildung von Tantalcarbiden von der Phasen- und chemischen Zusammensetzung[39]): **100** ('55) 127–30. – Untersuchung des Gleichgewichtes im System ZrO_2–C bei hohen Temperaturen[23])[9]): **104** ('55) 567–70. – Über die Beziehung zwischen chemischer und mechanischer Festigkeit sehr harter Körper: **106** ('56) 687–90. – Abhängigkeit der Bildungswärme und der freien Bildungsenergie der Zirkoniumnitride von der Zusammensetzung und der Struktur[38])[23]): **115** ('57) 354–57. – Über die Beziehungen zwischen den energetischen, elektro-physikalischen und mechanischen Eigenschaften von Halbleitern: **124** ('59) 129–32. – Maximale Leerstellenkonzentration und Sättigungsdampfdruck einfacher Stoffe am Schmelzpunkt: **153** ('63) 1115–18. – Maximale Leerstellenkonzentrationen in binären Verbindungen: **166** ('66) 1393–96. – Über die Natur der Volumendefekte in festen Lösungen von Alkalihalogeniden[35])[30])[25]): **213** ('73) 1076–78. – Radiometrische Bestimmung des Ausmaßes begrenzter Volumendefekte in $TiO_{1,00}$- und MgO-Kristallen[35])[30])[39]): 1307–10. – – Alle Arbeiten russ.

Fizika Metallov i Metallovedenie Die Identitätsperiode von reinem metallischem Vanadium und der Einfluß von Sauerstoff auf ihre Änderung[17]): **4** ('57) 112–14 [russ.].

Fizika tverdogo Tela Die Anwendbarkeit der Methode des diffusen Reflexionsspektrums zur Bestimmung der Breite der verbotenen Zone ΔE_{phot} in pulverförmigen Proben[14]): **2** ('60) 3017–19 [russ.].

Izvest. Akad. Nauk SSSR, Neorg. Mater. Messung der elektrischen Leitfähigkeit von Halbleitern mit der Kontaktmethode unter Druck[42]): **1** ('65) 156–59. – Verwendung der diffusen Reflexionsspektren in der Phasenanalyse von Halbleitersystemen[14]): 1335–39. – Einfluß einer thermischen Behandlung von Cadmiumsulfidpulver in Schwefel- und Cadmiumdampf auf seine elektrische Leitfähigkeit[42]): **2** ('66) 70–73. – Einfluß der thermischen Behandlung von Cadmiumsulfidpulver in Schwefel- und Cadmiumdämpfen auf dessen elektrische Leitfähigkeit[42]): **3** ('67) 167f. – Einfluß der thermischen Bedingungen bei der Synthese auf einige Eigenschaften des Zinktellurids[13]): 1546–49. – Größe des Homogenitätsbereiches von Zinktellurid[13]): **4** ('68) 182–86. – Spezifische Oberflächenenergie und Breite der verbotenen Zone von kubischem Bornitrid: 611f. – Züchtung von Zinktellurideinkristallen aus der Gasphase und Untersuchung einiger ihrer Eigenschaften[13])[21]): 1798–800. – Vorläufige Untersuchung einiger optischer Eigenschaften dotierter Zinktelluridkristalle[13])[26])[21]): **5** ('69) 155–57. – Verbindungen veränderlicher Zusammensetzung und unstöchiometrische Verbindungen: 209f. – Chemische und kristallchemische Formeln von Verbindungen veränderlicher Zusammensetzung und unstöchiometrischen Verbindungen: 211f. – Zur Frage der Thermodynamik der Leerstellen, die in Cadmiumsulfideinkristallen bei ihrer Behandlung mit Schwefeldämpfen entstehen[24])[11]): 1000–04. – Die Abhängigkeit der elektrischen Leitfähigkeit des Cadmiumsulfids von den Bedingungen der Synthese und des Dotierens mit Sauerstoff[24]): 2018f. – Das System SnTe–CdTe[41])[12]): 2215f. – Über die Thermodynamik der Leerstellen, die in Cadmiumsulfideinkristallen bei ihrer Behandlung in Cadmium- und Schwefeldämpfen entstehen[24]): **6** ('70) 841–45. – Untersuchung des Systems Pb–Sn–Te in der Nähe des pseudobinären Ausschnitts PbTe–SnTe [41])[40]): 1584–88. – Über die Breite des Homogenitätsbereichs von Zinktellurid[4]): 1862f. – Bestimmung der Konzentration von Punktladungsdefekten in Legierungen des Systems PbTe–SnTe[28])[41]): 2063–65. – Über die Nichtreproduzierbarkeit der Eigenschaften von Verbindungen mit variabler Zusammensetzung (z. B. TiO, TaC und CdS)[39]): **7** ('71) 908–12. – Die Thermodynamik von Prozessen und die elektrischen Eigenschaften von CdS–CdO-Einkristallen[24])[19]): 930–33. – Regulierung der Kristallisation glasartigen Arsenselenids[37]): **8** ('72) 169. – Über den Mechanismus der elektrischen Leitfähigkeit von Halbleitersitallen auf der Basis von Arsen- und Zinnseleniden[37]): 1233–37. – Radiometrische Untersuchung von Volumendefekten des Kristallgitters von Titanmonoxid stöchiometrischer Zusammensetzung[35])[30])[39]): **10** ('74) 57–61. – Quantitative radiometrische Untersuchung der Volumendefekte von kristallinischem MgO[30])[35])[39]): **11** ('75) 253f. – Die moderne Deutung der Zustandsdiagramme von Halbleitersystemen: **12** ('76) 1709–13. – – Alle Arbeiten russ.

Izvest. Akad. Nauk SSSR, Ser. fizič. Zur Theorie der Phasen variabler Zusammensetzung mit Zinkblendestruktur (Über die Untersuchung eines möglichen Homogenitätsgebietes bei Verbindungen vom Typ $A^{III}B^{V}$) [15])[1])[10]): **21** ('57) 133–40 [russ.].

Izvest. leningr. ėlektrotechn. Inst. im. Ul'janova (Lenina) Verwendung der Atomisationsenergie zur Berechnung der Eigenschaften fester Phasen: Nr. **64** ('68) 10–34. – Phasen und Verbindungen variabler Zusammensetzung in der Halbleiterelektronik und einige Probleme ihrer Thermodynamik und ihrer Zustandsdiagramme: Nr. **66** ('67) 35f. – Untersuchung des Leerstellenmechanismus der elektrischen Leitfähigkeit von Cadmiumsulfideinkristallen bei ihrer Behandlung mit Schwefel- und Cadmiumdämpfen[24]): Nr. **87** ('69) 3–9. – Einfluß der Härtungstemperatur auf die Konzentration der freien Ladungsträger im Zinntellurid[28]): Nr. **100** ('71) 70f. – Über den Diffusionskoeffizienten des Tellurs in Zinntellurid[28]): 72f. – Zur Thermokinetik der Rekristallisation technischen Palladiums: 74. – Über den amphoteren Einfluß des Sauerstoffs auf die elektrophysikalischen Eigenschaften des Cadmiumsulfids[24])[19]): 75f. – Diffusion des Tellurs in festen Lösungen des Systems SnTe–PbTe[41]): 77f. – Über den Zusammenhang zwischen den Aktivierungsenergien von Reaktionen und ihren thermodynamischen Funktionen: 81. – Über die Unzulässigkeit der Vertauschung des Begriffs „feste Phase" mit dem Begriff „fester Körper": Nr. **101** ('72) 90–92. – Untersuchung der Breite des Homogenitätsbereiches von Zinktellurid[4])[28])[31]): Nr. **116** ('72) 30–37. – Über den Einfluß des Sauerstoffs auf die Identitätsperiode in Abhängigkeit von der Art der Punktdefekte in Cadmiumsulfid[19])[24]): 37–40. – Über die Rolle der Störstellenleitung in Halbleitern[37]): 41–44. – Die Gewinnung von VO_2 und einige seiner physikalischen Eigenschaften[20])[39])[50])[49]): **186** ('76) 125f. – – Alle Arbeiten russ.

Kristallografija Über die Unmöglichkeit der Bildung der Strukturen von Metalldeuteriden (-hydriden) unter Beibehaltung von Wasserstoffmolekülen oder -atompaaren im Gitter: **1** ('56) 142–44 [russ.].

Magyar kém. Folyóirat Über die Anwendbarkeit der Gesetze von Proust und Dalton in der modernen anorganischen und allgemeinen Chemie: **56** ('50) 239–44 [ungar.].

Metallovedenie i Obrabotka Metallov Röntgenographische Untersuchung der binären Vanadium–Wolfram-Carbide[17]): **1958**, Nr. 1, 7–10 [russ.].

Monatsh. Chem. Thermischer Zerfall einfacher und komplexer Cyanide unter Bildung von Alkalimetallen, besonders von Kalium[33]): **68** ('36) 171–87.

Novosti Techn. Sowjetrussisches Borcarbid: **6** ('37) Nr. 30, S. 42 [russ.].

Problemy fizič. Chim. Feste Phasen und Verbindungen variabler Zusammensetzung in der modernen physikalischen Chemie und Kristallchemie: **1** ('58) 139–55 [russ.]. – Gleichgewichte im System Zirkonium–Stickstoff bei hohen Temperaturen und die Abhängigkeit der freien Energie der Bildung von ZrN_x von der Zusammensetzung und der Struktur[38])[23]): **2** ('59) 118–31 [~].

Trudy Komissii analit. Chim., Akad. Nauk SSSR, Inst. Geochim. i analit. Chim. im. Vernadskogo Aktivierungsmethode zur Bestimmung des Sauerstoffs in Halbleitermaterialien und in Metallen auf der Basis der photonuklearen Reaktion $^{16}O(\gamma,n)^{15}O$ [2])[44])[16])[22])[23])[6]): **10** ('60) 137–41 [russ.].

Usp. Chim. Chemie und Atomstruktur: **5** ('36) 405f. [russ.]. – Über die Anwendung der röntgenographischen Fourier-Analyse zur Lösung von Problemen in der allgemeinen und anorganischen Chemie: **9** ('40) 413–18 [~].

Usp. fizič. Nauk Der Kristall und seine Konstanten: **16** ('36) 1001–43 [russ.]. – Kilo-X- und Å-Einheiten (Beziehung): **38** ('49) 123–25 [~].

Vestn. vysšej Školy Die Matrizenkontrolle des Lernfortschritts: **25** ('67) Nr. 2, 41–45 [russ.]. – Für eine moderne Chemieingenieur-Ausbildung!: **28** ('70) Nr. 8, 27f. [~]. – Welche Möglichkeiten bietet die Matrizenmethode?: **29** ('71) Nr. 5, 25–27 [~].

Z. analyt. Chem. Die maßanalytische Bestimmung von Bornitrid[51]): **102** ('35) 20–24.

Ž. analit. Chim. Mikrobestimmung des Kohlenstoffs, speziell im Tantalcarbid[39])[8]): **9** ('54) 359–63 [russ.]. — Ein Gerät zur quantitativen Absorption von Gasen[39]): 364f. [~]. — Verfahren zur Vanadiumcarbidanalyse[17]) [32]): **11** ('56) 177–79 [~].

Ž. fizič. Chim. Zur Kinetik der Lösung von Magnesium und anderen Metallen in wäßrigen Lösungen: **3** ('32) 108–20. — Bildungswärmen der Chloride und Oxide und chemischer Charakter der Elemente: 291–99. — Zur Bestimmung der Gitterenergie der Oxide: 300f. — Die Zersetzung komplexer Ferro- und Ferricyanide unter Bildung von Kalium und anderen Leichtmetallen[33]): **4** ('33) 706–13. — Zersetzung von einfachen und komplexen Cyaniden unter Bildung von Kalium, Lithium und Kalium–Natrium-Legierungen[33]): **6** ('35) 695–99. — Über die höheren Sauerstoffverbindungen des Eisens, 1[33]): **8** ('36) 665–76. — Über einige notwendige Korrekturen an der modernen Theorie der Komplexverbindungen: **11** ('38) 274–77. — Einige weitere Korrekturen an der modernen Theorie und Nomenklatur der Komplexverbindungen: **12** ('38) 23–33. — Über die Bedingungen der Bildung und der Stabilität von Carbonylen und komplexen Cyaniden, 1: 259–70. — Über die Größe der Koordinationszahl und über die chemischen Formeln von Komplexverbindungen: **13** ('39) 646–50. — Über die Existenz neuer Reihen chemischer Verbindungen: „Cyanile“: **19** ('45) 167–. — Über die Anwendung asymmetrischer ternärer Zustandsdiagramme bei der Untersuchung komplizierter Systeme: **20** ('46) 947–. — Über einige Eigenschaften realer Kristalle von Vanadiumnitrid: **21** ('47) 3–10. — Zur Theorie der Rekristallisationsprozesse. 1: Über den Einfluß der Gasphase auf Strukturänderungen in den festen Phasen: 569–74; ~ 2: Über den Einfluß der Gasphase auf Strukturänderungen des Chromoxids[5])[18]): 575–80. — Chemische Verbindungen und Phasen konstanter und variabler Zusammensetzung, 1: **22** ('48) 1405–07. — Die Untersuchung des Gleichgewichtes bei der Reduktion von TiO_2 durch Kohlenstoff bei hohen Temperaturen, 1[23]): **29** ('55) 597-601; ~ 2[23]): **31** ('57) 1866–70. — Methoden zur Untersuchung der Gleichgewichte bei der Bildung von Carbiden aus Oxiden bei hohen Temperaturen[23])[9]): **29** ('55) 629–34. — Die Grenzen der Homogenität und die Abhängigkeit thermodynamischer und einiger anderer Eigenschaften der Carbidphasen des Tantals von ihrer Zusammensetzung und Struktur[39]): **30** ('56) 1326–42 [m. engl. Zusammenfassg.]. — Über einige Mängel in der Entwicklung der chemischen Thermodynamik von Phasen variabler Zusammensetzung: 1896–99. — Über einige Anforderungen an die moderne Röntgenphasenanalyse von Systemen, die Phasen variabler Zusammensetzung enthalten[39]): 2588–92. — Unexakter Gebrauch des Begriffes der Gitterenergie in der Literatur und die Zweckmäßigkeit der Einführung des Begriffes der Atomisierungsenergie eines festen Körpers: **31** ('57) 509f. — Über die Bestimmung der Oberflächenspannung bei hohen Temperaturen durch die Methoden des hängenden und sich bildenden Tropfens[39]): **33** ('59) 771–79 [m. engl. Zusammenfassg.]. — Atomisierungsenergien und Bildungswärmen einiger Carbide und Nitride und wahrscheinlichste Werte für die Dissoziationsenergie des Stickstoffs und für die Sublimationsenergie des Kohlenstoffs: 1455–60 [~]. — Untersuchung des Gleichgewichts bei der Reduktion von Hafniumdioxid durch Kohlenstoff bei hohen Temperaturen [,1][46])[23]): 1988–91 [~]; ~ 2[46]) [23]): **35** ('61) 2608–10. — Hochvakuumquarzöfen mit rotierendem Diaphragma zur Bestimmung der Oberflächenspannung bei hohen Temperaturen und für andere Untersuchungen[39]): **34** ('60) 1316–19 [m. engl. Zusammenfassg.]. — Untersuchung des Gleichgewichts im System Zr–N bei hohen Temperaturen[38])[23]): 2328–35 [~]. — Valenz der Elemente, Ionisationsenergie und Stabilität chemischer Bindungen in Festkörpern: **36** ('62) 836–39. — Über einige nichtklassische Arten von Zustandsdiagrammen von Verbindungen mit variabler Zusammensetzung (Bertholliden): **43** ('69) 1338–40. — Kinetik des Wachsens des Nitridfilms bei der Nitrierung des Siliciums mit Ammoniak bei hohen Temperaturen[20]): **45** ('71) 2202–05. — Einige charakteristische Eigenschaften der Einkristalle im System CdS–CdO bei kleinen Cadmiumoxid-Zugaben[19])[24]): **46** ('72) 1550. — — Alle Arbeiten russ.

Ž. neorg. Chim. Der gegenwärtige Stand der Theorie der Komplexverbindungen, 1: Stand der Koordinationstheorie: **1** ('56) 664–77; ~ 2: Energetische Fragen und die Theorie der chemischen Bindung: 678–86; Über die Definition des Begriffes „Komplexverbindung“ und über die Verwendung von Strukturdaten und thermochemischen Radien in der Theorie der Komplexverbindungen (Zu den Bemerkungen von K. B. Jacimirskij auf S. 1975–77 zu den vorstehenden Aufsätzen): **2** ('57) 1977–82. — Moderne Ansichten über die chemischen Verbindungen und einige Grundgesetze der Chemie: **1** ('56) 1457–72. — Phasenzusammensetzung des Systems Bor–Kohlenstoff[9])[17]): 2149–54. — Über die Bildung der SiB_2-Phase im System Silicium–Bor[17])[9]): **2** ('57) 206–08. — Über die Nutzung der Betatronbremsstrahlung zur Charakteristik des Sauerstoffgehaltes in Halbleiter- und metallischen Materialien[2])[23])[44])[3]): 696–99. — Bewahrung der Mendeleevschen Traditionen in der modernen anorganischen Chemie: 1209–

12. — Untersuchung der Phasenzusammensetzung, der Struktur und der Phasenhomogenitätsgrenzen des Systems Vanadin–Kohlenstoff–Sauerstoff, 1: Das System Vanadin-Kohlenstoff[17]): 1566–80; ∼ 2: Zur Untersuchung des Systems Vanadin–Sauerstoff (niedere Vanadinoxide)[17]): 2581–88; ∼ 3: Röntgenographische Untersuchung des Systems V–C–O: **3** ('58) 403–12. — Über die Definition des Begriffs „Komplexverbindung" und die Auswertung von Strukturdaten und thermochemischen Radien in der Theorie der Komplexverbindungen: **2** ('57) 1977–82. — Über die im System Chrom–Bor sich bildenden Phasen, 1: Bildung von „β-Chrom" unter Einfluß geringer Borzusätze[9])[36])[17])[45]): 1848–54; ∼ 2[9])[36])[17])[45]): **3** ('58) 2545–52. — Untersuchung des Gleichgewichtes bei der Reduktion von ZrO_2 und V_2O_3 mit Kohlenstoff bei hohen Temperaturen[46])[23]): 1237–40. — Über die energetischen Eigenschaften einiger Halbleiter mit der Struktur der Zinkblende (Gallium- und Indiumarsenid und -antimonid): 1281–85. — Über die Natur der α- und β-Phasen im System Bor–Kohlenstoff[9])[17]): **4** ('59) 1398–403. — Über den Einfluß der Polarisation auf die Breite der verbotenen Zone von Halbleitern: 2174f. — Über die Breite der verbotenen Zone in der Reihe der $A^{III}B^{V}$-Verbindungen: 2176f. — Phasen variabler Zusammensetzung in der Kristallchemie der Halbleiter: 2295–303. — Methode zur Untersuchung der differentiellen Thermokraft bei hohen Temperaturen[7])[23])[29]): **5** ('60) 224f. — Über die Abhängigkeit der Breite der verbotenen Zone von Phasen im System ZnSe–CdSe von der Struktur und Zusammensetzung[47]): 239. — Über die Abhängigkeit der Breite der verbotenen Zone von Elektronen- und Elektronen-Kern-Analogen des Germaniums von der Festigkeit und dem Charakter der chemischen Bindungen: 255–63. — Die Methode zur Untersuchung der differentiellen thermoelektromotorischen Kräfte bei hohen Temperaturen. Prinzipielles Schema[23])[7])[29]): 891–93. — Über den Homogenitätsbereich des Chromdisilicids und seiner elektrischen Eigenschaften[43])[23]): 1119–22. — Über die Abhängigkeit der Breite der verbotenen Zone im System ZnSe–CdSe von der Struktur und Zusammensetzung[47]): 1796–99. — Die Bedingungen der Bildung von Hafniumcarbid bei der Reduktion von HfO_2 mit Kohlenstoff[46])[23]): **7** ('62) 1762–64. — — Alle Arbeiten russ.

Ž. obščej Chim. Über die höheren Sauerstoffverbindungen des Eisens, 2: Die elektrochemische Gewinnung der höheren Sauerstoffverbindungen des Eisens und deren Analyse [33]): **7** ('37) 1690–94. — Über die höchsten Sauerstoffverbindungen des Nickels[33]): **8** ('38) 563–71. — Über die maximale Wertigkeit der Elemente der VIII. Gruppe des periodischen Systems der Elemente: **10** ('40) 153–60. — Zur Frage der elektrochemischen Oxydation des Kobalts[27]): 161–64. — Über die Anwendbarkeit der Gesetze von Proust und Dalton in der modernen anorganischen und allgemeinen Chemie: **19** ('49) 210–18. — Über die Bildungswärme von Nickelcarbonyl[38]): **25** ('55) 224–30. — Gewinnung von geschmolzenem Tantalcarbid[39]): **26** ('56) 958–60. — Die Bildungsenthalpie von Nickelcarbonyl[38]): **28** ('58) 279f. — — Alle Arbeiten russ.

Ž. prikl. Chim. Die Gewinnung von metallischem Kalium auf thermischem Wege aus gelbem Blutlaugensalz und Kaliumcyanid[33]): **8** ('35) 1330–37 [russ. m. französ. Zusammenfassg.]. — Bedingungen für die Bildung einer kontinuierlichen Reihe fester Lösungen im pseudobinären System CrB_2–TiB_2[36])[9])[17])[45]): **32** ('59) 1941–44 [russ.]. — Untersuchung der Leerstellenagglomerate in Niobmonoxid unter Ausnutzung der Methode der markierten Atome[35])[30])[39]): **47** ('74) 793–97 [∼].

Ž. strukturnoj Chim. Über die Möglichkeit der Existenz von innenzentrierten Borcarbid- und Siliciumoxidcarbidphasen[9])[36])[17]): **2** ('61) 65 [russ.].

Ž. techn. Fiziki Präzisionsbestimmung der Identitätsperioden von Polykristallen mit einer Röntgenkammer für Umkehraufnahmen mit hohem Auflösungsvermögen[17]): **26** ('56) 1106–12 [russ.].

Zavodskaja Labor. Die Analyse von Vanadinnitrid[9]): **14** ('48) 104f. — Thermostatierung bei einer Röntgenkamera für Umkehraufnahmen mit hohem Auflösungsvermögen[17]): **17** ('51) 1500f. — Mikroquantitative Bestimmung von Kohlenstoff[39]): **18** ('52) 263f. — Ein Gerät zur quantitativen Absorption von Gasen[39]): 372f. — Anwendung der gravimetrischen Mikrotitration zur Charakteristik der Mikroheterogenität bei der Verteilung des Kohlenstoffs in Präparaten[39]): **19** ('53) 288–90. — Über gravimetrische Mikrotitration: 371–74. — Konstruktion eines elektrischen Vakuumofens mit einem Graphiterhitzer[23])[9]): **22** ('56) 244f. — Vakuumquarzofen mit einem Molybdän- und Wolframheizkörper für Temperaturen bis zu 3000 °K [38])[23]): 1249f. — — Alle Arbeiten russ.

Mit: [1]) I. N. Ageeva; [2]) A. Ch. Breger; [3]) B. A. Čapyžnikov; [4]) D. B. Česnokova; [5]) M. A. Chačvankjan; [6]) L. V. Chepel; [7]) Ju. N. Čižikov; [8]) Ju. K. Egorova; [9]) V. A. Ėpel'baum; [10]) N. N. Fedorova; [11]) Ju. Fol'mann; [12]) G. K. Garcman; [13]) I. Godau; [14]) Ė. Ė. Godik; [15]) N. A. Gorjunova; [16]) V. M. Grižko; [17]) M. A. Gurevič; [18]) A. M. Jakubovič; [19]) I. A. Kačalova; [20]) M. I. Kamčatka; [21]) V. Kiss; [22]) V. A. Kozlov; [23]) V. S. Kucev; [24]) O. F. Luckaja; [25]) L. L. Makarov; [26]) Z. Menert; [27]) E. S. Micelovskij; [28]) S. L. Miloslavov; [29]) R. N. Moržeedova; [30]) A. N. Mosevič; [31]) V. A. Mošnikov; [32]) M. Z. Nochimovskaja; [33]) B. A. Petrov; [34]) G. G. Šafran; [35]) A. S. Samojlov; [36]) N. G. Sevast'janov; [37]) E. V. Škol'nikov; [38]) E. I. Smagina; [39]) V. I. Smirnova; [40]) N. O. Šostak; [41]) S. M. Tairov; [42]) D. Tess; [43]) V. P. Trusova; [44]) B. I. Viting; [45]) G. S. Ždanov; [46]) V. I. Želankin; [47]) Ju. V. Žerdev; [48]) V. A. Chramčenko; [49]) L. Smirnova; [50]) T. Zinov'eva; [51]) O. Samojlov.

VI **ORNSTEIN,** Leonard Salomon. Physik (math., exper.). — 1915–41 Prof., '21–41 Dir. d. Physikal. Inst., Rijksuniv. te Utrecht.

*1880, Nov. 12, Nijmwegen;
†1941, Mai 20, Utrecht.

Zum 25jähr. Doktorjubil. L. S. Ornstein. A survey of his work from 1908 to 1933. Dedicated to him by his fellow-workers and pupils (Utrecht '33) 121 S. (m. Bildn. u. Schr.verz.).

Nekr. P. van de Kamp, Science [USA] **94** ('41) 85. — H. A. Kramers, Jaarb. koninkl. nederl. Akad. Wet. **1940/1941** ('41) 225–31 (m. Bildn.). — R. C. Mason, Science [USA] **102** ('45) 638f. — F. Zernike, Nederlandsch Tijdschr. Natuurkunde **8** ('41) 253–65.

S. Pieter Zeeman 1865–1935. Verhandelingen, op 25 Mei 1935 aangeboden aan P. Zeeman ('s Gravenhage '35) 180–86: Intensities of the Zeeman-effect in the quintet ^5D–^5F in the spectrum of chromium[11]). — C. R. des travaux, Conférence internationale des grands réseaux électriques à haute tension, Session 9, Paris 1937 (Paris '37) No. 117: Einwirkung von Ölen auf Metalle [französ.][19])[56]) (12 S.).

W. Objektive Spektralphotometrie (m. W. J. H. Moll, H. C. Burger) (Braunschweig '32) 6+146 S. (Sammlung Vieweg: Tagesfragen aus den Gebieten der Naturwissenschaften und der Technik, Heft 108/109).

Archiv Elektrotechn. Über die Oxydation der Transformatorenöle, 2[24])[36]): **27** ('33) 489–96.

Enzymologia Theoretical considerations concerning the relation between chlorophyll fluorescence and photosynthesis in green plant cells[63])[62])[54]): **5** ('38/39) 110–18.

J. Electrodepositors' techn. Soc. Etching of copper by ferric chloride solutions[2]): **13** ('37) 8 S. — Optical investigation of thin [metal] layers[19]): 4 S.

J. opt. Soc. America Measurements on direct and indirect adaptation by means of a binocular method[47]): **29** ('39) 168–82.

J. Physique et Radium La mesure des intensités spectrales appliquée aux problèmes de la physique atomique et moléculaire: (7) **4** ('33) 613–24.

Jaarb. Rijksuniv. Utrecht Die Bedeutung der Naturwissenschaft für Kultur und Gesellschaft: **1931/32** [niederländ.].

Kolloid-Beih. Über die Lichtzerstreuung des kristallinisch-flüssigen p-Azoxyanisols[6]): **44** ('36) 427–75.

Kolloid Z. Schwarmtheorie der flüssigen Kristalle: **69** ('34) 137–55. — Über die Gültigkeit des Lambert-Beerschen Gesetzes in hydrophoben Kolloiden[16])[35]): **75** ('36) 262–68.

Monthly Notices roy. astron. Soc. Calculation of the scattering of light from a system of simultaneous differential equations: **97** ('36/37) 207–12.

Nederlandsch Tijdschr. Geneeskunde The duration of life and mode of death of erythrocytes before and after the treatment of pernicious anemia with liver[47]): **81** ('37) 1717–25 [niederländ. m. engl. u. deutscher Zusammenfassg.].

Nederlandsch Tijdschr. Natuurkunde F. Zernike: **7** ('40) 105f. [niederländ.]. — Flüssige Kristalle: 373–83 [~].

Oberflächentechnik Ätzen von Kupfer mit Ferrichloridlösungen[2]): **14** ('37) 104–.

Physica Das Mengenverhältnis der Lithium-Isotopen ^{7}Li und ^{6}Li[55])[59]): **1** ('33/34) 53–59. — On the derivation of distribution functions in problems of Brownian motion[58]): 235–54, 966. — Formähnlichkeit der Anregungsfunktionen[48]): 455–64. — Der thermische Mechanismus in der Säule des Lichtbogens[7]): 797–824. — Übergangswahrscheinlichkeiten in der scharfen und der diffusen Serie der Alkalien[31]): 945–52. — Über die Oxydation der Transformatorenöle[24])[36])[23]): **2** ('35) 201–20. — Zur Erklärung der Feinstruktur der Rayleighstrahlung [,1][10]): 221–29; ~ 2[10]): 499–502. — The electronic excitation-function of the metastable S_5-level of neon[44]): 355–62. — L'intensité des raies Raman en fonction de la fréquence des raies incidentes[57]): 391–98. — L'influence de la température sur les raies Raman des cristaux[57]): 503–12. — Intensitätsmessungen in der Feinstruktur der Balmerlinie H_α[39])[55]): 541–50. — Anregung einiger Spektrallinien des Wasserstoffmoleküls durch Elektronenstoß[34]): 611–22. — Der zeitliche Verlauf der Temperatur in Bogenentladungen mit Wechselstrom[23])[7]): 652–68. — The Raman effect in chemical dynamics[3]): **3** ('36) 154–72. — Total reflecting power of iron as a function of temperature in the neighbourhood of the Curie point[53]): 289–300. — Tables of the emissivity of tungsten as a function of wavelength from 0.23–2.0 μ in the region of temperature 1600–3000 °K[18])[54])[60]): 561f. — The reproduction of photographic graininess by the galvanometer of an instrument for density measurement[33]): 815–22. — Some kinetic problems regarding the motion of neutrons through paraffine[52]): **4** ('37) 478–86. — Intensity measurements in the spectrum of helium[9])[43]): 730–32. — Determination of the relative transition-probabilities in the Bergmann-series of Ca[29]): 757–60. — Reflectivity of corrugated surfaces[8]): 1181–89. — Determination of the relative transition probabilities in the spectrum of cadmium[22])[7]): **5** ('38) 145–52. — The total reflecting power of nickel and an iron–cobalt alloy as a function of temperature in the neighbourhood of the Curie-point[32]): 175f. — Photographic intensity measurements of electron diffraction patterns[7][20][51]): 693–700. — Mechanical elimination of Brownian and other fortuitous deviations in measurements [44]): 971–76. — The behaviour of the reflecting power of iron for visible light near the Curie-point and the α/γ-transition point[53]): **6** ('39) 439–52. — Accidental deviations in the conduction of heat[44]): 1139–45. — Remark on the theory of paramagnetic relaxation: **7** ('40) 205–07. — Application of the photographic method in β-ray spectroscopy[37]): 475–84. — Measurements of the relative intensity of electron diffraction patterns of copper, silver and gold[51]): 685–96. — Properties of the fortuitous force in the Einstein-Langevin equation[44]): 793–801. — The relative transition probabilities in the spectrum of magnesium[30]): **8** ('41) 1124–36.

Proc., Koninkl. Akad. Wet. Amsterdam A visual spectroscopic method in heterochromatic photometry[12][54]): **35** ('32) 278–86. — Optische Untersuchung des Zusammenstoßes von Gasatomen mit einer Wand[58]): 722–26. — Bemerkungen über den Oberton $\Delta\nu = 1539$ cm^{-1} im Ramanspektrum von CCl_4 [57]): 1024–26. — Kristallin-flüssiger Charakter von Dipolflüssigkeiten am Schmelzpunkt[27][5]): 1209–12. — On the relative abundance of the carbon isotope ^{13}C [25]): 1212–19. — Das Entstehen einer kanonischen Gesamtheit[58]): **36** ('33) 272–75. — The excitation of band systems, 1[38]): 384–90. — The problem of the unit of light: 764–69. — Optical properties of the „van Leeuwenhoek" microscope in possession of University of Utrecht[10]): **37** ('34) 290–94. — Zur Schwarmtheorie der flüssigen Kristalle: 318–22. — Farbenerkennungsprüfungen mit Rücksicht auf die Brauchbarkeit von Signalgläsern[12][54]): 385–91. — Die Geschwindigkeit der alkoholischen Gärung[41]): **38** ('35) 12–24. — Mean values of the electric force in a random distribution of charges: 491–94. — Mechanism in the positive column of a discharge[7]) [17]): **39** ('36) 315–24, 484f. — Change of the dipole moment of transformer oil by the alteration in practice[23][13]): 325f. — The most general photographic density-law[33]): 477–84. — Untersuchung von Transformatorenöl[24][23]) [36][13]): 566–73 [niederländ.]. — On the scattering of neutrons in matter, 1: 810–12; ~ 2: 904f.; ~ 3: 1049–55; ~ 4: 1166–70; ~ 5: **40** ('37) 464–70. — Age and rate of decrease of red blood cells before and after liver-treatment of pernicious anemia[47]): **39** ('36) 1079–88. — A continuously acting cloud-chamber[7]): 1185f. — Die Rolle von elektrischen, photochemischen und Diffusionserscheinungen beim Sehen[47]): **40** ('37) 376–82 [niederländ. m. engl. Zusammenfassg.]. — On the theory of liquid crystals: **41** ('38) 1046–48. — Sensitive method for the measurement of excitation function of artificial radioactivity[44][21][40]): 1049f. — Photographic sensitometry for β-ray spectra[7][37]): 1051–54. — The conditions for the quantitative operation of a Geiger-Müller counter for β-rays. The ionizing power of β-rays as a function of their velocity[44][28][42]): 1055–57. — Remarks on the paper of V. Zwetkoff: „Über die Lichtzerstreuung in anisotropen Flüssigkeiten" (Acta physicochim. URSS **9** ('38) 111) [6]): **42** ('39) 105f. — Zur Theorie der Flüssigkeiten[14][44]): 107–17. — Formation and properties of the silver bromide sol[26]) [35]): 454–60. — The analogy between the statistics of numbers and statistical mechanics[44]): **44** ('41) 163–72.

Procès-verbaux Séances, Comité int. Poids et Mesures Rapport sommaire sur la production de l'unité de lumière: (2) **16** ('35) 278–90.

Revue Opt. théor. et instrument. Unité de lumière ou méthode standardisée de mesure: **12** ('33) 385–89. — Une méthode simple et exacte pour la standardisation d'étalons secondaires de température arbitraire[12][54]): 390f.

Science [USA] Schwarzschild-Villiger effect in microspectrophotometry[61]): **116** ('52) 203f.

Trans. Faraday Soc. New arguments for the swarm theory of liquid crystals[27]): **29** ('33) 931–44. — Optical research on evaporated metal layers: **31** ('35) 1158–66.

Verhandelingen koninkl. nederl. Akad. Wet., Afd. Natuurkunde, 1. Sect. Daylight measurements in Utrecht[12][54][46]): **16** ('36) Nr. 1, 79 S.

Z. Physik Messung des Intensitätsverhältnisses der Neon-Isotopen ^{20}Ne und ^{22}Ne [55]): **75** ('32) 109f. — Eine visuelle spektroskopische Methode für heterochrome Photometrie[12][54]): 575–83. — Eine Eichmethode für eine Normallampe mit Linienspektrum[9]): **76** ('32) 777–79. — Das Bestehen einer Boltzmannschen Verteilung für die Bandenniveaus bei durch Elektronenstoß angeregtem Wasserstoff[34]): 780f. — Prüfung der Comptonschen Bogentheorie durch Messung der Bogengastemperatur als Funktion des Druckes[7][4]): **77** ('32) 72–81. — Ein Versuch über die Rekombination von Wasserstoffatomen an metallischem und oxydiertem Nickel[34]): 287–89. — Bestimmung der Übergangswahrscheinlichkeit 2P–1S des Natriums durch absolute Intensitätsmessungen an Flammen[21]): 459–77. — Optische Bestimmung der Temperatur in Entladungsröhren[19]): 788–90. — Absorptionsmessungen an Balmerlinien in einem Neon–Wasserstoff-Gemisch bei kondensierter Entladung[50][44]): **78** ('32) 169–76. — Optische Untersuchung des Akkommodationskoeffizienten der Molekulartranslation und dessen Verteilungsfunktion in einem verdünnten Gase[58]): 734–43. — Messung des Intensitätsverhältnisses der Bor-Isotope ^{10}B und ^{11}B [55]): **80** ('33) 57f. — Die Anregungsfunktionen des atomaren Wasserstoffs[39]): 525–33. — Abhängigkeit der Intensität der Ramanstreustrahlung von der anregenden Frequenz bei Quarz[57][1]): **82** ('33) 750–53. —

Die Anregungsfunktion der Quecksilberresonanzlinie 2537[39])[45]): **83** ('33) 171–76. — Intensitätsverhältnis von Balmer- und Paschenlinien, 2: 177f. — Die optische Bestimmung der Diffusionskonstante für Natrium[15]): **84** ('33) 276–81. — Übergangswahrscheinlichkeiten in den Nebenserien von Na[31]): **85** ('33) 565–67. — Depolarisation der Raman-Strahlung von Flüssigkeiten[49]): 754–60. — Registrierungen der Lichtdurchlässigkeit der anisotropen Schmelze des p-Azoxyanisols im Magnetfeld. Ein Beitrag zur Schwarmtheorie der „flüssigen Kristalle" [27]): **87** ('34) 763–67.

Z. wiss. Photogr., Photophysik u. Photochem. Bemerkung zur Arbeit: „Die Emissionsverteilung im Lichtbogen" von K. Brükkersteinkuhl-Bonn[7]): **32** ('34) 200.

Mit: [1]) A. H. W. Aten, jr.; [2]) B. Baars; [3]) W. F. Beezhold; [4]) A. Beunes; [5]) P. J. Bouma; [6]) W. de Braaf; [7]) H. Brinkman; [8]) A. van der Burg; [9]) H. C. Burger; [10]) P. H. van Cittert; [11]) W. A. M. Dekkers; [12]) J. G. Eymers; [13]) G. H. Frederik; [14]) R. Fürth; [15]) L. A. Ginsel; [16]) F. B. Gribnau; [17]) T. Hamada; [18]) H. C. Hamaker; [19]) P. J. Haringhuizen; [20]) A. Hauer; [21]) E. F. M. van der Held; [22]) J. P. A. van Hengstum; [23]) D. T. J. ter Horst; [24]) C. Janssen; [25]) F. A. Jenkins; [26]) G. H. Jonker; [27]) W. Kast; [28]) H. ten Kate; [29]) E. Katz; [30]) J. A. H. Kersten; [31]) J. Key; [32]) O. Koefoed; [33]) A. van Kreveld; [34]) A. A. Kruithof; [35]) H. R. Kruyt; [36]) C. Krygsman (Krijgsman); [37]) W. Langendijk; [38]) G. O. Langstroth; [39]) H. Lindeman; [40]) W. Maas; [41]) J. W. Meyer; [42]) M. Miesowicz; [43]) J. B. van Milaan; [44]) J. M. W. Milatz; [45]) J. Oldeman; [46]) G. W. Postma; [47]) J. F. Schouten; [48]) J. A. Smit; [49]) P. Stoutenbeek; [50]) T. Takamine; [51]) T. Tol; [52]) G. E. Uhlenbeck; [53]) J. H. van der Veen; [54]) D. Vermeulen; [55]) J. A. Vreeswijk, jr.; [56]) D. A. Was; [57]) J. J. Went; [58]) W. R. van Wijk; [59]) G. Wolfsohn; [60]) J. J. Zaalberg van Zelst; [61]) A. W. Pollister; [62]) G. H. Reman; [63]) E. C. Wassink.

IV–VI **ORR,** William M'Fadden. Math. — 1892–1933 Prof., Roy. College of Sci. for Ireland → Univ. College, Dublin. — '19 Hon. D. Sc. (Queen's Univ. of Belfast).

*1866, Mai 2;

†1934, Aug. 14.

Nekr. R. C. Archibald, Scripta math. [USA] **3** ('35) 85. — A. W. Conway, Nature [London] **134** ('34) 487; Obituary Notices Fellows roy. Soc. London **1** ('35) 559–62 (m. Bildn., Faks.). — F. G. Hopkins, Proc. roy. Soc. London, Ser. A **148** ('35) 10.

VI **ORS,** Vicente Inglada. Geophysik. — 1907– Ingeniero geógrafo, '23– Prof. Astron., Geodesia y Meteorol., Escuela Superior de Guerra, Madrid; '11–23 Dir. del Observat. Sismol. Central, Toledo; '28–39 Secretario técnico de la Dirección general, Inst. Geográfico; '39– Jefe, Servicio Sismológico de España; Vice-Dir., Inst. Nacion. de Geofísica. (☒)

*1879, Jan. 9, Alicante;

†1949, Jan. 9, Madrid.

Nekr. Geofisica pura e appl. **14** ('49) 138f.

VI **van ORSTRAND,** Charles Edwin. Physik, Geophysik. — 1901–13 Assist. Physical Geologist, '13–15 Assoc. Physical Geologist, '15–24 Physical Geologist, '24–40 Geophysicist, U. S. Geological Survey, Washington, D. C.

*1870, Febr. 8, near Pekin, Ill.;

†1959, Juli 23, Pekin, Ill.

Nekr. H. C. Spicer, Geophysics **25** ('60) 544f.

S. A report on the fundamental research in petroleum (American Petroleum Institute) (New York '32) 39–41: Determination of the thermal conductivity of gases and its application to the precise analysis of hydrocarbons and other gases. — Problems of petroleum geology (W. E. Wrather, F. H. Lahee) (Tulsa, Okla. '34) 989–1021: Temperature gradients. — Internal constitution of the Earth (B. Gutenberg) (New York–London '39) (Physics of the Earth, 7) 125–51: Observed temperatures in the crust of the earth; [2]('51).

American J. Sci. Temperatures in the lava beds of east central and south central Oregon: **35** ('38) 22–46.

Beitr. angew. Geophysik Some comments on the measurement and interpretation of deep earth temperatures: **3** ('33) 261–81.

Bull. amer. Assoc. Petroleum Geologists Some possible applications of geothermics to geology: **18** ('34) 13–38. — Memorial: Arles Francis Melcher: 560–62. — Normal geothermal gradient in the United States: **19** ('35) 78–115.

Bull. nation. Res. Council Some recent applications of physics to sedimentation problems: **89** ('32) 105–21.

J. Washington Acad. Sci. On the flow of heat from a rock stratum in which heat is being generated: **22** ('32) 529–39.

Physics On the correlation of isogeothermal surfaces with the rock strata: **2** ('32) 139–53.

Technical Publ., Amer. Inst. Mining and metallurg. Engr. Flow of heat from an intrusive body into country rock: Nr. **1677** ('44).

Trans. amer. geophysic. Union On the estimation of temperatures at moderate depths in the crust of the Earth: Nr. **1** ('37) 21–33.

V, VI **ORTOLEVA,** Giovanni. Chem. (allg.). — 1904–33 Prof. ord., Regio Ist. Tecn. "Carlo Cattaneo", Milano. (☒)
*1868, Jan. 11, Corleone, Prov. di Palermo;
†1939, Juli 13, Milano.

Nekr. A. Coppadoro, Chimica e Industria **21** ('39) 511 (m. Bildn.).

W. Guida pratica alla analisi chimica qualitativa inorganica, seguita dai saggi d'analisi volumetrica (acidimetria e alcalimetria), dall'analisi sommaria dell'acqua, dai saggi analitici sui terreni, sui concimi e sui materiali da costruzione e dalle prove fisiche e tecniche sui leganti idraulici ([7. Aufl.:] ... e con l'aggiunta del procedimento analitico per l'analisi di una sola sostanza) [4](Milano '32) 6+133 S.; [5]('38) 8+139 S.; [6]('41) 8+143 S.; [7]('44) 8+158 S. — Nozioni di chimica organica ad uso delle scuole medie [3](Milano '33) 15+123 S.; [4]('37) 15+128 S.; [5]('40) 16+132 S.; [6]('45) 10+120 S. — Nozioni di chimica inorganica, ad uso delle scuole medie [8](Milano '37) 24+376 S.; ...; [11]('46) 20+354 S.

VI **ORTS ARACIL,** José Maria. Math., Astron. — 1908–14 Estud., '14–17 Ayudante, '17 Doctor, '17–21 Auxiliar interino gratuito, '19–21, '27–31 Auxiliar temporal, '31–61 Catedrático, '36–61 Subdir. y después Dir. del Seminario Matemático, Univ. de Barcelona; '21–26 Prof., Univ. de Santiago, Santiago de Compostela; '40–46 Vicedir., '46– Dir., Inst. Jorge Juan de Mat., Barcelona; '50– Dir., Inst. Nacion. de Mat.; '55–68 Vicepres., Real Soc. Mat. Española.
*1891, Okt. 28, Valencia;
†1968, Febr. 4, Barcelona.

Nekr. F. Botella, J. Augé, Gaceta mat. **21** ('69) 1–19 (m. Bildn. u. Schr.verz.).

S. Asociación española para el progreso de las ciencias. 14. Congreso, Santiago de Compostela 1934. Discursos inaugurales y trabajos de las secciones (Madrid '35): Sobre la ecuación diferencial que plantea la estabilidad del autogiro ultrarrápido. — Tomo de homenaje póstumo al Francisco Pardillo Vaquer, 1884–1955 (Barcelona '55) 1–7: Sobre la representación analítica de algunas funciones.

W. Lecciones de análisis infinitesimal. Cálculo integral (Barcelona '41).

Anales Asoc. españ. Progr. Ci. Nota sobre el teorema fundamental del álgebra: **1** ('34) 733–36. — Iteración de variables aleatorias: **6** ('41) 5–10.

Anales Univ. Barcelona Estudio funcional de una ley de probabilidad: **1940**. — Una cuestión relativa a las centrales telefónicas privadas: **1942**. — La dinámica hereditaria de los sistemas biológicos. Discurso inaugural del año académico 1946–47: **1946**.

Collectanea math. Series recurrentes de polinomios de Legendre: **3** ('50) 105–20. — Aportación al problema de la prolongación analítica de las series de Legendre: **7** ('54) 97–112. — Representación analítica de funciones hipergeométricas por series de polinomios: **9** ('57) 145–51.

Gaceta mat. Cálculo de algunos límites: **1** ('49) 173–79. — Ejercicios sobre una serie numérica: **4** ('52) 15–17. — Acotación de los ángulos del triángulo pseudo-isósceles: 42f. — Una observación sobre la adición de series de potencias: 210–12. — Nota sobre la convergencia de algunas sucesiones: **5** ('53) 203–08. — Areas de algunos recintos: **7** ('55) 125–29. — Estudio de algunos casos elementales de representación conforme: **8** ('56) 155–61.

Matemática elemental Una clase de series sumables (C): **4** ('35). — Complemento a una primera lección sobre series: (4) **1** ('41) 3–5. — Breve nota sobre una serie doble: 41f. — Nota sobre un teorema de geometría elemental: 86–88. — Nota sobre la variación de la probabilidad máxima en el esquema simétrico de Bernoulli: **3** ('43) 237f. — Sobre algunas series deducidas de la armónica: **4** ('44) 206–11. — Variaciones de las raíces de una ecuación: **7** ('47) 128–31. — Sobre el pentágono inscriptible: **8** ('48) 10–12. — Algunas propiedades del triángulo pseudo-isósceles: 197–200. — Nota sobre un problema de máximo condicional: 250f.

Memorias real Acad. Ci. y Artes Barcelona Convergencia de variables aleatorias: **27** ('44) Nr. 5, 44 S. — El método recurrente en cálculo de probabilidades: **28** ('45) 17–33. — Sobre la estructura de ciertas series de polinomios: **30** ('50) Nr. 8, 11 S. — Variaciones del valor medio cuadrático del módulo de una función analítica en el recinto limitado por una elipse: **30** ('51) 429–37. — Sobre el recinto de convergencia de las series de Legendre: **31** ('53) 329–40. — Series recurrentes de polinomios de Tchebycheff: **32** ('56) 269–81. — El principio de elección: **32** ('57) 297–320. — Producto de series funcionales: **33** ('59) 63–70. — Pequeña contribución a la geometría del triángulo: **33** ('60) 291–99. — El Dr. Fontseré en la vida universitaria de su tiempo: **33** ('61) 501–08. — Una conjetura acerca del último teorema de Fermat: **34** ('61) 17–25. — Series recurrentes de dos variables: **37** ('65) 31–41 [m. französ. Zusammenfassg.]. — Aportación al estudio funcional de una sucesión de polinomios: 95–105. [~].

Revista mat. hisp.-amer. Iteración de funciones simétricas: (2) **9** ('34) 1–6; **10** ('35) 82.

— Paul Painlevé: **9** ('34) 34–40. — Nota sobre las ecuaciones diferenciales lineales de primer orden: 128–31; **10** ('35) 7f. — Sobre la función generatriz de los polinomios de Laguerre: **11** ('36) 98–100. — Nota complementaria sobre la cuestión 164: **12** ('38). — Dos notas sobre series numéricas: (3) **1** ('39) 29–36. — Estabilidad de la ley normal de probabilidad dependiente de dos variables aleatorias: (4) **1** ('41) 34–36. — Los polinomios de Legendre y el esquema de las pruebas repetidas: 198–201. — Sobre el comportamiento de ciertas probabilidades: **3** ('43) 157–63. — Glosando unas omisiones: 351–53. — Convergencia de algunos valores medios: **4** ('44) 127–30. — Sobre ciertas probabilidades iteradas: 153–58. — Sobre algunas sucesiones de variables aleatorias: **5** ('45) 53–57. — Una propiedad de reciprocidad de la función característica: **6** ('46) 43–47. — Propiedades diferenciales de las series recurrentes: **7** ('47) 109–16. — La obra matemática de E. Lindelöf: **8** ('48) 19–22. — Sobre la acotación del déficit isoperimétrico de algunas curvas convexas: 291–97. — Sobre la inversión de la transformación de Euler: **9** ('49) 154–58. — Sobre una ecuación diofántica: **12** ('52) 3–8. — Sobre la fórmula integral de los polinomios de Legendre: 201–05. — Sobre un teorema de Poincaré: **14** ('54) 44–49. — Sobre algunas transformaciones de las series de Legendre: 204–09. — Sobre algunas relaciones recurrentes no lineales: **15** ('55) 115–20. — Fantappiè y el análisis: **17** ('57) 3–9. — Recuerdos de unas conferencias: **22** ('62) 96–101.

Ferner einige vervielfältigte Lehrmittel für Studenten: „Lecciones de análisis matemático: Funciones de dos variables" ('40); „Lecciones de análisis matemático: Introducción al estudio de las ecuaciones diferenciales" ('40); „Introducción al estudio de las ecuaciones integrales" ('41); „Lecciones de análisis superior" ('43). — Mehrere, meist biographische Artikel in: Ibérica [Barcelona].

V, VI **ORTVAY,** Rudolf. Physik (theoret.). — 1928–45 Prof. u. Dir. d. Inst. f. theoret. Physik, Univ. Budapest.

*1885, Jan. 1, Miskolc;

†1945, Jan. 2, Budapest.

Current Sci. Physics in Hungary, past and present: **5** ('37). — The problem of reality in physics: ibid.

Magyar tudományos Akad., Emlékbeszédek Dem Akademiemitglied Gyula Farkas zum Gedenken: **21** ('33) Nr. 15, 41 S. [ungar.].

Matematikai és fizik. Lapok Galilei und die Entfaltung des neuzeitlichen wissenschaftlichen Denkens: **49** ('42) 139–69 [ungar. m. deutscher Zusammenfassg.].

Ferner einige vervielfältigte Vorlesungsskripten in ungarischer Sprache: „Einführung in die Quantenmechanik" ('32, '40); „Elektrodynamik" ('32, '38); „Mechanik" ('33, '42).

V, VI **van OS,** Charles Hendrik. Math., Physik, Philos. d. exakt. Naturwiss. — 1919–61 Prof., Techn. Hochsch. Delft.

*1891, Juni 29, Ambarawa, Indonesien;

†1969, Okt. 9, Delft.

S. Scientia. Handboek voor wetenschap, kunst en religie (E. J. Dijksterhuis) **3** (Utrecht '39) 1–36: Mathematik [niederländ.]; 37–50: Mechanik [~]; ²(Zeist–Amsterdam '57) 1–30: Mathematik [niederländ.]. — Handboek der wiskunde (L. Kuipers, R. Timman) (Amsterdam '63), ²('66) 1–20: Die Geschichte der Mathematik [niederländ.]; deutsche Übersetzung: Handbuch der Mathematik (Berlin '68) 1–18; engl. Übersetzung: Handbook of mathematics (Oxford '69) (International series of monographs in pure and applied mathematics, 99) 1–17: The history of mathematics.

W. Inleiding tot de functietheorie (Groningen '35) 8+245 S.; ²('48) 245 S. — Algebrahoofdstukken voor het propaedeutisch examen aan de Technische Hoogeschool (m. H. Bremekamp) (Delft '41) 139 S. (Handleidingen bij het onderwijs aan de Technische Hoogeschool te Delft, 54); ²('45); ... ; ⁴('48) 8+142 S. — Vectoranalyse (Delft '49) 113 S. (~ 85). — Tijd, maat en getal, naar aanleiding van Spinoza's brief over het oneindige (Leiden '46) 20 S. (Mededeelingen vanwege het Spinozahuis, 7). — Getal en kosmos. Wiskunde en wereldbeschouwing (Amsterdam '47) 278 S. (Wetenschappelijk-wijsgerige bibliotheek, 1). — Moa-Moa. Het moderne denken en de primitieve wijsheid (Amsterdam '51) 8+176 S.

Algemeen nederl. Tijdschr. Wijsbegeerte en Psychol. Metaphysik: **27** ('34) III, 1–5 [niederländ.]. — Das kosmische Drama: **44** ('52) 177–86 [~].

Gids Mathematik und Philosophie: **97** ('33) III, 192–221. — Erkenntnistheorie und moderne Naturwissenschaft: **98** ('34) III, 53–75. — Die Zeit als vierte Dimension: **99** ('35) I, 183–202. — „Alles ist Wasser": **101** ('37) III, 49–67. — Parapsychologische Perspektiven: **115** ('52) II, 445–58. — Hylischer Pluralismus: **131** ('68) IV, 264f. — — Alle Arbeiten niederländ.

Haagsch Maandblad Unendlichkeiten (in Mathematik, Biologie und Philosophie): **11** ('34) I, 145–62 [niederländ.]. — Vernunft und Wirklichkeit: **14** ('37) I, 44–59 [~].

Mens en Kosmos Eine Nacht mit Hulé: **11** ('55) 151–59. — Die leeren Räume des Kosmos: **12** ('56) 145–61. — Über Zeit und Ewigkeit: **13** ('57) 251–63. — Über den Sinn der Dinge: **17** ('61) 190–99. — Monadologie: **19** ('63) 60–71. — — Alle Arbeiten niederländ.

Natuurkundige Voordrachten Das Kausalitätsprinzip in der modernen Naturwissenschaft: (N. R.) **21/22** ('46) 97–101 [niederländ.].

Synthese [Holland] Swedenborg and Kant: **2** ('37) 514–26 [niederländ. m. engl. Zusammenfassg.]. — The crisis of logic: **3** ('38) 319–36 [~]. — On the philosophy of A. N. Whitehead: **4** ('39) 221–38 [~]. — What is reality ?: **7** ('49) 213–18.

Theosofia Aspekte der Evolution insbesondere an Hand der Vorstellungen von P. Teilhard de Chardin und A. N. Whitehead: **66** ('65) [niederländ.].

Tijdschr. Parapsychol. Die Existenz der Zukunft: **9** ('37) 49–64 [niederländ.]. — Die astrale Welt: **17** ('49) 22–32 [~]. — Der Superkosmos: 213–28 [~].

Uitzicht ['s Gravenhage] Über Swedenborg: **2** ('40) 33–48 [niederländ.]. — Das Mysterium der Zeit: 114–23 [~]. — Der göttliche Mathematiker: **3** ('41) 105–10 [~].

V, VI **OSAKA,** Yukichi. Chem. — 1903–28 Prof., '28 Prof. Emer., Univ. Kyoto.

*1867, Jan. 27, Daisyoji, Ishikawa-ken; †1950, Sept. 9, Kyoto.

Nekr. Sh. Horiba, Kagaku [Tokyo] **21** ('51) 47f. (m. Bildn.). — H. Osaka, Memories of Y. Osaka, my father: Kagaku no Ryôiki **4** ('50) 620f.

VI **OSAWA,** Atomi. Metallurgie. — 1922–24 Assist., '24–28 Lecturer, '28–43 Assist. Prof., '43–47 Prof., Tôhoku Imperial Univ., Sendai; '49(?)– Prof., now Prof. Emer., Tokushima Univ.

*1897, Okt. 20, Tokushima Prefecture.

Bull. Inst. physic. and chem. Res. [Tokyo] On the equilibrium diagram of the system nickel–zinc, 2[5]): **13** ('34) 125–40 [japan.].

J. Gakugei Tokushima Univ. Equilibrium diagram of the system Fe–Co [7])[6]): **4** ('54) 88–92 [japan. m. engl. Zusammenfassg.].

Kinzoku no Kenkyu x-Ray analysis of iron–aluminium alloys, 2: **10** ('33) 432–45. — The equilibrium diagram of the system nickel and zinc, 2[5]): **12** ('35) 131–47. — — [ ].

Nippon Kinzoku Gakkai-Shi, B x-Ray investigation of the compounds in the antimony–manganese system[1]): **2** ('38) 270–83. — x-Ray analysis of the nickel–silicon alloys[3]): 378–88. — An x-ray investigation of copper–antimony alloys[4]): 502–10. — Anomaly of German silver at high temperatures[5])[8]): 579–84. — The structural changes due to quenching and tempering of phase alloys of the copper–antimony system[4]): **3** ('39) 5–13. — Equilibrium diagram of the iron–silicon system[2]): **4** ('40) 228–42. — An x-ray investigation of nickel–antimony alloys[4]): 362–68. — — [ ].

Science Rep. Tôhoku imp. Univ., Ser. I On the equilibrium diagram of iron–aluminium system: **22** ('33) 803–23. — On a further investigation of the equilibrium diagram of the nickel–zinc system[5]): **23** ('34/35) 794–815. — An x-ray analysis of alloys of the nickel–silicon system[3]): **27** ('38/39) 326–47. — The equilibrium diagram of the copper–antimony system, 4: An x-ray investigation of Cu–Sb alloys [4]): **28** ('39/40) 1–19. — The structural changes due to quenching and tempering of β phase alloys of the Cu–Sb system[4]): 197–216.

Mit: [1]) A. Hatta; [2]) T. Murata; [3]) M. Okamoto; [4]) N. Shibata; [5]) K. Tamaru; [6]) H. Tetuo; [7]) I. Toyojiro; [8]) Z. Yano.

VI **OSBORNE,** Nathan Sanford. Physik. — 1910–12 Instructor, Michigan College of Mines, Houghton, Mich.; '12–43 Principal Physicist, National Bureau of Standards, Washington, D. C. — 1930 Hon. D. Sc. (Stevens Inst. Technol., Hoboken, N. J.); '36 Hon. D. Eng. (Michigan College of Mining and Technol., Houghton, Mich.). (⊠)

*1875, Febr. 10, Southampton, N. Y.; †1943, Sept. 18, Washington, D. C.

Nekr. E. F. Mueller, J. Washington Acad. Sci. **34** ('44) 166f.

Bur. Standards J. Res. The pressure of saturated water vapor in the range 100 to 374 °C [4])[1])[2]): **10** ('33) 155–88.

J. Res. nation. Bur. Standards A formula and tables for the pressure of saturated water vapor in the range 0 to 374 °C[3]): **13** ('34) 1–20. — Calorimetric determination of the thermodynamic properties of saturated water in both the liquid and gaseous states from 100 to 374 °C[4])[2]): **18** ('37) 389–447. — Measurements of heat capacity and heat of vaporization of water in the range 0 to 100 °C[4])[2]): **23** ('39) 197–260. — Thermal properties of saturated water and steam[4])[2]): 261–70. — Heat of fusion of ice. A revision: 643–46. — Measurements of heat of vaporization and heat capacity of a number of hydrocarbons[2]): **39** ('47) 453–77.

Mechanical Engng. A steam calorimeter in „Report of progress in steam research at the Bureau of Standards" [4]): **54** ('32) 118–23. — A formula for the saturation pressure of steam in the range 0 to 374 °C [3]): **56** ('34) 207. — Steam research at the Bureau of Standards[4]): **57** ('35) 162.

Physical Rev. Measurements of heat of vaporization and heat capacity of a number of hydrocarbons[2]): (2) **72** ('47) 182.

Mit: [1]) E. F. Fiock; [2]) D. C. Ginnings; [3]) C. H. Meyers; [4]) H. F. Stimson.

IV-VI **OSEEN,** Carl Wilhelm. Mech., Physik (math.). — 1909–33 Prof., Univ. Uppsala; '33–44 Dir., Nobelinst. f. theoret. Physik, Schwed. Akad. Wiss., Stockholm.

*1879, Apr. 17, Lund;

†1944, Nov. 7, Stockholm.

Nekr. E. Hogner, Kosmos [Stockholm] **24** ('46) 5–16. — J. Koch, Kungl. fysiogr. Sällsk. Lund Förh. **15** ('45) 43*–51* (m. Bildn. u. Faks.). — A. Sommerfeld, Jahrb. bayer. Akad. Wiss. **1944/48**, 252f. — I. Waller, Kungl. svenska Vetenskapsakad. Årsb. **1948**, 357–79 (m. Bildn., Faks., Schr.verz.), [identisch mit:] Levnadsteckningar kungl. svenska Vetenskapsakad. Ledamöter 8 ('49) 121–43 (m. Bildn., Faks., Schr.verz.); Kungl. Vet.-Soc. Årsb., Uppsala **1945**, 21–25 (m. Bildn.).

H. (Ausdeutung) C. W. Scheele, Handschriften 1756–1777 (Uppsala '42).

S. 8. Skandinaviska matematikerkongressen, Stockholm 1934 (Lund '35) XIf.: Ansprache anläßlich der Enthüllung des Denkmals für G. Mittag-Leffler am 18. August 1934 [schwed.]. — C. R. Congrès international des mathématiciens, Oslo 1936, **1** (Oslo '37) 171–85: Probleme der geometrischen Optik.

W. Johan Carl Wilcke, experimental-fysiker (Uppsala '39) 4+397 S.

Arkiv Mat., Astron. och Fysik Beiträge zur geometrischen Optik, 1: Zur Theorie des astigmatischen Strahlenbündels: **23A**, Nr. 1 ('32) 1–12; ~ 2: Über die Beziehungen zwischen einer Fläche und ihrer Evolute: 13–51; ~ 3: Über die Beziehungen zwischen einer Fläche und ihrer Evolute in der Umgebung eines Nabelpunktes: Nr. 10 ('33) 49 S. — Die wellenmechanische Theorie des harmonischen Oszillators: Nr. 2 ('32) 8 S. — Beiträge zur Theorie der anisotropen Flüssigkeiten, 16: Thermodynamische Theorie der Bewegung einer anisotropen Flüssigkeit: Nr. 3 ('32) 12 S.; ~ 17: Über doppelt verdrillte Strukturen und ihre Optik: Nr. 17 ('33) 27 S.; ~ 18: Über die Strukturen der cholesterin-nematischen Substanzen: Nr. 24 ('33) 5 S.; ~ 19: Die Temperaturabhängigkeit der Anisotropie bei Gegenwart äußerer Kräfte: Nr. 25 ('33) 27 S.; ~ 20: Über die Symmetrie der freien Energie und über die Orientierung der Moleküle in den einfachsten Fällen: **24A**, Nr. 14 ('34) 18 S.; Contributions à la théorie des fluides anisotropes, 21: Sur les forces moléculaires, qui produisent les cristaux liquides: Nr. 19 ('34) 11 S.; ~ 22: Théorie des essaims: **26A**, Nr. 5 ('38) 10 S. — Über die Grundlagen der mathematisch-physikalischen Wahrscheinlichkeitsrechnung: **23A**, Nr. 16 ('33) 10 S. — Sur une généralisation des fonctions sphériques: **24A**, Nr. 12 ('34) 11 S. — Über eine partielle Differentialgleichung vierter Ordnung in der Theorie der Plastizität: Nr. 13 ('34) 9 S. — Sur la seconde approximation dans la théorie des fluides visqueux: Nr. 20 ('34) 23 S. — Deux remarques sur la méthode des perturbations dans la mécanique ondulatoire, 1: Sur la théorie de l'effet de Stark: **25A**, Nr. 2 ('35) 1–9; ~ 2: Sur la théorie de Heitler et London: 9–13. — Deux généralisations de l'équation des ondes: Nr. 12 ('36) 8 S. — Le problème de Newton dans la mécanique ondulatoire: Nr. 18 ('37) 12 S. — Contributions à la théorie analytique des marées: Nr. 24 ('37) 39 S.; **28A**, Nr. 10 ('42) 43 S.; **29A**, Nr. 1 ('42) 37 S.; Nr. 8 ('42) 10 S.; Nr. 9 ('42) 9 S. — Contributions à la théorie de relativité, 1: Une représentation du groupe de Lorenz: **25A**, Nr. 30 ('37) 10 S.; ~ 2: Le fluide homogène: Nr. 31 ('37) 12 S. — Bemerkungen zu der Theorie der Relativität, Kosmologie und Gravitation von Herrn E. A. Milne: **26A**, Nr. 4 ('38) 5 S. — Sur une équation aux dérivées partielles dans la théorie du mouvement d'un corps plastique: **26B**, Nr. 15 ('39) 4 S. — La principe de Huygens et les équations de Maxwell pour le vacuum: **31A**, Nr. 4 ('44) 17 S.

Kosmos [Stockholm] Die Raumvorstellung der Physik: **10** ('32) 141–62 [schwed.]. — Über die neue Atomphysik: **11** ('33) 5–14 [~]. — Isaac Newton: **16** ('38) 9–32 [~].

Kungl. svenska Vetenskapsakad. Årsb. Platons Philosophie und die Mathematik: **1935**, 325–45 [schwed.]. — Allvar Gullstrand, 5. 6. 1862–27. 7. 1930: **1937**, 249–73 [~].

Kungl. svenska Vetenskapsakad. Handl. Une méthode nouvelle de l'optique géométrique: (3) **15** ('36) Nr. 6, 41 S.

Levnadsteckningar kungl. svenska Vetenskapsakad. Ledamöter Allvar Gullstrand: **6** ('21/38) 479–513 [= Nr. 107 ('35)] [schwed.]. — Torbern Bergman och Carl Wilhelm Scheele: **7** ('39/48) 29–57 [= Nr. 113 ('40)].

Lychnos Newtons und unsere Zeit: **1936**, 217–24 [schwed.]. — Ein schwedischer Wissenschaftshistoriker aus der Zeit der Romantik [Fredrik Wilhelm von Ehrenheim]: **1937**, 68–78 [~]. — Ein Manuskript von Emanuel Swedenborg mit einer Einleitung: 248–70 [~]. — An episode in the history of Swedish chemistry: **1940**, 73–85 [schwed. m. engl. Zusammenfassg.].

Mathematische Z. Über Beziehungen zwischen Potentialtheorie und Liniengeometrie: **38** ('34) 709–29.

Populär astron. Tidskr. Das kosmologische Problem vom Standpunkt der Physik: **19** ('38) 1–10 [schwed.].

Prace mat.-fizyczne Sur une représentation géométrique de la théorie des fonctions analytiques: **44** ('37) 51–74 [ ].

Spektrum [Stockholm] Empirismus und der Wahrscheinlichkeitsbegriff: **2** ('32) 53–60 [schwed.].

Svenska Linné-Sällskapets Årsskr. Linné und die Brüder Wilcke: **22** ('39) 44–48 [schwed.].

Trans. Faraday Soc. The theory of liquid crystals: **29** ('33) 883–99.

IV–VI **OSGOOD,** William Fogg. Math. — 1890–93 Instructor, 1893–1903 Assist. Prof., '03–33 Prof., '33 Prof. Emer., Harvard Univ., Cambridge, Mass.; '34–36 Visiting Prof., Nation. Univ. Peking; '04–05 Pres., Amer. Math. Soc.

*1864, März 10, Boston, Mass.;

†1943, Juli 22, Belmont, Mass.

Zur Biogr. R. C. Archibald, A semicentennial history of the American Mathematical Society 1888–1938 (New York '38) (Semicentennial publications of the American Mathematical Society, 1) 153–58 (m. Bildn., Faks., Schr.verz. 75 Nrn.).

Nekr. G. Birkhoff, Scientific Monthly **57** ('43) 466–69. — J. L. Coolidge, G. D. Birkhoff, E. C. Kemble, Science [USA] **98** ('43) 399f. — B. O. Koopman, Bull. amer. math. Soc. **50** ('44) 139–42 (m. Bildn.).

W. Advanced calculus. Neuauflagen (New York '35) 530 S.; ('36); ...; [13]('44); [14]('45); ...; ('58) 530 S. — Functions of real variables (New York '35, '38, Peking '36, '38) 12+399 S.; (New York '47) 12+399 S. — Functions of a complex variable (Peking '36, New York '38) 8+257 S.; (New York '42); ('48) 8+257 S. — [Die beiden vorstehenden Werke in 1 Band:] Functions of real variables [and] Functions of a complex variable (New York '36), Neudruck ('58) 12+407, 8+262 S. — Mechanics (New York '37) 15+495 S.; ('46); ('65) 13+495 S. — Plane and solid analytic geometry. Neuauflagen (New York '38) 17+614 S.; ('47); ('51) 17+614 S. — Introduction to the calculus. Neuauflagen (New York '38) 11+449 S.; ('54) 11+449 S. — Lehrbuch der Funktionentheorie. Neudruck. **1** (Bronx, N.Y. '65) 14+818 S. ([ursprünglich:] B. G. Teubners Sammlung von Lehrbüchern auf dem Gebiete der mathematischen Wissenschaften, 20, 1); **2** ('65) 14+686 S. (∼ 20, 2). — Topics in the theory of functions of several complex variables. Neuauflage (New York '66) 3+120 S. (Madison colloquium 1913, 2).

Annals Math. On the singular points in the problem of inversion: (2) **33** ('32) 740–46.

Bull. amer. math. Soc. Note on the gyroscope: **39** ('33) 373f. — The number system after Dedekind: **41** ('35) 505–07.

Mathematical Gaz. On a review: **22** ('38) 283f.

VI **OSTERBERG,** Arnold Erwin. Biochem. — 1916–17 Assist., Univ. of Washington, Seattle, Wash.; '17–24 Assist., '24–30 Assoc., '30–46 Head of Clinical-Biochem. Research, Mayo Clinic, Rochester, Minn.; '24–44 Assoc. Prof. and '44–46 Prof., Graduate School, '25 Ph. D., Univ. of Minnesota, Minneapolis, Minn.; '46–59 Assoc. in Clin. Investigat., Abbott Labor., North Chicago, Ill.; '59–70 Head of Drug Control Sect., Clinic Branch, Collaborative Research, Nation. Cancer Inst., Bethesda, Md. — '51 Award of Distinguished Service (Amer. Cancer Soc.); Special Certificate of Merit (Abbott Labor.).

*1894, Febr. 9, Minneapolis, Minn.

S. Blood substitutes and blood transfusion (S. Mudd, W. Thalhimer) (Springfield, Ill. '42) 120–22: A simple method for the preparation of dried plasma and its use[40]). — J. S. Lundy, Clinical anesthesia; a manual of clinical anesthesiology (Philadelphia, Pa.–London '42) Chapter 27: The chemical basis of the efficacy and toxicity of local anesthetics; Chapter 28: The chemistry of analgesics and general anesthetics. — L. M. Olson, Prevention, first aid and emergencies (Philadelphia, Pa.–London '46) 315–26: Poisoning, 1: Poisons and antidotes; 327–54: ∼ 2: Poisonous plants; 355–: ∼ 3: Food infection and food poisoning.

American J. Cancer The chemotherapy of cancer, 1: Lead[4])[44]): **23** ('35) 762–70. — A comparative study of the reducing substance (so-called glutathione) of the blood in normal, malignant and non-malignant conditions[19])[4])[23]): **32** ('38) 495–512.

American J. clin. Pathol. The photelometer and its use in the clinical laboratory[80])[85]): **3** ('33) 405–20. — The presence of arsenic in the brain and its relation to pericapillary hemorrhages or so-called acute hemorrhagic encephalitis[51]): **4** ('34) 362–69.

American J. digest. Diseases and Nutrit. The double histamine test as an aid in the study of gastric secretory function[75])[94]): **3** ('36) 12–15. — Studies of pepsin in human gastric juice, 3: Physiologic aspects[94])[1])[75]): 35–41; ∼ 4: The influence of gastric and duodenal disease[94])[1])[75]): 97–101; ∼ 5: Its prognostic value[94])[1])[47])[75]): 101f. — The effect on the gastric juice of man of six weeks' deprivation of vitamin B_1 [1])[70])[31])[62]): 102–07. — Daily variations in the concentrations of acid and pepsin in the gastric juice of three persons observed for two months[1])[94]): 162–64. — Treatment of the hemorrhagic tendency in jaundice; with special reference to vitamin K[88])[12]): **5** ('38) 590–96. — The concentration of pancreatic enzymes in the duodenum of normal persons and persons with disease of the upper part of the abdomen[21][69]: **6** ('39) 249–54. — Pancreatic secretion in man after administration of different stimulants; a comparative study[21]: **8** ('41) 337–44. — Internal pancreatic fistula. Report of a case with physiologic observations[21][71]: **10** ('43) 7–20. — The effect of atropine sulfate, morphine sulfate, pilocarpine hydrochloride, prostigmine methylsulfate, sodium salt of dehydrocholic acid and secretin on the gastric and duodenal secretions of normal persons when fasting[53][21]: **11** ('44) 31–40.

American J. med. Sci. The absence of osteoporosis demonstrated chemically in clinical hyperthyroidism[65]: **184** ('32) 399–407.

American J. Obstetrics and Gynecol. Studies on pregnandiol[98][72]: **37** ('39) 59–74.

American J. Physiol. The effect of certain potassium salts on acid base excretion in the normal individual[49][6]: **119** ('37) 347f. — An evaluation of the Frank method for the determination of urinary prolan in non-pregnant women[25][30][54]: **123** ('38) 56. — A comparison of the effects of water, certain sodium and potassium salts on renal excretion[49]: 114.

Annals intern. Med. Some effects of potassium salts in man[49][11]: **16** ('42) 879–92. — Acinar cell carcinoma of pancreas: Report of cases in which formation of carcinomatous cells was suspected[21][12][3][71]: **19** ('43) 808–16.

Archives Dermatol. and Syphilol. Xanthomatosis. Correlation of clinical histopathologic and chemical studies of cutaneous xanthoma[66]: **37** ('38) 373–402. — Chemistry of palmar sweat, 2: Chloride[57]: **56** ('47) 462–; ∼ 3: Reducing substances (glucose)[57]: 819–26; ∼ 4: Urea[57]: 827–33.

A. M. A. Archives Dermatol. The diagnosis of Lupus erythematosus. Probable significance of pantothenate blood levels[87][34][68][33]: **75** ('57) 845–50.

Archives int. Pharmacodyn. et Thérapie Anticholinergic actions to tridihexethyl iodide[37]: **137** ('62) 250–66.

Archives intern. Med. Acute bismuth poisoning, with recovery[49]: **60** ('37) 415–23. — Pancreatic secretion in man after stimulation with secretin and acetylbetamethylcholine chloride; a comparative study[21]: **66** ('40) 688–706. — Serum concentration and renal clearance of potassium in severe renal insufficiency in man[49][53]: **71** ('43) 675–701. — A modified technique for the determination of serum bilirubin; a preliminary report of its clinical use[84]: **72** ('43) 372–76.

Archives Neurol. and Psychiatry Neuritis from arsenic and lead. The significance of chemical studies in diagnosis[86][24]: **27** ('32) 322–32.

Archives Pathology Lipoid histiocytosis. Report of a case with postmortem and chemical studies of the spleen[3][76]: **29** ('40) 420–31.

Archives Surgery Intestinal obstruction in man: Alterations in the serum bases and their significance[29][4]: **38** ('39) 869–83.

Cancer Chemotherapy Rep. Mitomycin C (NSC-26980); an evaluation of the Japanese reports[32]: **9** ('60) 114–19.

Chemical and Engng. News Opportunities in clinical chemistry[17][63][67][77]: **32** ('54) 4097–102.

Endocrinology An evaluation of the Frank method for the determination of prolan (gonadotropic principle) in the urine of non-pregnant women[25]: **23** ('38) 703–10. — An evaluation of a colorimetric and a biologic method for determining urinary androgens[25]: **25** ('40) 345–54.

Gastroenterology External pancreatic secretion in cases of duodenal ulcer[21]: **4** ('45) 85–91. — The total solids, fat and nitrogen in the feces, 1: A study of normal persons and of patients with duodenal ulcer on a test diet containing large amounts of fat[99][21][95]: **6** ('46) 83–92; ∼ 2: A study of persons who had undergone partial gastrectomy with anastomosis of the entire cut end of the stomach and the jejunum (Polya anastomosis)[99][21][95]: 93–104; ∼ 3: A study of normal persons taking a test diet containing a moderate amount of fat; comparison with results obtained with normal persons taking a test diet containing a large amount of fat[99][21]: **9** ('47) 272–83.

J. amer. dent. Assoc. Relationship between gingival hyperplasia and ascorbic acid in the blood and urine of epileptic patients undergoing treatment with sodium 5,5-diphenylhydantoinate[64]: **29** ('42) 207–12.

J. amer. med. Assoc. Determination whether ketonurine has bactericidal action. A simple technic for clinical use[43]: **102** ('34) 1831f. — Clinical observations with insulin protamine compound[89][8][50][97]: **106** ('36) 1701–05. — Rate of excretion and bactericidal power of mandelic acid in the urine[43]: **107** ('36) 1794–96. — Blood calcium, phosphorus and phosphatase in urinary lithiasis. Parathyroid disease as an etiologic factor[39][9]: **111** ('38) 683–85. — The preoperative and postoperative administration of vitamin K to patients having jaundice[12][88]: **113** ('39) 383–90. — The prothrombin changes in banked blood[100][45]: **114** ('40) 1341f. — Nicotine poisoning in a child[22]: **115** ('40) 600f. — Changes in serum protein and hemoconcentration in man following transfusion of a solution of dried blood plasma[40][71][83]: **116** ('41) 1760–62. — Efficiency of the gastrointestinal tract after resection of head of pancreas[99][21][18]: **137** ('48) 838–48. — Heparin neutralization with polybrene administered intravenously[96][36][16]): **166** ('58) 603–07.

J. biol. Chemistry Modified electrolytic Gutzeit method for rapid microdetermination of arsenic[38]): **155** ('44) 513–18.

J. clin. Investigat. Studies of gastric pepsin, 1: Methods of measurement and factors which influence it[94][1]): **12** ('33) 551–56; ~ 2: Secretion of pepsin in cases of duodenal ulcer and pseudo-ulcer[94][1][75]): 557–65. — Hydrogen-ion concentration of the duodenal contents under fasting conditions in normal persons and in patients with duodenal ulcer; a comparative study[48][21]): **20** ('41) 221–27. — The tolerance for potassium in severe renal insufficiency; a study of ten cases[49]): **26** ('47) 773–83.

J. investigat. Dermatol. Chemistry of palmar sweat, 1: Preliminary report; apparatus and techniques[57]): **6** ('45) 63–74. — Use of the spectrophotometer in capillary tube colorimetry for the determination of reducing substances (glucose), chlorides, ammonia nitrogen, uric acid and creatinine[57]): **7** ('46) 135. — Pseudoxanthoma elasticum: Micro-incineration[57]): **15** ('50) 297–.

J. Labor. and clin. Med. The clinical significance of a very low concentration of urea in the blood[49]): **20** ('34/35) 141–44. — Lipase and esterase in the blood serum; their diagnostic value in pancreatic diseases[21]): 271–78. — The new van den Bergh reaction for the determination of serum bilirubin utilizing the photelometer: **22** ('36/37) 729–35. — Values for acetylcholine esterase in the blood serum of normal persons and patients with various diseases[12][26][21]): **27** ('41/42) 649–55. — A method for the determination of certain sulfonamides in bile[14]): **28** ('42/43) 110–12. — Serum bilirubin; a procedure for the determination of indirect and direct values[84]): 1359–68. — The methylene blue test for bilirubinuria: Clinical and spectrophotometric observations[90][35]): **31** ('46) 924–33. — Viability of erythrocytes of acid citrate dextrose blood collected and stored in and infused from aged plastic bags[74][27][81][13][42]): **48** ('56) 469f.

J. Missouri State med. Assoc. Intravenous therapy[59][92]): **35** ('38) 124–27.

J. Nutrition [USA] Distribution of vitamin K in biologic material and its probable physiologic significance[12]): **15** ('38) Suppl. 1, 11–.

J. Urology The bactericidal effect of levorotatory and racemic beta-oxybutyric acid in urine[43]): **35** ('36) 86–92. — The relationship between the chemical composition of renal calculi and associated bacteria[71]): **36** ('36) 447–59.

Medical Clinics North America Serum amylase and serum lipase in the diagnosis of disease of the pancreas[21]): **24** ('40) 1137–49.

New England J. Med. Fluids for parenteral administration. A simple method of modification to fill the requirements of the individual patient[82][58]): **252** ('55) 443–45.

Organic Syntheses, Collective Vol. Cyclohexenoxide: **1** ('32) 179f.; [2]('51) 185f. — Diethyl ester of phthalimidomalonic acid: **1** ('32) 266f.; [2]('51) 271f.

Proc. Staff Meetings Mayo Clinic A new cystographic medium[91]): **7** ('32) 105f., 522. — Lead treatment for inoperable carcinoma[44][4][73]): 231–37. — The determination of pepsin in the gastric content and its clinical significance in duodenal ulcer and pseudo-ulcer[94][1]): 268–72. — Studies in gastric pepsin[94]): **8** ('33) 93–96. — Symposium on acute burns: Biochemical studies: 121–23. — The concentration of beta-oxybutyric acid and the pH in bactericidal urine[43]): **9** ('34) 46–48. — A simple technic for clinical use in determining whether or not bactericidal action is present in ketonurine[43]): 122–. — Lipase and esterase in the blood serum: their diagnostic value in pancreatic disease[21]): 250f. — The chemotherapy of cancer, 1: Lead[4][44]): **10** ('35) 65–. — Certain manifestations of arsenism[10][66]): 152. — An apparatus for the preparation and intravenous administration of various fluids in large quantities[56]): 241–45. — The bactericidal effect, in urine, of levorotatory and racemic beta-oxybutyric acid[43]): 620–22. — The rate of excretion and bactericidal power of mandelic acid in the urine[43]): **11** ('36) 373–77. — Preparation of medium for retrograde pyelography: 560. — Rate of excretion and bactericidal power of sulfanilamide (prontylin) in the urine[43]): **12** ('37) 377–81. — The effect of pH of the urine on concentration of free and conjugated sulfonilamide necessary for bactericidal action[43]): 661–64. — Vitamin K: Its distribution and chemical properties: Methods of preparation and assay: **13** ('38) 72–74. — The use of vitamine K and bile in treatment of hemorrhagic diathesis in cases of jaundice[12][88]): 74–77. — Studies on pregnandiol, 1: Preliminary report on relation of amounts of pregnandiol in urine to microscopic appearances of endometrium[98][72]): 197–202. — Determination of cevitamic acid in blood and urine[61]): 700–02. — Further observations on the use of vitamin K in the prevention and control of the hemorrhagic diathesis in cases of jaundice[12][88]): 753–64. — The serum bases during intestinal obstruction[29][4]): **14** ('39) 22f. — Metycaine, 2 percent in oil: Preliminary report[59][28]): 360. — Phthiocol: Its therapeutic effect in the treatment of hypoprothrombinemia associated with jaundice. A preliminary report[12][88]): 497–502. — Treatment of hypoprothrombinemia: Use of various synthetic compounds exhibiting antihemorrhagic activity[12][88][7]): **15** ('40) 69–73. — The dehydration of blood[2]): 267–70. — The value of determination of the concentration of serum amylase and serum lipase in the diagnosis of disease of the pancreas[21]): 427–32. — Nicotine poisoning in a child. Report of a case[22]): 589–92. — The use of the Kingsley method for the separation of serum albumin and globulin[60]): 600f. — The preparation and experimental use of dried blood plasma[40])[28]): 689–94. — Some effects of potassium salts in man[49])[11]): **17** ('42) 49–52. — The persistence of gonadotropin in dried pregnancy serum of human beings[u. a.]): 401–04. — An apparatus for the clinical determination of percentage of constituents of anesthetic gas mixtures[102])[101]): **18** ('43) 89–94. — Serum bilirubin: Its clinical importance and a recommended procedure for the determination of indirect and direct values[84]): 232–38. — An adaptation to the colorimeter of the Sepulveda-Osterberg serum-bilirubin procedure[60]): **19** ('44) 4f. — The use of oxidized cellulose for hemostasis in surgical procedures: Preliminary report[93])[18]): **20** ('45) 29–. — The use of an antibacterial agent mixed with a local anesthetic[59]): 40–. — The use of vitamin A tolerance test in certain cases of dermatologic disorders[78])[10]): **21** ('46) 209–17. — Methylene blue test for bilirubinuria[90])[35]): 267–69. — The human tolerance for potassium[49]): 385–92. — Functional efficiency of the gastrointestinal tract following resection of the head of pancreas[99])[21])[18]): **23** ('48) 245–.

Proc. Soc. exper. Biol. and Med. Role of vitamin C in Addison's disease[46])[79]): **44** ('40) 335–39.

Science [USA] The relative effectiveness of pure penicillins G, X and K[20])[41]): **103** ('46) 709f.

Surgery Intravenous administration of fluids including blood transfusion[59]): **2** ('37) 590–98.

Surgery, Gynecol. and Obstetrics Absorbable oxidized cellulose with thrombin as hemostatic agent in surgical procedures[93])[18])[5]): **80** ('45) 470–72.

Surgical Clinics North America The use of penicillin mixed with a local anesthetic[59]): Mayo Clinic Number 1945.

Trans. Assoc. amer. Physicians The excretion of potassium by the normal and diseased kidney[49])[53]): **55** ('40) 219–22. — The therapeutic use of dried plasma in cases of hypoproteinemia and edema[49])[6]): **57** ('42) 93–104. — The tolerance for potassium in severe renal insufficiency; a study of ten cases[49]): **59** ('46) 62–74.

Ferner eine Veröffentlichung für die Mayo Clinic: „The preparation of solutions for intravenous use" ('33).

Mit: [1]) W. C. Alvarez; [2]) S. Amberg; [3]) A. H. Baggenstoss; [4]) J. A. Bargen; [5]) W. A. Bennett; [6]) M. W. Binger; [7]) J. L. Bollman; [8]) B. B. Blum; [9]) W. F. Braasch; [10]) L. A. Brunsting; [11]) H. B. Burchell; [12]) H. R. Butt; [13]) D. J. Campbell; [14]) H. M. Carryer; [15]) M. Casey; [16]) A. J. Catenacci; [17]) A. L. Chaney; [18]) O. T. Clagett; [19]) R. J. Coffey; [20]) R. D. Coghill; [21]) M. W. Comfort; [22]) R. W. Cragg; [23]) C. F. Dixon; [24]) J. B. Doyle; [25]) D. G. Drips; [26]) T. J. Dry; [27]) J. M. Dyniewicz; [28]) H. E. Essex; [29]) M. A. Falconer; [30]) G. Fisher; [31]) M. A. Foley; [32]) W. Frank; [33]) R. L. Fredrickson; [34]) D. V. Frost; [35]) E. E. Gambill; [36]) J. S. Gilman; [37]) W. D. Gray; [38]) W. S. Green; [39]) M. Griffin; [40]) S. B. Harper; [41]) G. R. Hazel; [42]) P. Helgren; [43]) H. F. Helmholz; [44]) B. T. Horton; [45]) M. Hovig; [46]) J. F. Jenovese; [47]) E. S. Judd; [48]) R. W. Kearney; [49]) N. M. Keith; [50]) E. J. Kepler; [51]) J. W. Kernohan; [52]) H. C. King; [53]) H. E. King; [54]) K. Lewis; [55]) E. Limbert; [56]) G. G. Little; [57]) W. C. Lobitz, jr.; [58]) J. E. Lucas; [59]) J. S. Lundy; [60]) E. Maclay; [61]) A. E. Magnusson; [62]) A. Mayer; [63]) H. J. McDonald; [64]) J. A. Millhon; [65]) R. G. Mills; [66]) H. Montgomery; [67]) S. Natelson; [68]) L. R. Overby; [69]) R. L. Parker; [70]) F. Pilcher; [71]) J. T. Priestley; [72]) L. M. Randall; [73]) F. W. Rankin; [74]) A. P. Remenchik; [75]) A. B. Rivers; [76]) E. F. Rosenberg; [77]) J. J. Routh; [78]) D. M. Ruch; [79]) E. H. Rynearson; [80]) A. H. Sanford; [81]) J. A. Schoenberger; [82]) B. H. Scribner; [83]) T. H. Seldon; [84]) B. Sepulveda; [85]) C. Sheard; [86]) W. D. Shelden; [87]) A. H. Slepyan; [88]) A. M. Snell; [89]) R. G. Sprague; [90]) G. D. Stokes; [91]) C. J. Thompson; [92]) E. B. Tuohy; [93]) A. Uihlein; [94]) F. R. Vanzant; [95]) J. F. Weir; [96]) W. A. Weiss; [97]) R. M. Wilder; [98]) R. B. Wilson; [99]) E. E. Wollaeger; [100]) E. R. Ziegler; [101]) F. C. Clarke; [102]) A. Faulconer, jr.

VI **OSTERHOUT,** Winthrop John Vanleuven. Pflanzenphysiol., Chem. (physikal.). — 1919– Trustee, later on for many years Coworker, Marine Biological Labor., Woods Hole, Mass.; '25–39 Member, '39 Member Emer. (active until '41), Rockefeller Inst. for Med. Research, New York. — '25 Hon. Sc. D. (Harvard Univ., Cambridge, Mass.); '26 Hon. Sc. D. (Brown Univ., Providence, R. I.).

*1871, Aug. 2, Brooklyn, N. Y.;
†1964, Apr. 9, New York.

Zur Biogr. Nature [London] **147** ('41) 111.

Zum 80. Geb.tag Nature [London] **168** ('51) 144.

Nekr. L. R. Blinks, Biographical Mem., Nation. Acad. Sci. USA **44** ('74) 213–49 (m. Bildn., Faks., Schr.verz.). — T. Shedlovsky, Yearb., Amer. philos. Soc. **1964,** 143–47. — Nature [London] **202** ('64) 952f.

MHZ. (Mitbegründer) J. gen. Physiol. **1** ('18/19) - **47** ('63/64).

S. Ion transport across membranes. Papers presented at a symposium, New York 1953 (H. T. Clarke, D. Nachmansohn) (New York '54) 1f.: Note on the work of Jacques Loeb. — Electrochemistry in biology and medicine (T. Shedlovsky) (New York '55) 213–24: Apparent violations of the all-or-none law in relation to potassium in the protoplasma.

Annals intern. Med. Some aspects of cell physiology: **7** ('33) 396–400.

Annual Rev. Plant Physiol. Use of aquatic plants in the study of some fundamental problems: **8** ('57) 1–10.

Australian J. exper. Biol. and med. Sci. Studies on large cells: **9** ('32) 135–39.

Biological Bull. The role of ions in Valonia and Nitella: **69** ('35) 329f.

Botanical Rev. The absorption of electrolytes in large plant cells [,1]: **2** ('36) 283–315; ~ 2: **13** ('47) 194–215.

Cold Spring Harbor Sympos. quantitat. Biol. The electrical behavior of large plant cells: **1** ('33) 125–30. – Osmotic pressure in relation to permeability in large plant cells and in models: 166–69. – Some ways to control bioelectrical behavior[1]): **4** ('36) 43–52. – Some models of protoplasmic surfaces: **8** ('40) 51–62.

Collecting Net The electric behavior of large plant cells: 8 ('33) 213f. – How do electrolytes penetrate the cell?: **10** ('35) 1–8.

Ergebn. Physiol. u. exper. Pharmakol. Permeability in large plant cells and in models: **35** ('33) 967–1021.

J. cellular and comparat. Physiol. Positive potentials due to aniline and the antagonistic action of ammonia: **18** ('41) 129–34.

J. gen. Physiol. The accumulation of electrolytes, 4: Internal versus external concentrations of potassium[2]): **15** ('31/32) 537–50; ~ 5: Models showing accumulation and a steady state[5]): 667–89; ~ 6: The effect of external pH[2]): **17** ('33/34) 727–50; ~ 8: The accumulation of KCl in models[3]): **19** ('35/36) 167–78; ~ 10: Accumulation of iodine by Halicystis and Valonia[2]): **21** ('37/38) 687–93; ~ 11: Accumulation of nitrate by Valonia and Halicystis[2]): 767–73. – The kinetics of penetration, 4: Diffusion against a growing potential gradient in models: **16** ('32/33) 157–63; ~ 5: The kinetics of a model as related to the steady state: 529–57; ~ 6: Some factors affecting penetration[3])[5]): **17** ('33/34) 445–67; ~ 7: Molecular versus ionic transport[3])[5]): 469–80; ~ 8: Temporary accumulation[3]): 507–16; ~ 9: Models of mature cells[3]): **18** ('34/35) 229–34; ~ 11: Entrance of potassium into Nitella[2]): 967–85. – Anesthesia produced by distilled water[1]): **17** ('33/34) 87–98. – Anesthesia in acid and alkaline solutions[1]): 99–103. – Reversible loss of the potassium effect in distilled water[1]): 105–08. – Nature of the action current in Nitella, 1: General considerations: **18** ('34/35) 215–27; ~ 2: Special cases[1]): 377–83; ~ 3: Some additional features[1]): 499–514; ~ 4: Production of quick action currents by exposure to NaCl[1]): **22** ('38/39) 91–106; ~ 5: Partial response and the all-or-none law: **27** ('43/44) 61–67; ~ 6: Simple and complex action patterns: **30** ('46/47) 47–59. – Stimulation by cold in Nitella[1]): **18** ('34/35) 357–67. – Positive variations in Nitella[1]): 369–75. – Restoration of the potassium effect by means of action currents[1]): 681–86. – Mechanical restoration of irritability and of the potassium effect[1]): 687–94. – Chemical restoration in Nitella, 1: Ammonia and some of its compounds: 987–95; ~ 2: Restorative action of blood: **19** ('35/36) 423–25; ~ 4: Effects of guanidine: **24** ('40/41) 7f. – Pacemakers in Nitella, 1: Temporary local differences in rhythm[1]): **19** ('35/36) 307–09; ~ 2: Arrhythmia and block[1]): **22** ('38/39) 115–30; ~ 3: Electrical alternans: **26** ('42/43) 457–65. – Changes of apparent ionic mobilities in protoplasm, 1: Effects of guaiacol on Valonia: **20** ('36/37) 13–43; ~ 2: The action of guaiacol as affected by pH: 685–93; ~ 3: Some effects of guaiacol on Halicystis: **21** ('37/38) 707–20; ~ 4: Influence of guaiacol on the effects of sodium and potassium in Nitella: **22** ('38/39) 417–27. – Calculations of bioelectric potentials, 2: The concentration potential of KCl in Nitella[1]): **21** ('37/38) 541–56; ~ 4: Some effects of calcium on potentials in Nitella[1]): **22** ('38/39) 139–46; ~ 5: Potentials in Halicystis: **23** ('39/40) 53–57; ~ 6: Some effects of guaiacol on Nitella: 171–76. – Effects of potassium on the potential of Halicystis: **21** ('37/38) 631–34. – Delayed potassium effect in Nitella[1]): **22** ('38/39) 107–13. – Behavior of water in certain heterogeneous systems[4]): **23** ('39/40) 365–90. – Some chemical aspects of the potassium effect (on Nitella flexilis): 429–32. – Effects of hexylresorcinol on Nitella (flexilis): 569–73. – Action curves with single peaks in Nitella (flexilis) in relation to the movement of potassium[1]): 743–48. – Effects of guaiacol and hexylresorcinol (on Nitella flexilis) in the presence of barium and calcium: 749–51. – The experimental production of double peaks in Chara action curves and their relation to the movement of potassium[1]): **24** ('40/41) 9–13. – Effects of hexylresorcinol on Valonia (macrophysa): 311–13. – Effects of nitrobenzene and benzene on Valonia (macrophysa): 699–702. – Increased irritability in Nitella due to guanidine: **26** ('42/43) 65–73. – Diffusion potentials in models and in living cells: 293–307. – A model of the potassium effect: **27** ('43/44) 91–100. – Studies of the inner and outer protoplasmic surfaces of large plant cells, 1: Plasmolysis due to salts: 139–42; ~ 2: Mechanical properties of the vacuolar surface: **28** ('44/45) 17–22. – Differing rates of death at inner and outer surfaces of the protoplasm, 1: Effects of formaldehyde on Nitella: 23–36; ~ 2: Negative potential in Nitella caused by formaldehyde: 37–42; ~ 3: Effects of mercuric chloride on Nitella: 343–47. – Effects of hydroxyl on negative and positive cells of Nitella: **29** ('45/46) 43–56. – Water relations in the cell, 1: The chloroplasts of Nitella and of Spirogyra: 73–78. – Some properties of protoplasmic gels, 1: Tension in the chloroplast of Spirogyra: 181–92; ~ 2: Contraction of chloroplasts in currents of water entering the cell and expansion in outgoing currents: **30** ('46/47) 229–34. – Some aspects of secretion, 1: Secretion of water: 439–47. –

Abnormal protoplasmic patterns and death in slightly hypertonic solutions: **31** ('47/48) 291–99. — Movements of water in cells of Nitella: **32** ('48/49) 553–58. — Transport of water from concentrated to dilute solutions in cells of Nitella: 559–66. — Higher permeability for water than for ethyl alcohol in Nitella: **33** ('49/50) 275–84. — Effects of electrical currents on the absorption of water by eggs of Nereis limbata: 379–88. — Distant effects of toxic agents: **34** ('50/51) 279–84. — Injury in relation to cell organization: 321–23. — Some aspects of protoplasmic motion: **35** ('51/52) 519–27. — The mechanism of accumulation in living cells: 579–94. — Changes in resting potential due to a shift of electrolytes in the cell produced by non-electrolytes: **37** ('53/54) 423–32. — Apparent violations of the all-or-none law in relation to potassium in the protoplasm: 813–24. — The role of water in protoplasmic permeability and in antagonism: **39** ('55/56) 963–76.

Kolloid-Z. Über einige chemische und elektrische Eigenschaften von Protoplasmaoberflächen: **77** ('36) 373–82.

Nature [London] Mechanism of salt absorption by plant cells: **136** ('35) 1034f.

Physiological Rev. Electrical phenomena in large plant cells: **16** ('36) 216–37.

Proc. nation. Acad. Sci. USA How do electrolytes enter the cell?: **21** ('35) 125–32. — Potentials in Halicystis as affected by non-electrolytes: **24** ('38) 75–79. — Calculations of bioelectric potentials, 3: Variation in partition coefficients and ion mobilities[1]): 312–15. — Reversal of the potassium effect in Nitella[1]): 427–31. — Chemical restoration in Nitella, 3: Effects of inorganic salts[1]): **25** ('39) 3–6. — Some bioelectrical problems: **35** ('49) 548–58.

Proc. Soc. exper. Biol. and Med. Models showing accumulation[5]): **29** ('31/32) 577f. — Penetration of potassium into Nitella[2]): **31** ('33/34) 1121f. — Some experimental modifications of the protoplasmic surface[1]): **32** ('34/35) 715f. — Movement of water against a gradient in models[4]): **38** ('38) 468–70.

Science [USA] Note on water in non-aqueous solutions [4]): **90** ('39) 397f. — Alfred George Jacques: **91** ('40) 133f.

Trans. electrochem. Soc. Electrochemical methods in the study of plant cells: **71** ('37) 93–99.

Trans. Faraday Soc. The protoplasmic surface in certain plant cells: **33** ('37) 997–1002.

Yearb., Amer. philos. Soc. William Albert Setchell (1864–1943): **1943**, 431f.

Viele der zitierten Arbeiten auch in: Studies Rockefeller Inst. med. Res.

Mit: [1]) S. E. Hill; [2]) A. G. Jacques; [3]) S. E. Kamerling; [4]) J. W. Murray; [5]) W. M. Stanley.

V, VI **OSTROGOVICH,** Adriano. Chem. — 1919–38 Prof. u. Dir. d. Chem. Inst., Univ. Cluj.
*1870, Aug. 16, Lecce, Italien;
†1956, Dez. 31, Timişoara, Rumänien.

S. Atti del V° Congresso nazionale di chimica pura ed applicata, Sardegna 1935 **1** (Roma '36) 427–31: Idrogenazioni catalitiche nel gruppo delle γ-triazine, 1: Passaggio dalla metildiossi-triazina al cosidetto acido trigenico di Liebig e Wöhler[6]); 431–36: Sul cupricianurato; due forme diversamente colorate del solo anidro; nuova reazione specifica dell'acido cianurico[6]).

Annali Chim. appl. Tre apparecchi pratici da laboratorio: **25** ('35) 563–68.

Atti Soc. ital. Progr. Sci. Nuove ricerche sulle γ-triazine: Passaggio da alcune alchil-, aril- e aralchil-amino-tiol-triazine ai derivati amino idrossilati corrispondenti e loro studio[3]): **21.** 1932, II('33) 335.

Buletinul Soc. Şti. Cluj, România Azione del gliossale e composti analoghi α dicarbonilici sulla N-amino-naftalimide[5]): **8** ('37) 603–11. — Versuche zur Dehydrierung der Naphthalylhydrazone des Benzaldehyds, Cuminaldehyds und des Anisaldehyds und die Einwirkung alkoholischer Natronlauge auf diese[5]): **9** ('38/44) 432–45 [ ]. — Ricerce sulle γ-triazine, 46: Nuova sintesi della 4-osso-6-imino-tetraidro-triazinil-2-formaldossima: 511–14.

Buletinul Univ. "Babeş" şi "Bolyai", Cluj Les dérivés de la naphtalizoïmide, 4: **1** ('57) 129–38 [rumän. m. russ. u. französ. Zusammenfassg.].

Bull. Sect. sci., Acad. roumaine Sur la dinaphtalyl-hydrazine ou binaphtalimyle[5]): **25** ('42/43) 90–95. — Action de la chaleur et de l'anhydride acétique à froid sur le produit d'addition d'eau à la naphtalyl-benzal-hydrazone (benzylidène-N-aminonaphtalimide), ainsi que sur la naphtalyl-benzal-hydrazone initiale[5]): 150–56.

Gazz. chim. ital. Ricerche sulle γ-triazine, 23: Sintesi della isobutil- e della isoamil-diamino-γ-triazina[4]): **62** ('32) 317–32; ~ 24: Contributo allo studio della melamina: **65** ('35) 566–88; ~ 25: Sulla proprietà dell'orto- e della para-nitrofenilimino-osso-triazidina (o- e p-nitrobenzilidenguanilurea) di dare un otto-cloroplateato, oltre l'esacloroplateato normale; primi due complessi del platino tetravalente con coordinanza otto[5]): **64** ('34) 792–800; ~ 26: Diossi-triazinil-formaldossima e suoi sali[2]): 800–24; ~ 27: Sintesi del fenacetil-biureto e sua trasformazione in benzil-diossi-triazina[7]): 824–32; ~ 28: Sulla fenil-diossi-triazina e derivati: **65** ('35) 229–41; ~ 29: Passaggio da alcune alchil-, aril- e aralchil-amino-tiol-triazine ai derivati amino-idrossilati corrispondenti; considerazioni generali e descrizione di due nuovi omologhi alchilici: l'etil- e la propil-amino-idrossi-triazina[3]): 349–56; ~ 30: Su alcune aril-amino-idrossi-triazine[3]): 357–66; ~ 31: Sulla benzil-amino-idrossi-e la stiril-amino-idrossi-triazina[3]): 367–70; ~ 32: Idrogenazioni catalitiche nel gruppo delle γ-triazine, 1: Passaggio dalla metil-diossi-triazina al cosidetto acido trigenico di Liebig e Wöhler[6]): **66** ('36) 48–57, 850; ~ 33: Sopra alcuni nuovi composti ottenuti dalla diossi-triazinil-formaldossima[2]): 653–62; ~ 34: Sulla diossitriazinil-fenil-cetossima e suoi sali[7]): 662–71; ~ 35: Trasposizione Beckmanniana della diossi-triazinil-fenil-cetossima[7]): 672–75; ~ 36: Sull'amino-tiol-isobutil-triazina e sul derivato amino-idrossilato corrispondente[3]): **67** ('37) 664–68; ~ 37: Sul cosidetto acido trigenico di Liebig e Wöhler: 2,4-diosso-6-metil-triazidina o cicloetiliden-biureto[6]): **68** ('38) 688–98; ~ 38: Sulla diossi-ciano-triazina e su alcuni nuovi derivati ammelidici ottenuti da essa[2]): **71** ('41) 496–504; ~ 39: 4-Osso-6-ossimino-tetraidrotriazinil-2-formaldossima e suoi sali[1]): 505–15; ~ 40: Sopra alcuni nuovi composti ottenuti dalla 4-osso-6-ossimino-tetraidrotriazinil-2-formaldossima[1]): 515–23; ~ 41: 4-Osso-6-imino-tetraidrotriazinil-2-formaldossima e derivati[1]): 524–32; ~ 42: 4,6-Diimino-tetraidrotriazinil-2-formaldossima e suoi sali[1]): **73** ('43) 149–55; ~ 43: Su alcuni derivati della 4,6-diimino-tetraidrotriazinil-2-formaldossima[1]): 156–59.

Studia Univ. Babeş-Bolyai, Ser. Chem. Notes sur les triazines, 47: Essais de benzoylation de quelques oxo-imino-triazines à l'aide de l'anhydride benzoïque: **1963**, Nr. 2, 19–25 [rumän. m. französ. u. russ. Zusammenfassg.].

Mit: [1]) I. Cădariu; [2]) V. Crasu; [3]) V. Galea; [4]) Gh. Gheorghiu; [5]) V. Bena Medean; [6]) G. Ostrogovich; [7]) I. Tanislau.

VI **OTHMER,** Donald Frederick. Chem. Technol., Physikal. Chem. — 1932–33 Instructor, '33–37 Assist. Prof., '37–61 Prof. and Head of the Departm. of Chem. Engng., '61– Distinguished Prof., Polytechn. Inst. of Brooklyn (now: ... of New York), Brooklyn, N. Y.; '44 Chairman of the New York Sect., '56–59 Dir., Amer. Inst. of Chem. Engineers; '50 Dir., Amer. Inst. of Chem.; '56–59 Dir., Engineers Joint Council; '63– Dir., Chemurgic Council; '72–73 Chairman of Engng. Divis., New York Acad. Sci.; '73–74 Pres. of the Amer. Sect., Soc. de Chimie Industrielle; '74–75 Pres., Chemists Club; Exchange Prof. of many foreign universities; Consultant, scientific and engineering collaborator of numerous important companies and governmental agencies in USA and abroad. — '51 Hon. Prof. (Univ. de Concepción, Chile); '62 Hon. Dr. Engng. (Univ. of Nebraska, Lincoln, Neb.). — '58 Barber-Coleman Award (Amer. Soc. for Engng. Educat.); '59 Tyler Award (Amer. Inst. of Chem. Engng.); '70 Honor Scroll (Amer. Inst. of Chemists); '75 Honors Award (Assoc. Consult. Chemists and Chem. Engineers).

*1904, Mai 11, Omaha, Neb.

H. Fluidization (New York '56).

MH. (Kirk-Othmer,) Encyclopedia of chemical technology **1–15** (New York–London '47–56), Suppl. **1–2** ('57–60); 2. Auflage: **1–22** ('63–70), Suppl. (=**23**) ('71), Index (=**24**) ('72); darin eigene Beiträge: **2** ^{2}('63) 839–59: Azeotropy and azeotropic distillation; **4** ('49) 846–73, **6** [oder **7** ?] ^{2}('65) 705–55: Data: interpretation and correlation[131]); **14** ('55) 611–: Vapor-liquid equilibria and vapor pressure[28]); **20** ^{2}('69) 118–46: Thermodynamics[14]); **22** ^{2}('70) 1–65: Water: requirements, supply and production by desalination; Suppl. (=**23**) ^{2}('71) 694–711: Pipeline heating[126]); span.: Enciclopedia de tecnología química (Mexico-City '59). — Water desalination in developing countries (New York '64) (United Nations Publ. Nr. 64 II B5); darin eig. Beitr. 305–14: Technology of water desalination; report for natural resources.

S. Proc. XIth International congress of pure and applied chemistry, London 1947 (London '–): Correlating physical and chemical data for chemical engineering use. — Proc. 3rd World petroleum congress, The Hague 1951 (Leiden '51) Sect. III, 1–26: Correlating physical and thermodynamic properties used in petroleum technology[28]); 35–53: Equilibrium flash vaporization of petroleum crude oils or fractions[107])[111]). — Proc. Conference on instrumentation and control in the process industries, Chicago, Ill., 1957 (Armour Research Foundation) (Chicago, Ill. '58) 71–88: Control instrumentation makes possible continuous production of materials in the explosives industry[70])[99]). — Betriebstechnik. Verfahren und Operationen. 26 Vorträge (Weinheim/Bergstr. '59) (Dechema-Monographien, 33) 9–27: Methoden zur Gewinnung von Essigsäure. — Süßwasser aus dem Meer. 54 Vorträge (Weinheim/Bergstr. '62) (~ 47) 73–98: Vapor reheat; sea water desalination without metallic heat surfaces[5])[32]); 863–75: Sea water conversion; some possible trends in future developments. — Elektronische Rechenanlagen in der chemischen Technik. 18 Vorträge, ACHEMA 1964 (Weinheim/Bergstr. '65) (~ 53) 51–72: Analog control – possibilities and applications[114]). — Abwasser, Abgas, Schwebstofftechnik. 25 Vorträge, ACHEMA 1967 (Weinheim/Bergstr. '68) (~ 59) 41–52: Heat transfer methods for sewage and sewage sludges: Disposal, sterilization and recovery of values [m. deutscher u. französ. Zusammenfassg.]. — Wasser, Abgas, Abfall. 24 Vorträge, ACHEMA 1970 (Weinheim/Bergstr. '70) (~ 64) 9–21: Water in chemical industry: Supply, recovery, reuse; 287–93: Industrial and domestic sewage – a total treatment with fly ash and polyelectrolytes[125]). — McGraw-Hill encyclopedia of science and technology (W. H. Crouse) 5 (New York '60) 345–47: Fluidization of solids. — Kagaku Kôgaku Kyôkai [Japan Chemical Engineering Society]. The preprints of the 25th anniversary congress, Tokyo 1961 (Tokyo '–): Chemical engineering practice in the chemical industry. — CHISA 1962. Main lectures of 1st International congress on chemical engineering, equipment design and automation, Brno 1962 (V. Kamenik) (Praha '64) 97–110: Chemical reaction in relation to diffusion phenomena[114]). — Trends in petrochemicals (New York '65) (Chemical Engineering Progress technical manual) 16–20: The possible impact of low cost acetylene. — The encyclopedia of marine resources (F. E. Firth) (New York '69) 162–69: Desalination of sea water; 298–302: Heat and power from sea water. — Proc. 1st International conference on calorimetry and thermodynamics, Warszawa 1969 (Warszawa '71) 609–16: Reference equation of state and thermodynamic properties[14]). — Extractive and azeotropic distillation (Washington, D. C. '72) (Advances in chemistry ser., 115) 108–21: Demulsification of crude oils; use of azeotropic distillation[132]). — Readings in earth science (B. Moulton) (New York '72) 230–47: Man's materials and resources. — Proc. 1st Iranian congress of chemical engineering, Shiraz 1973, 1 (Amsterdam '74) 345–51: Chlorine affinity series of metals: its use in novel separations of difficult ores[127])[133]); 2 ('74) 559–67: Desalination – methods and processes.

W. Fluidization and fluid–particle systems (m. F. A. Zenz) (New York–London '60) 513 S.

A. I. Ch. E. Journal Entrainment removal by a wire-mesh separator[13]): **1** ('55) 549–57. — Study of bubbling performance in relation to distillation and absorption[16])[25])[33])[103]): **3** ('57) 16–28. — Correlating vapor pressures and heats of solution for the ammonium nitrate – water system: an enthalpy–concentration diagram[26]): **6** ('60) 210–14. — An equation of state for gas mixtures[14]): **12** ('66) 488–95. — Halogen affinities. A new ordering of metals to accomplish difficult separations[127]): **18** ('72) Nr. 1, 217–20.

A. I. Ch. E. Symposium Ser. A simple total sewage treatment by coagulation, sedimentation, and adsorption[125]): **68** ('72) Nr. 120 (= Advances in separation techniques), 105–09. — Controlled flash evaporation: an improved multistage flash system[129]): 130–39. — Halide metallurgy: Novel separation techniques from difficult ores[127]): 141–49.

American Ink Maker Chromium-rhodamine B toners, 1[96]): **26** ('48) Nr. 3, 28–30, 61, 63; ~ 2: Nr. 4, 29, 31–33, 49. — Oil adsorption by freshly precipitated pigments, 1[96]): **27** ('49) Nr. 3, 29–31, 57, 59.

Bombay Technologist The background of chemical engineering: **1** ('51) 3–7. — Chemical engineering at the Polytechnic Institute of Brooklyn: 11–15.

British chem. Engng. Fresh water from the ocean: **6** ('61) 754–59.

Brooklyn Engr. Expanding the world's resources: **71** ('68) Nr. 6; ~ 2: Nr. 7; ~ 3: Nr. 8.

Canadian Chem. and Process Industries Cheaper absolute alcohol. Unique method based on use of ethyl ether as the entraining agent: **25** ('41) Nr. [?], 13–. — Some modern chemical engineering processes and their applications: **26** ('42) Nr. [?], 15. — Development of chemical equipment: **28** ('44) Juli-Nr., 37–41.

Chemical Age India Olefins vs. acetylene – competitive raw materials for the petrochemical industries in developing countries: **16** ('65) 101–08. — Vapor reheat evaporation of pulp liquors: **17** ('66) 613–21. — Expanding the world's resources: **19** ('68) 69–. — Heat and power from sea water: 425–. — Chlorination process to upgrade low grade ores[127]): **23** ('72) 155–. — Energy and the chemical industry: **25** ('74) 881–89. — Energy – alternative sources to oil: **26** ('75) 429–35.

Chemical and Engng. Data Ser. Correlating pressures and vapor compositions of aqueous hydrochloric acid[79]): **1** ('56) 6–10.

J. chem. and Engng. Data Solubility data for ternary liquid systems: Acetic acid and formic acid distributed between chloroform and water[59]): **5** ('60) 42–44. — Composition of vapors from boiling binary solutions: Systems containing formic acid, acetic acid, water and chloroform[18])[28]): 301–07. — New generalized equation for gas diffusion coefficient[15]): **7** ('62) 37–41. — Viscosities of aqueous solutions of several electrolytes present in sea water[23])[53]): **14** ('69) 192–97.

Chemical and Engng. News Half-stage may boost water plant output: **45** ('67) 25. Sept., 64–66. — Chlorination process upgrades low grade ores[127]): **49** ('71) 29. Nov., 21f.

Chemical and metallurg. Engng. Guarding against corrosion in acetic acid equipment: **39** ('32) 136–39. — Research yielding important advances in distillation practice: **40** ('33) 254–. — Dehydrating aqueous solutions of acetic acid: 631–33. – Dehydrating acetic acid by extraction: **41** ('34) 81–83. – How to prepare for chemical equipment design: 187–. – Acetic anhydride: 514–. – Glass for pilot plant construction: 547f. – Acetic acid and a profit from wood distillation: **42** ('35) 356–61. – New psychrometric chart: **47** ('40) 296–99. – Acetic acid from wood distillation: 349–52. – Simple plot for partial pressure and vapor composition data for aqueous ammonia: 551f. – Nomographic plotting proves convenient for vapor pressure and composition data: 631. – Azeotropic distillation for dehydrating acetic acid: **48** ('41) Nr. 6, 91–94. – New apparatus determines heat transfer coefficients for condensing vapors of various alcohols[119]): Nr. 7, 114. – A workweek plant for chemical industry[66]): **49** ('42) Nr. 1, 86f. – Distillation practices and methods of calculation: Nr. 5, 84–92. – Film coefficients for the condensation of vapors[5]): **51** ('44) Nr. 5, 107f. – Using an orifice to assist control of low-pressure steam flow: **52** ('45) Nr. 4, 122f.

Chemical Engng. Combustion calculations for hydrocarbon fuels, 1[64]): **54** ('47) 115–19; ~ 2: 148–53. – Review of process heat transfer[16]): **57** ('50) 303–06. – Protecting tanks from corrosion: **63** ('56) 260–. – Japanese chemicals boom: **68** ('61) 54–58. – Desalting of sea water: **70** ('63) 205–09. – Heating pipelines with electrical skin current[124]): **77** ('70) 154–58.

Chemical and Process Engng. (and Atomic World) Chemical engineering practice in the chemical industry: **43** ('62) 168–71. – Sea water desalination without metallic heat transfer surfaces[5])[32]): 564–71. – Chemical reaction in relation to diffusion phenomena[114]): **44** ('63) 419–24. – Dust explosions[98]): **45** ('64) 165–74. – Desalination – world-wide needs and opportunities: **46** ('65) 120–24. – Resources of the world: 484–86. – Condensation coefficient of heat transfer: **49** ('68) Nr. 6, 109–12. – Water in the chemical industry: **51** ('70) Nr. 6, 142–44.

Chemical Week Piping in electric heat: **104** ('69) Nr. 24, 41f.

Chemie-Ing.-Technik Gewinnung von Essigsäure und Ameisensäure aus Abwässern der Zellstoff-Herstellung: **31** ('59) 673f.

Chemist Man – materials – midden: **48** ('71) Nr. 2, 30–37.

Chemistry [Washington] Water and life: **43** ('70) Nr. 10, 12–17.

Chemurgic Digest Carotene[3])[60]): **5** ('46) 255–60. – A chemical engineer looks at the citrus industry: **18** ('59) Nr. 2/3, 6–8. – Manufactured water for agriculture?: **21** ('63) Nr. 8, S. 2. – Chemurgy: The interrelation of chemical industry and agriculture: **22** ('64) Nr. 7, 3–8. – Expanding the world's resources: **27** ('69) Nr. 1, 3–7.

Chimie et Industrie Corrélation entre les données physiques et chimiques à l'usage de l'industrie chimique: **59** ('48) 329–36, 446–50, 552–58. – Les méthodes de récupération de l'acide acétique: **84** ('60) 896–98. – La séparation de l'eau et de l'acide acétique: 899–907. – Fresh water from the sea: **90** ('63) Nr. 3bis. – Economie: Production d'eau douce à partir de l'eau de mer: **92** ('64) 3–10. – L'acétylène: Augmentation des ventes, conséquence d'un meilleur procédé de fabrication: **93** ('65) 205–13.

Chimie et Industrie, Génie chim. Evaporation des liqueurs de fabrication de la pâte à papier par le procédé de réchauffage de la vapeur: **96** ('66) 1669–83 [m. engl. Zusammenfassg.]. – L'eau: Besoins, fourniture et production par dessalement: **103** ('70) 1559–66.

Desalination [Amsterdam] Evaporation for desalination: Scale prevention and removal: **1** ('66) 194–98; ~: Improved multistage flash (MSF) processes: **6** ('69) 13–24. – Fresh water, energy, and food from the sea and the sun: **17** ('75 [?]) 193–214.

Euclides [Madrid] Correlaciones entre datos físicos y químicos para su utilización en ingeniería química: **8** ('48) 57–85. – El acetileno y el etileno como materias primas para la industria química[3]): **13** ('53) 1–7. – Recuperación de ácido acético a partir de soluciones acuosas – como ejemplo de aquellos obtenidos de la destilación de la madera: 57–61.

Factory Managem. and Maintenance Scheduling the 168-hr. week[66]): **100** ('42) 73–.

Food Refining sugar by solvent[65]): **18** ('49) 81–83.

Heating, Piping and Air Conditioning Problems in piping chemicals typified by acetic acid: **4** ('32) 346–49.

Hexagon, Alpha Chi Sigma [Indianapolis, Ind.] Man – materials – midden: **41** ('71) Nr. 2, 71–77.

Hydrocarbon Processing and Petroleum Refiner Make 3- to 5-cent acetylene?: **44** ('65) Nr. 3, 145–48.

India Rubber World Alinement chart for tensile strength of rubber and plastic compounds[34]): **113** ('45) 84f.

Indian and eastern Engr. Water for cities and industries: Exploiting resources of sea water[130]): **115** ('73) 579–85.

Industrial Chemist and chem. Manufacturer Sugar refining with solvent[65]): **25** ('49) 236f.

Industrial and Engng. Chem. Separation of water from acetic acid by azeotropic distillation: **27** ('35) 250–55. – Vapor re-use process. Separation of mixtures of volatile liquids: **28** ('36) 1435–38. – Anhydrous sodium hydroxide. Production by partial-pressure evaporation[43]): **32** ('40) 154–60. — Thiodiglycol. Unit process and operations involved in its synthesis from ethylene oxide and hydrogen sulfide[48]): 160–69. — Correlating vapor pressure and latent heat data: A new plot: 841–56; ~: Use of critical constants: **34** ('42) 1072–78; ~[38]): **57** ('65) Nr. 10, 42–48. — Absolute alcohol – an economical method for its manufacture[118]): **32** ('40) 1588–93. — Synthesis of phenol by partial-pressure evaporation[63]): **33** ('41) 158–69. — Destructive distillation of maple wood[97]): 188–96. — Partial pressure processes: 1106–12. — Liquid–liquid extraction data[119])[112]): 1240–48, 1513; ~: Toluene and acetaldehyde systems[110]): **34** ('42) 690–92; ~: Tie-line correlation[110]): 693–96; ~: Partial pressures of ternary liquid systems and the prediction of tie lines[110]): 696–700; ~: Systems used in butadiene manufacture from butylene glycol[6])[95])[11]): **37** ('45) 890–94. — Oxalic acid from sawdust. Optimum conditions for manufacture[27])[43]): **34** ('42) 262–67. — Continuous fusion process[43])[80]): 268–73. — Recovery of products resulting from treatment of wood with caustic[91]): 274–79. — Nitration of benzene. Continuous process, using nitric acid alone[43])[61]): 286–91. — Wood hydrolysis. A continuous process[47]): 314–22. — Correlating gas solubilities and partial-pressure data[119]): 952–59. — Nomographs for mean driving forces in diffusional problems[94]): 1200–08. — Tar elimination in pyroligneous acid. Removal of tar-forming constituents by polymerization and condensation[47]): **35** ('43) 288–96. — Destructive distillation of lignocellulose[47])[77]): 302–05. — Destructive distillation of bagasse[24]): 312–17. — Sulfonation of aniline. Application of partial-pressure distillation[43])[36]): 321–23. — Sulfonation of naphthalene. Application of partial-pressure distillation[43])[12]): 326–29. — Composition of vapors from boiling binary solutions: 614–20; ~: Water – acetic acid system at atmospheric and subatmospheric pressures[28]): **36** ('44) 1061–64; ~: Aqueous systems of acetone, methanol, and methyl ethyl ketone; and other systems with acetic acid as one component[5]): **37** ('45) 299–303; ~: Systems used in butadiene manufacture from butylene glycol[95])[54]): 895–900; ~: Apparatus for determinations under pressure[75]): **38** ('46) 751–57; ~: Acetonitrile–water system[45]): **39** ('47) 1175–77; ~: Systems of phenol with β- and γ-picolines and 2,6-lutidine[92]): **40** ('48) 168–74; ~: Systems with m- or p-cresol as one component[92])[57])[29])[68]): **41** ('49) 572–74; ~: Recirculation-type still and equilibria under pressure for ethyl alcohol – water system[73])[22])[122]): **43** ('51) 707–11; Compositions of vapors from boiling solutions: Equilibria under pressure of systems: ethyl ether – ethyl alcohol and ethyl ether – water – ethyl alcohol[73])[22])[113]): 711–17; ~: Systems containing acetone, chloroform, and methyl isobutyl ketone[46])[94])[9]): 961–68; ~: Pressure equilibrium still for studying water – acetic acid system[105])[106]): **44** ('52) 1864–72; ~: Binary and ternary systems of acetone, methyl ethyl ketone, and water[17])[62]): 1872–81; ~: New methods of representing and predicting equilibrium data[86])[109]): **45** ('53) 1815–21. — Alcohol and acetone by solvent extraction[85]): **35** ('43) 798–805. — Deterioration of lubricating oils. Use of soybean lecithin as an inhibitor[43]): 883–89. — Condensation of vapors. Film coefficients for alcohols, esters, and ketones[8]): 1068–77. — Soybean protein dispersions as printing-ink vehicles[96]): 1196–202. — Correlating adsorption data. Temperature, pressure, concentration, heat[93]): 1269–76. — Gas solubility and partial pressure. Nomograph for correlation of data[5]): **36** ('44) 375–77. — Tall oil. Separation of stearic and abietic acid by selective adsorption after hydrogenation[81]): 430–34. — Nitration of toluene. Continuous partial pressure process using nitric acid alone[50]): 447–51. — Hydrocarbon gases. Specific heats and power requirements for compression[94]): 580–83. — Correlating vapor pressure and equilibrium constant data: 669–72. — Printing inks from colloidal dispersions of soybean protein[96]): 847–50. — Correlating vapor compositions and related properties of solutions[28]): 858–65. — Adsorption of solvent vapors on commercial activated carbon[93]): 894–900. — Gas–liquid solubilities and pressures in presence of air. Acetone–water and acetone – hydrocarbon oil systems[51])[119]): 963–66. — Wood hydrolysis. Utilization of waste liquors[47])[3]): **37** ('45) 442–45. — Esterification of 2,3-butylene glycol with acetic acid [95])[67]): 900–05. — Pyrolysis of 2,3-butylene glycol diacetate to butadiene[95])[10]): 905–08. — Esterification of butanol and acetic acid[63]): 968–77. — Correlating viscosity and vapor pressure of liquids[19]): 1112–15. — Extraction of lignin from hydrolyzed lignocellulose[47])[93]): 1218–22. — Correlating viscosities of gases with temperature and pressure[45]): **38** ('46) 111–16. — Correlating equilibrium constants. Chemical reactions and heats of reaction[65]): 408–12. — Correlating adsorption data[45]): **40** ('48) 723–25. — Adsorption of vapors. A new apparatus, and data for the lower ketones, benzene, and hexane on activated carbon[45]): 739–43. — Correlating densities of liquids. A new nomograph[45])[96]): 883–85. — Correlating surface tensions of liquids. A new nomograph[45])[96]): 886–89. — Dibutyl phthalate. Reaction rate of catalytic esterification[8])[71]): 1312–19. — Correlating vapor compositions and related properties of solutions. Use of critical constants[28]): 2118–24. — Esterification. Continuous production of dibutyl phthalate in a distillation column[8])[40])[101]): 2139–48. — Solubility data for ternary liquid systems. Systems of acetic acid, higher boiling homologous acids, and water[102]): **41** ('49) 1030–32. — Benzaldehyde by autoxidation of dibenzyl ether[21]): 2623–26. – Correlating azeotropic data[108]): 2897–900. – Thermodynamic correlation of vapor–liquid equilibria. Determination of activity coefficients from relative volatility[28])[116])[56])[72])[35]): **42** ('50) 120–26; ~: Prediction of multicomponent systems[20])[35])[28]): **46** ('54) 194–99. – Correlating viscosities. Caustic soda solutions[105]): **42** ('50) 527f. – n-Butyl oleate from n-butyl alcohol and oleic acid[83]): 1912–19. – Equilibrium flash vaporization of petroleum crude oils or fractions. Method and apparatus for determination[107])[111]): **43** ('51) 1607–13, 2581. – Correlating solubility and distribution-coefficient data[109]): **44** ('52) 1654–56. – Separation of m- and p-cresols from their mixtures[92]): 2428–31. – Synthesis of cresol. Sulfonation of toluene[22])[3]): **45** ('53) 189–93; ~: Caustic fusion of toluenesulfonic acid[22])[3]): 193–97. – Correlating diffusion coefficients in liquids[109]): 589–93. – Phenol synthesis by direct oxidation of benzene[16])[2]): 1266–72. – Continuous production of nitrotoluenes[70])[115]): **46** ('54) 718–24. – Continuous production of hexamethylenetetramine[70])[99]): 724–27. – Synthesis of pyridines[62]): **47** ('55) 789–96. – Correlating permeability constants of gases through plastic membranes. New plot, nomogram, and thermodynamic relation[26]): 1034–40. – Acetaldehyde by the Chisso process[52])[39]): **48** ('56) 1258–62. – Correlating vapor pressures and other physical properties[69])[74])[55]): **49** ('57) 125–37; **51** ('59) 1022. – Chemicals recovery from pulping liquors: **50** ('58) Nr. 3, 60A–62A. – Glycol production. Hydration of ethylene oxide[109]): 1235–44. – Correlating heats of solution and vapor–liquid equilibria. Construction of Ponchon diagrams[55])[79]): **51** ('59) 89–92. – Extraction of soybeans. Mechanism with various solvents[41]): 543–46. – Hydraulics of the uniflux fractionating tray[76]): 625–32. – Correlating latent heats and entropies of vaporization with temperature[121]): 791–96, 1022, 1368. – An adiabatic equilibrium still for more accurate vapor–liquid equilibrium data[28])[18]): **52** ('60) 625–28. – Correlations and prediction of binary vapor–liquid equilibria[28])[121]): **53** ('61) 223–28. – Vacuum-compression distillation column: Design and pressure losses[4]): 779–85; ~: Fractionating efficiencies[4]): 786–90. – Sulfuric acid. Optimized conditions in contact manufacture[37]): 979–84. – Correlating vapor pressures and vapor volumes. Use of reference substance equations[120]): **60** ('68) Nr. 1, 22–35. – Correlating and predicting thermodynamic data. Reference substance equations and plots[14]): Nr. 4, 39–61.

Industrial and Engng. Chem., Analyt. Edit. Composition of vapors from boiling binary solutions: **4** ('32) 232–34. – Automatic pressure-regulating manometer[28]): **15** ('43) 641f. – Method for purifying β-picoline and a test for purity[88])[87])[92]): **18** ('46) 458f.

Analytical Chem. Composition of vapors from boiling solutions. Improved equilibrium still: **20** ('48) 763–66. – Colorimetric analysis of m- and p-cresol in their mixtures[92])[29]): **21** ('49) 516–18.

Industrial and Engng. Chem., Fundamentals Correlations for the coefficients of gaseous diffusion[15]): **3** ('64) 279f.

Industrial and Engng. Chem., Process Design and Development Correlating diffusion coefficients in binary gas systems. Use of viscosities in a new equation and nomogram[14]): **1** ('62) 249–54. – The kinetics of nickel carbonyl formation[30]): **2** ('63) 202–09. – Carbon dioxide and ammonia in aqueous ammonium nitrate solutions. Vapor–liquid equilibria and gas separation by fractional absorption[26]): **3** ('64) 270–80.

International Sugar J. Absolute alcohol – a new process for producing[118]): **43** ('41) 149–51. – Charcoal from bagasse[24]): **45** ('43) 179–81. – Economical method for the manufacture of absolute alcohol[118])[82]): **46** ('44) 291–94. – Correlating boiling-point elevations of sugar solutions as a function of pressures, concentrations, and percent purity[105]): **51** ('49) 112f.

Iranian J. Sci. and Technol. Desalination. Methods and processes: **2** ('73) Nr. 4, 299–.

J. chem. Engng. Japan Correlation of vapor–liquid equilibrium data using steric relation[128]): **1** ('68) Nr. 2, 99–.

J. sanit. Engng. Divis., Amer. Soc. civil Engr. Desalination – water for the world: **92** ('65) Febr.-Nr., 15–17.

Kunststofftechnik Die Bedeutung der synthetischen Elastomere: **11** ('72) Nr. 1/2, 17–21.

Land reborn A drop saved (Water use and desalination): **12** ('61) Nr. 1, 2–4.

Mechanical Engng. Water pollution by industry. A survey of state legislation and regulations[117])[3]): **73** ('51) 706–08. – Controlled flash evaporation[129]): **93** ('71) Nr. 5, 27–32. – Moving the arctic oil: Nr. 11, 27–31. – Water reuse in industry – reaching toward zero discharge of pollution: **95** ('73) Nr. 9, 32–37. – Energy – prospects for the rest of the century: **96** ('74) Nr. 8, 18–25. – Desalination and power. The Rankine cycle in the ocean thermal gradient: **98** ('76) Nr. 5.

Modern Plastics Plastics from hydrolyzed lignocellulose[47])[89]): **20** ('42) Nr. 2, 91–97, 122, 124.

Nebraska blue Print Alcohol for war: **42** ('43) 74–78.

Northeastern Wood Utilizat. Council Bull. Wallboard from wood waste without resins by a dry process[86]): **31** ('50) 3–20. – History and present status of the charcoal industry; continuous carbonization, the Mellman retort: **37** ('52) 49–65. – Beehive kiln operation: 67–70.

W. I. WARSCHAWSKI

Kollektives Verhalten von Automaten

(Übersetzung aus dem Russischen)

In deutscher Sprache herausgegeben von GERHARD PAULIN

(Elektronisches Rechnen und Regeln, Sonderband 24)

1978. IV, 290 Seiten — 87 Abbildungen — gr. 8° — Lederin etwa M 60,—
Bestell-Nr. 7621111 (6256)

Dieses Werk ist einem wichtigen Teilgebiet der theoretischen Kybernetik gewidmet. Die gegenwärtig bei der Untersuchung von Modellen des kollektiven Verhaltens von Automaten erhaltenen Resultate und die Anwendung der sich in der Theorie des kollektiven Verhaltens herausgebildeten Ideen und Methoden zur Beschreibung komplizierter Systeme und zur Organisation der Steuerung solcher Systeme werden von einheitlichen Positionen aus betrachtet und in einer einheitlichen Terminologie beschrieben. Es erfaßt einen breiten Problemkreis, angefangen vom Verhalten von Automaten in zufälligen Medien bis zum Verhalten von Systemen von Automaten, die in Wechselwirkung arbeiten und rein logische Aufgaben lösen.

Bestellungen durch eine Buchhandlung erbeten

AKADEMIE-VERLAG
DDR-108 Berlin, Leipziger Str. 3—4

W. N. SACHAROW/D. A. POSPELOW/W. E. CHASAZKI

Steuerungssysteme

Aufgabenstellung, Projektierung, Realisierung

(Übersetzung aus dem Russischen)

In deutscher Sprache herausgegeben von HERBERT EHRLICH

(Elektronisches Rechnen und Regeln, Sonderband 26)

1978. Etwa 480 Seiten — 124 Abbildungen — 87 Tabellen — gr. 8° — Lederin etwa 65,— M
Bestell-Nr. 7623459 (6264)

Die Autoren haben sich das Ziel gesetzt, den Prozeß der Schaffung eines effektiven, modernen Ansprüchen genügenden Steuerungssystems in seinen einzelnen Etappen darzustellen.
Sie widmen dabei der Methodologie der wissenschaftlichen Lösung von Teilaufgaben unter Einbeziehung vieler praktischer Aspekte besondere Aufmerksamkeit. Die durch die Entwicklung der Mikroelektronik und der Rechentechnik geprägten neuen Entwicklungstendenzen der Steuerungstechnik werden berücksichtigt.

Bestellungen durch eine Buchhandlung erbeten

AKADEMIE-VERLAG
DDR-108 Berlin, Leipziger Str. 3—4